LOGARITHMIC AND TRIGONOMETRIC TABLES

REVISED EDITION

PREPARED UNDER THE DIRECTION OF

EARLE RAYMOND HEDRICK

Copyright, 1913 and 1920,
By THE MACMILLAN COMPANY

PREFACE

The present edition of this book contains several tables not contained in the previous editions. The probability of the occurrence of errors has been minimized by using electrotype reproductions of the tables previously included, even when changes were made. Remarkably few errors existed in the original edition; what few have been discovered have been corrected.

Minor changes only occur in the earlier pages. Care has been taken to preserve the page numbers of the principal tables up to page 114, so that older editions may be used in class-work without confusion, and texts which contain the principal tables may be used in the same class.

Among the minor changes are the insertion of a condensed table of logarithms and antilogarithms (Table Ia, p. 20), the insertion of a table of values of S and T for interpolation in logarithmic trigonometric functions (Table IIIa, p. 45), and the insertion on pages 1–19 of the logarithms of a few important numbers at appropriate points.

The principal changes follow page 114. Tables VIII and IX (pp. 115–122) make reasonably complete the tables of hyperbolic functions formerly represented only by Table XII (pp. 112–114): These functions are of increasing importance, notably in Electrical Engineering.

The table of haversines (Table X, pp. 123–125) will be welcomed particularly by those interested in navigation.

The table of factors of composite numbers and logarithms of primes (Table XI, pp. 126–127) has obvious uses.

Tables XII a, b, c, d, e, f, pages 128–132, are intended for work involving compound interest, annuities, depreciation, etc. They will be useful for statistics, insurance, accounting, and the mathematics of business.

The same care has been exercised to eliminate errors in the new tables that resulted in so great a degree of reliability in the original edition of these tables.

E. R. HEDRICK.

CONTENTS

		PAGES
Explanation of the Tables		vii–xx

TABLES PRINCIPALLY TO FIVE PLACES

Table	I.	Common Logarithms of Numbers	1–19
Table	Ia.	Condensed Logarithms and Antilogarithms	20
Table	II.	Actual Values of the Trigonometric Functions	21–44
Table	IIIa.	Values of S and T for Interpolation	45
Table	III.	Common Logarithms of the Trigonometric Functions	45–90
Table	IV.	Reduction of Degrees to Radians	91
Table	V.	Trigonometric Functions in Radian Measure	92–93
Table	Va.	Reduction of Radians to Degrees	93
Table	VI.	Powers — Roots — Reciprocals	94–111
Table	VII.	Napierian or Natural Logarithms	112–114
Table	VIII.	Multiples of M and of $1/M$	115
Table	IX.	Values and Logarithms of Hyperbolic Functions	116–122
Table	X.	Values and Logarithms of Haversines	123–125
Table	XI.	Factor Table — Logarithms of Primes	126–127
Table	XIIa.	Compound Interest	128
Table	XIIb.	Compound Discount	129
Table	XIIc.	Amount of an Annuity	130
Table	XIId.	Present Value of an Annuity	131
Table	XIIe.	Logarithms for Interest Computations	132
Table	XIIf.	American Experience Mortality Table	132
Table	XIII.	Important Constants	133

BRIEF TABLES — PRINCIPALLY TO FOUR PLACES

Table XIVa.	Common Logarithms	134–135
Table XIVb.	Antilogarithms	136–137
Table XIVc.	Values and Logarithms of Trigonometric Functions	138–142

EXPLANATION OF THE TABLES *

TABLE I. FIVE-PLACE COMMON LOGARITHMS OF NUMBERS FROM 1 TO 10 000

1. Powers of 10. Consider the following table of values of powers of 10:

Column A		Column B	Column A		Column B
10^1	=	10	10^0	=	1.
10^2	=	100	10^{-1}	=	.1
10^3	=	1000	10^{-2}	=	.01
10^4	=	10000	10^{-3}	=	.001
10^5	=	100000	10^{-4}	=	.0001
10^6	=	1000000	10^{-5}	=	.00001
10^7	=	10000000	10^{-6}	=	.000001
10^8	=	100000000	10^{-7}	=	.0000001
10^9	=	1000000000	10^{-8}	=	.00000001
10^{10}	=	10000000000	10^{-9}	=	.000000001

This table may be used for multiplying or dividing powers of 10, by means of the rules $10^a \cdot 10^b = 10^{a+b}$, $10^a \div 10^b = 10^{a-b}$. Thus, to multiply 1000 by 100,000, add the exponent of 10 in column A opposite 1000 to the exponent of 10 opposite 100,000 : $3 + 5 = 8$; and look for the number in column B opposite 10^8, *i.e.* 100,000,000. Similarly $1,000,000 \times .0001 = 100$, since $6 + (-4) = 2$.

To divide 1,000,000 by 100, from the exponent of 10 opposite 1,000,000 subtract the exponent of 10 opposite 100 ; $6 - 2 = 4$; and look for the number opposite 10^4, *i.e.* 10,000. Similarly $.001 \div 1,000,000 = .000000001$, since $-3 - 6 = -9$. To find the 4th power of 100, multiply the exponent of 10 opposite 100 by 4 : $4 \times 2 = 8$, and look for the number opposite 10^8, *i.e.* 100,000,000. Likewise $(.001)^3 = .000000001$, since $3 \times (-3) = -9$. To find the cube root of 1,000,000,000, divide the exponent of 10 opposite 1,000,000,000 by 3, $9 \div 3 = 3$, and look for the number opposite 10^3.

---

* This Explanation, written to accompany the five-place tables, may be used also for the four-place tables by omitting the last figure in each example in a manner obvious to the teacher.

2. Common Logarithms. The exponent of 10 in any row of column A is called the common logarithm* of the number opposite in column B; thus $\log 10 = 1$, $\log 100 = 2$, $\log 1000 = 3$, etc.; $\log 1 = 0$, $\log .1 = -1$; $\log .01 = -2$, $\log .001 = -3$, etc. In general, if $10^l = n$, l is called the *common logarithm of n*, and is denoted by $\log n$.

3. Fundamental Principles. Logarithms are useful in reducing the labor of performing a series of operations of multiplication, division, raising to powers, extracting roots, as above; they have no necessary connection with trigonometry, since all the operations could be performed without them; but they are a great labor-saving device in arithmetical computations. They do not apply to addition and subtraction.

The principles of their application are stated as follows:

I. *The logarithm of a product is equal to the sum of the logarithms of the factors:* $\log ab = \log a + \log b$. This follows from the fact that if $10^l = a$ and $10^L = b$, $10^{l+L} = a \cdot b$. In brief: *to multiply, add logarithms*.

II. *The logarithm of a fraction is equal to the difference obtained by subtracting the logarithm of the denominator from the logarithm of the numerator:* $\log (a/b) = \log a - \log b$. For, if $10^l = a$ and $10^L = b$, then $10^{l-L} = a \div b$. In brief: *to divide, subtract logarithms*.

III. *The logarithm of a power is equal to the logarithm of the base multiplied by the exponent of the power:* $\log a^b = b \log a$. This follows from the fact that if $10^l = a$, then $10^{lb} = a^b$.

IV. *The logarithm of a root of a number is found by dividing the logarithm of the number by the index of the root:* $\log \sqrt[b]{a} = (\log a)/b$. This follows from the fact that if $10^l = a$, then $10^{l/b} = a^{1/b} = \sqrt[b]{a}$.

Corollary of II. *The logarithm of the reciprocal of a number is the negative of the logarithm of the number:* $\log (1/a) = -\log a$, since $\log 1 = 0$.

4. Characteristic and Mantissa. It is shown in algebra that every real positive number has a real common logarithm, and that if a and b are any two real positive numbers such that $a < b$, then $\log a < \log b$. Neither zero nor any negative number has a real logarithm.

An inspection of the following table, which is a restatement of a part

a	1	10	100	1000	10000	100000	1000000	10000000
$\log a$	0	1	2	3	4	5	6	7

---

* Common logarithms are exponents of the base 10; other systems of logarithms have bases different from 10; Napierian logarithms (see Table VII, p. 112) have a base denoted by e, an irrational number whose value is approximately 2.71828. When it is necessary to call attention to the base, the expression $\log_{10} n$ will mean common logarithm of n; $\log_e n$ will mean the Napierian logarithm, etc.; but in this book $\log n$ denotes $\log_{10} n$ unless otherwise explicitly stated.

of the table of § 1, p. v, shows that
   the logarithm of every number between 1 and 10 is a proper fraction,
   the logarithm of every number between 10 and 100 is 1 + a fraction,
   the logarithm of every number between 100 and 1000 is 2 + a fraction;
and so on. It is evident that the logarithm of every number (not an exact power of 10) consists of a whole number + a fraction (usually written as a decimal). The whole number is called the **characteristic**; the decimal is called the **mantissa**. The characteristic of the logarithm of any number greater than 1 may be determined as follows:

RULE I. *The characteristic of any number greater than 1 is one less than the number of digits before the decimal point.*

The following table, which is taken from § 1, p. v, shows that

a	.0000001	.000001	.00001	.0001	.001	.01	.1	1
$\log a$	-7	-6	-5	-4	-3	-2	-1	0

   the logarithm of every number between .1 and 1 is $-1 +$ a fraction,
   the logarithm of every number between .01 and .1 is $-2 +$ a fraction,
   the logarithm of every number between .001 and .01 is $-3 +$ a fraction;
and so on.

Thus the characteristic of every number between 0 and 1 is a negative whole number; there is a great practical advantage, however, in computing, to write these characteristics as follows: $-1 = 9 - 10$, $-2 = 8 - 10$, $-3 = 7 - 10$, etc. *E.g.* the logarithm of .562 is $-1 + .74974$, but this should be written $9.74974 - 10$; and similarly for all numbers less than 1.

RULE II. *The characteristic of a number less than 1 is found by subtracting from 9 the number of ciphers between the decimal point and the first significant digit, and writing -10 after the result.*

Thus, the characteristic of log 845 is 2 by Rule I; the characteristic of log 84.5 is 1 by (I); of log 8.45 is 0 by (I); of log .845 is $9 - 10$ by (II); of log .0845 is $8 - 10$ by (II).

An important consequence of what precedes is the following:

To move the decimal point in a given number one place to the right is equivalent to adding one unit to its logarithm, because this is equivalent to multiplying the given number by 10. Likewise, to move the decimal point one place to the left is equivalent to subtracting one unit from the logarithm. Hence, moving the decimal point any number of places to the right or left does not change the mantissa but only the characteristic.*

Thus, 5345, 5.345, 534.5, .05345, 534500 all have the same mantissa.

---

* Another rule for finding the characteristic, based on this property, is often useful: if the decimal point were just after the first significant figure, the characteristic would be zero; start at this point and count the digits passed over to the left or right to the actual decimal point; the number obtained is the characteristic, except for sign; the sign is negative if the movement was to the left, positive if the movement was to the right.

5. Use of the Table. To use logarithms in computation we need a table arranged so as to enable us to find, with as little effort and time as possible, the logarithms of given numbers and, vice versa, to find numbers when their logarithms are known. Since the characteristics may be found by means of Rules I and II, p. ix, only mantissas are given. This is done in Table I. Most of the numbers in this table are irrational, and must be represented in the decimal system by approximations. A five-place table is one which gives the values correct to five places of decimals.

PROBLEM 1. *To find the logarithm of a given number.* First, determine the characteristic, then look in the table for the mantissa.

To find the mantissa in the table when the given number (neglecting the decimal point) consists of four, or less, digits (exclusive of ciphers at the beginning or end), look in the column marked N for the first three digits and select the column headed by the fourth digit: the mantissa will be found at the intersection of this row and this column. Thus to find the logarithm of 72050, observe first (Rule I) that the characteristic is 4. To find the mantissa, fix attention on the digits 7205; find 720 in column N, and opposite it in column 5 is the desired mantissa, .85763; hence log 72050 = 4.85763. The mantissa of .007826 is found opposite 782 in column 6 and is .89354; hence log .007826 = 7.89354 − 10.

6. Interpolation. If there are more than four significant figures in the given number, its mantissa is not printed in the table; but it can be found approximately by assuming that the mantissa varies as the number varies in the small interval not tabulated; while this assumption is not strictly correct, it is sufficiently accurate for use with this table.

Thus, to find the logarithm of 72054 we observe that log 72050 = 4.85763 and that log 72060 = 4.85769. Hence a change of 10 in the number causes a change of .00006 in the mantissa; we assume therefore that a change of 4 in the number will cause, approximately, a change of $.4 \times .00006 = .00002$ (dropping the sixth place) in the mantissa; and we write log 72054 = 4.85763 + .00002 = 4.85765.

The difference between two successive values printed in the table is called a **tabular difference** (.00006, above). The proportional part of this difference to be added to one of the tabular values is called the **correction** (.000002, above), and is found by multiplying the tabular difference by the appropriate fraction (.4, above). These proportional parts are usually written *without the zeros*, and are printed at the right-hand side of each page, to be used when mental multiplications seem uncertain.

Example 1. Find the logarithm of .0012647. Opposite 126 in column 4 find .10175; the tabular difference is 34 (zeros dropped); $.7 \times 34$ is given in the margin as 24; this correction added gives .10199 as the mantissa of .0012647; hence log .0012647 = 7.10199 − 10.

Example 2. Find the logarithm of 1.85643. Opposite 185 in column 6 find .26858; tabular difference 23; $.43 \times 23$ is given in the margin as 10; this correction added gives .26868 as the mantissa of 1.85643; hence log 1.85643 = 0.26868.

7. Reverse Reading of the Table. PROBLEM 2. *To find the number when its logarithm is known.** First, fixing attention on the mantissa only, find from the table the number having this mantissa, then place the decimal point by means of the two following rules : †

RULE III. *If the characteristic of the logarithm is positive (in which case the mantissa is not followed by -10), begin at the left, count digits one more than the characteristic, and place the decimal point to the right of the last digit counted.*

RULE IV. *If the characteristic is negative (in which case the mantissa will be preceded by a number n and followed by -10), prefix $9-n$ ciphers, and place the decimal point to the left of these ciphers.*

Example 1. Given $\log x = 1.22737$, to find x.

Since the mantissa is 22737, we look for 22 in the first column and to the right and below for 737, which we find in column 8 opposite 168. The number is therefore 1688. Since the characteristic is $+1$, we begin at the left, count 2 places, and place the point; hence $x = 16.88$.

Example 2. Given $\log x = 2.24912$, to find x.

This mantissa is not found in the table; in such cases we interpolate as follows: select the mantissa in the table next less than the given mantissa, and write down the corresponding number; here, 1774; the tabular difference is 25; the actual difference (found by subtracting the mantissa of 1774 from the given mantissa) is 17; hence the proportionality factor is $17/25 = .68$ or .7 (to the nearest tenth). Since moving the decimal point does not affect the mantissa, it follows that the digits in the required number are 17747 (to five places). The characteristic 2 directs to count 3 places from the left; hence $x = 177.47$.

RULE. *In general, when the given mantissa is not found in the table, write down four digits of the number corresponding to the mantissa in the table next less than the given mantissa, determine a fifth figure by dividing the actual difference by the tabular difference, and locate the decimal point by means of the characteristic.*

8. Illustrations of the Use of Logarithms in Computation.

Example 1. To find $832.43 \times 302.43 \times 16.725 \times .000178$.

$\log 832.43 = 2.92034$
$\log 302.43 = 2.48062$
$\log 16.725 = 1.22337$
$\log .000178 = \underline{6.25042 - 10}$ (add)
$\log x = 2.87475$ whence $x = 749.47$.

Example 2. To find $461.29 \div 21.4$.

$\log 461.29 = 2.66397$
$\log 21.4 = \underline{1.33041}$ (subtract)
$\log x = 1.33356$ whence $x = 21.556$.

---

* The number whose logarithm is k is often called the **antilogarithm** of k.

† Another convenient form of these rules is as follows: if the characteristic were zero, the decimal point would fall just after the first significant figure; move the decimal point one place to the right for each positive unit in the characteristic, one place to the left for each negative unit in the characteristic.

Illustration of Cologarithms

Example 3. To find $\dfrac{48.25 \times 132.76 \times .1745}{1415.3}$.

We might add the logarithms of the factors in the numerator and from this sum subtract the logarithm of the denominator; but we can shorten the operation by *adding* the negative of the logarithm of the denominator instead of subtracting the logarithm itself. The negative of the logarithm of a number (when written in convenient form for computation) is called the **cologarithm** of the number. We may find the negative of any number by subtracting it from zero, and it is convenient in logarithmic computation to write zero in the form $10.00000 - 10$. Thus the negative of 2.17 is $7.83 - 10$; the negative of $1.1432 - 10$ is 8.8568. Remembering that the cologarithm of a number is its negative we have the following rule:

To find the cologarithm of a number begin at the left of its logarithm (including the characteristic) and subtract each digit from 9, except the last,* which subtract from 10; if the logarithm has not -10 after the mantissa, write -10 after the result; if the logarithm has -10 after the mantissa, do not write -10 after the result.

By this rule the cologarithm of a number can be read directly out of the table without taking the trouble to write down the logarithm. Attention must be given not to forget the characteristic. The use of the cologarithm is governed by the principle:

Adding the cologarithm is equivalent to subtracting the logarithm.

Returning to the computation of the given problem we should write:

$$\log 48.25 = 1.68350$$
$$\log 132.76 = 2.12307$$
$$\log .1745 = 9.24180 - 10$$
$$\operatorname{colog} 1415.3 = 6.84915 - 10 \quad \text{(add)}$$
$$\log x = 9.89752 - 10 \quad \text{whence } x = .7898$$

Example 4. Find the 5th power of 7.26842.

$$\log 7.26842 = 0.86144$$
$$\underline{5} \quad \text{(multiply)}$$
$$\log x = 4.30720 \quad \text{whence } x = 20286.$$

Example 5. Find the 4th root of $.007564$.

$$\log .007564 = 7.87875 - 10.$$

(It is convenient to have, after the division by 4, -10 after the mantissa; hence before the division we add $30.00000 - 30$.)

$$\log .007564 = 37.87875 - 40 \quad \text{(divide by 4)},$$
$$\log x = 9.46969 - 10 \quad \text{whence } x = .2949$$

Example 6. Find the value of $\sqrt[3]{\dfrac{(34.55)(-856.7)(-43.5)}{(98.75)(-186.3)}}$.

We have no logarithms of negative numbers, but an inspection of this problem shows that the result will be negative and numerically the same as though all the factors were positive; hence we proceed as follows:

$$\log 34.55 = 1.53845$$
$$\log 856.7 = 2.93283$$
$$\log 43.5 = 1.63849$$
$$\operatorname{colog} 98.75 = 8.00546 - 10$$
$$\operatorname{colog} 186.3 = \underline{7.72979 - 10} \quad \text{(add)}$$
$$\phantom{\operatorname{colog} 186.3 = }1.84502 \quad \text{(divide by 3)}$$
$$\log(-x) = 0.61501 \quad \text{whence } x = -4.121$$

---

* If the logarithm ends in one or more ciphers, the last significant digit is to be understood here.

9. The Slide Rule.

A slide rule consists of two pieces of the shape of a ruler, one of which slides in grooves in the other; each is marked

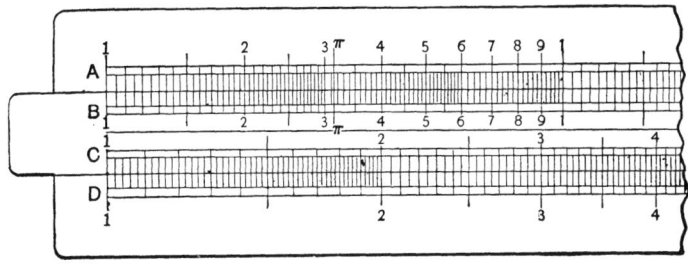

Fig. 1

(Fig. 1) in divisions (scale A and scale B) whose distances from one end are proportional to the logarithms of the numbers marked on them.

It follows that the sum of two logarithms can be obtained by simply

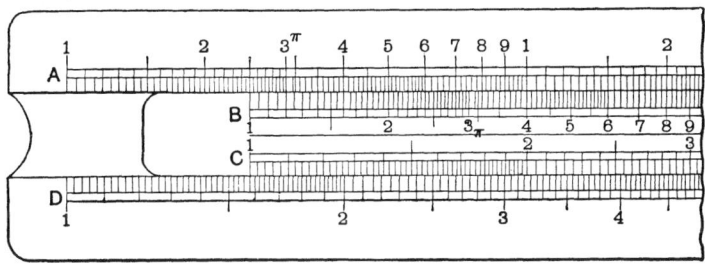

Fig. 2

sliding one rule along the other; thus if (see Fig. 2) the point marked 1 on scale B is set opposite the point marked 2.5 on scale A, the point on scale B marked 2 will be opposite the point on scale A marked 5, since $\log 2.5 + \log 2 = \log 5$. Likewise, opposite 3 (scale B) read 7.5 (scale A); opposite 2.5 (B) read 6.25 (A), i.e. $2.5 \times 2.5 = 6.25$.

Other multiplications can be performed in an analogous manner. Divisions can be performed by reversing the operation. Thus, if 4.5 (B) be set on 11.25 (A), then 1 (B) will be opposite 2.5 (A), as in Fig. 2.

Scales C and D are made just twice as large as scales A and B. It follows that the numbers marked on C and D are the square roots of the numbers marked opposite them on scales A and B.

For a description of more elaborate slide rules, and full directions for use, see the catalogues of instrument makers

A slide rule for practice may be made from the cut printed on one of the fly-leaves in the back of this book.

I*a*. CONDENSED LOGARITHMS AND ANTILOGARITHMS

10. Method of Computing Logarithms. This table is a rearrangement of the condensed table given by Hoüel.* From it, the logarithm of any number whatever may be obtained to within 5 in the fifteenth place; or to any desired degree of accuracy less than this.

To illustrate the process, we shall compute $\log \pi$ to nine places. Taking $\pi = 3.14159\,26535\,8979$, we divide it by 3, the first significant digit, obtaining $\pi/3 = 1.04719\,755\cdots$. We then divide this quotient by 1.04, etc., obtaining finally

$$\pi = 3(1.04)(1.006)(1.0009)(1.00001\,52172\,25).$$

We can obtain the logarithm of each of the first four factors from this table. The logarithm of the last factor can be obtained by multiplying its decimal part by $M = .43429\,44819$; for the error made in writing

$$\log(1+x) = Mx$$

is less than $Mx^2/2$. We find Mx either by using the fact that the last column in this table gives multiples of M, or (preferably) by Table VIII, page 115. Adding the five logarithms just mentioned, we find

$$\log \pi = .49714\,98727\,4,$$

which is surely correct to within 1 in the tenth place. The correct value is $.49714\,98726\,9\cdots$.

The process may be applied to any other number in an analogous manner. Such high-place logarithms are occasionally needed in statistical work and in the preparation of tables.

11. Method of Computing Antilogarithms. The condensed table of antilogarithms gives eleven significant figures (ten decimal places). From it, the antilogarithm of any number can be computed to within 5 in the tenth significant digit.

Thus, to compute the antilogarithm of .4342944819 to 8 significant figures, we may write

$$10^{.43429\,44819} = (10^{.4})(10^{.03})(10^{.004})(10^{.0002})(10^{.00009})(10^{.0000044819}).$$

The first five factors may be obtained directly from the table. The last factor may be calculated from the formula $10^x = 1 + (1/M)x$. The error in this formula is less than 3 in the $(2k)$th decimal place if x is less than $(.1)^k$, where $k > 1$.

However, a much more rapid process depends on the use of Tables I and XI with this table. Thus, by Table I, $10^{.43429} = 2.718$, nearly. By Table XI, $\log 2.718 = .43424\,94524\cdots$. Hence $10^{.43429\,44819} = (2.718)(10^{.0000450295})$ $= (2.718)(10^{.00004})(10^{.0000050295})$. Obtaining the second factor from this table, and the last factor from the formula $10^x = 1 + (1/M)x$, by Table VIII, we find $10^{.43429\,44819} = 2.71828\,1826$; while the correct value is $2.718281828\cdots$. This process requires only *two* long multiplications.

---

* Hoüel, *Recueil de Formules et de Tables numériques.*

II. FIVE-PLACE TABLE OF THE ACTUAL VALUES OF THE TRIGONOMETRIC FUNCTIONS OF ANGLES

12. Direct Readings. This table gives the sines, cosines, tangents, and cotangents of the angles from 0° to 45°; and by a simple device, indicated by the printing, the values of these functions for angles from 45° to 90° may be read directly from the same table. For angles less than 45° read down the page, the degrees being found at the top and the minutes on the left; for angles greater than 45° read up the page, the degrees being found at the bottom and the minutes on the right.

To find a function of an angle (such as 15° 27′.6, for example) which does not reduce to an integral number of minutes, we employ the process of interpolation. To illustrate, let us find tan 15° 27′.6. In the table we find tan 15° 27′ = .27638 and tan 15° 28′ = .27670; we know that tan 15° 27′.6 lies between these two numbers. The process of interpolation depends on the assumption that between 15° 27′ and 15° 28′ the tangent of the angle varies directly as the angle; while this assumption is not strictly true, it gives an approximation sufficiently accurate for a five-place table. Thus we should assume that tan 15° 27′.5 is halfway between .27638 and .27670. We may state the problem as follows: An increase of 1′ in the angle increases the tangent .00032; assuming that the tangent varies as the angle, an increase of 0′.6 in the angle will increase the tangent by .6 × .00032 = .00019 (retaining only five places); hence

$$\tan 15° 27'.6 = .27638 + .00019 = .27657.$$

The difference between two successive values in the table is called, as in Table I, the *tabular difference* (.00032 above). The proportional part of the tabular difference which is used is called the *correction* (.00019 above), and is found by multiplying the tabular difference by the appropriate fraction of the smallest unit given in the table.

Example 1. Find sin 63° 52′.8.
We find
    sin 63° 52′ = .89777;
    tabular difference = .00013 (subtracted mentally from the table),
    correction = .8 × .00013 = .00010 (to be added).
Hence   sin 63° 52′.8 = .89787.

Example 2. Find cos 65° 24′.8.
    cos 65° 24′ = .41628;
    tabular difference = 26; .8 × 26 = 21
(to be subtracted because the cosine decreases as the angle increases).
Hence   cos 65° 24′.8 = .41607.

RULE. *To find a trigonometric function of an angle by interpolation: select the angle in the table which is next smaller than the given angle, and read its sine (cosine or tangent or cotangent as the case may be) and the tabular difference. Compute the correction as the proper proportional part of the tabular difference. In case of sines or tangents* **add** *the correction; in case of cosines or cotangents,* **subtract** *it.*

13. Reverse Readings. Interpolation is also used in finding the angle when one of its functions is given.

Example 1. Given sin $x = .32845$, to find x.

Looking in the table we find the sine which is next less than the given sine to be .32832, and this belongs to 19° 10'. Subtract the value of the sine selected from the given sine to obtain the actual difference = .00013; note that the tabular difference = .00027. The actual difference divided by the tabular difference gives the correction = 13/27 = .5 as the decimal of a minute (to be added). Hence $x = 19°\,10'.5$.

Example 2. Given cos $x = .28432$, to find x.

The cosine in the table next less than this is .28429 and belongs to 73° 29'; the tabular difference is 28; the actual difference is 3; correction = 3/28 = .1 (to be subtracted). Hence $x = 73°\,28'.9$.

RULE. *To find an angle when one of its trigonometric functions is given: select from the table the same named function which is next less than the given function, noting the corresponding angle and the tabular difference; compute the actual difference (between the selected value of the function and the given value) and divide it by the tabular difference; this gives the correction which is to be added if the given function is sine or tangent, and to be subtracted if the given function is cosine or cotangent.*

III. FIVE-PLACE COMMON LOGARITHMS OF THE TRIGONOMETRIC FUNCTIONS

14. Use of the Table. If it is required to find the numerical value of $x = 27.85 \times \sin 51°\,27'$, we may apply logarithms as follows:

$$\log 27.85 = 1.44483.$$
$$\log \sin 51°\,27' = 9.89324 - 10 \text{ (add)}.$$
$$\log x = 1.33807 \qquad x = 21.78$$

The only new idea here is the method of finding log sin 51° 27', which means the logarithm of the sine of 51° 27'. The most obvious way is to find in Table I, sin 51° 27' = .78206, and then to find in Table II, log .78206 = 9.89324 − 10, but this involves consulting two tables. To avoid the necessity of doing this, Table III gives the logarithms of the sines, cosines, tangents, and cotangents. The arrangement and the principles of interpolation are similar to those given on p. viii for Table I. The sines and cosines of all acute angles, the tangents of all acute angles less than 45° and the cotangents of all acute angles greater than 45° are proper fractions, and their logarithms end with − 10, which is not printed in the table, but which should be written down whenever such a logarithm is used.

Example 1. Find log sin 68° 25'.4.

On the page having 68° at the bottom, and in the row having 25' on the right find log sin 68° 25' = 9.96843 − 10, the tabular difference is 5; .4 × 5 is given in the margin as 2; this is the correction to be added, giving log sin 68° 25'.4 = 9.96845 − 10.

(In case of sine and tangent *add* the correction. In case of cosine and cotangent, subtract the correction.)

Example 2. Given log cos $x = 9.72581 - 10$, to find x.

The logarithmic cosine next less than the given one is $9.72562 - 10$ and belongs to $57° 53'$; the actual difference is 19; the tabular difference is 20; hence the correction is $19/20 = 1.0$ (to the nearest tenth); (subtract); hence $x = 57° 52'.0$.

In finding log ctn α for any angle α, note that log ctn $\alpha = -$ log tan α, since ctn $\alpha = 1/\tan \alpha$. Hence *the tabular differences for* log ctn *are precisely the same as those for* log tan *throughout the table, but taken in reversed order.* Likewise, log sec $\alpha = -$ log cos α, log csc $\alpha = -$ log sin α; hence log sec α and log csc α are omitted.

For angles near $0°$ or near $90°$, the interpolations are not very accurate if the differences are large. For the calculation of sine or tangent near $0°$, Table IIIa, page 45, gives the values of

$$S = \log \sin A - \log A' \quad \text{and} \quad T = \log \tan A - \log A',$$

where A is the given angle and A' is the number of minutes in A, for values of A between $0°$ and $3°$. Then

$$\log \sin A = \log A' + S \quad \text{and} \quad \log \tan A = \log A' + T,$$

for small angles. Moreover, since we have $\cos A = \sin(90° - A)$ and ctn $A = \tan(90° - A)$,

$$\log \cos A = \log(90° - A)' + S \quad \text{and} \quad \log \text{ctn } A = \log(90° - A)' + T,$$

when A is near $90°$.

Another method practically equivalent to the preceding is to use the approximate relations

$$\log \sin A - \log \sin B = \log A' - \log B'$$

and

$$\log \tan A - \log \tan B = \log A' - \log B',$$

where A is the given angle and B is the nearest angle to A that is given in the table. If $A < 3°$ and $|A - B| < 1'$, these formulas give log sin A and log tan A to five decimal places.

IV-V. RADIAN MEASURE

15. Computations in Radian Measure. The reduction of degrees to radians is facilitated by Table IV — *Conversion of Degrees to Radians.* Since π radians $= 180°$, this table may be regarded as a table of multiples of $\pi/180$.

The values of sin x, cos x, tan x, are stated for every angle x from 0.00 radians to 1.60 radians at intervals of .01 radian in Table V — *Trigonometric Functions in Radian Measure.* The values of any of these functions for larger values of x may be computed by first converting the value of the angle in radian measure to degree measure, by Table Va, and then finding the value of the function from Table II.

The reduction of radians to degrees can be performed directly by **Table V**; or, for greater accuracy, by the supplementary Table Va.

VI. POWERS — ROOTS — RECIPROCALS

16. Arrangement. This table is arranged so that the square, cube, square root, cube root, or reciprocal can be read directly to five decimal places for any number n of three significant figures. To attain this, not only n^2, n^3, $\sqrt{n}$, $\sqrt[3]{n}$, $1/n$, but also $\sqrt{10\,n}$, $\sqrt[3]{10\,n}$, $\sqrt[3]{100\,n}$ are printed on every page. All values have been carefully recomputed and checked.

<small>Thus to find $\sqrt{1.17}$, read in $\sqrt{n}$ column the result: 1.08167. To find $\sqrt{11.7}$, read *in the same line*, in $\sqrt{10\,n}$ column the result: 3.42053. To find $\sqrt{117}$, read 10 times the entry in $\sqrt{n}$ column, since $\sqrt{117} = 10\sqrt{1.17}$.
Similarly, $\sqrt[3]{1.17} = 1.05373$ from $\sqrt[3]{n}$ column; $\sqrt[3]{11.7} = 2.27019$ from *the same line* in $\sqrt[3]{10\,n}$ column; $\sqrt[3]{117} = 4.89097$ from *the same line* in $\sqrt[3]{100\,n}$ column.</small>

The effect of a change in the decimal point in n^2, n^3, and $1/n$ is only to shift the decimal point in the result, without altering the digits printed.

VII. NAPIERIAN OR NATURAL LOGARITHMS

17. The Base e. — Natural Logarithms. The number $e = 2.7182818\cdots$ is called the **natural base** of logarithms. The logarithms of numbers to this base are given in Table VII at intervals of .01 from 0.01 to 10.09, and at unit intervals from 10 to 409. The fundamental relation $\log_e n = \log_e 10 \times \log_{10} n$ enables us to transfer from the base 10 to the base e, or conversely; where $\log_e 10 = 2.30258509$.

VIII. MULTIPLES OF M AND OF $1/M$

18. Multiples of M and $1/M$. This table is convenient whenever a number is to be multiplied by M or by $1/M$. This occurs whenever it is desired to change from common logarithms to natural logarithms, or conversely, since $M = \log_{10} e$ and since we have

$$\log_{10} x = (\log_e x)(\log_{10} e) = M \log_e x \quad \text{and} \quad \log_e x = (1/M) \log_{10} x.$$

Other formulas that require these multiples are

$$\log_{10} e^x = x \log_{10} e = x \cdot M \quad \text{and} \quad \log_e(10^n \cdot x) = \log_e x + n(1/M);$$

and the approximate formulas (see §§ 10, 11, p. xiv)

$$\log_{10}(1 \pm x) = \pm x \cdot M \quad \text{and} \quad 10^{\pm x} = 1 \pm (1/M)x.$$

IX. VALUES AND LOGARITHMS OF HYPERBOLIC FUNCTIONS

19. Hyperbolic Functions. This table gives the values of e^x, e^{-x}, $\sinh x$, $\cosh x$, $\tanh x$; and the logarithms of e^x, $\sinh x$, $\cosh x$, at varying intervals from $x = 0$ to $x = 10$. It is to be noted that $\log e^{-x} = -\log e^x$ and $\log \tanh x = \log \sinh x - \log \cosh x$. The table may be extended indefinitely by means of Table VIII, since $\log_{10} e^x = x \cdot M$; for this reason Table VIII may be regarded as a table of values of $\log_{10} e^x$.

X. VALUES AND LOGARITHMS OF HAVERSINES

20. Haversines. This table gives the values and the logarithms of the haversines of angles from 0° to 180° at intervals of 10′. The haversine, which means *half of the versed sine*, is

$$\operatorname{hav} A = (1/2) \operatorname{vers} A = (1/2)(1 - \cos A);$$

hence its values to five places may be computed from the table of cosines. It is used extensively in navigation, and it may be used to advantage in the solution of ordinary oblique triangles.

XI. FACTOR TABLE — LOGARITHMS OF PRIMES

21. Factors of Composite Numbers. Logarithms of Primes. The uses of this table are evident in questions involving factoring, and for finding high-place logarithms of numbers whose prime factors are less than 2018.

We shall illustrate the finding of logarithms of other numbers by finding $\log \pi$. Taking $\pi = 3.14159\,26536$, divide by 3 (the first digit), obtaining $1.04719\,75512 \cdots$. Divide this quotient by 1.047 (in general, by the nearest first four digits), obtaining $1.00018\,8683 \cdots$. By Table VIII, the approximate formula $\log(1 \pm x) = \pm x \cdot M$ gives

$$
\begin{array}{lll}
\log 1.00018\,8683 = .00008\,1943 & \text{(Table VIII)} \\
\log 3 \qquad\qquad\;\; = .47712\,12547 & \text{(Table XI)} \\
\log 1.047 = \log 3 + \log .349 = \underline{.01994\,66817} & \text{(Table XI)} \\
\log \pi \qquad\qquad\;\; = .49714\,9879 &
\end{array}
$$

while the true value of $\log \pi$ is .49714 98726 9, so that the error is less than 1 in the eighth place. In general, this process will give the logarithm of *any* number to within 6 in the eighth decimal place, and the *probable error* is less than 1.5 in the eighth place. For still greater accuracy, see Table I*a* and § 10.

XII. INTEREST TABLES

22. Interest Tables. Tables XII *a, b, c, d* give compound interest and annuity data for various per cents up to fifty years. Aside from the obvious uses, formulas involving this data will be found in works on statistics, accounting, and the mathematics of business.

Table XII*e* gives the logarithms of $(1 + r)$ to fifteen places, for all ordinary values of r from 1/2 % to 10 %. For other values of r, $\log(1 + r)$ may be computed from Table I*a* (see § 10). The final result in interest calculations may be obtained to nine significant figures by the antilogarithms of Table I*a* (see § 11).

Table XII*f* is the American Experience Mortality Table.

XIV. FOUR-PLACE TABLES

23. Four-place Tables. These are duplicates of the preceding five-place tables, reduced to four places, and with larger intervals between the tabulations. The value of such four-place tables consists in the greater speed with which they can be used, in case the degree of accuracy they afford is sufficient for the purpose in hand.

XIV*a*. Logarithms of Numbers. The only special feature of this table is that *the proportional parts are printed for every tenth in every row;* hence the logarithm of any number of *four* significant figures can be read directly.

XIV*b*. Antilogarithms. This table will be found to facilitate approximate calculations to a marked degree. The proportional parts are stated in the right-hand margin for each row separately. This arrangement, with the corresponding one in Table XIV*a*, makes the tables *effectively* four-place each way.

XIV*c*. Values and Logarithms of Trigonometric Functions. In this table, the values of sin α, cos α, tan α, ctn α, and their common logarithms, are stated for each 10-minute interval in α. The characteristics of the logarithms are omitted, since they can be supplied readily from the value.

---

24. Sources and Checks used. In arranging all of these tables, several extant tables have been used as sources; and the proofs have been read against the standard seven-place tables of Vega, and at least one other table, or against at least two independent sources when the figures are not given by Vega. In all cases, the stereotyped plates have been proof-read five times, by three different persons.

In case of apparent doubt, especially in the last place of decimals, the values have been recomputed, either by series or by the condensed fifteen-place tables of Houël.

While errors may occur, it is believed that they must be purely typographical; in most cases such an error is revealed by the unreasonable differences it creates.

Greek Alphabet

Letters	Names	Letters	Names	Letters	Names	Letters	Names
A α	Alpha	H η	Eta	N ν	Nu	T τ	Tau
B β	Beta	Θ θ	Theta	Ξ ξ	Xi	Υ υ	Upsilon
Γ γ	Gamma	I ι	Iota	O ο	Omicron	Φ φ	Phi
Δ δ	Delta	K κ	Kappa	Π π	Pi	X χ	Chi
E ε	Epsilon	Λ λ	Lambda	P ρ	Rho	Ψ ψ	Psi
Z ζ	Zeta	M μ	Mu	Σ σ ς	Sigma	Ω ω	Omega

LOGARITHMIC AND TRIGONOMETRIC TABLES

TABLE I

COMMON LOGARITHMS OF NUMBERS

FROM

1 TO 10 000

TO

FIVE DECIMAL PLACES

1—100

N	Log	N	Log	N	Log	N	Log	N	Log
0	——	**20**	1.30 103	**40**	1.60 206	**60**	1.77 815	**80**	1.90 309
1	0.00 000	21	1.32 222	41	1.61 278	61	1.78 533	81	1.90 849
2	0.30 103	22	1.34 242	42	1.62 325	62	1.79 239	82	1.91 381
3	0.47 712	23	1.36 173	43	1.63 347	63	1.79 934	83	1.91 908
4	0.60 206	24	1.38 021	44	1.64 345	64	1.80 618	84	1.92 428
5	0.69 897	25	1.39 794	45	1.65 321	65	1.81 291	85	1.92 942
6	0.77 815	26	1.41 497	46	1.66 276	66	1.81 954	86	1.93 450
7	0.84 510	27	1.43 136	47	1.67 210	67	1.82 607	87	1.93 952
8	0.90 309	28	1.44 716	48	1.68 124	68	1.83 251	88	1.94 448
9	0.95 424	29	1.46 240	49	1.69 020	69	1.83 885	89	1.94 939
10	1.00 000	**30**	1.47 712	**50**	1.69 897	**70**	1.84 510	**90**	1.95 424
11	1.04 139	31	1.49 136	51	1.70 757	71	1.85 126	91	1.95 904
12	1.07 918	32	1.50 515	52	1.71 600	72	1.85 733	92	1.96 379
13	1.11 394	33	1.51 851	53	1.72 428	73	1.86 332	93	1.96 848
14	1.14 613	34	1.53 148	54	1.73 239	74	1.86 923	94	1.97 313
15	1.17 609	35	1.54 407	55	1.74 036	75	1.87 506	95	1.97 772
16	1.20 412	36	1.55 630	56	1.74 819	76	1.88 081	96	1.98 227
17	1.23 045	37	1.56 820	57	1.75 587	77	1.88 649	97	1.98 677
18	1.25 527	38	1.57 978	58	1.76 343	78	1.89 209	98	1.99 123
19	1.27 875	39	1.59 106	59	1.77 085	79	1.89 763	99	1.99 564
N	Log	N	Log	N	Log	N	Log	N	Log

100 — Logarithms of Numbers — 150

N.	0	1	2	3	4	5	6	7	8	9	Prop. Pts.		
100	00 000	043	087	130	173	217	260	303	346	389			
01	432	475	518	561	604	647	689	732	775	817		**44**	**43**	**42**
02	860	903	945	988	*030	*072	*115	*157	*199	*242	1	4.4	4.3	4.2
03	01 284	326	368	410	452	494	536	578	620	662	2	8.8	8.6	8.4
04	703	745	787	828	870	912	953	995	*036	*078	3	13.2	12.9	12.6
05	02 119	160	202	243	284	325	366	407	449	490	4	17.6	17.2	16.8
06	531	572	612	653	694	735	776	816	857	898	5	22.0	21.5	21.0
07	938	979	*019	*060	*100	*141	*181	*222	*262	*302	6	26.4	25.8	25.2
08	03 342	383	423	463	503	543	583	623	663	703	7	30.8	30.1	29.4
09	743	782	822	862	902	941	981	*021	*060	*100	8	35.2	34.4	33.6
											9	39.6	38.7	37.8
110	04 139	179	218	258	297	336	376	415	454	493			
11	532	571	610	650	689	727	766	805	844	883		**41**	**40**	**39**
12	922	961	999	*038	*077	*115	*154	*192	*231	*269	1	4.1	4.0	3.9
13	05 308	346	385	423	461	500	538	576	614	652	2	8.2	8.0	7.8
14	690	729	767	805	843	881	918	956	994	*032	3	12.3	12.0	11.7
15	06 070	108	145	183	221	258	296	333	371	408	4	16.4	16.0	15.6
16	446	483	521	558	595	633	670	707	744	781	5	20.5	20.0	19.5
17	819	856	893	930	967	*004	*041	*078	*115	*151	6	24.6	24.0	23.4
18	07 188	225	262	298	335	372	408	445	482	518	7	28.7	28.0	27.3
19	555	591	628	664	700	737	773	809	846	882	8	32.8	32.0	31.2
											9	36.9	36.0	35.1
120	918	954	990	*027	*063	*099	*135	*171	*207	*243			
21	08 279	314	350	386	422	458	493	529	565	600		**38**	**37**	**36**
22	636	672	707	743	778	814	849	884	920	955	1	3.8	3.7	3.6
23	991	*026	*061	*096	*132	*167	*202	*237	*272	*307	2	7.6	7.4	7.2
24	09 342	377	412	447	482	517	552	587	621	656	3	11.4	11.1	10.8
25	691	726	760	795	830	864	899	934	968	*003	4	15.2	14.8	14.4
26	10 037	072	106	140	175	209	243	278	312	346	5	19.0	18.5	18.0
27	380	415	449	483	517	551	585	619	653	687	6	22.8	22.2	21.6
28	721	755	789	823	857	890	924	958	992	*025	7	26.6	25.9	25.2
29	11 059	093	126	160	193	227	261	294	327	361	8	30.4	29.6	28.8
											9	34.2	33.3	32.4
130	394	428	461	494	528	561	594	628	661	694			
31	727	760	793	826	860	893	926	959	992	*024		**35**	**34**	**33**
32	12 057	090	123	156	189	222	254	287	320	352	1	3.5	3.4	3.3
33	385	418	450	483	516	548	581	613	646	678	2	7.0	6.8	6.6
34	710	743	775	808	840	872	905	937	969	*001	3	10.5	10.2	9.9
35	13 033	066	098	130	162	194	226	258	290	322	4	14.0	13.6	13.2
36	354	386	418	450	481	513	545	577	609	640	5	17.5	17.0	16.5
37	672	704	735	767	799	830	862	893	925	956	6	21.0	20.4	19.8
38	988	*019	*051	*082	*114	*145	*176	*208	*239	*270	7	24.5	23.8	23.1
39	14 301	333	364	395	426	457	489	520	551	582	8	28.0	27.2	26.4
											9	31.5	30.6	29.7
140	613	644	675	706	737	768	799	829	860	891			
41	922	953	983	*014	*045	*076	*106	*137	*168	*198		**32**	**31**	**30**
42	15 229	259	290	320	351	381	412	442	473	503	1	3.2	3.1	3.0
43	534	564	594	625	655	685	715	746	776	806	2	6.4	6.2	6.0
44	836	866	897	927	957	987	*017	*047	*077	*107	3	9.6	9.3	9.0
45	16 137	167	197	227	256	286	316	346	376	406	4	12.8	12.4	12.0
46	435	465	495	524	554	584	613	643	673	702	5	16.0	15.5	15.0
47	732	761	791	820	850	879	909	938	967	997	6	19.2	18.6	18.0
48	17 026	056	085	114	143	173	202	231	260	289	7	22.4	21.7	21.0
49	319	348	377	406	435	464	493	522	551	580	8	25.6	24.8	24.0
											9	28.8	27.9	27.0
150	609	638	667	696	725	754	782	811	840	869			
N.	0	1	2	3	4	5	6	7	8	9	Prop. Pts.		

150 — Logarithms of Numbers — 200

N.	0	1	2	3	4	5	6	7	8	9	Prop. Pts.		
150	17 609	638	667	696	725	754	782	811	840	869			
51	898	926	955	984	*013	*041	*070	*099	*127	*156			
52	18 184	213	241	270	298	327	355	384	412	441			
53	469	498	526	554	583	611	639	667	696	724			
54	752	780	808	837	865	893	921	949	977	*005			
55	19 033	061	089	117	145	173	201	229	257	285			
56	312	340	368	396	424	451	479	507	535	562			
57	590	618	645	673	700	728	756	783	811	838			
58	866	893	921	948	976	*003	*030	*058	*085	*112			
59	20 140	167	194	222	249	276	303	330	358	385			
160	412	439	466	493	520	548	575	602	629	656			
61	683	710	737	763	790	817	844	871	898	925		29	28	27
62	952	978	*005	*032	*059	*085	*112	*139	*165	*192	1	2.9	2.8	2.7
63	21 219	245	272	299	325	352	378	405	431	458	2	5.8	5.6	5.4
64	484	511	537	564	590	617	643	669	696	722	3	8.7	8.4	8.1
65	748	775	801	827	854	880	906	932	958	985	4	11.6	11.2	10.8
66	22 011	037	063	089	115	141	167	194	220	246	5	14.5	14.0	13.5
											6	17.4	16.8	16.2
67	272	298	324	350	376	401	427	453	479	505	7	20.3	19.6	18.9
68	531	557	583	608	634	660	686	712	737	763	8	23.2	22.4	21.6
69	789	814	840	866	891	917	943	968	994	*019	9	26.1	25.2	24.3
170	23 045	070	096	121	147	172	198	223	249	274				
71	300	325	350	376	401	426	452	477	502	528		26	25	24
72	553	578	603	629	654	679	704	729	754	779	1	2.6	2.5	2.4
73	805	830	855	880	905	930	955	980	*005	*030	2	5.2	5.0	4.8
74	24 055	080	105	130	155	180	204	229	254	279	3	7.8	7.5	7.2
75	304	329	353	378	403	428	452	477	502	527	4	10.4	10.0	9.6
76	551	576	601	625	650	674	699	724	748	773	5	13.0	12.5	12.0
											6	15.6	15.0	14.4
77	797	822	846	871	895	920	944	969	993	*018	7	18.2	17.5	16.8
78	25 042	066	091	115	139	164	188	212	237	261	8	20.8	20.0	19.2
79	285	310	334	358	382	406	431	455	479	503	9	23.4	22.5	21.6
180	527	551	575	600	624	648	672	696	720	744				
81	768	792	816	840	864	888	912	935	959	983		23	22	21
82	26 007	031	055	079	102	126	150	174	198	221	1	2.3	2.2	2.1
83	245	269	293	316	340	364	387	411	435	458	2	4.6	4.4	4.2
84	482	505	529	553	576	600	623	647	670	694	3	6.9	6.6	6.3
85	717	741	764	788	811	834	858	881	905	928	4	9.2	8.8	8.4
86	951	975	998	*021	*045	*068	*091	*114	*138	*161	5	11.5	11.0	10.5
											6	13.8	13.2	12.6
87	27 184	207	231	254	277	300	323	346	370	393	7	16.1	15.4	14.7
88	416	439	462	485	508	531	554	577	600	623	8	18.4	17.6	16.8
89	646	669	692	715	738	761	784	807	830	852	9	20.7	19.8	18.9
190	875	898	921	944	967	989	*012	*035	*058	*081				
91	28 103	126	149	171	194	217	240	262	285	307				
92	330	353	375	398	421	443	466	488	511	533				
93	556	578	601	623	646	668	691	713	735	758				
94	780	803	825	847	870	892	914	937	959	981				
95	29 003	026	048	070	092	115	137	159	181	203				
96	226	248	270	292	314	336	358	380	403	425				
97	447	469	491	513	535	557	579	601	623	645				
98	667	688	710	732	754	776	798	820	842	863				
99	885	907	929	951	973	994	*016	*038	*060	*081				
200	30 103	125	146	168	190	211	233	255	276	298				
N.	0	1	2	3	4	5	6	7	8	9	Prop. Pts.		

200 — Logarithms of Numbers — 250

N.	0	1	2	3	4	5	6	7	8	9	Prop. Pts.
200	30 103	125	146	168	190	211	233	255	276	298	
01	320	341	363	384	406	428	449	471	492	514	
02	535	557	578	600	621	643	664	685	707	728	
03	750	771	792	814	835	856	878	899	920	942	log 2 = .30102 99957
04	963	984	*006	*027	*048	*069	*091	*112	*133	*154	
05	31 175	197	218	239	260	281	302	323	345	366	
06	387	408	429	450	471	492	513	534	555	576	
07	597	618	639	660	681	702	723	744	765	785	
08	806	827	848	869	890	911	931	952	973	994	
09	32 015	035	056	077	098	118	139	160	181	201	
210	222	243	263	284	305	325	346	366	387	408	**22 | 21 | 20**
11	428	449	469	490	510	531	552	572	593	613	1 | 2.2 | 2.1 | 2.0
12	634	654	675	695	715	736	756	777	797	818	2 | 4.4 | 4.2 | 4.0
13	838	858	879	899	919	940	960	980	*001	*021	3 | 6.6 | 6.3 | 6.0
14	33 041	062	082	102	122	143	163	183	203	224	4 | 8.8 | 8.4 | 8.0
15	244	264	284	304	325	345	365	385	405	425	5 | 11.0 | 10.5 | 10.0
16	445	465	486	506	526	546	566	586	606	626	6 | 13.2 | 12.6 | 12.0
17	646	666	686	706	726	746	766	786	806	826	7 | 15.4 | 14.7 | 14.0
18	846	866	885	905	925	945	965	985	*005	*025	8 | 17.6 | 16.8 | 16.0
19	34 044	064	084	104	124	143	163	183	203	223	9 | 19.8 | 18.9 | 18.0
220	242	262	282	301	321	341	361	380	400	420	
21	439	459	479	498	518	537	557	577	596	616	
22	635	655	674	694	713	733	753	772	792	811	
23	830	850	869	889	908	928	947	967	986	*005	
24	35 025	044	064	083	102	122	141	160	180	199	
25	218	238	257	276	295	315	334	353	372	392	
26	411	430	449	468	488	507	526	545	564	583	
27	603	622	641	660	679	698	717	736	755	774	
28	793	813	832	851	870	889	908	927	946	965	
29	984	*003	*021	*040	*059	*078	*097	*116	*135	*154	
230	36 173	192	211	229	248	267	286	305	324	342	**19 | 18 | 17**
31	361	380	399	418	436	455	474	493	511	530	1 | 1.9 | 1.8 | 1.7
32	549	568	586	605	624	642	661	680	698	717	2 | 3.8 | 3.6 | 3.4
33	736	754	773	791	810	829	847	866	884	903	3 | 5.7 | 5.4 | 5.1
34	922	940	959	977	996	*014	*033	*051	*070	*088	4 | 7.6 | 7.2 | 6.8
35	37 107	125	144	162	181	199	218	236	254	273	5 | 9.5 | 9.0 | 8.5
36	291	310	328	346	365	383	401	420	438	457	6 | 11.4 | 10.8 | 10.2
37	475	493	511	530	548	566	585	603	621	639	7 | 13.3 | 12.6 | 11.9
38	658	676	694	712	731	749	767	785	803	822	8 | 15.2 | 14.4 | 13.6
39	840	858	876	894	912	931	949	967	985	*003	9 | 17.1 | 16.2 | 15.3
240	38 021	039	057	075	093	112	130	148	166	184	
41	202	220	238	256	274	292	310	328	346	364	
42	382	399	417	435	453	471	489	507	525	543	
43	561	578	596	614	632	650	668	686	703	721	
44	739	757	775	792	810	828	846	863	881	899	
45	917	934	952	970	987	*005	*023	*041	*058	*076	
46	39 094	111	129	146	164	182	199	217	235	252	
47	270	287	305	322	340	358	375	393	410	428	
48	445	463	480	498	515	533	550	568	585	602	
49	620	637	655	672	690	707	724	742	759	777	
250	794	811	829	846	863	881	898	915	933	950	
N.	0	1	2	3	4	5	6	7	8	9	Prop. Pts.

250 — Logarithms of Numbers — 300

N.	0	1	2	3	4	5	6	7	8	9	Prop. Pts.
250	39 794	811	829	846	863	881	898	915	933	950	
51	967	985	*002	*019	*037	*054	*071	*088	*106	*123	
52	40 140	157	175	192	209	226	243	261	278	295	
53	312	329	346	364	381	398	415	432	449	466	
54	483	500	518	535	552	569	586	603	620	637	
55	654	671	688	705	722	739	756	773	790	807	
56	824	841	858	875	892	909	926	943	960	976	
57	993	*010	*027	*044	*061	*078	*095	*111	*128	*145	
58	41 162	179	196	212	229	246	263	280	296	313	
59	330	347	363	380	397	414	430	447	464	481	
260	497	514	531	547	564	581	597	614	631	647	
61	664	681	697	714	731	747	764	780	797	814	**18** | **17** | **16**
62	830	847	863	880	896	913	929	946	963	979	1 | 1.8 | 1.7 | 1.6
63	996	*012	*029	*045	*062	*078	*095	*111	*127	*144	2 | 3.6 | 3.4 | 3.2
64	42 160	177	193	210	226	243	259	275	292	308	3 | 5.4 | 5.1 | 4.8
65	325	341	357	374	390	406	423	439	455	472	4 | 7.2 | 6.8 | 6.4
66	488	504	521	537	553	570	586	602	619	635	5 | 9.0 | 8.5 | 8.0
67	651	667	684	700	716	732	749	765	781	797	6 | 10.8 | 10.2 | 9.6
68	813	830	846	862	878	894	911	927	943	959	7 | 12.6 | 11.9 | 11.2
69	975	991	*008	*024	*040	*056	*072	*088	*104	*120	8 | 14.4 | 13.6 | 12.8
270	43 136	152	169	185	201	217	233	249	265	281	9 | 16.2 | 15.3 | 14.4
71	297	313	329	345	361	377	393	409	425	441	
72	457	473	489	505	521	537	553	569	584	600	
73	616	632	648	664	680	696	712	727	743	759	$M = \log_{10} e$
74	775	791	807	823	838	854	870	886	902	917	$= \log_{10} 2.718\cdots$
75	933	949	965	981	996	*012	*028	*044	*059	*075	$= .43429\,44819$
76	44 091	107	122	138	154	170	185	201	217	232	
77	248	264	279	295	311	326	342	358	373	389	
78	404	420	436	451	467	483	498	514	529	545	
79	560	576	592	607	623	638	654	669	685	700	
280	716	731	747	762	778	793	809	824	840	855	
81	871	886	902	917	932	948	963	979	994	*010	
82	45 025	040	056	071	086	102	117	133	148	163	**15** | **14**
83	179	194	209	225	240	255	271	286	301	317	1 | 1.5 | 1.4
84	332	347	362	378	393	408	423	439	454	469	2 | 3.0 | 2.8
85	484	500	515	530	545	561	576	591	606	621	3 | 4.5 | 4.2
86	637	652	667	682	697	712	728	743	758	773	4 | 6.0 | 5.6
87	788	803	818	834	849	864	879	894	909	924	5 | 7.5 | 7.0
88	939	954	969	984	*000	*015	*030	*045	*060	*075	6 | 9.0 | 8.4
89	46 090	105	120	135	150	165	180	195	210	225	7 | 10.5 | 9.8
290	240	255	270	285	300	315	330	345	359	374	8 | 12.0 | 11.2
91	389	404	419	434	449	464	479	494	509	523	9 | 13.5 | 12.6
92	538	553	568	583	598	613	627	642	657	672	
93	687	702	716	731	746	761	776	790	805	820	
94	835	850	864	879	894	909	923	938	953	967	
95	982	997	*012	*026	*041	*056	*070	*085	*100	*114	
96	47 129	144	159	173	188	202	217	232	246	261	
97	276	290	305	319	334	349	363	378	392	407	
98	422	436	451	465	480	494	509	524	538	553	
99	567	582	596	611	625	640	654	669	683	698	
300	712	727	741	756	770	784	799	813	828	842	
N.	0	1	2	3	4	5	6	7	8	9	Prop. Pts.

300 — Logarithms of Numbers — 350

N.	0	1	2	3	4	5	6	7	8	9	Prop. Pts.
300	47 712	727	741	756	770	784	799	813	828	842	
01	857	871	885	900	914	929	943	958	972	986	
02	48 001	015	029	044	058	073	087	101	116	130	
03	144	159	173	187	202	216	230	244	259	273	
04	287	302	316	330	344	359	373	387	401	416	log 3 = .4771212547
05	430	444	458	473	487	501	515	530	544	558	log π = .4971498727
06	572	586	601	615	629	643	657	671	686	700	
07	714	728	742	756	770	785	799	813	827	841	
08	855	869	883	897	911	926	940	954	968	982	
09	996	*010	*024	*038	*052	*066	*080	*094	*108	*122	
310	49 136	150	164	178	192	206	220	234	248	262	
11	276	290	304	318	332	346	360	374	388	402	**15** **14**
12	415	429	443	457	471	485	499	513	527	541	1 1.5 1.4
13	554	568	582	596	610	624	638	651	665	679	2 3.0 2.8
14	693	707	721	734	748	762	776	790	803	817	3 4.5 4.2
15	831	845	859	872	886	900	914	927	941	955	4 6.0 5.6
16	969	982	996	*010	*024	*037	*051	*065	*079	*092	5 7.5 7.0
17	50 106	120	133	147	161	174	188	202	215	229	6 9.0 8.4
18	243	256	270	284	297	311	325	338	352	365	7 10.5 9.8
19	379	393	406	420	433	447	461	474	488	501	8 12.0 11.2
320	515	529	542	556	569	583	596	610	623	637	9 13.5 12.6
21	651	664	678	691	705	718	732	745	759	772	
22	786	799	813	826	840	853	866	880	893	907	
23	920	934	947	961	974	987	*001	*014	*028	*041	
24	51 055	068	081	095	108	121	135	148	162	175	
25	188	202	215	228	242	255	268	282	295	308	
26	322	335	348	362	375	388	402	415	428	441	
27	455	468	481	495	508	521	534	548	561	574	
28	587	601	614	627	640	654	667	680	693	706	
29	720	733	746	759	772	786	799	812	825	838	
330	851	865	878	891	904	917	930	943	957	970	
31	983	996	*009	*022	*035	*048	*061	*075	*088	*101	**13** **12**
32	52 114	127	140	153	166	179	192	205	218	231	1 1.3 1.2
33	244	257	270	284	297	310	323	336	349	362	2 2.6 2.4
34	375	388	401	414	427	440	453	466	479	492	3 3.9 3.6
35	504	517	530	543	556	569	582	595	608	621	4 5.2 4.8
36	634	647	660	673	686	699	711	724	737	750	5 6.5 6.0
37	763	776	789	802	815	827	840	853	866	879	6 7.8 7.2
38	892	905	917	930	943	956	969	982	994	*007	7 9.1 8.4
39	53 020	033	046	058	071	084	097	110	122	135	8 10.4 9.6
340	148	161	173	186	199	212	224	237	250	263	9 11.7 10.8
41	275	288	301	314	326	339	352	364	377	390	
42	403	415	428	441	453	466	479	491	504	517	
43	529	542	555	567	580	593	605	618	631	643	
44	656	668	681	694	706	719	732	744	757	769	
45	782	794	807	820	832	845	857	870	882	895	
46	908	920	933	945	958	970	983	995	*008	*020	
47	54 033	045	058	070	083	095	108	120	133	145	
48	158	170	183	195	208	220	233	245	258	270	
49	283	295	307	320	332	345	357	370	382	394	
350	407	419	432	444	456	469	481	494	506	518	
N.	0	1	2	3	4	5	6	7	8	9	Prop. Pts.

350 — Logarithms of Numbers — 400

N.	0	1	2	3	4	5	6	7	8	9	Prop. Pts.
350	54 407	419	432	444	456	469	481	494	506	518	
51	531	543	555	568	580	593	605	617	630	642	
52	654	667	679	691	704	716	728	741	753	765	
53	777	790	802	814	827	839	851	864	876	888	
54	900	913	925	937	949	962	974	986	998	*011	
55	55 023	035	047	060	072	084	096	108	121	133	
56	145	157	169	182	194	206	218	230	242	255	
57	267	279	291	303	315	328	340	352	364	376	
58	388	400	413	425	437	449	461	473	485	497	
59	509	522	534	546	558	570	582	594	606	618	
360	630	642	654	666	678	691	703	715	727	739	
61	751	763	775	787	799	811	823	835	847	859	
62	871	883	895	907	919	931	943	955	967	979	
63	991	*003	*015	*027	*038	*050	*062	*074	*086	*098	
64	56 110	122	134	146	158	170	182	194	205	217	
65	229	241	253	265	277	289	301	312	324	336	
66	348	360	372	384	396	407	419	431	443	455	
67	467	478	490	502	514	526	538	549	561	573	
68	585	597	608	620	632	644	656	667	679	691	
69	703	714	726	738	750	761	773	785	797	808	
370	820	832	844	855	867	879	891	902	914	926	
71	937	949	961	972	984	996	*008	*019	*031	*043	
72	57 054	066	078	089	101	113	124	136	148	159	
73	171	183	194	206	217	229	241	252	264	276	
74	287	299	310	322	334	345	357	368	380	392	
75	403	415	426	438	449	461	473	484	496	507	
76	519	530	542	553	565	576	588	600	611	623	
77	634	646	657	669	680	692	703	715	726	738	
78	749	761	772	784	795	807	818	830	841	852	
79	864	875	887	898	910	921	933	944	955	967	
380	978	990	*001	*013	*024	*035	*047	*058	*070	*081	
81	58 092	104	115	127	138	149	161	172	184	195	
82	206	218	229	240	252	263	274	286	297	309	
83	320	331	343	354	365	377	388	399	410	422	
84	433	444	456	467	478	490	501	512	524	535	
85	546	557	569	580	591	602	614	625	636	647	
86	659	670	681	692	704	715	726	737	749	760	
87	771	782	794	805	816	827	838	850	861	872	
88	883	894	906	917	928	939	950	961	973	984	
89	995	*006	*017	*028	*040	*051	*062	*073	*084	*095	
390	59 106	118	129	140	151	162	173	184	195	207	
91	218	229	240	251	262	273	284	295	306	318	
92	329	340	351	362	373	384	395	406	417	428	
93	439	450	461	472	483	494	506	517	528	539	
94	550	561	572	583	594	605	616	627	638	649	
95	660	671	682	693	704	715	726	737	748	759	
96	770	780	791	802	813	824	835	846	857	868	
97	879	890	901	912	923	934	945	956	966	977	
98	988	999	*010	*021	*032	*043	*054	*065	*076	*086	
99	60 097	108	119	130	141	152	163	173	184	195	
400	206	217	228	239	249	260	271	282	293	304	
N.	0	1	2	3	4	5	6	7	8	9	Prop. Pts.

Prop. Pts.

	13	12
1	1.3	1.2
2	2.6	2.4
3	3.9	3.6
4	5.2	4.8
5	6.5	6.0
6	7.8	7.2
7	9.1	8.4
8	10.4	9.6
9	11.7	10.8

	11	10
1	1.1	1.0
2	2.2	2.0
3	3.3	3.0
4	4.4	4.0
5	5.5	5.0
6	6.6	6.0
7	7.7	7.0
8	8.8	8.0
9	9.9	9.0

400 — Logarithms of Numbers — 450

N.	0	1	2	3	4	5	6	7	8	9	Prop. Pts.
400	60 206	217	228	239	249	260	271	282	293	304	
01	314	325	336	347	358	369	379	390	401	412	
02	423	433	444	455	466	477	487	498	509	520	
03	531	541	552	563	574	584	595	606	617	627	
04	638	649	660	670	681	692	703	713	724	735	
05	746	756	767	778	788	799	810	821	831	842	
06	853	863	874	885	895	906	917	927	938	949	
07	959	970	981	991	*002	*013	*023	*034	*045	*055	
08	61 066	077	087	098	109	119	130	140	151	162	
09	172	183	194	204	215	225	236	247	257	268	
410	278	289	300	310	321	331	342	352	363	374	
11	384	395	405	416	426	437	448	458	469	479	
12	490	500	511	521	532	542	553	563	574	584	
13	595	606	616	627	637	648	658	669	679	690	
14	700	711	721	731	742	752	763	773	784	794	
15	805	815	826	836	847	857	868	878	888	899	
16	909	920	930	941	951	962	972	982	993	*003	
17	62 014	024	034	045	055	066	076	086	097	107	
18	118	128	138	149	159	170	180	190	201	211	
19	221	232	242	252	263	273	284	294	304	315	
420	325	335	346	356	366	377	387	397	408	418	
21	428	439	449	459	469	480	490	500	511	521	
22	531	542	552	562	572	583	593	603	613	624	
23	634	644	655	665	675	685	696	706	716	726	
24	737	747	757	767	778	788	798	808	818	829	
25	839	849	859	870	880	890	900	910	921	931	
26	941	951	961	972	982	992	*002	*012	*022	*033	
27	63 043	053	063	073	083	094	104	114	124	134	
28	144	155	165	175	185	195	205	215	225	236	
29	246	256	266	276	286	296	306	317	327	337	
430	347	357	367	377	387	397	407	417	428	438	
31	448	458	468	478	488	498	508	518	528	538	
32	548	558	568	579	589	599	609	619	629	639	
33	649	659	669	679	689	699	709	719	729	739	
34	749	759	769	779	789	799	809	819	829	839	
35	849	859	869	879	889	899	909	919	929	939	
36	949	959	969	979	988	998	*008	*018	*028	*038	
37	64 048	058	068	078	088	098	108	118	128	137	
38	147	157	167	177	187	197	207	217	227	237	
39	246	256	266	276	286	296	306	316	326	335	
440	345	355	365	375	385	395	404	414	424	434	
41	444	454	464	473	483	493	503	513	523	532	
42	542	552	562	572	582	591	601	611	621	631	
43	640	650	660	670	680	689	699	709	719	729	
44	738	748	758	768	777	787	797	807	816	826	
45	836	846	856	865	875	885	895	904	914	924	
46	933	943	953	963	972	982	992	*002	*011	*021	
47	65 031	040	050	060	070	079	089	099	108	118	
48	128	137	147	157	167	176	186	196	205	215	
49	225	234	244	254	263	273	283	292	302	312	
450	321	331	341	350	360	369	379	389	398	408	
N.	0	1	2	3	4	5	6	7	8	9	Prop. Pts.

	11	10	9
1	1.1	1.0	0.9
2	2.2	2.0	1.8
3	3.3	3.0	2.7
4	4.4	4.0	3.6
5	5.5	5.0	4.5
6	6.6	6.0	5.4
7	7.7	7.0	6.3
8	8.8	8.0	7.2
9	9.9	9.0	8.1

$\log M = \log [\log e] = 9.63778431 - 10$

450 — Logarithms of Numbers — 500

N.	0	1	2	3	4	5	6	7	8	9	Prop. Pts.
450	65 321	331	341	350	360	369	379	389	398	408	
51	418	427	437	447	456	466	475	485	495	504	
52	514	523	533	543	552	562	571	581	591	600	
53	610	619	629	639	648	658	667	677	686	696	
54	706	715	725	734	744	753	763	772	782	792	
55	801	811	820	830	839	849	858	868	877	887	
56	896	906	916	925	935	944	954	963	973	982	
57	992	*001	*011	*020	*030	*039	*049	*058	*068	*077	
58	66 087	096	106	115	124	134	143	153	162	172	
59	181	191	200	210	219	229	238	247	257	266	
460	276	285	295	304	314	323	332	342	351	361	
61	370	380	389	398	408	417	427	436	445	455	
62	464	474	483	492	502	511	521	530	539	549	
63	558	567	577	586	596	605	614	624	633	642	
64	652	661	671	680	689	699	708	717	727	736	
65	745	755	764	773	783	792	801	811	820	829	
66	839	848	857	867	876	885	894	904	913	922	
67	932	941	950	960	969	978	987	997	*006	*015	
68	67 025	034	043	052	062	071	080	089	099	108	
69	117	127	136	145	154	164	173	182	191	201	
470	210	219	228	237	247	256	265	274	284	293	
71	302	311	321	330	339	348	357	367	376	385	
72	394	403	413	422	431	440	449	459	468	477	
73	486	495	504	514	523	532	541	550	560	569	
74	578	587	596	605	614	624	633	642	651	660	
75	669	679	688	697	706	715	724	733	742	752	
76	761	770	779	788	797	806	815	825	834	843	
77	852	861	870	879	888	897	906	916	925	934	
78	943	952	961	970	979	988	997	*006	*015	*024	
79	68 034	043	052	061	070	079	088	097	106	115	
480	124	133	142	151	160	169	178	187	196	205	
81	215	224	233	242	251	260	269	278	287	296	
82	305	314	323	332	341	350	359	368	377	386	
83	395	404	413	422	431	440	449	458	467	476	
84	485	494	502	511	520	529	538	547	556	565	
85	574	583	592	601	610	619	628	637	646	655	
86	664	673	681	690	699	708	717	726	735	744	
87	753	762	771	780	789	797	806	815	824	833	
88	842	851	860	869	878	886	895	904	913	922	
89	931	940	949	958	966	975	984	993	*002	*011	
490	69 020	028	037	046	055	064	073	082	090	099	
91	108	117	126	135	144	152	161	170	179	188	
92	197	205	214	223	232	241	249	258	267	276	
93	285	294	302	311	320	329	338	346	355	364	
94	373	381	390	399	408	417	425	434	443	452	
95	461	469	478	487	496	504	513	522	531	539	
96	548	557	566	574	583	592	601	609	618	627	
97	636	644	653	662	671	679	688	697	705	714	
98	723	732	740	749	758	767	775	784	793	801	
99	810	819	827	836	845	854	862	871	880	888	
500	897	906	914	923	932	940	949	958	966	975	
N.	0	1	2	3	4	5	6	7	8	9	Prop. Pts.

	10	9	8
1	1.0	0.9	0.8
2	2.0	1.8	1.6
3	3.0	2.7	2.4
4	4.0	3.6	3.2
5	5.0	4.5	4.0
6	6.0	5.4	4.8
7	7.0	6.3	5.6
8	8.0	7.2	6.4
9	9.0	8.1	7.2

500 — Logarithms of Numbers — 550

N.	0	1	2	3	4	5	6	7	8	9	Prop. Pts.
500	69 897	906	914	923	932	940	949	958	966	975	
01	984	992	*001	*010	*018	*027	*036	*044	*053	*062	
02	70 070	079	088	096	105	114	122	131	140	148	$\log 5 = .69897\ 00043$
03	157	165	174	183	191	200	209	217	226	234	
04	243	252	260	269	278	286	295	303	312	321	
05	329	338	346	355	364	372	381	389	398	406	
06	415	424	432	441	449	458	467	475	484	492	
07	501	509	518	526	535	544	552	561	569	578	
08	586	595	603	612	621	629	638	646	655	663	
09	672	680	689	697	706	714	723	731	740	749	
510	757	766	774	783	791	800	808	817	825	834	
11	842	851	859	868	876	885	893	902	910	919	
12	927	935	944	952	961	969	978	986	995	*003	
13	71 012	020	029	037	046	054	063	071	079	088	
14	096	105	113	122	130	139	147	155	164	172	
15	181	189	198	206	214	223	231	240	248	257	
16	265	273	282	290	299	307	315	324	332	341	
17	349	357	366	374	383	391	399	408	416	425	
18	433	441	450	458	466	475	483	492	500	508	
19	517	525	533	542	550	559	567	575	584	592	
520	600	609	617	625	634	642	650	659	667	675	
21	684	692	700	709	717	725	734	742	750	759	
22	767	775	784	792	800	809	817	825	834	842	
23	850	858	867	875	883	892	900	908	917	925	
24	933	941	950	958	966	975	983	991	999	*008	
25	72 016	024	032	041	049	057	066	074	082	090	
26	099	107	115	123	132	140	148	156	165	173	
27	181	189	198	206	214	222	230	239	247	255	
28	263	272	280	288	296	304	313	321	329	337	
29	346	354	362	370	378	387	395	403	411	419	
530	428	436	444	452	460	469	477	485	493	501	
31	509	518	526	534	542	550	558	567	575	583	
32	591	599	607	616	624	632	640	648	656	665	
33	673	681	689	697	705	713	722	730	738	746	
34	754	762	770	779	787	795	803	811	819	827	
35	835	843	852	860	868	876	884	892	900	908	
36	916	925	933	941	949	957	965	973	981	989	
37	997	*006	*014	*022	*030	*038	*046	*054	*062	*070	
38	73 078	086	094	102	111	119	127	135	143	151	
39	159	167	175	183	191	199	207	215	223	231	
540	239	247	255	263	272	280	288	296	304	312	
41	320	328	336	344	352	360	368	376	384	392	
42	400	408	416	424	432	440	448	456	464	472	
43	480	488	496	504	512	520	528	536	544	552	
44	560	568	576	584	592	600	608	616	624	632	
45	640	648	656	664	672	679	687	695	703	711	
46	719	727	735	743	751	759	767	775	783	791	
47	799	807	815	823	830	838	846	854	862	870	
48	878	886	894	902	910	918	926	933	941	949	
49	957	965	973	981	989	997	*005	*013	*020	*028	
550	74 036	044	052	060	068	076	084	092	099	107	
N.	0	1	2	3	4	5	6	7	8	9	Prop. Pts.

Prop. Pts.

	9	8	7
1	0.9	0.8	0.7
2	1.8	1.6	1.4
3	2.7	2.4	2.1
4	3.6	3.2	2.8
5	4.5	4.0	3.5
6	5.4	4.8	4.2
7	6.3	5.6	4.9
8	7.2	6.4	5.6
9	8.1	7.2	6.3

550 — Logarithms of Numbers — 600

N.	0	1	2	3	4	5	6	7	8	9	Prop. Pts.
550	74 036	044	052	060	068	076	084	092	099	107	
51	115	123	131	139	147	155	162	170	178	186	
52	194	202	210	218	225	233	241	249	257	265	
53	273	280	288	296	304	312	320	327	335	343	
54	351	359	367	374	382	390	398	406	414	421	
55	429	437	445	453	461	468	476	484	492	500	
56	507	515	523	531	539	547	554	562	570	578	
57	586	593	601	609	617	624	632	640	648	656	
58	663	671	679	687	695	702	710	718	726	733	
59	741	749	757	764	772	780	788	796	803	811	
560	819	827	834	842	850	858	865	873	881	889	
61	896	904	912	920	927	935	943	950	958	966	
62	974	981	989	997	*005	*012	*020	*028	*035	*043	
63	75 051	059	066	074	082	089	097	105	113	120	
64	128	136	143	151	159	166	174	182	189	197	
65	205	213	220	228	236	243	251	259	266	274	
66	282	289	297	305	312	320	328	335	343	351	
67	358	366	374	381	389	397	404	412	420	427	
68	435	442	450	458	465	473	481	488	496	504	
69	511	519	526	534	542	549	557	565	572	580	
570	587	595	603	610	618	626	633	641	648	656	
71	664	671	679	686	694	702	709	717	724	732	
72	740	747	755	762	770	778	785	793	800	808	
73	815	823	831	838	846	853	861	868	876	884	
74	891	899	906	914	921	929	937	944	952	959	
75	967	974	982	989	997	*005	*012	*020	*027	*035	
76	76 042	050	057	065	072	080	087	095	103	110	
77	118	125	133	140	148	155	163	170	178	185	
78	193	200	208	215	223	230	238	245	253	260	
79	268	275	283	290	298	305	313	320	328	335	
580	343	350	358	365	373	380	388	395	403	410	
81	418	425	433	440	448	455	462	470	477	485	
82	492	500	507	515	522	530	537	545	552	559	
83	567	574	582	589	597	604	612	619	626	634	
84	641	649	656	664	671	678	686	693	701	708	
85	716	723	730	738	745	753	760	768	775	782	
86	790	797	805	812	819	827	834	842	849	856	
87	864	871	879	886	893	901	908	916	923	930	
88	938	945	953	960	967	975	982	989	997	*004	
89	77 012	019	026	034	041	048	056	063	070	078	
590	085	093	100	107	115	122	129	137	144	151	
91	159	166	173	181	188	195	203	210	217	225	
92	232	240	247	254	262	269	276	283	291	298	
93	305	313	320	327	335	342	349	357	364	371	
94	379	386	393	401	408	415	422	430	437	444	
95	452	459	466	474	481	488	495	503	510	517	
96	525	532	539	546	554	561	568	576	583	590	
97	597	605	612	619	627	634	641	648	656	663	
98	670	677	685	692	699	706	714	721	728	735	
99	743	750	757	764	772	779	786	793	801	808	
600	815	822	830	837	844	851	859	866	873	880	
N.	0	1	2	3	4	5	6	7	8	9	Prop. Pts.

	8	7
1	0.8	0.7
2	1.6	1.4
3	2.4	2.1
4	3.2	2.8
5	4.0	3.5
6	4.8	4.2
7	5.6	4.9
8	6.4	5.6
9	7.2	6.3

600 — Logarithms of Numbers — 650

N.	0	1	2	3	4	5	6	7	8	9
600	77 815	822	830	837	844	851	859	866	873	880
01	887	895	902	909	916	924	931	938	945	952
02	960	967	974	981	988	996	*003	*010	*017	*025
03	78 032	039	046	053	061	068	075	082	089	097
04	104	111	118	125	132	140	147	154	161	168
05	176	183	190	197	204	211	219	226	233	240
06	247	254	262	269	276	283	290	297	305	312
07	319	326	333	340	347	355	362	369	376	383
08	390	398	405	412	419	426	433	440	447	455
09	462	469	476	483	490	497	504	512	519	526
610	533	540	547	554	561	569	576	583	590	597
11	604	611	618	625	633	640	647	654	661	668
12	675	682	689	696	704	711	718	725	732	739
13	746	753	760	767	774	781	789	796	803	810
14	817	824	831	838	845	852	859	866	873	880
15	888	895	902	909	916	923	930	937	944	951
16	958	965	972	979	986	993	*000	*007	*014	*021
17	79 029	036	043	050	057	064	071	078	085	092
18	099	106	113	120	127	134	141	148	155	162
19	169	176	183	190	197	204	211	218	225	232
620	239	246	253	260	267	274	281	288	295	302
21	309	316	323	330	337	344	351	358	365	372
22	379	386	393	400	407	414	421	428	435	442
23	449	456	463	470	477	484	491	498	505	511
24	518	525	532	539	546	553	560	567	574	581
25	588	595	602	609	616	623	630	637	644	650
26	657	664	671	678	685	692	699	706	713	720
27	727	734	741	748	754	761	768	775	782	789
28	796	803	810	817	824	831	837	844	851	858
29	865	872	879	886	893	900	906	913	920	927
630	934	941	948	955	962	969	975	982	989	996
31	80 003	010	017	024	030	037	044	051	058	065
32	072	079	085	092	099	106	113	120	127	134
33	140	147	154	161	168	175	182	188	195	202
34	209	216	223	229	236	243	250	257	264	271
35	277	284	291	298	305	312	318	325	332	339
36	346	353	359	366	373	380	387	393	400	407
37	414	421	428	434	441	448	455	462	468	475
38	482	489	496	502	509	516	523	530	536	543
39	550	557	564	570	577	584	591	598	604	611
640	618	625	632	638	645	652	659	665	672	679
41	686	693	699	706	713	720	726	733	740	747
42	754	760	767	774	781	787	794	801	808	814
43	821	828	835	841	848	855	862	868	875	882
44	889	895	902	909	916	922	929	936	943	949
45	956	963	969	976	983	990	996	*003	*010	*017
46	81 023	030	037	043	050	057	064	070	077	084
47	090	097	104	111	117	124	131	137	144	151
48	158	164	171	178	184	191	198	204	211	218
49	224	231	238	245	251	258	265	271	278	285
650	291	298	305	311	318	325	331	338	345	351
N.	0	1	2	3	4	5	6	7	8	9

Prop. Pts.

	8	7	6
1	0.8	0.7	0.6
2	1.6	1.4	1.2
3	2.4	2.1	1.8
4	3.2	2.8	2.4
5	4.0	3.5	3.0
6	4.8	4.2	3.6
7	5.6	4.9	4.2
8	6.4	5.6	4.8
9	7.2	6.3	5.4

650 — Logarithms of Numbers — 700

N.	0	1	2	3	4	5	6	7	8	9	Prop. Pts.
650	81 291	298	305	311	318	325	331	338	345	351	
51	358	365	371	378	385	391	398	405	411	418	
52	425	431	438	445	451	458	465	471	478	485	
53	491	498	505	511	518	525	531	538	544	551	
54	558	564	571	578	584	591	598	604	611	617	
55	624	631	637	644	651	657	664	671	677	684	
56	690	697	704	710	717	723	730	737	743	750	
57	757	763	770	776	783	790	796	803	809	816	
58	823	829	836	842	849	856	862	869	875	882	
59	889	895	902	908	915	921	928	935	941	948	
660	954	961	968	974	981	987	994	*000	*007	*014	
61	82 020	027	033	040	046	053	060	066	073	079	
62	086	092	099	105	112	119	125	132	138	145	
63	151	158	164	171	178	184	191	197	204	210	
64	217	223	230	236	243	249	256	263	269	276	
65	282	289	295	302	308	315	321	328	334	341	
66	347	354	360	367	373	380	387	393	400	406	
67	413	419	426	432	439	445	452	458	465	471	
68	478	484	491	497	504	510	517	523	530	536	
69	543	549	556	562	569	575	582	588	595	601	
670	607	614	620	627	633	640	646	653	659	666	
71	672	679	685	692	698	705	711	718	724	730	
72	737	743	750	756	763	769	776	782	789	795	
73	802	808	814	821	827	834	840	847	853	860	
74	866	872	879	885	892	898	905	911	918	924	
75	930	937	943	950	956	963	969	975	982	988	
76	995	*001	*008	*014	*020	*027	*033	*040	*046	*052	
77	83 059	065	072	078	085	091	097	104	110	117	
78	123	129	136	142	149	155	161	168	174	181	
79	187	193	200	206	213	219	225	232	238	245	
680	251	257	264	270	276	283	289	296	302	308	
81	315	321	327	334	340	347	353	359	366	372	
82	378	385	391	398	404	410	417	423	429	436	
83	442	448	455	461	467	474	480	487	493	499	
84	506	512	518	525	531	537	544	550	556	563	
85	569	575	582	588	594	601	607	613	620	626	
86	632	639	645	651	658	664	670	677	683	689	
87	696	702	708	715	721	727	734	740	746	753	
88	759	765	771	778	784	790	797	803	809	816	
89	822	828	835	841	847	853	860	866	872	879	
690	885	891	897	904	910	916	923	929	935	942	
91	948	954	960	967	973	979	985	992	998	*004	
92	84 011	017	023	029	036	042	048	055	061	067	
93	073	080	086	092	098	105	111	117	123	130	
94	136	142	148	155	161	167	173	180	186	192	
95	198	205	211	217	223	230	236	242	248	255	
96	261	267	273	280	286	292	298	305	311	317	
97	323	330	336	342	348	354	361	367	373	379	
98	386	392	398	404	410	417	423	429	435	442	
99	448	454	460	466	473	479	485	491	497	504	
700	510	516	522	528	535	541	547	553	559	566	
N.	0	1	2	3	4	5	6	7	8	9	Prop. Pts.

	7	6
1	0.7	0.6
2	1.4	1.2
3	2.1	1.8
4	2.8	2.4
5	3.5	3.0
6	4.2	3.6
7	4.9	4.2
8	5.6	4.8
9	6.3	5.4

700 — Logarithms of Numbers — 750

N.	0	1	2	3	4	5	6	7	8	9	Prop. Pts.
700	84 510	516	522	528	535	541	547	553	559	566	
01	572	578	584	590	597	603	609	615	621	628	
02	634	640	646	652	658	665	671	677	683	689	
03	696	702	708	714	720	726	733	739	745	751	log 7 = .84509 80400
04	757	763	770	776	782	788	794	800	807	813	
05	819	825	831	837	844	850	856	862	868	874	
06	880	887	893	899	905	911	917	924	930	936	
07	942	948	954	960	967	973	979	985	991	997	
08	85 003	009	016	022	028	034	040	046	052	058	
09	065	071	077	083	089	095	101	107	114	120	
710	126	132	138	144	150	156	163	169	175	181	
11	187	193	199	205	211	217	224	230	236	242	
12	248	254	260	266	272	278	285	291	297	303	
13	309	315	321	327	333	339	345	352	358	364	
14	370	376	382	388	394	400	406	412	418	425	
15	431	437	443	449	455	461	467	473	479	485	
16	491	497	503	509	516	522	528	534	540	546	
17	552	558	564	570	576	582	588	594	600	606	
18	612	618	625	631	637	643	649	655	661	667	
19	673	679	685	691	697	703	709	715	721	727	
720	733	739	745	751	757	763	769	775	781	788	
21	794	800	806	812	818	824	830	836	842	848	
22	854	860	866	872	878	884	890	896	902	908	
23	914	920	926	932	938	944	950	956	962	968	
24	974	980	986	992	998	*004	*010	*016	*022	*028	
25	86 034	040	046	052	058	064	070	076	082	088	
26	094	100	106	112	118	124	130	136	141	147	
27	153	159	165	171	177	183	189	195	201	207	
28	213	219	225	231	237	243	249	255	261	267	
29	273	279	285	291	297	303	308	314	320	326	
730	332	338	344	350	356	362	368	374	380	386	
31	392	398	404	410	415	421	427	433	439	445	
32	451	457	463	469	475	481	487	493	499	504	
33	510	516	522	528	534	540	546	552	558	564	
34	570	576	581	587	593	599	605	611	617	623	
35	629	635	641	646	652	658	664	670	676	682	
36	688	694	700	705	711	717	723	729	735	741	
37	747	753	759	764	770	776	782	788	794	800	
38	806	812	817	823	829	835	841	847	853	859	
39	864	870	876	882	888	894	900	906	911	917	
740	923	929	935	941	947	953	958	964	970	976	
41	982	988	994	999	*005	*011	*017	*023	*029	*035	
42	87 040	046	052	058	064	070	075	081	087	093	
43	099	105	111	116	122	128	134	140	146	151	
44	157	163	169	175	181	186	192	198	204	210	
45	216	221	227	233	239	245	251	256	262	268	
46	274	280	286	291	297	303	309	315	320	326	
47	332	338	344	349	355	361	367	373	379	384	
48	390	396	402	408	413	419	425	431	437	442	
49	448	454	460	466	471	477	483	489	495	500	
750	506	512	518	523	529	535	541	547	552	558	
N.	0	1	2	3	4	5	6	7	8	9	Prop. Pts.

Prop. Pts.

	7	6	5
1	0.7	0.6	0.5
2	1.4	1.2	1.0
3	2.1	1.8	1.5
4	2.8	2.4	2.0
5	3.5	3.0	2.5
6	4.2	3.6	3.0
7	4.9	4.2	3.5
8	5.6	4.8	4.0
9	6.3	5.4	4.5

750 — Logarithms of Numbers — 800

N.	0	1	2	3	4	5	6	7	8	9	Prop. Pts.
750	87 506	512	518	523	529	535	541	547	552	558	
51	564	570	576	581	587	593	599	604	610	616	
52	622	628	633	639	645	651	656	662	668	674	
53	679	685	691	697	703	708	714	720	726	731	
54	737	743	749	754	760	766	772	777	783	789	
55	795	800	806	812	818	823	829	835	841	846	
56	852	858	864	869	875	881	887	892	898	904	
57	910	915	921	927	933	938	944	950	955	961	
58	967	973	978	984	990	996	*001	*007	*013	*018	
59	88 024	030	036	041	047	053	058	064	070	076	
760	081	087	093	098	104	110	116	121	127	133	
61	138	144	150	156	161	167	173	178	184	190	
62	195	201	207	213	218	224	230	235	241	247	
63	252	258	264	270	275	281	287	292	298	304	
64	309	315	321	326	332	338	343	349	355	360	
65	366	372	377	383	389	395	400	406	412	417	
66	423	429	434	440	446	451	457	463	468	474	
67	480	485	491	497	502	508	513	519	525	530	
68	536	542	547	553	559	564	570	576	581	587	
69	593	598	604	610	615	621	627	632	638	643	
770	649	655	660	666	672	677	683	689	694	700	
71	705	711	717	722	728	734	739	745	750	756	
72	762	767	773	779	784	790	795	801	807	812	
73	818	824	829	835	840	846	852	857	863	868	
74	874	880	885	891	897	902	908	913	919	925	
75	930	936	941	947	953	958	964	969	975	981	
76	986	992	997	*003	*009	*014	*020	*025	*031	*037	
77	89 042	048	053	059	064	070	076	081	087	092	
78	098	104	109	115	120	126	131	137	143	148	
79	154	159	165	170	176	182	187	193	198	204	
780	209	215	221	226	232	237	243	248	254	260	
81	265	271	276	282	287	293	298	304	310	315	
82	321	326	332	337	343	348	354	360	365	371	
83	376	382	387	393	398	404	409	415	421	426	
84	432	437	443	448	454	459	465	470	476	481	
85	487	492	498	504	509	515	520	526	531	537	
86	542	548	553	559	564	570	575	581	586	592	
87	597	603	609	614	620	625	631	636	642	647	
88	653	658	664	669	675	680	686	691	697	702	
89	708	713	719	724	730	735	741	746	752	757	
790	763	768	774	779	785	790	796	801	807	812	
91	818	823	829	834	840	845	851	856	862	867	
92	873	878	883	889	894	900	905	911	916	922	
93	927	933	938	944	949	955	960	966	971	977	
94	982	988	993	998	*004	*009	*015	*020	*026	*031	
95	90 037	042	048	053	059	064	069	075	080	086	
96	091	097	102	108	113	119	124	129	135	140	
97	146	151	157	162	168	173	179	184	189	195	
98	200	206	211	217	222	227	233	238	244	249	
99	255	260	266	271	276	282	287	293	298	304	
800	309	314	320	325	331	336	342	347	352	358	
N.	0	1	2	3	4	5	6	7	8	9	Prop. Pts.

	6	5
1	0.6	0.5
2	1.2	1.0
3	1.8	1.5
4	2.4	2.0
5	3.0	2.5
6	3.6	3.0
7	4.2	3.5
8	4.8	4.0
9	5.4	4.5

800 — Logarithms of Numbers — 850

N.	0	1	2	3	4	5	6	7	8	9
800	90 309	314	320	325	331	336	342	347	352	358
01	363	369	374	380	385	390	396	401	407	412
02	417	423	428	434	439	445	450	455	461	466
03	472	477	482	488	493	499	504	509	515	520
04	526	531	536	542	547	553	558	563	569	574
05	580	585	590	596	601	607	612	617	623	628
06	634	639	644	650	655	660	666	671	677	682
07	687	693	698	703	709	714	720	725	730	736
08	741	747	752	757	763	768	773	779	784	789
09	795	800	806	811	816	822	827	832	838	843
810	849	854	859	865	870	875	881	886	891	897
11	902	907	913	918	924	929	934	940	945	950
12	956	961	966	972	977	982	988	993	998	*004
13	91 009	014	020	025	030	036	041	046	052	057
14	062	068	073	078	084	089	094	100	105	110
15	116	121	126	132	137	142	148	153	158	164
16	169	174	180	185	190	196	201	206	212	217
17	222	228	233	238	243	249	254	259	265	270
18	275	281	286	291	297	302	307	312	318	323
19	328	334	339	344	350	355	360	365	371	376
820	381	387	392	397	403	408	413	418	424	429
21	434	440	445	450	455	461	466	471	477	482
22	487	492	498	503	508	514	519	524	529	535
23	540	545	551	556	561	566	572	577	582	587
24	593	598	603	609	614	619	624	630	635	640
25	645	651	656	661	666	672	677	682	687	693
26	698	703	709	714	719	724	730	735	740	745
27	751	756	761	766	772	777	782	787	793	798
28	803	808	814	819	824	829	834	840	845	850
29	855	861	866	871	876	882	887	892	897	903
830	908	913	918	924	929	934	939	944	950	955
31	960	965	971	976	981	986	991	997	*002	*007
32	92 012	018	023	028	033	038	044	049	054	059
33	065	070	075	080	085	091	096	101	106	111
34	117	122	127	132	137	143	148	153	158	163
35	169	174	179	184	189	195	200	205	210	215
36	221	226	231	236	241	247	252	257	262	267
37	273	278	283	288	293	298	304	309	314	319
38	324	330	335	340	345	350	355	361	366	371
39	376	381	387	392	397	402	407	412	418	423
840	428	433	438	443	449	454	459	464	469	474
41	480	485	490	495	500	505	511	516	521	526
42	531	536	542	547	552	557	562	567	572	578
43	583	588	593	598	603	609	614	619	624	629
44	634	639	645	650	655	660	665	670	675	681
45	686	691	696	701	706	711	716	722	727	732
46	737	742	747	752	758	763	768	773	778	783
47	788	793	799	804	809	814	819	824	829	834
48	840	845	850	855	860	865	870	875	881	886
49	891	896	901	906	911	916	921	927	932	937
850	942	947	952	957	962	967	973	978	983	988
N.	0	1	2	3	4	5	6	7	8	9

Prop. Pts.

	6	5
1	0.6	0.5
2	1.2	1.0
3	1.8	1.5
4	2.4	2.0
5	3.0	2.5
6	3.6	3.0
7	4.2	3.5
8	4.8	4.0
9	5.4	4.5

850 — Logarithms of Numbers — 900

N.	0	1	2	3	4	5	6	7	8	9	Prop. Pts.
850	92 942	947	952	957	962	967	973	978	983	988	
51	993	998	*003	*008	*013	*018	*024	*029	*034	*039	
52	93 044	049	054	059	064	069	075	080	085	090	
53	095	100	105	110	115	120	125	131	136	141	
54	146	151	156	161	166	171	176	181	186	192	
55	197	202	207	212	217	222	227	232	237	242	
56	247	252	258	263	268	273	278	283	288	293	
57	298	303	308	313	318	323	328	334	339	344	
58	349	354	359	364	369	374	379	384	389	394	
59	399	404	409	414	420	425	430	435	440	445	
860	450	455	460	465	470	475	480	485	490	495	
61	500	505	510	515	520	526	531	536	541	546	
62	551	556	561	566	571	576	581	586	591	596	
63	601	606	611	616	621	626	631	636	641	646	
64	651	656	661	666	671	676	682	687	692	697	
65	702	707	712	717	722	727	732	737	742	747	
66	752	757	762	767	772	777	782	787	792	797	
67	802	807	812	817	822	827	832	837	842	847	
68	852	857	862	867	872	877	882	887	892	897	
69	902	907	912	917	922	927	932	937	942	947	
870	952	957	962	967	972	977	982	987	992	997	
71	94 002	007	012	017	022	027	032	037	042	047	
72	052	057	062	067	072	077	082	086	091	096	
73	101	106	111	116	121	126	131	136	141	146	
74	151	156	161	166	171	176	181	186	191	196	
75	201	206	211	216	221	226	231	236	240	245	
76	250	255	260	265	270	275	280	285	290	295	
77	300	305	310	315	320	325	330	335	340	345	
78	349	354	359	364	369	374	379	384	389	394	
79	399	404	409	414	419	424	429	433	438	443	
880	448	453	458	463	468	473	478	483	488	493	
81	498	503	507	512	517	522	527	532	537	542	
82	547	552	557	562	567	571	576	581	586	591	
83	596	601	606	611	616	621	626	630	635	640	
84	645	650	655	660	665	670	675	680	685	689	
85	694	699	704	709	714	719	724	729	734	738	
86	743	748	753	758	763	768	773	778	783	787	
87	792	797	802	807	812	817	822	827	832	836	
88	841	846	851	856	861	866	871	876	880	885	
89	890	895	900	905	910	915	919	924	929	934	
890	939	944	949	954	959	963	968	973	978	983	
91	988	993	998	*002	*007	*012	*017	*022	*027	*032	
92	95 036	041	046	051	056	061	066	071	075	080	
93	085	090	095	100	105	109	114	119	124	129	
94	134	139	143	148	153	158	163	168	173	177	
95	182	187	192	197	202	207	211	216	221	226	
96	231	236	240	245	250	255	260	265	270	274	
97	279	284	289	294	299	303	308	313	318	323	
98	328	332	337	342	347	352	357	361	366	371	
99	376	381	386	390	395	400	405	410	415	419	
900	424	429	434	439	444	448	453	458	463	468	
N.	0	1	2	3	4	5	6	7	8	9	Prop. Pts.

	6	5	4
1	0.6	0.5	0.4
2	1.2	1.0	0.8
3	1.8	1.5	1.2
4	2.4	2.0	1.6
5	3.0	2.5	2.0
6	3.6	3.0	2.4
7	4.2	3.5	2.8
8	4.8	4.0	3.2
9	5.4	4.5	3.6

900 — Logarithms of Numbers — 950

N.	0	1	2	3	4	5	6	7	8	9	Prop. Pts.
900	95 424	429	434	439	444	448	453	458	463	468	
01	472	477	482	487	492	497	501	506	511	516	
02	521	525	530	535	540	545	550	554	559	564	
03	569	574	578	583	588	593	598	602	607	612	
04	617	622	626	631	636	641	646	650	655	660	
05	665	670	674	679	684	689	694	698	703	708	
06	713	718	722	727	732	737	742	746	751	756	
07	761	766	770	775	780	785	789	794	799	804	
08	809	813	818	823	828	832	837	842	847	852	
09	856	861	866	871	875	880	885	890	895	899	
910	904	909	914	918	923	928	933	938	942	947	
11	952	957	961	966	971	976	980	985	990	995	
12	999	*004	*009	*014	*019	*023	*028	*033	*038	*042	
13	96 047	052	057	061	066	071	076	080	085	090	
14	095	099	104	109	114	118	123	128	133	137	
15	142	147	152	156	161	166	171	175	180	185	
16	190	194	199	204	209	213	218	223	227	232	
17	237	242	246	251	256	261	265	270	275	280	
18	284	289	294	298	303	308	313	317	322	327	
19	332	336	341	346	350	355	360	365	369	374	
920	379	384	388	393	398	402	407	412	417	421	
21	426	431	435	440	445	450	454	459	464	468	
22	473	478	483	487	492	497	501	506	511	515	
23	520	525	530	534	539	544	548	553	558	562	
24	567	572	577	581	586	591	595	600	605	609	
25	614	619	624	628	633	638	642	647	652	656	
26	661	666	670	675	680	685	689	694	699	703	
27	708	713	717	722	727	731	736	741	745	750	
28	755	759	764	769	774	778	783	788	792	797	
29	802	806	811	816	820	825	830	834	839	844	
930	848	853	858	862	867	872	876	881	886	890	
31	895	900	904	909	914	918	923	928	932	937	
32	942	946	951	956	960	965	970	974	979	984	
33	988	993	997	*002	*007	*011	*016	*021	*025	*030	
34	97 035	039	044	049	053	058	063	067	072	077	
35	081	086	090	095	100	104	109	114	118	123	
36	128	132	137	142	146	151	155	160	165	169	
37	174	179	183	188	192	197	202	206	211	216	
38	220	225	230	234	239	243	248	253	257	262	
39	267	271	276	280	285	290	294	299	304	308	
940	313	317	322	327	331	336	340	345	350	354	
41	359	364	368	373	377	382	387	391	396	400	
42	405	410	414	419	424	428	433	437	442	447	
43	451	456	460	465	470	474	479	483	488	493	
44	497	502	506	511	516	520	525	529	534	539	
45	543	548	552	557	562	566	571	575	580	585	
46	589	594	598	603	607	612	617	621	626	630	
47	635	640	644	649	653	658	663	667	672	676	
48	681	685	690	695	699	704	708	713	717	722	
49	727	731	736	740	745	749	754	759	763	768	
950	772	777	782	786	791	795	800	804	809	813	
N.	**0**	**1**	**2**	**3**	**4**	**5**	**6**	**7**	**8**	**9**	Prop. Pts.

	5	4
1	0.5	0.4
2	1.0	0.8
3	1.5	1.2
4	2.0	1.6
5	2.5	2.0
6	3.0	2.4
7	3.5	2.8
8	4.0	3.2
9	4.5	3.6

950 — Logarithms of Numbers — 1000

N.	0	1	2	3	4	5	6	7	8	9	Prop. Pts.
950	97 772	777	782	786	791	795	800	804	809	813	
51	818	823	827	832	836	841	845	850	855	859	
52	864	868	873	877	882	886	891	896	900	905	
53	909	914	918	923	928	932	937	941	946	950	
54	955	959	964	968	973	978	982	987	991	996	
55	98 000	005	009	014	019	023	028	032	037	041	
56	046	050	055	059	064	068	073	078	082	087	
57	091	096	100	105	109	114	118	123	127	132	
58	137	141	146	150	155	159	164	168	173	177	
59	182	186	191	195	200	204	209	214	218	223	
960	227	232	236	241	245	250	254	259	263	268	
61	272	277	281	286	290	295	299	304	308	313	
62	318	322	327	331	336	340	345	349	354	358	
63	363	367	372	376	381	385	390	394	399	403	
64	408	412	417	421	426	430	435	439	444	448	
65	453	457	462	466	471	475	480	484	489	493	
66	498	502	507	511	516	520	525	529	534	538	
67	543	547	552	556	561	565	570	574	579	583	
68	588	592	597	601	605	610	614	619	623	628	
69	632	637	641	646	650	655	659	664	668	673	
970	677	682	686	691	695	700	704	709	713	717	
71	722	726	731	735	740	744	749	753	758	762	
72	767	771	776	780	784	789	793	798	802	807	
73	811	816	820	825	829	834	838	843	847	851	
74	856	860	865	869	874	878	883	887	892	896	
75	900	905	909	914	918	923	927	932	936	941	
76	945	949	954	958	963	967	972	976	981	985	
77	989	994	998	*003	*007	*012	*016	*021	*025	*029	
78	99 034	038	043	047	052	056	061	065	069	074	
79	078	083	087	092	096	100	105	109	114	118	
980	123	127	131	136	140	145	149	154	158	162	
81	167	171	176	180	185	189	193	198	202	207	
82	211	216	220	224	229	233	238	242	247	251	
83	255	260	264	269	273	277	282	286	291	295	
84	300	304	308	313	317	322	326	330	335	339	
85	344	348	352	357	361	366	370	374	379	383	
86	388	392	396	401	405	410	414	419	423	427	
87	432	436	441	445	449	454	458	463	467	471	
88	476	480	484	489	493	498	502	506	511	515	
89	520	524	528	533	537	542	546	550	555	559	
990	564	568	572	577	581	585	590	594	599	603	
91	607	612	616	621	625	629	634	638	642	647	
92	651	656	660	664	669	673	677	682	686	691	
93	695	699	704	708	712	717	721	726	730	734	
94	739	743	747	752	756	760	765	769	774	778	
95	782	787	791	795	800	804	808	813	817	822	
96	826	830	835	839	843	848	852	856	861	865	
97	870	874	878	883	887	891	896	900	904	909	
98	913	917	922	926	930	935	939	944	948	952	
99	957	961	965	970	974	978	983	987	991	996	
1000	00 000	004	009	013	017	022	026	030	035	039	
N.	0	1	2	3	4	5	6	7	8	9	Prop. Pts.

	5	4
1	0.5	0.4
2	1.0	0.8
3	1.5	1.2
4	2.0	1.6
5	2.5	2.0
6	3.0	2.4
7	3.5	2.8
8	4.0	3.2
9	4.5	3.6

Table Ia — Condensed Logarithms and Antilogarithms

CONDENSED LOGARITHMS TO FIFTEEN DECIMAL PLACES.

[The first digits of n are given in the first row at the top; the last digit of n in the left-hand column. The first column of logarithms are those of 1, 2, 3, · · · , 9. The remaining columns give log $(1 + x)$, where $x = (.1)^k$ times 1, 2, · · · , 9.]

Last Digit of n	First Digit of $n \rightarrow$	1.	1.0	1.00
	Log n	First Digits of log $n \rightarrow$	.0	.00
1	00000 00000 00000	04139 26851 58225	0432 13737 82643	043 40774 79319
2	30102 99956 63981	07918 12460 47625	0860 01717 61918	086 77215 31227
3	47712 12547 19662	11394 33523 06837	1283 72247 05172	130 09330 20418
4	60205 99913 27962	14612 80356 78238	1703 33392 98780	173 37128 09001
5	69897 00043 36019	17609 12590 55681	2118 92990 69938	216 60617 56508
6	77815 12503 83644	20411 99826 55925	2530 58652 64770	259 79807 19909
7	84509 80400 14257	23044 89213 78274	2938 37776 85210	302 94705 53618
8	90308 99869 91944	25527 25051 03306	3342 37554 86950	346 05321 09506
9	95424 25094 39325	27875 36009 52829	3742 64979 40624	389 11662 36911

(*continuation*)

	1.000	1.0000	1.00000	1.000000	1.0000000	1.00000000
	.000	.0000	.00000	.000000	.0000000	.00000000
1	04 34272 76863	0 43429 23104	04342 94265	0434 29446	043 42945	04 34294
2	08 68502 11649	0 86858 02780	08685 88095	0868 58888	086 85890	08 68589
3	13 02688 05227	1 30286 39028	13028 81491	1302 88325	130 28834	13 02883
4	17 36830 58465	1 73714 31850	17371 74453	1737 17758	173 71779	17 37178
5	21 70929 72230	2 17141 81245	21714 66981	2171 47187	217 14724	21 71472
6	26 04985 47390	2 60568 87215	26057 59074	2605 76611	260 57668	26 05767
7	30 38997 84812	3 03995 49761	30400 50733	3040 06031	304 00613	30 40061
8	34 72966 85364	3 47421 68884	34743 41958	3474 35447	347 43557	34 74356
9	39 06892 49910	3 90847 44584	39086 32748	3908 64858	390 86502	39 08650

[For $x < .00000001$, log $(1 + x) = x \cdot M$, to within 3 in the 17th place, where $M = .43429448 \cdots$. Hence the last column gives multiples of M except for the decimal place. All the columns that would follow have the same significant digits displaced each time one place.]

CONDENSED ANTILOGARITHMS TO TEN DECIMAL PLACES.

[The first digits of n are given in the first row at the top; $n = (0.1)^k x$; $x = 1, 2, 3, \cdots, 9$ are given in the left-hand column. The first digits in 10^n are given in the second row at the top.]

x	$n = .1x$	.01x	.001x	.0001x	$(.1)^5 x$	$(.1)^6 x$	$(.1)^7 x$
	10^n	1.	1.0	1.00	1.000	1.0000	1.00000
1	1.25892 54118	02329 29923	0230 52381	023 02850	02 30261	0 23026	02303
2	1.58489 31925	04712 85481	0461 57903	046 06231	04 60528	0 46052	04605
3	1.99526 23150	07151 93052	0693 16689	069 10142	06 90799	0 69078	06908
4	2.51188 64315	09647 81961	0925 22861	092 14583	09 21076	0 92104	09210
5	3.16227 76602	12201 84543	1157 94543	115 19555	11 51359	1 15130	11513
6	3.98107 17055	14815 36215	1391 13857	138 25058	13 81646	1 38156	13816
7	5.01187 23363	17489 75549	1624 86929	161 31092	16 11939	1 61182	16118
8	6.30957 34448	20226 44346	1859 13881	184 37657	18 42238	1 84209	18421
9	7.94328 23472	23026 87708	2093 94837	207 44753	20 72541	2 07235	20723

[For $n < .000001$, $10^n = 1 + n \cdot (1/M)$ to within 3 in the 12th decimal place, where $(1/M) = 2.302585 \cdots$. Hence the last column gives multiples of $(1/M)$ except for the decimal place. All the columns that would follow contain the same significant digits displaced one place for each new column.]

TABLE II

ACTUAL VALUES

OF THE

TRIGONOMETRIC FUNCTIONS

FROM

0° TO 90° AT INTERVALS OF ONE MINUTE

TO

FIVE DECIMAL PLACES

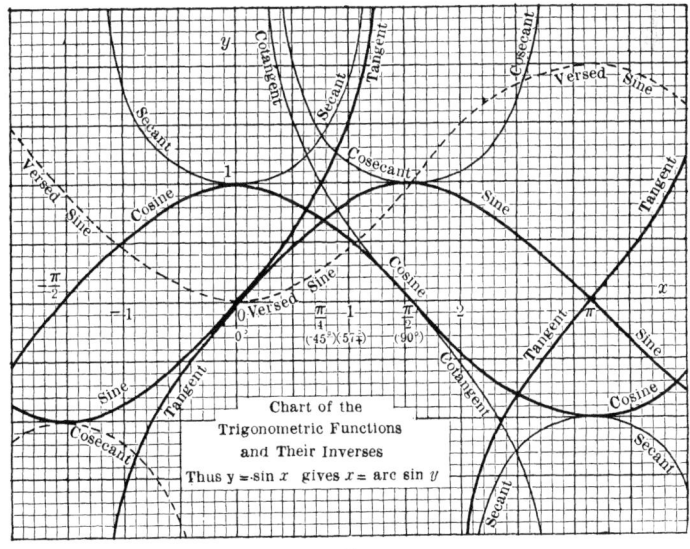

Chart of the Trigonometric Functions and Their Inverses
Thus $y = \sin x$ gives $x = \arcsin y$

0° — Values of Trigonometric Functions — 1°

′	Sin	Tan	Ctn	Cos		′	Sin	Tan	Ctn	Cos	
0	.00000	.00000	——	1.0000	60	0	.01745	.01746	57.290	.99985	60
1	029	029	3437.7	000	59	1	774	775	56.351	984	59
2	058	058	1718.9	000	58	2	803	804	55.442	984	58
3	087	087	1145.9	000	57	3	832	833	54.561	983	57
4	116	116	859.44	000	56	4	862	862	53.709	983	56
5	.00145	.00145	687.55	1.0000	55	5	.01891	.01891	52.882	.99982	55
6	175	175	572.96	000	54	6	920	920	52.081	982	54
7	204	204	491.11	000	53	7	949	949	51.303	981	53
8	233	233	429.72	000	52	8	.01978	.01978	50.549	980	52
9	262	262	381.97	000	51	9	.02007	.02007	49.816	980	51
10	.00291	.00291	343.77	1.0000	50	10	.02036	.02036	49.104	.99979	50
11	320	320	312.52	.99999	49	11	065	066	48.412	979	49
12	349	349	286.48	999	48	12	094	095	47.740	978	48
13	378	378	264.44	999	47	13	123	124	47.085	977	47
14	407	407	245.55	999	46	14	152	153	46.449	977	46
15	.00436	.00436	229.18	.99999	45	15	.02181	.02182	45.829	.99976	45
16	465	465	214.86	999	44	16	211	211	45.226	976	44
17	495	495	202.22	999	43	17	240	240	44.639	975	43
18	524	524	190.98	999	42	18	269	269	44.066	974	42
19	553	553	180.93	998	41	19	298	298	43.508	974	41
20	.00582	.00582	171.89	.99998	40	20	.02327	.02328	42.964	.99973	40
21	611	611	163.70	998	39	21	356	357	42.433	972	39
22	640	640	156.26	998	38	22	385	386	41.916	972	38
23	669	669	149.47	998	37	23	414	415	41.411	971	37
24	698	698	143.24	998	36	24	443	444	40.917	970	36
25	.00727	.00727	137.51	.99997	35	25	.02472	.02473	40.436	.99969	35
26	756	756	132.22	997	34	26	501	502	39.965	969	34
27	785	785	127.32	997	33	27	530	531	39.506	968	33
28	814	815	122.77	997	32	28	560	560	39.057	967	32
29	844	844	118.54	996	31	29	589	589	38.618	966	31
30	.00873	.00873	114.59	.99996	30	30	.02618	.02619	38.188	.99966	30
31	902	902	110.89	996	29	31	647	648	37.769	965	29
32	931	931	107.43	996	28	32	676	677	37.358	964	28
33	960	960	104.17	995	27	33	705	706	36.956	963	27
34	.00989	.00989	101.11	995	26	34	734	735	36.563	963	26
35	.01018	.01018	98.218	.99995	25	35	.02763	.02764	36.178	.99962	25
36	047	047	95.489	995	24	36	792	793	35.801	961	24
37	076	076	92.908	994	23	37	821	822	35.431	960	23
38	105	105	90.463	994	22	38	850	851	35.070	959	22
39	134	135	88.144	994	21	39	879	881	34.715	959	21
40	.01164	.01164	85.940	.99993	20	40	.02908	.02910	34.368	.99958	20
41	193	193	83.844	993	19	41	938	939	34.027	957	19
42	222	222	81.847	993	18	42	967	968	33.694	956	18
43	251	251	79.943	992	17	43	.02996	.02997	33.366	955	17
44	280	280	78.126	992	16	44	.03025	.03026	33.045	954	16
45	.01309	.01309	76.390	.99991	15	45	.03054	.03055	32.730	.99953	15
46	338	338	74.729	991	14	46	083	084	32.421	952	14
47	367	367	73.139	991	13	47	112	114	32.118	952	13
48	396	396	71.615	990	12	48	141	143	31.821	951	12
49	425	425	70.153	990	11	49	170	172	31.528	950	11
50	.01454	.01455	68.750	.99989	10	50	.03199	.03201	31.242	.99949	10
51	483	484	67.402	989	9	51	228	230	30.960	948	9
52	513	513	66.105	989	8	52	257	259	30.683	947	8
53	542	542	64.858	988	7	53	286	288	30.412	946	7
54	571	571	63.657	988	6	54	316	317	30.145	945	6
55	.01600	.01600	62.499	.99987	5	55	.03345	.03346	29.882	.99944	5
56	629	629	61.383	987	4	56	374	376	29.624	943	4
57	658	658	60.306	986	3	57	403	405	29.371	942	3
58	687	687	59.266	986	2	58	432	434	29.122	941	2
59	716	716	58.261	985	1	59	461	463	28.877	940	1
60	.01745	.01746	57.290	.99985	0	60	.03490	.03492	28.636	.99939	0
	Cos	Ctn	Tan	Sin	′		Cos	Ctn	Tan	Sin	′

89°   **88°**

2°—Values of Trigonometric Functions—3°

′	Sin	Tan	Ctn	Cos		′	Sin	Tan	Ctn	Cos	
0	.03490	.03492	28.636	.99939	60	0	.05234	.05241	19.081	.99863	60
1	519	521	.399	938	59	1	263	270	18.976	861	59
2	548	550	28.166	937	58	2	292	299	.871	860	58
3	577	579	27.937	936	57	3	321	328	.768	858	57
4	606	609	.712	935	56	4	350	357	.666	857	56
5	.03635	.03638	27.490	.99934	55	5	.05379	.05387	18.564	.99855	55
6	664	667	.271	933	54	6	408	416	.464	854	54
7	693	696	27.057	932	53	7	437	445	.366	852	53
8	723	725	26.845	931	52	8	466	474	.268	851	52
9	752	754	.637	930	51	9	495	503	.171	849	51
10	.03781	.03783	26.432	.99929	50	10	.05524	.05533	18.075	.99847	50
11	810	812	.230	927	49	11	553	562	17.980	846	49
12	839	842	26.031	926	48	12	582	591	.886	844	48
13	868	871	25.835	925	47	13	611	620	.793	842	47
14	897	900	.642	924	46	14	640	649	.702	841	46
15	.03926	.03929	25.452	.99923	45	15	.05669	.05678	17.611	.99839	45
16	955	958	.264	922	44	16	698	708	.521	838	44
17	.03984	.03987	25.080	921	43	17	727	737	.431	836	43
18	.04013	.04016	24.898	919	42	18	756	766	.343	834	42
19	042	046	.719	918	41	19	785	795	.256	833	41
20	.04071	.04075	24.542	.99917	40	20	.05814	.05824	17.169	.99831	40
21	100	104	.368	916	39	21	844	854	17.084	829	39
22	129	133	.196	915	38	22	873	883	16.999	827	38
23	159	162	24.026	913	37	23	902	912	.915	826	37
24	188	191	23.859	912	36	24	931	941	.832	824	36
25	.04217	.04220	23.695	.99911	35	25	.05960	.05970	16.750	.99822	35
26	246	250	.532	910	34	26	.05989	.05999	.668	821	34
27	275	279	.372	909	33	27	.06018	.06029	.587	819	33
28	304	308	.214	907	32	28	047	058	.507	817	32
29	333	337	23.058	906	31	29	076	087	.428	815	31
30	.04362	.04366	22.904	.99905	30	30	.06105	.06116	16.350	.99813	30
31	391	395	.752	904	29	31	134	145	.272	812	29
32	420	424	.602	902	28	32	163	175	.195	810	28
33	449	454	.454	901	27	33	192	204	.119	808	27
34	478	483	.308	900	26	34	221	233	16.043	806	26
35	.04507	.04512	22.164	.99898	25	35	.06250	.06262	15.969	.99804	25
36	536	541	22.022	897	24	36	279	291	.895	803	24
37	565	570	21.881	896	23	37	308	321	.821	801	23
38	594	599	.743	894	22	38	337	350	.748	799	22
39	623	628	.606	893	21	39	366	379	.676	797	21
40	.04653	.04658	21.470	.99892	20	40	.06395	.06408	15.605	.99795	20
41	682	687	.337	890	19	41	424	438	.534	793	19
42	711	716	.205	889	18	42	453	467	.464	792	18
43	740	745	21.075	888	17	43	482	496	.394	790	17
44	769	774	20.946	886	16	44	511	525	.325	788	16
45	.04798	.04803	20.819	.99885	15	45	.06540	.06554	15.257	.99776	15
46	827	833	.693	883	14	46	569	584	.189	784	14
47	856	862	.569	882	13	47	598	613	.122	782	13
48	885	891	.446	881	12	48	627	642	15.056	780	12
49	914	920	.325	879	11	49	656	671	14.990	778	11
50	.04943	.04949	20.206	.99878	10	50	.06685	.06700	14.924	.99776	10
51	.04972	.04978	20.087	876	9	51	714	730	.860	774	9
52	.05001	.05007	19.970	875	8	52	743	759	.795	772	8
53	030	037	.855	873	7	53	773	788	.732	770	7
54	059	066	.740	872	6	54	802	817	.669	768	6
55	.05088	.05095	19.627	.99870	5	55	.06831	.06847	14.606	.99766	5
56	117	124	.516	869	4	56	860	876	.544	764	4
57	146	153	.405	867	3	57	889	905	.482	762	3
58	175	182	.296	866	2	58	918	934	.421	760	2
59	205	212	.188	864	1	59	947	963	.361	758	1
60	.05234	.05241	19.081	.99863	0	60	.06976	.06993	14.301	.99756	0
	Cos	Ctn	Tan	Sin	′		Cos	Ctn	Tan	Sin	′

87°   **86°**

4° — Values of Trigonometric Functions — 5°

′	Sin	Tan	Ctn	Cos	
0	.06976	.06993	14.301	.99756	60
1	.07005	.07022	.241	754	59
2	034	051	.182	752	58
3	063	080	.124	750	57
4	092	110	.065	748	56
5	.07121	.07139	14.008	.99746	55
6	150	168	13.951	744	54
7	179	197	.894	742	53
8	208	227	.838	740	52
9	237	256	.782	738	51
10	.07266	.07285	13.727	.99736	50
11	295	314	.672	734	49
12	324	344	.617	731	48
13	353	373	.563	729	47
14	382	402	.510	727	46
15	.07411	.07431	13.457	.99725	45
16	440	461	.404	723	44
17	469	490	.352	721	43
18	498	519	.300	719	42
19	527	548	.248	716	41
20	.07556	.07578	13.197	.99714	40
21	585	607	.146	712	39
22	614	636	.096	710	38
23	643	665	13.046	708	37
24	672	695	12.996	705	36
25	.07701	.07724	12.947	.99703	35
26	730	753	.898	701	34
27	759	782	.850	699	33
28	788	812	.801	696	32
29	817	841	.754	694	31
30	.07846	.07870	12.706	.99692	30
31	875	899	.659	689	29
32	904	929	.612	687	28
33	933	958	.566	685	27
34	962	.07987	.520	683	26
35	.07991	.08017	12.474	.99680	25
36	.08020	046	.429	678	24
37	049	075	.384	676	23
38	078	104	.339	673	22
39	107	134	.295	671	21
40	.08136	.08163	12.251	.99668	20
41	165	192	.207	666	19
42	194	221	.163	664	18
43	223	251	.120	661	17
44	252	280	.077	659	16
45	.08281	.08309	12.035	.99657	15
46	310	339	11.992	654	14
47	339	368	.950	652	13
48	368	397	.909	649	12
49	397	427	.867	647	11
50	.08426	.08456	11.826	.99644	10
51	455	485	.785	642	9
52	484	514	.745	639	8
53	513	544	.705	637	7
54	542	573	.664	635	6
55	.08571	.08602	11.625	.99632	5
56	600	632	.585	630	4
57	629	661	.546	627	3
58	658	690	.507	625	2
59	687	720	.468	622	1
60	.08716	.08749	11.430	.99619	0
	Cos	Ctn	Tan	Sin	′

85°

′	Sin	Tan	Ctn	Cos	
0	.08716	.08749	11.430	.99619	60
1	745	778	.392	617	59
2	774	807	.354	614	58
3	803	837	.316	612	57
4	831	866	.279	609	56
5	.08860	.08895	11.242	.99607	55
6	889	925	.205	604	54
7	918	954	.168	602	53
8	947	.08983	.132	599	52
9	.08976	.09013	.095	596	51
10	.09005	.09042	11.059	.99594	50
11	034	071	11.024	591	49
12	063	101	10.988	588	48
13	092	130	.953	586	47
14	121	159	.918	583	46
15	.09150	.09189	10.883	.99580	45
16	179	218	.848	578	44
17	208	247	.814	575	43
18	237	277	.780	572	42
19	266	306	.746	570	41
20	.09295	.09335	10.712	.99567	40
21	324	365	.678	564	39
22	353	394	.645	562	38
23	382	423	.612	559	37
24	411	453	.579	556	36
25	.09440	.09482	10.546	.99553	35
26	469	511	.514	551	34
27	498	541	.481	548	33
28	527	570	.449	545	32
29	556	600	.417	542	31
30	.09585	.09629	10.385	.99540	30
31	614	658	.354	537	29
32	642	688	.322	534	28
33	671	717	.291	531	27
34	700	746	.260	528	26
35	.09729	.09776	10.229	.99526	25
36	758	805	.199	523	24
37	787	834	.168	520	23
38	816	864	.138	517	22
39	845	893	.108	514	21
40	.09874	.09923	10.078	.99511	20
41	903	952	.048	508	19
42	932	.09981	10.019	506	18
43	961	.10011	9.9893	503	17
44	.09990	040	.9601	500	16
45	.10019	.10069	9.9310	.99497	15
46	048	099	.9021	494	14
47	077	128	.8734	491	13
48	106	158	.8448	488	12
49	135	187	.8164	485	11
50	.10164	.10216	9.7882	.99482	10
51	192	246	.7601	479	9
52	221	275	.7322	476	8
53	250	305	.7044	473	7
54	279	334	.6768	470	6
55	.10308	.10363	9.6493	.99467	5
56	337	393	.6220	464	4
57	366	422	.5949	461	3
58	395	452	.5679	458	2
59	424	481	.5411	455	1
60	.10453	.10510	9.5144	.99452	0
	Cos	Ctn	Tan	Sin	′

84°

6°—Values of Trigonometric Functions—7°

'	Sin	Tan	Ctn	Cos		'	Sin	Tan	Ctn	Cos	
0	.10453	.10510	9.5144	.99452	60	0	.12187	.12278	8.1443	.99255	60
1	482	540	.4878	449	59	1	216	308	.1248	251	59
2	511	569	.4614	446	58	2	245	338	.1054	248	58
3	540	599	.4352	443	57	3	274	367	.0860	244	57
4	569	628	.4090	440	56	4	302	397	.0667	240	56
5	.10597	.10657	9.3831	.99437	55	5	.12331	.12426	8.0476	.99237	55
6	626	687	.3572	434	54	6	360	456	.0285	233	54
7	655	716	.3315	431	53	7	389	485	8.0095	230	53
8	684	746	.3060	428	52	8	418	515	7.9906	226	52
9	713	775	.2806	424	51	9	447	544	.9718	222	51
10	.10742	.10805	9.2553	.99421	50	10	.12476	.12574	7.9530	.99219	50
11	771	834	.2302	418	49	11	504	603	.9344	215	49
12	800	863	.2052	415	48	12	533	633	.9158	211	48
13	829	893	.1803	412	47	13	562	662	.8973	208	47
14	858	922	.1555	409	46	14	591	692	.8789	204	46
15	.10887	.10952	9.1309	.99406	45	15	.12620	.12722	7.8606	.99200	45
16	916	.10981	.1065	402	44	16	649	751	.8424	197	44
17	945	.11011	.0821	399	43	17	678	781	.8243	193	43
18	.10973	040	.0579	396	42	18	706	810	.8062	189	42
19	.11002	070	.0338	393	41	19	735	840	.7882	186	41
20	.11031	.11099	9.0098	.99390	40	20	.12764	.12869	7.7704	.99182	40
21	060	128	8.9860	386	39	21	793	899	.7525	178	39
22	089	158	.9623	383	38	22	822	929	.7348	175	38
23	118	187	.9387	380	37	23	851	958	.7171	171	37
24	147	217	.9152	377	36	24	880	.12988	.6996	167	36
25	.11176	.11246	8.8919	.99374	35	25	.12908	.13017	7.6821	.99163	35
26	205	276	.8686	370	34	26	937	047	.6647	160	34
27	234	305	.8455	367	33	27	966	076	.6473	156	33
28	263	335	.8225	364	32	28	.12995	106	.6301	152	32
29	291	364	.7996	360	31	29	.13024	136	.6129	148	31
30	.11320	.11394	8.7769	.99357	30	30	.13053	.13165	7.5958	.99144	30
31	349	423	.7542	354	29	31	081	195	.5787	141	29
32	378	452	.7317	351	28	32	110	224	.5618	137	28
33	407	482	.7093	347	27	33	139	254	.5449	133	27
34	436	511	.6870	344	26	34	168	284	.5281	129	26
35	.11465	.11541	8.6648	.99341	25	35	.13197	.13313	7.5113	.99125	25
36	494	570	.6427	337	24	36	226	343	.4947	122	24
37	523	600	.6208	334	23	37	254	372	.4781	118	23
38	552	629	.5989	331	22	38	283	402	.4615	114	22
39	580	659	.5772	327	21	39	312	432	.4451	110	21
40	.11609	.11688	8.5555	.99324	20	40	.13341	.13461	7.4287	.99106	20
41	638	718	.5340	320	19	41	370	491	.4124	102	19
42	667	747	.5126	317	18	42	399	521	.3962	098	18
43	696	777	.4913	314	17	43	427	550	.3800	094	17
44	725	806	.4701	310	16	44	456	580	.3639	091	16
45	.11754	.11836	8.4490	.99307	15	45	.13485	.13609	7.3479	.99087	15
46	783	865	.4280	303	14	46	514	639	.3319	083	14
47	812	895	.4071	300	13	47	543	669	.3160	079	13
48	840	924	.3863	297	12	48	572	698	.3002	075	12
49	869	954	.3656	293	11	49	600	728	.2844	071	11
50	.11898	.11983	8.3450	.99290	10	50	.13629	.13758	7.2687	.99067	10
51	927	.12013	.3245	286	9	51	658	787	.2531	063	9
52	956	042	.3041	283	8	52	687	817	.2375	059	8
53	.11985	072	.2838	279	7	53	716	846	.2220	055	7
54	.12014	101	.2636	276	6	54	744	876	.2066	051	6
55	.12043	.12131	8.2434	.99272	5	55	.13773	.13906	7.1912	.99047	5
56	071	160	.2234	269	4	56	802	935	.1759	043	4
57	100	190	.2035	265	3	57	831	965	.1607	039	3
58	129	219	.1837	262	2	58	860	.13995	.1455	035	2
59	158	249	.1640	258	1	59	889	.14024	.1304	031	1
60	.12187	.12278	8.1443	.99255	0	60	.13917	.14054	7.1154	.99027	0
	Cos	Ctn	Tan	Sin	'		Cos	Ctn	Tan	Sin	'

83°　　　　　　　　　　　　　　　82°

8° — Values of Trigonometric Functions — 9°

′	Sin	Tan	Ctn	Cos		′	Sin	Tan	Ctn	Cos	
0	.13917	.14054	7.1154	.99027	60	0	.15643	.15838	6.3138	.98769	60
1	946	084	.1004	023	59	1	672	868	.3019	764	59
2	.13975	113	.0855	019	58	2	701	898	.2901	760	58
3	.14004	143	.0706	015	57	3	730	928	.2783	755	57
4	033	173	.0558	011	56	4	758	958	.2666	751	56
5	.14061	.14202	7.0410	.99006	55	5	.15787	.15988	6.2549	.98746	55
6	090	232	.0264	.99002	54	6	816	.16017	.2432	741	54
7	119	262	7.0117	.98998	53	7	845	047	.2316	737	53
8	148	291	6.9972	994	52	8	873	077	.2200	732	52
9	177	321	.9827	990	51	9	902	107	.2085	728	51
10	.14205	.14351	6.9682	.98986	50	10	.15931	.16137	6.1970	.98723	50
11	234	381	.9538	982	49	11	959	167	.1856	718	49
12	263	410	.9395	978	48	12	.15988	196	.1742	714	48
13	292	440	.9252	973	47	13	.16017	226	.1628	709	47
14	320	470	.9110	969	46	14	046	256	.1515	704	46
15	.14349	.14499	6.8969	.98965	45	15	.16074	.16286	6.1402	.98700	45
16	378	529	.8828	961	44	16	103	316	.1290	695	44
17	407	559	.8687	957	43	17	132	346	.1178	690	43
18	436	588	.8548	953	42	18	160	376	.1066	686	42
19	464	618	.8408	948	41	19	189	405	.0955	681	41
20	.14493	.14648	6.8269	.98944	40	20	.16218	.16435	6.0844	.98676	40
21	522	678	.8131	940	39	21	246	465	.0734	671	39
22	551	707	.7994	936	38	22	275	495	.0624	667	38
23	580	737	.7856	931	37	23	304	525	.0514	662	37
24	608	767	.7720	927	36	24	333	555	.0405	657	36
25	.14637	.14796	6.7584	.98923	35	25	.16361	.16585	6.0296	.98652	35
26	666	826	.7448	919	34	26	390	615	.0188	648	34
27	695	856	.7313	914	33	27	419	645	6.0080	643	33
28	723	886	.7179	910	32	28	447	674	5.9972	638	32
29	752	915	.7045	906	31	29	476	704	.9865	633	31
30	.14781	.14945	6.6912	.98902	30	30	.16505	.16734	5.9758	.98629	30
31	810	.14975	.6779	897	29	31	533	764	.9651	624	29
32	838	.15005	.6646	893	28	32	562	794	.9545	619	28
33	867	034	.6514	889	27	33	591	824	.9439	614	27
34	896	064	.6383	884	26	34	620	854	.9333	609	26
35	.14925	.15094	6.6252	.98880	25	35	.16648	.16884	5.9228	.98604	25
36	954	124	.6122	876	24	36	677	914	.9124	600	24
37	.14982	153	.5992	871	23	37	706	944	.9019	595	23
38	.15011	183	.5863	867	22	38	734	.16974	.8915	590	22
39	040	213	.5734	863	21	39	763	.17004	.8811	585	21
40	.15069	.15243	6.5606	.98858	20	40	.16792	.17033	5.8708	.98580	20
41	097	272	.5478	854	19	41	820	063	.8605	575	19
42	126	302	.5350	849	18	42	849	093	.8502	570	18
43	155	332	.5223	845	17	43	878	123	.8400	565	17
44	184	362	.5097	841	16	44	906	153	.8298	561	16
45	.15212	.15391	6.4971	.98836	15	45	.16935	.17183	5.8197	.98556	15
46	241	421	.4846	832	14	46	964	213	.8095	551	14
47	270	451	.4721	827	13	47	.16992	243	.7994	546	13
48	299	481	.4596	823	12	48	.17021	273	.7894	541	12
49	327	511	.4472	818	11	49	050	303	.7794	536	11
50	.15356	.15540	6.4348	.98814	10	50	.17078	.17333	5.7694	.98531	10
51	385	570	.4225	809	9	51	107	363	.7594	526	9
52	414	600	.4103	805	8	52	136	393	.7495	521	8
53	442	630	.3980	800	7	53	164	423	.7396	516	7
54	471	660	.3859	796	6	54	193	453	.7297	511	6
55	.15500	.15689	6.3737	.98791	5	55	.17222	.17483	5.7199	.98506	5
56	529	719	.3617	787	4	56	250	513	.7101	501	4
57	557	749	.3496	782	3	57	279	543	.7004	496	3
58	586	779	.3376	778	2	58	308	573	.6906	491	2
59	615	809	.3257	773	1	59	336	603	.6809	486	1
60	.15643	.15838	6.3138	.98769	0	60	.17365	.17633	5.6713	.98481	0
	Cos	Ctn	Tan	Sin	′		Cos	Ctn	Tan	Sin	′

81°   80°

10° — Values of Trigonometric Functions — 11°

′	Sin	Tan	Ctn	Cos	
0	.17365	.17633	5.6713	.98481	60
1	393	663	.6617	476	59
2	422	693	.6521	471	58
3	451	723	.6425	466	57
4	479	753	.6329	461	56
5	.17508	.17783	5.6234	.98455	55
6	537	813	.6140	450	54
7	565	843	.6045	445	53
8	594	873	.5951	440	52
9	623	903	.5857	435	51
10	.17651	.17933	5.5764	.98430	50
11	680	963	.5671	425	49
12	708	.17993	.5578	420	48
13	737	.18023	.5485	414	47
14	766	053	.5393	409	46
15	.17794	.18083	5.5301	.98404	45
16	823	113	.5209	399	44
17	852	143	.5118	394	43
18	880	173	.5026	389	42
19	909	203	.4936	383	41
20	.17937	.18233	5.4845	.98378	40
21	966	263	.4755	373	39
22	.17995	293	.4665	368	38
23	.18023	323	.4575	362	37
24	052	353	.4486	357	36
25	.18081	.18384	5.4397	.98352	35
26	109	414	.4308	347	34
27	138	444	.4219	341	33
28	166	474	.4131	336	32
29	195	504	.4043	331	31
30	.18224	.18534	5.3955	.98325	30
31	252	564	.3868	320	29
32	281	594	.3781	315	28
33	309	624	.3694	310	27
34	338	654	.3607	304	26
35	.18367	.18684	5.3521	.98299	25
36	395	714	.3435	294	24
37	424	745	.3349	288	23
38	452	775	.3263	283	22
39	481	805	.3178	277	21
40	.18509	.18835	5.3093	.98272	20
41	538	865	.3008	267	19
42	567	895	.2924	261	18
43	595	925	.2839	256	17
44	624	955	.2755	250	16
45	.18652	.18986	5.2672	.98245	15
46	681	.19016	.2588	240	14
47	710	046	.2505	234	13
48	738	076	.2422	229	12
49	767	106	.2339	223	11
50	.18795	.19136	5.2257	.98218	10
51	824	166	.2174	212	9
52	852	197	.2092	207	8
53	881	227	.2011	201	7
54	910	257	.1929	196	6
55	.18938	.19287	5.1848	.98190	5
56	967	317	.1767	185	4
57	.18995	347	.1686	179	3
58	.19024	378	.1606	174	2
59	052	408	.1526	168	1
60	.19081	.19438	5.1446	.98163	0
	Cos	Ctn	Tan	Sin	′

79°

′	Sin	Tan	Ctn	Cos	
0	.19081	.19438	5.1446	.98163	60
1	109	468	.1366	157	59
2	138	498	.1286	152	58
3	167	529	.1207	146	57
4	195	559	.1128	140	56
5	.19224	.19589	5.1049	.98135	55
6	252	619	.0970	129	54
7	281	649	.0892	124	53
8	309	680	.0814	118	52
9	338	710	.0736	112	51
10	.19366	.19740	5.0658	.98107	50
11	395	770	.0581	101	49
12	423	801	.0504	096	48
13	452	831	.0427	090	47
14	481	861	.0350	084	46
15	.19509	.19891	5.0273	.98079	45
16	538	921	.0197	073	44
17	566	952	.0121	067	43
18	595	.19982	5.0045	061	42
19	623	.20012	4.9969	056	41
20	.19652	.20042	4.9894	.98050	40
21	680	073	.9819	044	39
22	709	103	.9744	039	38
23	737	133	.9669	033	37
24	766	164	.9594	027	36
25	.19794	.20194	4.9520	.98021	35
26	823	224	.9446	016	34
27	851	254	.9372	010	33
28	880	285	.9298	.98004	32
29	908	315	.9225	.97998	31
30	.19937	.20345	4.9152	.97992	30
31	965	376	.9078	987	29
32	.19994	406	.9006	981	28
33	.20022	436	.8933	975	27
34	051	466	.8860	969	26
35	.20079	.20497	4.8788	.97963	25
36	108	527	.8716	958	24
37	136	557	.8644	952	23
38	165	588	.8573	946	22
39	193	618	.8501	940	21
40	.20222	.20648	4.8430	.97934	20
41	250	679	.8359	928	19
42	279	709	.8288	922	18
43	307	739	.8218	916	17
44	336	770	.8147	910	16
45	.20364	.20800	4.8077	.97905	15
46	393	830	.8007	899	14
47	421	861	.7937	893	13
48	450	891	.7867	887	12
49	478	921	.7798	881	11
50	.20507	.20952	4.7729	.97875	10
51	535	.20982	.7659	869	9
52	563	.21013	.7591	863	8
53	592	043	.7522	857	7
54	620	073	.7453	851	6
55	.20649	.21104	4.7385	.97845	5
56	677	134	.7317	839	4
57	706	164	.7249	833	3
58	734	195	.7181	827	2
59	763	225	.7114	821	1
60	.20791	.21256	4.7046	.97815	0
	Cos	Ctn	Tan	Sin	′

78°

12° — Values of Trigonometric Functions — 13° [II

′	Sin	Tan	Ctn	Cos		′	Sin	Tan	Ctn	Cos	
0	.20791	.21256	4.7046	.97815	60	0	.22495	.23087	4.3315	.97437	60
1	820	286	.6979	809	59	1	523	117	.3257	430	59
2	848	316	.6912	803	58	2	552	148	.3200	424	58
3	877	347	.6845	797	57	3	580	179	.3143	417	57
4	905	377	.6779	791	56	4	608	209	.3086	411	56
5	.20933	.21408	4.6712	.97784	55	5	.22637	.23240	4.3029	.97404	55
6	962	438	.6646	778	54	6	665	271	.2972	398	54
7	.20990	469	.6580	772	53	7	693	301	.2916	391	53
8	.21019	499	.6514	766	52	8	722	332	.2859	384	52
9	047	529	.6448	760	51	9	750	363	.2803	378	51
10	.21076	.21560	4.6382	.97754	50	10	.22778	.23393	4.2747	.97371	50
11	104	590	.6317	748	49	11	807	424	.2691	365	49
12	132	621	.6252	742	48	12	835	455	.2635	358	48
13	161	651	.6187	735	47	13	863	485	.2580	351	47
14	189	682	.6122	729	46	14	892	516	.2524	345	46
15	.21218	.21712	4.6057	.97723	45	15	.22920	.23547	4.2468	.97338	45
16	246	743	.5993	717	44	16	948	578	.2413	331	44
17	275	773	.5928	711	43	17	.22977	608	.2358	325	43
18	303	804	.5864	705	42	18	.23005	639	.2303	318	42
19	331	834	.5800	698	41	19	033	670	.2248	311	41
20	.21360	.21864	4.5736	.97692	40	20	.23062	.23700	4.2193	.97304	40
21	388	895	.5673	686	39	21	090	731	.2139	298	39
22	417	925	.5609	680	38	22	118	762	.2084	291	38
23	445	956	.5546	673	37	23	146	793	.2030	284	37
24	474	.21986	.5483	667	36	24	175	823	.1976	278	36
25	.21502	.22017	4.5420	.97661	35	25	.23203	.23854	4.1922	.97271	35
26	530	047	.5357	655	34	26	231	885	.1868	264	34
27	559	078	.5294	648	33	27	260	916	.1814	257	33
28	587	108	.5232	642	32	28	288	946	.1760	251	32
29	616	139	.5169	636	31	29	316	.23977	.1706	244	31
30	.21644	.22169	4.5107	.97630	30	30	.23345	.24008	4.1653	.97237	30
31	672	200	.5045	623	29	31	373	039	.1600	230	29
32	701	231	.4983	617	28	32	401	069	.1547	223	28
33	729	261	.4922	611	27	33	429	100	.1493	217	27
34	758	292	.4860	604	26	34	458	131	.1441	210	26
35	.21786	.22322	4.4799	.97598	25	35	.23486	.24162	4.1388	.97203	25
36	814	353	.4737	592	24	36	514	193	.1335	196	24
37	843	383	.4676	585	23	37	542	223	.1282	189	23
38	871	414	.4615	579	22	38	571	254	.1230	182	22
39	899	444	.4555	573	21	39	599	285	.1178	176	21
40	.21928	.22475	4.4494	.97566	20	40	.23627	.24316	4.1126	.97169	20
41	956	505	.4434	560	19	41	656	347	.1074	162	19
42	.21985	536	.4373	553	18	42	684	377	.1022	155	18
43	.22013	567	.4313	547	17	43	712	408	.0970	148	17
44	041	597	.4253	541	16	44	740	439	.0918	141	16
45	.22070	.22628	4.4194	.97534	15	45	.23769	.24470	4.0867	.97134	15
46	098	658	.4134	528	14	46	797	501	.0815	127	14
47	126	689	.4075	521	13	47	825	532	.0764	120	13
48	155	719	.4015	515	12	48	853	562	.0713	113	12
49	183	750	.3956	508	11	49	882	593	.0662	106	11
50	.22212	.22781	4.3897	.97502	10	50	.23910	.24624	4.0611	.97100	10
51	240	811	.3838	496	9	51	938	655	.0560	093	9
52	268	842	.3779	489	8	52	966	686	.0509	086	8
53	297	872	.3721	483	7	53	.23995	717	.0459	079	7
54	325	903	.3662	476	6	54	.24023	747	.0408	072	6
55	.22353	.22934	4.3604	.97470	5	55	.24051	.24778	4.0358	.97065	5
56	382	964	.3546	463	4	56	079	809	.0308	058	4
57	410	.22995	.3488	457	3	57	108	840	.0257	051	3
58	438	.23026	.3430	450	2	58	136	871	.0207	044	2
59	467	056	.3372	444	1	59	164	902	.0158	037	1
60	.22495	.23087	4.3315	.97437	0	60	.24192	.24933	4.0108	.97030	0
	Cos	Ctn	Tan	Sin			Cos	Ctn	Tan	Sin	

77°   76°

14° — Values of Trigonometric Functions — 15°

′	Sin	Tan	Ctn	Cos		′	Sin	Tan	Ctn	Cos	
0	.24192	.24933	4.0108	.97030	60	0	.25882	.26795	3.7321	.96593	60
1	220	964	.0058	023	59	1	910	826	.7277	585	59
2	249	.24995	4.0009	015	58	2	938	857	.7234	578	58
3	277	.25026	3.9959	008	57	3	966	888	.7191	570	57
4	305	056	.9910	.97001	56	4	.25994	920	.7148	562	56
5	.24333	.25087	3.9861	.96994	55	5	.26022	.26951	3.7105	.96555	55
6	362	118	.9812	987	54	6	050	.26982	.7062	547	54
7	390	149	.9763	980	53	7	079	27013	.7019	540	53
8	418	180	.9714	973	52	8	107	044	.6976	532	52
9	446	211	.9665	966	51	9	135	076	.6933	524	51
10	.24474	.25242	3.9617	.96959	50	10	.26163	.27107	3.6891	.96517	50
11	503	273	.9568	952	49	11	191	138	.6848	509	49
12	531	304	.9520	945	48	12	219	169	.6806	502	48
13	559	335	.9471	937	47	13	247	201	.6764	494	47
14	587	366	.9423	930	46	14	275	232	.6722	486	46
15	.24615	.25397	3.9375	.96923	45	15	.26303	.27263	3.6680	.96479	45
16	644	428	.9327	916	44	16	331	294	.6638	471	44
17	672	459	.9279	909	43	17	359	326	.6596	463	43
18	700	490	.9232	902	42	18	387	357	.6554	456	42
19	728	521	.9184	894	41	19	415	388	.6512	448	41
20	.24756	.25552	3.9136	.96887	40	20	.26443	.27419	3.6470	.96440	40
21	784	583	.9089	880	39	21	471	451	.6429	433	39
22	813	614	.9042	873	38	22	500	482	.6387	425	38
23	841	645	.8995	866	37	23	528	513	.6346	417	37
24	869	676	.8947	858	36	24	556	545	.6305	410	36
25	.24897	.25707	3.8900	.96851	35	25	.26584	.27576	3.6264	.96402	35
26	925	738	.8854	844	34	26	612	607	.6222	394	34
27	954	769	.8807	837	33	27	640	638	.6181	386	33
28	.24982	800	.8760	829	32	28	668	670	.6140	379	32
29	.25010	831	.8714	822	31	29	696	701	.6100	371	31
30	.25038	.25862	3.8667	.96815	30	30	.26724	.27732	3.6059	.96363	30
31	066	893	.8621	807	29	31	752	764	.6018	355	29
32	094	924	.8575	800	28	32	780	795	.5978	347	28
33	122	955	.8528	793	27	33	808	826	.5937	340	27
34	151	.25986	.8482	786	26	34	836	858	.5897	332	26
35	.25179	.26017	3.8436	.96778	25	35	.26864	.27889	3.5856	.96324	25
36	207	048	.8391	771	24	36	892	921	.5816	316	24
37	235	079	.8345	764	23	37	920	952	.5776	308	23
38	263	110	.8299	756	22	38	948	.27983	.5736	301	22
39	291	141	.8254	749	21	39	.26976	.28015	.5696	293	21
40	.25320	.26172	3.8208	.96742	20	40	.27004	.28046	3.5656	.96285	20
41	348	203	.8163	734	19	41	032	077	.5616	277	19
42	376	235	.8118	727	18	42	060	109	.5576	269	18
43	404	266	.8073	719	17	43	088	140	.5536	261	17
44	432	297	.8028	712	16	44	116	172	.5497	253	16
45	.25460	.26328	3.7983	.96705	15	45	.27144	.28203	3.5457	.96246	15
46	488	359	.7938	697	14	46	172	234	.5418	238	14
47	516	390	.7893	690	13	47	200	266	.5379	230	13
48	545	421	.7848	682	12	48	228	297	.5339	222	12
49	573	452	.7804	675	11	49	256	329	.5300	214	11
50	.25601	.26483	3.7760	.96667	10	50	.27284	.28360	3.5261	.96206	10
51	629	515	.7715	660	9	51	312	391	.5222	198	9
52	657	546	.7671	653	8	52	340	423	.5183	190	8
53	685	577	.7627	645	7	53	368	454	.5144	182	7
54	713	608	.7583	638	6	54	396	486	.5105	174	6
55	.25741	.26639	3.7539	.96630	5	55	.27424	.28517	3.5067	.96166	5
56	769	670	.7495	623	4	56	452	549	.5028	158	4
57	798	701	.7451	615	3	57	480	580	.4989	150	3
58	826	733	.7408	608	2	58	508	612	.4951	142	2
59	854	764	.7364	600	1	59	536	643	.4912	134	1
60	.25882	.26795	3.7321	.96593	0	60	.27564	.28675	3.4874	.96126	0
	Cos	Ctn	Tan	Sin	′		Cos	Ctn	Tan	Sin	′

75°   **74°**

16° — Values of Trigonometric Functions — 17°

′	Sin	Tan	Ctn	Cos	
0	.27564	.28675	3.4874	.96126	60
1	592	706	.4836	118	59
2	620	738	.4798	110	58
3	648	769	.4760	102	57
4	676	801	.4722	094	56
5	.27704	.28832	3.4684	.96085	55
6	731	864	.4646	078	54
7	759	895	.4608	070	53
8	787	927	.4570	062	52
9	815	958	.4533	054	51
10	.27843	.28990	3.4495	.96046	50
11	871	.29021	.4458	037	49
12	899	053	.4420	029	48
13	927	084	.4383	021	47
14	955	116	.4346	013	46
15	.27983	.29147	3.4308	.96005	45
16	.28011	179	.4271	.95997	44
17	039	210	.4234	989	43
18	067	242	.4197	981	42
19	095	274	.4160	972	41
20	.28123	.29305	3.4124	.95964	40
21	150	337	.4087	956	39
22	178	368	.4050	948	38
23	206	400	.4014	940	37
24	234	432	.3977	931	36
25	.28262	.29463	3.3941	.95923	35
26	290	495	.3904	915	34
27	318	526	.3868	907	33
28	346	558	.3832	898	32
29	374	590	.3796	890	31
30	.28402	.29621	3.3759	.95882	30
31	429	653	.3723	874	29
32	457	685	.3687	865	28
33	485	716	.3652	857	27
34	513	748	.3616	849	26
35	.28541	.29780	3.3580	.95841	25
36	569	811	.3544	832	24
37	597	843	.3509	824	23
38	625	875	.3473	816	22
39	652	906	.3438	807	21
40	.28680	.29938	3.3402	.95799	20
41	708	.29970	.3367	791	19
42	736	.30001	.3332	782	18
43	764	033	.3297	774	17
44	792	065	.3261	766	16
45	.28820	.30097	3.3226	.95757	15
46	847	128	.3191	749	14
47	875	160	.3156	740	13
48	903	192	.3122	732	12
49	931	224	.3087	724	11
50	.28959	.30255	3.3052	.95715	10
51	.28987	287	.3017	707	9
52	.29015	319	.2983	698	8
53	042	351	.2948	690	7
54	070	382	.2914	681	6
55	.29098	.30414	3.2879	.95673	5
56	126	446	.2845	664	4
57	154	478	.2811	656	3
58	182	509	.2777	647	2
59	209	541	.2743	639	1
60	.29237	.30573	3.2709	.95630	0
	Cos	Ctn	Tan	Sin	′

73°

′	Sin	Tan	Ctn	Cos	
0	.29237	.30573	3.2709	.95630	60
1	265	605	.2675	622	59
2	293	637	.2641	613	58
3	321	669	.2607	605	57
4	348	700	.2573	596	56
5	.29376	.30732	3.2539	.95588	55
6	404	764	.2506	579	54
7	432	796	.2472	571	53
8	460	828	.2438	562	52
9	487	860	.2405	554	51
10	.29515	.30891	3.2371	.95545	50
11	543	923	.2338	536	49
12	571	955	.2305	528	48
13	599	.30987	.2272	519	47
14	626	.31019	.2238	511	46
15	.29654	.31051	3.2205	.95502	45
16	682	083	.2172	493	44
17	710	115	.2139	485	43
18	737	147	.2106	476	42
19	765	178	.2073	467	41
20	.29793	.31210	3.2041	.95459	40
21	821	242	.2008	450	39
22	849	274	.1975	441	38
23	876	306	.1943	433	37
24	904	338	.1910	424	36
25	.29932	.31370	3.1878	.95415	35
26	960	402	.1845	407	34
27	.29987	434	.1813	398	33
28	.30015	466	.1780	389	32
29	043	498	.1748	380	31
30	.30071	.31530	3.1716	.95372	30
31	098	562	.1684	363	29
32	126	594	.1652	354	28
33	154	626	.1620	345	27
34	182	658	.1588	337	26
35	.30209	.31690	3.1556	.95328	25
36	237	722	.1524	319	24
37	265	754	.1492	310	23
38	292	786	.1460	301	22
39	320	818	.1429	293	21
40	.30348	.31850	3.1397	.95284	20
41	376	882	.1366	275	19
42	403	914	.1334	266	18
43	431	946	.1303	257	17
44	459	.31978	.1271	248	16
45	.30486	.32010	3.1240	.95240	15
46	514	042	.1209	231	14
47	542	074	.1178	222	13
48	570	106	.1146	213	12
49	597	139	.1115	204	11
50	.30625	.32171	3.1084	.95195	10
51	653	203	.1053	186	9
52	680	235	.1022	177	8
53	708	267	.0991	168	7
54	736	299	.0961	159	6
55	.30763	.32331	3.0930	.95150	5
56	791	363	.0899	142	4
57	819	396	.0868	133	3
58	846	428	.0838	124	2
59	874	460	.0807	115	1
60	.30902	.32492	3.0777	.95106	0
	Cos	Ctn	Tan	Sin	′

72°

18°—Values of Trigonometric Functions—19°

′	Sin	Tan	Ctn	Cos		′	Sin	Tan	Ctn	Cos	
0	.30902	.32492	3.0777	.95106	60	0	.32557	.34433	2.9042	.94552	60
1	929	524	.0746	097	59	1	584	465	.9015	542	59
2	957	556	.0716	088	58	2	612	498	.8987	533	58
3	.30985	588	.0686	079	57	3	639	530	.8960	523	57
4	.31012	621	.0655	070	56	4	667	563	.8933	514	56
5	.31040	.32653	3.0625	.95061	55	5	.32694	.34596	2.8905	.94504	55
6	068	685	.0595	052	54	6	722	628	.8878	495	54
7	095	717	.0565	043	53	7	749	661	.8851	485	53
8	123	749	.0535	033	52	8	777	693	.8824	476	52
9	151	782	.0505	024	51	9	804	726	.8797	466	51
10	.31178	.32814	3.0475	.95015	50	10	.32832	.34758	2.8770	.94457	50
11	206	846	.0445	.95006	49	11	859	791	.8743	447	49
12	233	878	.0415	.94997	48	12	887	824	.8716	438	48
13	261	911	.0385	988	47	13	914	856	.8689	428	47
14	289	943	.0356	979	46	14	942	889	.8662	418	46
15	.31316	.32975	3.0326	.94970	45	15	.32969	.34922	2.8636	.94409	45
16	344	.33007	.0296	961	44	16	.32997	954	.8609	399	44
17	372	040	.0267	952	43	17	.33024	.34987	.8582	390	43
18	399	072	.0237	943	42	18	051	.35020	.8556	380	42
19	427	104	.0208	933	41	19	079	052	.8529	370	41
20	.31454	.33136	3.0178	.94924	40	20	.33106	.35085	2.8502	.94361	40
21	482	169	.0149	915	39	21	134	118	.8476	351	39
22	510	201	.0120	906	38	22	161	150	.8449	342	38
23	537	233	.0090	897	37	23	189	183	.8423	332	37
24	565	266	.0061	888	36	24	216	216	.8397	322	36
25	.31593	.33298	3.0032	.94878	35	25	.33244	.35248	2.8370	.94313	35
26	620	330	3.0003	869	34	26	271	281	.8344	303	34
27	648	363	2.9974	860	33	27	298	314	.8318	293	33
28	675	395	.9945	851	32	28	326	346	.8291	284	32
29	703	427	.9916	842	31	29	353	379	.8265	274	31
30	.31730	.33460	2.9887	.94832	30	30	.33381	.35412	2.8239	.94264	30
31	758	492	.9858	823	29	31	408	445	.8213	254	29
32	786	524	.9829	814	28	32	436	477	.8187	245	28
33	813	557	.9800	805	27	33	463	510	.8161	235	27
34	841	589	.9772	795	26	34	490	543	.8135	225	26
35	.31868	.33621	2.9743	.94786	25	35	.33518	.35576	2.8109	.94215	25
36	896	654	.9714	777	24	36	545	608	.8083	206	24
37	923	686	.9686	768	23	37	573	641	.8057	196	23
38	951	718	.9657	758	22	38	600	674	.8032	186	22
39	.31979	751	.9629	749	21	39	627	707	.8006	176	21
40	.32006	.33783	2.9600	.94740	20	40	.33655	.35740	2.7980	.94167	20
41	034	816	.9572	730	19	41	682	772	.7955	157	19
42	061	848	.9544	721	18	42	710	805	.7929	147	18
43	089	881	.9515	712	17	43	737	838	.7903	137	17
44	116	913	.9487	702	16	44	764	871	.7878	127	16
45	.32144	.33945	2.9459	.94693	15	45	.33792	.35904	2.7852	.94118	15
46	171	.33978	.9431	684	14	46	819	937	.7827	108	14
47	199	.34010	.9403	674	13	47	846	.35969	.7801	098	13
48	227	043	.9375	665	12	48	874	.36002	.7776	088	12
49	254	075	.9347	656	11	49	901	035	.7751	078	11
50	.32282	.34108	2.9319	.94646	10	50	.33929	.36068	2.7725	.94068	10
51	309	140	.9291	637	9	51	956	101	.7700	058	9
52	337	173	.9263	627	8	52	.33983	134	.7675	049	8
53	364	205	.9235	618	7	53	.34011	167	.7650	039	7
54	392	238	.9208	609	6	54	038	199	.7625	029	6
55	.32419	.34270	2.9180	.94599	5	55	.34065	.36232	2.7600	.94019	5
56	447	303	.9152	590	4	56	093	265	.7575	.94009	4
57	474	335	.9125	580	3	57	120	298	.7550	.93999	3
58	502	368	.9097	571	2	58	147	331	.7525	989	2
59	529	400	.9070	561	1	59	175	364	.7500	979	1
60	.32557	.34433	2.9042	.94552	0	60	.34202	.36397	2.7475	.93969	0
	Cos	Ctn	Tan	Sin	′		Cos	Ctn	Tan	Sin	′

71° 70°

20° — Values of Trigonometric Functions — 21°

′	Sin	Tan	Ctn	Cos			′	Sin	Tan	Ctn	Cos	
0	.34202	.36397	2.7475	.93969	60		0	.35837	.38386	2.6051	.93358	60
1	229	430	.7450	959	59		1	864	420	.6028	348	59
2	257	463	.7425	949	58		2	891	453	.6006	337	58
3	284	496	.7400	939	57		3	918	487	.5983	327	57
4	311	529	.7376	929	56		4	945	520	.5961	316	56
5	.34339	.36562	2.7351	.93919	55		5	.35973	.38553	2.5938	.93306	55
6	366	595	.7326	909	54		6	.36000	587	.5916	295	54
7	393	628	.7302	899	53		7	027	620	.5893	285	53
8	421	661	.7277	889	52		8	054	654	.5871	274	52
9	448	694	.7253	879	51		9	081	687	.5848	264	51
10	.34475	.36727	2.7228	.93869	50		10	.36108	.38721	2.5826	.93253	50
11	503	760	.7204	859	49		11	135	754	.5804	243	49
12	530	793	.7179	849	48		12	162	787	.5782	232	48
13	557	826	.7155	839	47		13	190	821	.5759	222	47
14	584	859	.7130	829	46		14	217	854	.5737	211	46
15	.34612	.36892	2.7106	.93819	45		15	.36244	.38888	2.5715	.93201	45
16	639	925	.7082	809	44		16	271	921	.5693	190	44
17	666	958	.7058	799	43		17	298	955	.5671	180	43
18	694	.36991	.7034	789	42		18	325	.38988	.5649	169	42
19	721	.37024	.7009	779	41		19	352	.39022	.5627	159	41
20	.34748	.37057	2.6985	.93769	40		20	.36379	.39055	2.5605	.93148	40
21	775	090	.6961	759	39		21	406	089	.5583	137	39
22	803	123	.6937	748	38		22	434	122	.5561	127	38
23	830	157	.6913	738	37		23	461	156	.5539	116	37
24	857	190	.6889	728	36		24	488	190	.5517	106	36
25	.34884	.37223	2.6865	.93718	35		25	.36515	.39223	2.5495	.93095	35
26	912	256	.6841	708	34		26	542	257	.5473	084	34
27	939	289	.6818	698	33		27	569	290	.5452	074	33
28	966	322	.6794	688	32		28	596	324	.5430	063	32
29	.34993	355	.6770	677	31		29	623	357	.5408	052	31
30	.35021	.37388	2.6746	.93667	30		30	.36650	.39391	2.5386	.93042	30
31	048	422	.6723	657	29		31	677	425	.5365	031	29
32	075	455	.6699	647	28		32	704	458	.5343	020	28
33	102	488	.6675	637	27		33	731	492	.5322	.93010	27
34	130	521	.6652	626	26		34	758	526	.5300	.92999	26
35	.35157	.37554	2.6628	.93616	25		35	.36785	.39559	2.5279	.92988	25
36	184	588	.6605	606	24		36	812	593	.5257	978	24
37	211	621	.6581	596	23		37	839	626	.5236	967	23
38	239	654	.6558	585	22		38	867	660	.5214	956	22
39	266	687	.6534	575	21		39	894	694	.5193	945	21
40	.35293	.37720	2.6511	.93565	20		40	.36921	.39727	2.5172	.92935	20
41	320	754	.6488	555	19		41	948	761	.5150	924	19
42	347	787	.6464	544	18		42	.36975	795	.5129	913	18
43	375	820	.6441	534	17		43	.37002	829	.5108	902	17
44	402	853	.6418	524	16		44	029	862	.5086	892	16
45	.35429	.37887	2.6395	.93514	15		45	.37056	.39896	2.5065	.92881	15
46	456	920	.6371	503	14		46	083	930	.5044	870	14
47	484	953	.6348	493	13		47	110	963	.5023	859	13
48	511	.37986	.6325	483	12		48	137	.39997	.5002	849	12
49	538	.38020	.6302	472	11		49	164	.40031	.4981	838	11
50	.35565	.38053	2.6279	.93462	10		50	.37191	.40065	2.4960	.92827	10
51	592	086	.6256	452	9		51	218	098	.4939	816	9
52	619	120	.6233	441	8		52	245	132	.4918	805	8
53	647	153	.6210	431	7		53	272	166	.4897	794	7
54	674	186	.6187	420	6		54	299	200	.4876	784	6
55	.35701	.38220	2.6165	.93410	5		55	.37326	.40234	2.4855	.92773	5
56	728	253	.6142	400	4		56	353	267	.4834	762	4
57	755	286	.6119	389	3		57	380	301	.4813	751	3
58	782	320	.6096	379	2		58	407	335	.4792	740	2
59	810	353	.6074	368	1		59	434	369	.4772	729	1
60	.35837	.38386	2.6051	.93358	0		60	.37461	.40403	2.4751	.92718	0
	Cos	Ctn	Tan	Sin	′			Cos	Ctn	Tan	Sin	′

69°   **68°**

22°—Values of Trigonometric Functions—23°

′	Sin	Tan	Ctn	Cos		′	Sin	Tan	Ctn	Cos	
0	.37461	.40403	2.4751	.92718	60	0	.39073	.42447	2.3559	.92050	60
1	488	436	.4730	707	59	1	100	482	.3539	039	59
2	515	470	.4709	697	58	2	127	516	.3520	028	58
3	542	504	.4689	686	57	3	153	551	.3501	016	57
4	569	538	.4668	675	56	4	180	585	.3483	.92005	56
5	.37595	.40572	2.4648	.92664	55	5	.39207	.42619	2.3464	.91994	55
6	622	606	.4627	653	54	6	234	654	.3445	982	54
7	649	640	.4606	642	53	7	260	688	.3426	971	53
8	676	674	.4586	631	52	8	287	722	.3407	959	52
9	703	707	.4566	620	51	9	314	757	.3388	948	51
10	.37730	.40741	2.4545	.92609	50	10	.39341	.42791	2.3369	.91936	50
11	757	775	.4525	598	49	11	367	826	.3351	925	49
12	784	809	.4504	587	48	12	394	860	.3332	914	48
13	811	843	.4484	576	47	13	421	894	.3313	902	47
14	838	877	.4464	565	46	14	448	929	.3294	891	46
15	.37865	.40911	2.4443	.92554	45	15	.39474	.42963	2.3276	.91879	45
16	892	945	.4423	543	44	16	501	.42998	.3257	868	44
17	919	.40979	.4403	532	43	17	528	.43032	.3238	856	43
18	946	.41013	.4383	521	42	18	555	067	.3220	845	42
19	973	047	.4362	510	41	19	581	101	.3201	833	41
20	.37999	.41081	2.4342	.92499	40	20	.39608	.43136	2.3183	.91822	40
21	.38026	115	.4322	488	39	21	635	170	.3164	810	39
22	053	149	.4302	477	38	22	661	205	.3146	799	38
23	080	183	.4282	466	37	23	688	239	.3127	787	37
24	107	217	.4262	455	36	24	715	274	.3109	775	36
25	.38134	.41251	2.4242	.92444	35	25	.39741	.43308	2.3090	.91764	35
26	161	285	.4222	432	34	26	768	343	.3072	752	34
27	188	319	.4202	421	33	27	795	378	.3053	741	33
28	215	353	.4182	410	32	28	822	412	.3035	729	32
29	241	387	.4162	399	31	29	848	447	.3017	718	31
30	.38268	.41421	2.4142	.92388	30	30	.39875	.43481	2.2998	.91706	30
31	295	455	.4122	377	29	31	902	516	.2980	694	29
32	322	490	.4102	366	28	32	928	550	.2962	683	28
33	349	524	.4083	355	27	33	955	585	.2944	671	27
34	376	558	.4063	343	26	34	.39982	620	.2925	660	26
35	.38403	.41592	2.4043	.92332	25	35	.40008	.43654	2.2907	.91648	25
36	430	626	.4023	321	24	36	035	689	.2889	636	24
37	456	660	.4004	310	23	37	062	724	.2871	625	23
38	483	694	.3984	299	22	38	088	758	.2853	613	22
39	510	728	.3964	287	21	39	115	793	.2835	601	21
40	.38537	.41763	2.3945	.92276	20	40	.40141	.43828	2.2817	.91590	20
41	564	797	.3925	265	19	41	168	862	.2799	578	19
42	591	831	.3906	254	18	42	195	897	.2781	566	18
43	617	865	.3886	243	17	43	221	932	.2763	555	17
44	644	899	.3867	231	16	44	248	.43966	.2745	543	16
45	.38671	.41933	2.3847	.92220	15	45	.40275	.44001	2.2727	.91531	15
46	698	.41968	.3828	209	14	46	301	036	.2709	519	14
47	725	.42002	.3808	198	13	47	328	071	.2691	508	13
48	752	036	.3789	186	12	48	355	105	.2673	496	12
49	778	070	.3770	175	11	49	381	140	.2655	484	11
50	.38805	.42105	2.3750	.92164	10	50	.40408	.44175	2.2637	.91472	10
51	832	139	.3731	152	9	51	434	210	.2620	461	9
52	859	173	.3712	141	8	52	461	244	.2602	449	8
53	886	207	.3693	130	7	53	488	279	.2584	437	7
54	912	242	.3673	119	6	54	514	314	.2566	425	6
55	.38939	.42276	2.3654	.92107	5	55	.40541	.44349	2.2549	.91414	5
56	966	310	.3635	096	4	56	567	384	.2531	402	4
57	.38993	345	.3616	085	3	57	594	418	.2513	390	3
58	.39020	379	.3597	073	2	58	621	453	.2496	378	2
59	046	413	.3578	062	1	59	647	488	.2478	366	1
60	.39073	.42447	2.3559	.92050	0	60	.40674	.44523	2.2460	.91355	0
	Cos	Ctn	Tan	Sin	′		Cos	Ctn	Tan	Sin	′

67°   66°

24° — Values of Trigonometric Functions — 25°

′	Sin	Tan	Ctn	Cos		′	Sin	Tan	Ctn	Cos	
0	.40674	.44523	2.2460	.91355	60	0	.42262	.46631	2.1445	.90631	60
1	700	558	.2443	343	59	1	288	666	.1429	618	59
2	727	593	.2425	331	58	2	315	702	.1413	606	58
3	753	627	.2408	319	57	3	341	737	.1396	594	57
4	780	662	.2390	307	56	4	367	772	.1380	582	56
5	.40806	.44697	2.2373	.91295	55	5	.42394	.46808	2.1364	.90569	55
6	833	732	.2355	283	54	6	420	843	.1348	557	54
7	860	767	.2338	272	53	7	446	879	.1332	545	53
8	886	802	.2320	260	52	8	473	914	.1315	532	52
9	913	837	.2303	248	51	9	499	950	.1299	520	51
10	.40939	.44872	2.2286	.91236	50	10	.42525	.46985	2.1283	.90507	50
11	966	907	.2268	224	49	11	552	.47021	.1267	495	49
12	.40992	942	.2251	212	48	12	578	056	.1251	483	48
13	.41019	.44977	.2234	200	47	13	604	092	.1235	470	47
14	045	.45012	.2216	188	46	14	631	128	.1219	458	46
15	.41072	.45047	2.2199	.91176	45	15	.42657	.47163	2.1203	.90446	45
16	098	082	.2182	164	44	16	683	199	.1187	433	44
17	125	117	.2165	152	43	17	709	234	.1171	421	43
18	151	152	.2148	140	42	18	736	270	.1155	408	42
19	178	187	.2130	128	41	19	762	305	.1139	396	41
20	.41204	.45222	2.2113	.91116	40	20	.42788	.47341	2.1123	.90383	40
21	231	257	.2096	104	39	21	815	377	.1107	371	39
22	257	292	.2079	092	38	22	841	412	.1092	358	38
23	284	327	.2062	080	37	23	867	448	.1076	346	37
24	310	362	.2045	068	36	24	894	483	.1060	334	36
25	.41337	.45397	2.2028	.91056	35	25	.42920	.47519	2.1044	.90321	35
26	363	432	.2011	044	34	26	946	555	.1028	309	34
27	390	467	.1994	032	33	27	972	590	.1013	296	33
28	416	502	.1977	020	32	28	.42999	626	.0997	284	32
29	443	538	.1960	.91008	31	29	.43025	662	.0981	271	31
30	.41469	.45573	2.1943	.90996	30	30	.43051	.47698	2.0965	.90259	30
31	496	608	.1926	984	29	31	077	733	.0950	246	29
32	522	643	.1909	972	28	32	104	769	.0934	233	28
33	549	678	.1892	960	27	33	130	805	.0918	221	27
34	575	713	.1876	948	26	34	156	840	.0903	208	26
35	.41602	.45748	2.1859	.90936	25	35	.43182	.47876	2.0887	.90196	25
36	628	784	.1842	924	24	36	209	912	.0872	183	24
37	655	819	.1825	911	23	37	235	948	.0856	171	23
38	681	854	.1808	899	22	38	261	.47984	.0840	158	22
39	707	889	.1792	887	21	39	287	.48019	.0825	146	21
40	.41734	.45924	2.1775	.90875	20	40	.43313	.48055	2.0809	.90133	20
41	760	960	.1758	863	19	41	340	091	.0794	120	19
42	787	.45995	.1742	851	18	42	366	127	.0778	108	18
43	813	.46030	.1725	839	17	43	392	163	.0763	095	17
44	840	065	.1708	826	16	44	418	198	.0748	082	16
45	.41866	.46101	2.1692	.90814	15	45	.43445	.48234	2.0732	.90070	15
46	892	136	.1675	802	14	46	471	270	.0717	057	14
47	919	171	.1659	790	13	47	497	306	.0701	045	13
48	945	206	.1642	778	12	48	523	342	.0686	032	12
49	972	242	.1625	766	11	49	549	378	.0671	019	11
50	.41998	.46277	2.1609	.90753	10	50	.43575	.48414	2.0655	.90007	10
51	.42024	312	.1592	741	9	51	602	450	.0640	.89994	9
52	051	348	.1576	729	8	52	628	486	0625	981	8
53	077	383	.1560	717	7	53	654	521	.0609	968	7
54	104	418	.1543	704	6	54	680	557	.0594	956	6
55	.42130	.46454	2.1527	.90692	5	55	.43706	.48593	2.0579	.89943	5
56	156	489	.1510	680	4	56	733	629	.0564	930	4
57	183	525	.1494	668	3	57	759	665	.0549	918	3
58	209	560	.1478	655	2	58	785	701	.0533	905	2
59	235	595	.1461	643	1	59	811	737	.0518	892	1
60	.42262	.46631	2.1445	.90631	0	60	.43837	.48773	2 0503	.89879	0
	Cos	Ctn	Tan	Sin			Cos	Ctn	Tan	Sin	

65°   **64°**

26°—Values of Trigonometric Functions—27°

′	Sin	Tan	Ctn	Cos		′	Sin	Tan	Ctn	Cos	
0	.43837	.48773	2.0503	.89879	60	0	.45399	.50953	1.9626	.89101	60
1	863	809	.0488	867	59	1	425	.50989	.9612	087	59
2	889	845	.0473	854	58	2	451	.51026	.9598	074	58
3	916	881	.0458	841	57	3	477	063	.9584	061	57
4	942	917	.0443	828	56	4	503	099	.9570	048	56
5	.43968	.48953	2.0428	.89816	55	5	.45529	.51136	1.9556	.89035	55
6	.43994	.48989	.0413	803	54	6	554	173	.9542	021	54
7	.44020	.49026	.0398	790	53	7	580	209	.9528	.89008	53
8	046	062	.0383	777	52	8	606	246	.9514	.88995	52
9	072	098	.0368	764	51	9	632	283	.9500	981	51
10	.44098	.49134	2.0353	.89752	50	10	.45658	.51319	1.9486	.88968	50
11	124	170	.0338	739	49	11	684	356	.9472	955	49
12	151	206	.0323	726	48	12	710	393	.9458	942	48
13	177	242	.0308	713	47	13	736	430	.9444	928	47
14	203	278	.0293	700	46	14	762	467	.9430	915	46
15	.44229	.49315	2.0278	.89687	45	15	.45787	.51503	1.9416	.88902	45
16	255	351	.0263	674	44	16	813	540	.9402	888	44
17	281	387	.0248	662	43	17	839	577	.9388	875	43
18	307	423	.0233	649	42	18	865	614	.9375	862	42
19	333	459	.0219	636	41	19	891	651	.9361	848	41
20	.44359	.49495	2.0204	.89623	40	20	.45917	.51688	1.9347	.88835	40
21	385	532	.0189	610	39	21	942	724	.9333	822	39
22	411	568	.0174	597	38	22	968	761	.9319	808	38
23	437	604	.0160	584	37	23	.45994	798	.9306	795	37
24	464	640	.0145	571	36	24	.46020	835	.9292	782	36
25	.44490	.49677	2.0130	.89558	35	25	.46046	.51872	1.9278	.88768	35
26	516	713	.0115	545	34	26	072	909	.9265	755	34
27	542	749	.0101	532	33	27	097	946	.9251	741	33
28	568	786	.0086	519	32	28	123	.51983	.9237	728	32
29	594	822	.0072	506	31	29	149	.52020	.9223	715	31
30	.44620	.49858	2.0057	.89493	30	30	.46175	.52057	1.9210	.88701	30
31	646	894	.0042	480	29	31	201	094	.9196	688	29
32	672	931	.0028	467	28	32	226	131	.9183	674	28
33	698	.49967	2.0013	454	27	33	252	168	.9169	661	27
34	724	.50004	1.9999	441	26	34	278	205	.9155	647	26
35	.44750	.50040	1.9984	.89428	25	35	.46304	.52242	1.9142	.88634	25
36	776	076	.9970	415	24	36	330	279	.9128	620	24
37	802	113	.9955	402	23	37	355	316	.9115	607	23
38	828	149	.9941	389	22	38	381	353	.9101	593	22
39	854	185	.9926	376	21	39	407	390	.9088	580	21
40	.44880	.50222	1.9912	.89363	20	40	.46433	.52427	1.9074	.88566	20
41	906	258	.9897	350	19	41	458	464	.9061	553	19
42	932	295	.9883	337	18	42	484	501	.9047	539	18
43	958	331	.9868	324	17	43	510	538	.9034	526	17
44	.44984	368	.9854	311	16	44	536	575	.9020	512	16
45	.45010	.50404	1.9840	.89298	15	45	.46561	.52613	1.9007	.88499	15
46	036	441	.9825	285	14	46	587	650	.8993	485	14
47	062	477	.9811	272	13	47	613	687	.8980	472	13
48	088	514	.9797	259	12	48	639	724	.8967	458	12
49	114	550	.9782	245	11	49	664	761	.8953	445	11
50	.45140	.50587	1.9768	.89232	10	50	.46690	.52798	1.8940	.88431	10
51	166	623	.9754	219	9	51	716	836	.8927	417	9
52	192	660	.9740	206	8	52	742	873	.8913	404	8
53	218	696	.9725	193	7	53	767	910	.8900	390	7
54	243	733	.9711	180	6	54	793	947	.8887	377	6
55	.45269	.50769	1.9697	.89167	5	55	.46819	.52985	1.8873	.88363	5
56	295	806	.9683	153	4	56	844	.53022	.8860	349	4
57	321	843	.9669	140	3	57	870	059	.8847	336	3
58	347	879	.9654	127	2	58	896	096	.8834	322	2
59	373	916	.9640	114	1	59	921	134	.8820	308	1
60	.45399	.50953	1.9626	.89101	0	60	.46947	.53171	1.8807	.88295	0
	Cos	Ctn	Tan	Sin	′		Cos	Ctn	Tan	Sin	′

63°   **62°**

28° — Values of Trigonometric Functions — 29°

′	Sin	Tan	Ctn	Cos		′	Sin	Tan	Ctn	Cos	
0	.46947	.53171	1.8807	.88295	60	0	.48481	.55431	1.8040	.87462	60
1	973	208	.8794	281	59	1	506	469	.8028	448	59
2	.46999	246	.8781	267	58	2	532	507	.8016	434	58
3	.47024	283	.8768	254	57	3	557	545	.8003	420	57
4	050	320	.8755	240	56	4	583	583	.7991	406	56
5	.47076	.53358	1.8741	.88226	55	5	.48608	.55621	1.7979	.87391	55
6	101	395	.8728	213	54	6	634	659	.7966	377	54
7	127	432	.8715	199	53	7	659	697	.7954	363	53
8	153	470	.8702	185	52	8	684	736	.7942	349	52
9	178	507	.8689	172	51	9	710	774	.7930	335	51
10	.47204	.53545	1.8676	.88158	50	10	.48735	.55812	1.7917	.87321	50
11	229	582	.8663	144	49	11	761	850	.7905	306	49
12	255	620	.8650	130	48	12	786	888	.7893	292	48
13	281	657	.8637	117	47	13	811	926	.7881	278	47
14	306	694	.8624	103	46	14	837	.55964	.7868	264	46
15	.47332	.53732	1.8611	.88089	45	15	.48862	.56003	1.7856	.87250	45
16	358	769	.8598	075	44	16	888	041	.7844	235	44
17	383	807	.8585	062	43	17	913	079	.7832	221	43
18	409	844	.8572	048	42	18	938	117	.7820	207	42
19	434	882	.8559	034	41	19	964	156	.7808	193	41
20	.47460	.53920	1.8546	.88020	40	20	.48989	.56194	1.7796	.87178	40
21	486	957	.8533	.88006	39	21	.49014	232	.7783	164	39
22	511	.53995	.8520	.87993	38	22	040	270	.7771	150	38
23	537	.54032	.8507	979	37	23	065	309	.7759	136	37
24	562	070	.8495	965	36	24	090	347	.7747	121	36
25	.47588	.54107	1.8482	.87951	35	25	.49116	.56385	1.7735	.87107	35
26	614	145	.8469	937	34	26	141	424	.7723	093	34
27	639	183	.8456	923	33	27	166	462	.7711	079	33
28	665	220	.8443	909	32	28	192	501	.7699	064	32
29	690	258	.8430	896	31	29	217	539	.7687	050	31
30	.47716	.54296	1.8418	.87882	30	30	.49242	.56577	1.7675	.87036	30
31	741	333	.8405	868	29	31	268	616	.7663	021	29
32	767	371	.8392	854	28	32	293	654	.7651	.87007	28
33	793	409	.8379	840	27	33	318	693	.7639	.86993	27
34	818	446	.8367	826	26	34	344	731	.7627	978	26
35	.47844	.54484	1.8354	.87812	25	35	.49369	.56769	1.7615	.86964	25
36	869	522	.8341	798	24	36	394	808	.7603	949	24
37	895	560	.8329	784	23	37	419	846	.7591	935	23
38	920	597	.8316	770	22	38	445	885	.7579	921	22
39	946	635	.8303	756	21	39	470	923	.7567	906	21
40	.47971	.54673	1.8291	.87743	20	40	.49495	.56962	1.7556	.86892	20
41	.47997	711	.8278	729	19	41	521	.57000	.7544	878	19
42	.48022	748	.8265	715	18	42	546	039	.7532	863	18
43	048	786	.8253	701	17	43	571	078	.7520	849	17
44	073	824	.8240	687	16	44	596	116	.7508	834	16
45	.48099	.54862	1.8228	.87673	15	45	.49622	.57155	1.7496	.86820	15
46	124	900	.8215	659	14	46	647	193	.7485	805	14
47	150	938	.8202	645	13	47	672	232	.7473	791	13
48	175	.54975	.8190	631	12	48	697	271	.7461	777	12
49	201	.55013	.8177	617	11	49	723	309	.7449	762	11
50	.48226	.55051	1.8165	.87603	10	50	.49748	.57348	1.7437	.86748	10
51	252	089	.8152	589	9	51	773	386	.7426	733	9
52	277	127	.8140	575	8	52	798	425	.7414	719	8
53	303	165	.8127	561	7	53	824	464	.7402	704	7
54	328	203	.8115	546	6	54	849	503	.7391	690	6
55	.48354	.55241	1.8103	.87532	5	55	.49874	.57541	1.7379	.86675	5
56	379	279	.8090	518	4	56	899	580	.7367	661	4
57	405	317	.8078	504	3	57	924	619	.7355	646	3
58	430	355	.8065	490	2	58	950	657	.7344	632	2
59	456	393	.8053	476	1	59	.49975	696	.7332	617	1
60	.48481	.55431	1.8040	.87462	0	60	.50000	.57735	1.7321	.86603	0
	Cos	Ctn	Tan	Sin	′		Cos	Ctn	Tan	Sin	′

61° **60°**

30° — Values of Trigonometric Functions — 31°

′	Sin	Tan	Ctn	Cos	
0	.50000	.57735	1.7321	.86603	60
1	025	774	.7309	588	59
2	050	813	.7297	573	58
3	076	851	.7286	559	57
4	101	890	.7274	544	56
5	.50126	.57929	1.7262	.86530	55
6	151	.57968	.7251	515	54
7	176	.58007	.7239	501	53
8	201	046	.7228	486	52
9	227	085	.7216	471	51
10	.50252	.58124	1.7205	.86457	50
11	277	162	.7193	442	49
12	302	201	.7182	427	48
13	327	240	.7170	413	47
14	352	279	.7159	398	46
15	.50377	.58318	1.7147	.86384	45
16	403	357	.7136	369	44
17	428	396	.7124	354	43
18	453	435	.7113	340	42
19	478	474	.7102	325	41
20	.50503	.58513	1.7090	.86310	40
21	528	552	.7079	295	39
22	553	591	.7067	281	38
23	578	631	.7056	266	37
24	603	670	.7045	251	36
25	.50628	.58709	1.7033	.86237	35
26	654	748	.7022	222	34
27	679	787	.7011	207	33
28	704	826	.6999	192	32
29	729	865	.6988	178	31
30	.50754	.58905	1.6977	.86163	30
31	779	944	.6965	148	29
32	804	.58983	.6954	133	28
33	829	.59022	.6943	119	27
34	854	061	.6932	104	26
35	.50879	.59101	1.6920	.86089	25
36	904	140	.6909	074	24
37	929	179	.6898	059	23
38	954	218	.6887	045	22
39	.50979	258	.6875	030	21
40	.51004	.59297	1.6864	.86015	20
41	029	336	.6853	.86000	19
42	054	376	.6842	.85985	18
43	079	415	.6831	970	17
44	104	454	.6820	956	16
45	.51129	.59494	1.6808	.85941	15
46	154	533	.6797	926	14
47	179	573	.6786	911	13
48	204	612	.6775	896	12
49	229	651	.6764	881	11
50	.51254	.59691	1.6753	.85866	10
51	279	730	.6742	851	9
52	304	770	.6731	836	8
53	329	809	.6720	821	7
54	354	849	.6709	806	6
55	.51379	.59888	1.6698	.85792	5
56	404	928	.6687	777	4
57	429	.59967	.6676	762	3
58	454	.60007	.6665	747	2
59	479	046	.6654	732	1
60	.51504	.60086	1.6643	.85717	0
	Cos	Ctn	Tan	Sin	′

59°

′	Sin	Tan	Ctn	Cos	
0	.51504	.60086	1.6643	.85717	60
1	529	126	.6632	702	59
2	554	165	.6621	687	58
3	579	205	.6610	672	57
4	604	245	.6599	657	56
5	.51628	.60284	1.6588	.85642	55
6	653	324	.6577	627	54
7	678	364	.6566	612	53
8	703	403	.6555	597	52
9	728	443	.6545	582	51
10	.51753	.60483	1.6534	.85567	50
11	778	522	.6523	551	49
12	803	562	.6512	536	48
13	828	602	.6501	521	47
14	852	642	.6490	506	46
15	.51877	.60681	1.6479	.85491	45
16	902	721	.6469	476	44
17	927	761	.6458	461	43
18	952	801	.6447	446	42
19	.51977	841	.6436	431	41
20	.52002	.60881	1.6426	.85416	40
21	026	921	.6415	401	39
22	051	.60960	.6404	385	38
23	076	.61000	.6393	370	37
24	101	040	.6383	355	36
25	.52126	.61080	1.6372	.85340	35
26	151	120	.6361	325	34
27	175	160	.6351	310	33
28	200	200	.6340	294	32
29	225	240	.6329	279	31
30	.52250	.61280	1.6319	.85264	30
31	275	320	.6308	249	29
32	299	360	.6297	234	28
33	324	400	.6287	218	27
34	349	440	.6276	203	26
35	.52374	.61480	1.6265	.85188	25
36	399	520	.6255	173	24
37	423	561	.6244	157	23
38	448	601	.6234	142	22
39	473	641	.6223	127	21
40	.52498	.61681	1.6212	.85112	20
41	522	721	.6202	096	19
42	547	761	.6191	081	18
43	572	801	.6181	066	17
44	597	842	.6170	051	16
45	.52621	.61882	1.6160	.85035	15
46	646	922	.6149	020	14
47	671	.61962	.6139	.85005	13
48	696	.62003	.6128	.84989	12
49	720	043	.6118	974	11
50	.52745	.62083	1.6107	.84959	10
51	770	124	.6097	943	9
52	794	164	.6087	928	8
53	819	204	.6076	913	7
54	844	245	.6066	897	6
55	.52869	.62285	1.6055	.84882	5
56	893	325	.6045	866	4
57	918	366	.6034	851	3
58	943	406	.6024	836	2
59	967	446	.6014	820	1
60	.52992	.62487	1.6003	.84805	0
	Cos	Ctn	Tan	Sin	′

58°

32° — Values of Trigonometric Functions — 33°

′	Sin	Tan	Ctn	Cos		′	Sin	Tan	Ctn	Cos	
0	.52992	.62487	1.6003	.84805	60	0	.54464	.64941	1.5399	.83867	60
1	.53017	527	.5993	789	59	1	488	.64982	.5389	851	59
2	041	568	.5983	774	58	2	513	.65024	.5379	835	58
3	066	608	.5972	759	57	3	537	065	.5369	819	57
4	091	649	.5962	743	56	4	561	106	.5359	804	56
5	.53115	.62689	1.5952	.84728	55	5	.54586	.65148	1.5350	.83788	55
6	140	730	.5941	712	54	6	610	189	.5340	772	54
7	164	770	.5931	697	53	7	635	231	.5330	756	53
8	189	811	.5921	681	52	8	659	272	.5320	740	52
9	214	852	.5911	666	51	9	683	314	.5311	724	51
10	.53238	.62892	1.5900	.84650	50	10	.54708	.65355	1.5301	.83708	50
11	263	933	.5890	635	49	11	732	397	.5291	692	49
12	288	.62973	.5880	619	48	12	756	438	.5282	676	48
13	312	.63014	.5869	604	47	13	781	480	.5272	660	47
14	337	055	.5859	588	46	14	805	521	.5262	645	46
15	.53361	.63095	1.5849	.84573	45	15	.54829	.65563	1.5253	.83629	45
16	386	136	.5839	557	44	16	854	604	.5243	613	44
17	411	177	.5829	542	43	17	878	646	.5233	597	43
18	435	217	.5818	526	42	18	902	688	.5224	581	42
19	460	258	.5808	511	41	19	927	729	.5214	565	41
20	.53484	.63299	1.5798	.84495	40	20	.54951	.65771	1.5204	.83549	40
21	509	340	.5788	480	39	21	975	813	.5195	533	39
22	534	380	.5778	464	38	22	.54999	854	.5185	517	38
23	558	421	.5768	448	37	23	.55024	896	.5175	501	37
24	583	462	.5757	433	36	24	048	938	.5166	485	36
25	.53607	.63503	1.5747	.84417	35	25	.55072	.65980	1.5156	.83469	35
26	632	544	.5737	402	34	26	097	.66021	.5147	453	34
27	656	584	.5727	386	33	27	121	063	.5137	437	33
28	681	625	.5717	370	32	28	145	105	.5127	421	32
29	705	666	.5707	355	31	29	169	147	.5118	405	31
30	.53730	.63707	1.5697	.84339	30	30	.55194	.66189	1.5108	.83389	30
31	754	748	.5687	324	29	31	218	230	.5099	373	29
32	779	789	.5677	308	28	32	242	272	.5089	356	28
33	804	830	.5667	292	27	33	266	314	.5080	340	27
34	828	871	.5657	277	26	34	291	356	.5070	324	26
35	.53853	.63912	1.5647	.84261	25	35	.55315	.66398	1.5061	.83308	25
36	877	953	.5637	245	24	36	339	440	.5051	292	24
37	902	.63994	.5627	230	23	37	363	482	.5042	276	23
38	926	.64035	.5617	214	22	38	388	524	.5032	260	22
39	951	076	.5607	198	21	39	412	566	.5023	244	21
40	.53975	.64117	1.5597	.84182	20	40	.55436	.66608	1.5013	.83228	20
41	.54000	158	.5587	167	19	41	460	650	.5004	212	19
42	024	199	.5577	151	18	42	484	692	.4994	195	18
43	049	240	.5567	135	17	43	509	734	.4985	179	17
44	073	281	.5557	120	16	44	533	776	.4975	163	16
45	.54097	.64322	1.5547	.84104	15	45	.55557	.66818	1.4966	.83147	15
46	122	363	.5537	088	14	46	581	860	.4957	131	14
47	146	404	.5527	072	13	47	605	902	.4947	115	13
48	171	446	.5517	057	12	48	630	944	.4938	098	12
49	195	487	.5507	041	11	49	654	.66986	.4928	082	11
50	.54220	.64528	1.5497	.84025	10	50	.55678	.67028	1.4919	.83066	10
51	244	569	.5487	.84009	9	51	702	071	.4910	050	9
52	269	610	.5477	.83994	8	52	726	113	.4900	034	8
53	293	652	.5468	978	7	53	750	155	.4891	017	7
54	317	693	.5458	962	6	54	775	197	.4882	.83001	6
55	.54342	.64734	1.5448	.83946	5	55	.55799	.67239	1.4872	.82985	5
56	366	775	.5438	930	4	56	823	282	.4863	969	4
57	391	817	.5428	915	3	57	847	324	.4854	953	3
58	415	858	.5418	899	2	58	871	366	.4844	936	2
59	440	899	.5408	883	1	59	895	409	.4835	920	1
60	.54464	.64941	1.5399	.83867	0	60	.55919	.67451	1.4826	.82904	0
	Cos	Ctn	Tan	Sin	′		Cos	Ctn	Tan	Sin	′

57°   **56°**

34°—Values of Trigonometric Functions—35°

′	Sin	Tan	Ctn	Cos	
0	.55919	.67451	1.4826	.82904	60
1	943	493	.4816	887	59
2	968	536	.4807	871	58
3	.55992	578	.4798	855	57
4	.56016	620	.4788	839	56
5	.56040	.67663	1.4779	.82822	55
6	064	705	.4770	806	54
7	088	748	.4761	790	53
8	112	790	.4751	773	52
9	136	832	.4742	757	51
10	.56160	.67875	1.4733	.82741	50
11	184	917	.4724	724	49
12	208	.67960	.4715	708	48
13	232	.68002	.4705	692	47
14	256	045	.4696	675	46
15	.56280	.68088	1.4687	.82659	45
16	305	130	.4678	643	44
17	329	173	.4669	626	43
18	353	215	.4659	610	42
19	377	258	.4650	593	41
20	.56401	.68301	1.4641	.82577	40
21	425	343	.4632	561	39
22	449	386	.4623	544	38
23	473	429	.4614	528	37
24	497	471	.4605	511	36
25	.56521	.68514	1.4596	.82495	35
26	545	557	.4586	478	34
27	569	600	.4577	462	33
28	593	642	.4568	446	32
29	617	685	.4559	429	31
30	.56641	.68728	1.4550	.82413	30
31	665	771	.4541	396	29
32	689	814	.4532	380	28
33	713	857	.4523	363	27
34	736	900	.4514	347	26
35	.56760	.68942	1.4505	.82330	25
36	784	.68985	.4496	314	24
37	808	.69028	.4487	297	23
38	832	071	.4478	281	22
39	856	114	.4469	264	21
40	.56880	.69157	1.4460	.82248	20
41	904	200	.4451	231	19
42	928	243	.4442	214	18
43	952	286	.4433	198	17
44	.56976	329	.4424	181	16
45	.57000	.69372	1.4415	.82165	15
46	024	416	.4406	148	14
47	047	459	.4397	132	13
48	071	502	.4388	115	12
49	095	545	.4379	098	11
50	.57119	.69588	1.4370	.82082	10
51	143	631	.4361	065	9
52	167	675	.4352	048	8
53	191	718	.4344	032	7
54	215	761	.4335	.82015	6
55	.57238	.69804	1.4326	.81999	5
56	262	847	.4317	982	4
57	286	891	.4308	965	3
58	310	934	.4299	949	2
59	334	.69977	.4290	932	1
60	.57358	.70021	1.4281	.81915	0
	Cos	Ctn	Tan	Sin	′

55°

′	Sin	Tan	Ctn	Cos	
0	.57358	.70021	1.4281	.81915	60
1	381	064	.4273	899	59
2	405	107	.4264	882	58
3	429	151	.4255	865	57
4	453	194	.4246	848	56
5	.57477	.70238	1.4237	.81832	55
6	501	281	.4229	815	54
7	524	325	.4220	798	53
8	548	368	.4211	782	52
9	572	412	.4202	765	51
10	.57596	.70455	1.4193	.81748	50
11	619	499	.4185	731	49
12	643	542	.4176	714	48
13	667	586	.4167	698	47
14	691	629	.4158	681	46
15	.57715	.70673	1.4150	.81664	45
16	738	717	.4141	647	44
17	762	760	.4132	631	43
18	786	804	.4124	614	42
19	810	848	.4115	597	41
20	.57833	.70891	1.4106	.81580	40
21	857	935	.4097	563	39
22	881	.70979	.4089	546	38
23	904	.71023	.4080	530	37
24	928	066	.4071	513	36
25	.57952	.71110	1.4063	.81496	35
26	976	154	.4054	479	34
27	.57999	198	.4045	462	33
28	.58023	242	.4037	445	32
29	047	285	.4028	428	31
30	.58070	.71329	1.4019	.81412	30
31	094	373	.4011	395	29
32	118	417	.4002	378	28
33	141	461	.3994	361	27
34	165	505	.3985	344	26
35	.58189	.71549	1.3976	.81327	25
36	212	593	.3968	310	24
37	236	637	.3959	293	23
38	260	681	.3951	276	22
39	283	725	.3942	259	21
40	.58307	.71769	1.3934	.81242	20
41	330	813	.3925	225	19
42	354	857	.3916	208	18
43	378	901	.3908	191	17
44	401	946	.3899	174	16
45	.58425	.71990	1.3891	.81157	15
46	449	.72034	.3882	140	14
47	472	078	.3874	123	13
48	496	122	.3865	106	12
49	519	167	.3857	089	11
50	.58543	.72211	1.3848	.81072	10
51	567	255	.3840	055	9
52	590	299	.3831	038	8
53	614	344	.3823	021	7
54	637	388	.3814	.81004	6
55	.58661	.72432	1.3806	.80987	5
56	684	477	.3798	970	4
57	708	521	.3789	953	3
58	731	565	.3781	936	2
59	755	610	.3772	919	1
60	.58779	.72654	1.3764	.80902	0
	Cos	Ctn	Tan	Sin	′

54°

36° — Values of Trigonometric Functions — 37°

′	Sin	Tan	Ctn	Cos		′	Sin	Tan	Ctn	Cos	
0	.58779	.72654	1.3764	.80902	60	0	.60182	.75355	1.3270	.79864	60
1	802	699	.3755	885	59	1	205	401	.3262	846	59
2	826	743	.3747	867	58	2	228	447	.3254	829	58
3	849	788	.3739	850	57	3	251	492	.3246	811	57
4	873	832	.3730	833	56	4	274	538	.3238	793	56
5	.58896	.72877	1.3722	.80816	55	5	.60298	.75584	1.3230	.79776	55
6	920	921	.3713	799	54	6	321	629	.3222	758	54
7	943	.72966	.3705	782	53	7	344	675	.3214	741	53
8	967	.73010	.3697	765	52	8	367	721	.3206	723	52
9	.58990	055	.3688	748	51	9	390	767	.3198	706	51
10	.59014	.73100	1.3680	.80730	50	10	.60414	.75812	1.3190	.79688	50
11	037	144	.3672	713	49	11	437	858	.3182	671	49
12	061	189	.3663	696	48	12	460	904	.3175	653	48
13	084	234	.3655	679	47	13	483	950	.3167	635	47
14	108	278	.3647	662	46	14	506	.75996	.3159	618	46
15	.59131	.73323	1.3638	.80644	45	15	.60529	.76042	1.3151	.79600	45
16	154	368	.3630	627	44	16	553	088	.3143	583	44
17	178	413	.3622	610	43	17	576	134	.3135	565	43
18	201	457	.3613	593	42	18	599	180	.3127	547	42
19	225	502	.3605	576	41	19	622	226	.3119	530	41
20	.59248	.73547	1.3597	.80558	40	20	.60645	.76272	1.3111	.79512	40
21	272	592	.3588	541	39	21	668	318	.3103	494	39
22	295	637	.3580	524	38	22	691	364	.3095	477	38
23	318	681	.3572	507	37	23	714	410	.3087	459	37
24	342	726	.3564	489	36	24	738	456	.3079	441	36
25	.59365	.73771	1.3555	.80472	35	25	.60761	.76502	1.3072	.79424	35
26	389	816	.3547	455	34	26	784	548	.3064	406	34
27	412	861	.3539	438	33	27	807	594	.3056	388	33
28	436	906	.3531	420	32	28	830	640	.3048	371	32
29	459	951	.3522	403	31	29	853	686	.3040	353	31
30	.59482	.73996	1.3514	.80386	30	30	.60876	.76733	1.3032	.79335	30
31	506	.74041	.3506	368	29	31	899	779	.3024	318	29
32	529	086	.3498	351	28	32	922	825	.3017	300	28
33	552	131	.3490	334	27	33	945	871	.3009	282	27
34	576	176	.3481	316	26	34	968	918	.3001	264	26
35	.59599	.74221	1.3473	.80299	25	35	.60991	.76964	1.2993	.79247	25
36	622	267	.3465	282	24	36	.61015	.77010	.2985	229	24
37	646	312	.3457	264	23	37	038	057	.2977	211	23
38	669	357	.3449	247	22	38	061	103	.2970	193	22
39	693	402	.3440	230	21	39	084	149	.2962	176	21
40	.59716	.74447	1.3432	.80212	20	40	.61107	.77196	1.2954	.79158	20
41	739	492	.3424	195	19	41	130	242	.2946	140	19
42	763	538	.3416	178	18	42	153	289	.2938	122	18
43	786	583	.3408	160	17	43	176	335	.2931	105	17
44	809	628	.3400	143	16	44	199	382	.2923	087	16
45	.59832	.74674	1.3392	.80125	15	45	.61222	.77428	1.2915	.79069	15
46	856	719	.3384	108	14	46	245	475	.2907	051	14
47	879	764	.3375	091	13	47	268	521	.2900	033	13
48	902	810	.3367	073	12	48	291	568	.2892	.79016	12
49	926	855	.3359	056	11	49	314	615	.2884	.78998	11
50	.59949	.74900	1.3351	.80038	10	50	.61337	.77661	1.2876	.78980	10
51	972	946	.3343	021	9	51	360	708	.2869	962	9
52	.59995	.74991	.3335	.80003	8	52	383	754	.2861	944	8
53	.60019	.75037	.3327	.79986	7	53	406	801	.2853	926	7
54	042	082	.3319	968	6	54	429	848	.2846	908	6
55	.60065	.75128	1.3311	.79951	5	55	.61451	.77895	1.2838	.78891	5
56	089	173	.3303	934	4	56	474	941	.2830	873	4
57	112	219	.3295	916	3	57	497	.77988	.2822	855	3
58	135	264	.3287	899	2	58	520	.78035	.2815	837	2
59	158	310	.3278	881	1	59	543	082	.2807	819	1
60	.60182	.75355	1.3270	.79864	0	60	.61566	.78129	1.2799	.78801	0
	Cos	Ctn	Tan	Sin	′		Cos	Ctn	Tan	Sin	′

53°   52°

38° — Values of Trigonometric Functions — 39°

'	Sin	Tan	Ctn	Cos		'	Sin	Tan	Ctn	Cos	
0	.61566	.78129	1.2799	.78801	60	0	.62932	.80978	1.2349	.77715	60
1	589	175	.2792	783	59	1	955	.81027	.2342	696	59
2	612	222	.2784	765	58	2	.62977	075	.2334	678	58
3	635	269	.2776	747	57	3	.63000	123	.2327	660	57
4	658	316	.2769	729	56	4	022	171	.2320	641	56
5	.61681	.78363	1.2761	.78711	55	5	.63045	.81220	1.2312	.77623	55
6	704	410	.2753	694	54	6	068	268	.2305	605	54
7	726	457	.2746	676	53	7	090	316	.2298	586	53
8	749	504	.2738	658	52	8	113	364	.2290	568	52
9	772	551	.2731	640	51	9	135	413	.2283	550	51
10	.61795	.78598	1.2723	.78622	50	10	.63158	.81461	1.2276	.77531	50
11	818	645	.2715	604	49	11	180	510	.2268	513	49
12	841	692	.2708	586	48	12	203	558	.2261	494	48
13	864	739	.2700	568	47	13	225	606	.2254	476	47
14	887	786	.2693	550	46	14	248	655	.2247	458	46
15	.61909	.78834	1.2685	.78532	45	15	.63271	.81703	1.2239	.77439	45
16	932	881	.2677	514	44	16	293	752	.2232	421	44
17	955	928	.2670	496	43	17	316	800	.2225	402	43
18	.61978	.78975	.2662	478	42	18	338	849	.2218	384	42
19	.62001	.79022	.2655	460	41	19	361	898	.2210	366	41
20	.62024	.79070	1.2647	.78442	40	20	.63383	.81946	1.2203	.77347	40
21	046	117	.2640	424	39	21	406	.81995	.2196	329	39
22	069	164	.2632	405	38	22	428	.82044	.2189	310	38
23	092	212	.2624	387	37	23	451	092	.2181	292	37
24	115	259	.2617	369	36	24	473	141	.2174	273	36
25	.62138	.79306	1.2609	.78351	35	25	.63496	.82190	1.2167	.77255	35
26	160	354	.2602	333	34	26	518	238	.2160	236	34
27	183	401	.2594	315	33	27	540	287	.2153	218	33
28	206	449	.2587	297	32	28	563	336	.2145	199	32
29	229	496	.2579	279	31	29	585	385	.2138	181	31
30	.62251	.79544	1.2572	.78261	30	30	.63608	.82434	1.2131	.77162	30
31	274	591	.2564	243	29	31	630	483	.2124	144	29
32	297	639	.2557	225	28	32	653	531	.2117	125	28
33	320	686	.2549	206	27	33	675	580	.2109	107	27
34	342	734	.2542	188	26	34	698	629	.2102	088	26
35	.62365	.79781	1.2534	.78170	25	35	.63720	.82678	1.2095	.77070	25
36	388	829	.2527	152	24	36	742	727	.2088	051	24
37	411	877	.2519	134	23	37	765	776	.2081	033	23
38	433	924	.2512	116	22	38	787	825	.2074	.77014	22
39	456	.79972	.2504	098	21	39	810	874	.2066	.76996	21
40	.62479	.80020	1.2497	.78079	20	40	.63832	.82923	1.2059	.76977	20
41	502	067	.2489	061	19	41	854	.82972	.2052	959	19
42	524	115	.2482	043	18	42	877	.83022	.2045	940	18
43	547	163	.2475	025	17	43	899	071	.2038	921	17
44	570	211	.2467	.78007	16	44	922	120	.2031	903	16
45	.62592	.80258	1.2460	.77988	15	45	.63944	.83169	1.2024	.76884	15
46	615	306	.2452	970	14	46	966	218	.2017	866	14
47	638	354	.2445	952	13	47	.63989	268	.2009	847	13
48	660	402	.2437	934	12	48	.64011	317	.2002	828	12
49	683	450	.2430	916	11	49	033	366	.1995	810	11
50	.62706	.80498	1.2423	.77897	10	50	.64056	.83415	1.1988	.76791	10
51	728	546	.2415	879	9	51	078	465	.1981	772	9
52	751	594	.2408	861	8	52	100	514	.1974	754	8
53	774	642	.2401	843	7	53	123	564	.1967	735	7
54	796	690	.2393	824	6	54	145	613	.1960	717	6
55	.62819	.80738	1.2386	.77806	5	55	.64167	.83662	1.1953	.76698	5
56	842	786	.2378	788	4	56	190	712	.1946	679	4
57	864	834	.2371	769	3	57	212	761	.1939	661	3
58	887	882	.2364	751	2	58	234	811	.1932	642	2
59	909	930	.2356	733	1	59	256	860	.1925	623	1
60	.62932	.80978	1.2349	.77715	0	60	.64279	.83910	1.1918	.76604	0
	Cos	Ctn	Tan	Sin	'		Cos	Ctn	Tan	Sin	'

51°   50°

40° — Values of Trigonometric Functions — 41°

′	Sin	Tan	Ctn	Cos		′	Sin	Tan	Ctn	Cos	
0	.64279	.83910	1.1918	.76604	60	0	.65606	.86929	1.1504	.75471	60
1	301	.83960	.1910	586	59	1	628	.86980	.1497	452	59
2	323	.84009	.1903	567	58	2	650	.87031	.1490	433	58
3	346	059	.1896	548	57	3	672	082	.1483	414	57
4	368	108	.1889	530	56	4	694	133	.1477	395	56
5	.64390	.84158	1.1882	.76511	55	5	.65716	.87184	1.1470	.75375	55
6	412	208	.1875	492	54	6	738	236	.1463	356	54
7	435	258	.1868	473	53	7	759	287	.1456	337	53
8	457	307	.1861	455	52	8	781	338	.1450	318	52
9	479	357	.1854	436	51	9	803	389	.1443	299	51
10	.64501	.84407	1.1847	.76417	50	10	.65825	.87441	1.1436	.75280	50
11	524	457	.1840	398	49	11	847	492	.1430	261	49
12	546	507	.1833	380	48	12	869	543	.1423	241	48
13	568	556	.1826	361	47	13	891	595	.1416	222	47
14	590	606	.1819	342	46	14	913	646	.1410	203	46
15	.64612	.84656	1.1812	.76323	45	15	.65935	.87698	1.1403	.75184	45
16	635	706	.1806	304	44	16	956	749	.1396	165	44
17	657	756	.1799	286	43	17	.65978	801	.1389	146	43
18	679	806	.1792	267	42	18	.66000	852	.1383	126	42
19	701	856	.1785	248	41	19	022	904	.1376	107	41
20	.64723	.84906	1.1778	.76229	40	20	.66044	.87955	1.1369	.75088	40
21	746	.84956	.1771	210	39	21	066	.88007	.1363	069	39
22	768	.85006	.1764	192	38	22	088	059	.1356	050	38
23	790	057	.1757	173	37	23	109	110	.1349	030	37
24	812	107	.1750	154	36	24	131	162	.1343	.75011	36
25	.64834	.85157	1.1743	.76135	35	25	.66153	.88214	1.1336	.74992	35
26	856	207	.1736	116	34	26	175	265	.1329	973	34
27	878	257	.1729	097	33	27	197	317	.1323	953	33
28	901	308	.1722	078	32	28	218	369	.1316	934	32
29	923	358	.1715	059	31	29	240	421	.1310	915	31
30	.64945	.85408	1.1708	.76041	30	30	.66262	.88473	1.1303	.74896	30
31	967	458	.1702	022	29	31	284	524	.1296	876	29
32	.64989	509	.1695	.76003	28	32	306	576	.1290	857	28
33	.65011	559	.1688	.75984	27	33	327	628	.1283	838	27
34	033	609	.1681	965	26	34	349	680	.1276	818	26
35	.65055	.85660	1.1674	.75946	25	35	.66371	.88732	1.1270	.74799	25
36	077	710	.1667	927	24	36	393	784	.1263	780	24
37	100	761	.1660	908	23	37	414	836	.1257	760	23
38	122	811	.1653	889	22	38	436	888	.1250	741	22
39	144	862	.1647	870	21	39	458	940	.1243	722	21
40	.65166	.85912	1.1640	.75851	20	40	.66480	.88992	1.1237	.74703	20
41	188	.85963	.1633	832	19	41	501	.89045	.1230	683	19
42	210	.86014	.1626	813	18	42	523	097	.1224	664	18
43	232	064	.1619	794	17	43	545	149	.1217	644	17
44	254	115	.1612	775	16	44	566	201	.1211	625	16
45	.65276	.86166	1.1606	.75756	15	45	.66588	.89253	1.1204	.74606	15
46	298	216	.1599	738	14	46	610	306	.1197	586	14
47	320	267	.1592	719	13	47	632	358	.1191	567	13
48	342	318	.1585	700	12	48	653	410	.1184	548	12
49	364	368	.1578	680	11	49	675	463	.1178	528	11
50	.65386	.86419	1.1571	.75661	10	50	.66697	.89515	1.1171	.74509	10
51	408	470	.1565	642	9	51	718	567	.1165	489	9
52	430	521	.1558	623	8	52	740	620	.1158	470	8
53	452	572	.1551	604	7	53	762	672	.1152	451	7
54	474	623	.1544	585	6	54	783	725	.1145	431	6
55	.65496	.86674	1.1538	.75566	5	55	.66805	.89777	1.1139	.74412	5
56	518	725	.1531	547	4	56	827	830	.1132	392	4
57	540	776	.1524	528	3	57	848	883	.1126	373	3
58	562	827	.1517	509	2	58	870	935	.1119	353	2
59	584	878	.1510	490	1	59	891	.89988	.1113	334	1
60	.65606	.86929	1.1504	.75471	0	60	.66913	.90040	1.1106	.74314	0
	Cos	Ctn	Tan	Sin	′		Cos	Ctn	Tan	Sin	′

49° **48°**

42° — Values of Trigonometric Functions — 43°

′	Sin	Tan	Ctn	Cos	′
0	.66913	.90040	1.1106	.74314	60
1	935	093	.1100	295	59
2	956	146	.1093	276	58
3	978	199	.1087	256	57
4	.66999	251	.1080	237	56
5	.67021	.90304	1.1074	.74217	55
6	043	357	.1067	198	54
7	064	410	.1061	178	53
8	086	463	.1054	159	52
9	107	516	.1048	139	51
10	.67129	.90569	1.1041	.74120	50
11	151	621	.1035	100	49
12	172	674	.1028	080	48
13	194	727	.1022	061	47
14	215	781	.1016	041	46
15	.67237	.90834	1.1009	.74022	45
16	258	887	.1003	.74002	44
17	280	940	.0996	.73983	43
18	301	.90993	.0990	963	42
19	323	.91046	.0983	944	41
20	.67344	.91099	1.0977	.73924	40
21	366	153	.0971	904	39
22	387	206	.0964	885	38
23	409	259	.0958	865	37
24	430	313	.0951	846	36
25	.67452	.91366	1.0945	.73826	35
26	473	419	.0939	806	34
27	495	473	.0932	787	33
28	516	526	.0926	767	32
29	538	580	.0919	747	31
30	.67559	.91633	1.0913	.73728	30
31	580	687	.0907	708	29
32	602	740	.0900	688	28
33	623	794	.0894	669	27
34	645	847	.0888	649	26
35	.67666	.91901	1.0881	.73629	25
36	688	.91955	.0875	610	24
37	709	.92008	.0869	590	23
38	730	062	.0862	570	22
39	752	116	.0856	551	21
40	.67773	.92170	1.0850	.73531	20
41	795	224	.0843	511	19
42	816	277	.0837	491	18
43	837	331	.0831	472	17
44	859	385	.0824	452	16
45	.67880	.92439	1.0818	.73432	15
46	901	493	.0812	413	14
47	923	547	.0805	393	13
48	944	601	.0799	373	12
49	965	655	.0793	353	11
50	.67987	.92709	1.0786	.73333	10
51	.68008	763	.0780	314	9
52	029	817	.0774	294	8
53	051	872	.0768	274	7
54	072	926	.0761	254	6
55	.68093	.92980	1.0755	.73234	5
56	115	.93034	.0749	215	4
57	136	088	.0742	195	3
58	157	143	.0736	175	2
59	179	197	.0730	155	1
60	.68200	.93252	1.0724	.73135	0
	Cos	Ctn	Tan	Sin	′

47°

′	Sin	Tan	Ctn	Cos	′
0	.68200	.93252	1.0724	.73135	60
1	221	306	.0717	116	59
2	242	360	.0711	096	58
3	264	415	.0705	076	57
4	285	469	.0699	056	56
5	.68306	.93524	1.0692	.73036	55
6	327	578	.0686	.73016	54
7	349	633	.0680	.72996	53
8	370	688	.0674	976	52
9	391	742	.0668	957	51
10	.68412	.93797	1.0661	.72937	50
11	434	852	.0655	917	49
12	455	906	.0649	897	48
13	476	.93961	.0643	877	47
14	497	.94016	.0637	857	46
15	.68518	.94071	1.0630	.72837	45
16	539	125	.0624	817	44
17	561	180	.0618	797	43
18	582	235	.0612	777	42
19	603	290	.0606	757	41
20	.68624	.94345	1.0599	.72737	40
21	645	400	.0593	717	39
22	666	455	.0587	697	38
23	688	510	.0581	677	37
24	709	565	.0575	657	36
25	.68730	.94620	1.0569	.72637	35
26	751	676	.0562	617	34
27	772	731	.0556	597	33
28	793	786	.0550	577	32
29	814	841	.0544	557	31
30	.68835	.94896	1.0538	.72537	30
31	857	.94952	.0532	517	29
32	878	.95007	.0526	497	28
33	899	062	.0519	477	27
34	920	118	.0513	457	26
35	.68941	.95173	1.0507	.72437	25
36	962	229	.0501	417	24
37	.68983	284	.0495	397	23
38	.69004	340	.0489	377	22
39	025	395	.0483	357	21
40	.69046	.95451	1.0477	.72337	20
41	067	506	.0470	317	19
42	088	562	.0464	297	18
43	109	618	.0458	277	17
44	130	673	.0452	257	16
45	.69151	.95729	1.0446	.72236	15
46	172	785	.0440	216	14
47	193	841	.0434	196	13
48	214	897	.0428	176	12
49	235	.95952	.0422	156	11
50	.69256	.96008	1.0416	.72136	10
51	277	064	.0410	116	9
52	298	120	.0404	095	8
53	319	176	.0398	075	7
54	340	232	.0392	055	6
55	.69361	.96288	1.0385	.72035	5
56	382	344	.0379	.72015	4
57	403	400	.0373	.71995	3
58	424	457	.0367	974	2
59	445	513	.0361	954	1
60	.69466	.96569	1.0355	.71934	0
	Cos	Ctn	Tan	Sin	′

46°

44° — Values of Trigonometric Functions

′	Sin	Tan	Ctn	Cos	
0	.69466	.96569	1.0355	.71934	60
1	487	625	.0349	914	59
2	508	681	.0343	894	58
3	529	738	.0337	873	57
4	549	794	.0331	853	56
5	.69570	.96850	1.0325	.71833	55
6	591	907	.0319	813	54
7	612	.96963	.0313	792	53
8	633	.97020	.0307	772	52
9	654	076	.0301	752	51
10	.69675	.97133	1.0295	.71732	50
11	696	189	.0289	711	49
12	717	246	.0283	691	48
13	737	302	.0277	671	47
14	758	359	.0271	650	46
15	.69779	.97416	1.0265	.71630	45
16	800	472	.0259	610	44
17	821	529	.0253	590	43
18	842	586	.0247	569	42
19	862	643	.0241	549	41
20	.69883	.97700	1.0235	.71529	40
21	904	756	.0230	508	39
22	925	813	.0224	488	38
23	946	870	.0218	468	37
24	966	927	.0212	447	36
25	.69987	.97984	1.0206	.71427	35
26	.70008	.98041	.0200	407	34
27	029	098	.0194	386	33
28	049	155	.0188	366	32
29	070	213	.0182	345	31
30	.70091	.98270	1.0176	.71325	30
31	112	327	.0170	305	29
32	132	384	.0164	284	28
33	153	441	.0158	264	27
34	174	499	.0152	243	26
35	.70195	.98556	1.0147	.71223	25
36	215	613	.0141	203	24
37	236	671	.0135	182	23
38	257	728	.0129	162	22
39	277	786	.0123	141	21
40	.70298	.98843	1.0117	.71121	20
41	319	901	.0111	100	19
42	339	.98958	.0105	080	18
43	360	.99016	.0099	059	17
44	381	073	.0094	039	16
45	.70401	.99131	1.0088	.71019	15
46	422	189	.0082	.70998	14
47	443	247	.0076	978	13
48	463	304	.0070	957	12
49	484	362	.0064	937	11
50	.70505	.99420	1.0058	.70916	10
51	525	478	.0052	896	9
52	546	536	.0047	875	8
53	567	594	.0041	855	7
54	587	652	.0035	834	6
55	.70608	.99710	1.0029	.70813	5
56	628	768	.0023	793	4
57	649	826	.0017	772	3
58	670	884	.0012	752	2
59	690	.99942	.0006	731	1
60	.70711	1.0000	1.0000	.70711	0
	Cos	Ctn	Tan	Sin	′

45°

TABLE III

COMMON LOGARITHMS

OF THE

TRIGONOMETRIC FUNCTIONS

FROM

0° TO 90° AT INTERVALS OF ONE MINUTE

TO

FIVE DECIMAL PLACES

TABLE IIIa — AUXILIARY TABLE OF S AND T FOR A IN MINUTES

$S = \log \sin A - \log A'$ and $T = \log \tan A - \log A'$

A'	$S+10$	A'	$T+10$	A'	$T+10$
0' — 13'	6.46373	0' — 26'	6.46373	131' — 133'	6.46394
14' — 42'	72	27' — 39'	74	134' — 136'	95
43' — 58'	71	40' — 48'	75	137' — 139'	96
59' — 71'	6.46370	49' — 56'	6.46376	140' — 142'	6.46397
72' — 81'	69	57' — 63'	77	143' — 145'	98
82' — 91'	68	64' — 69'	78	146' — 148'	99
92' — 99'	6.46367	70' — 74'	6.46379	149' — 150'	6.46400
100' — 107'	66	75' — 80'	80	151' — 153'	01
108' — 115'	65	81' — 85'	81	154' — 156'	02
116' — 121'	6.46364	86' — 89'	6.46382	157' — 158'	6.46403
122' — 128'	63	90' — 94'	83	159' — 161'	04
129' — 134'	62	95' — 98'	84	162' — 163'	05
135' — 140'	6.46361	99' — 102'	6.46385	164' — 166'	6.46406
141' — 146'	60	103' — 106'	86	167' — 168'	07
147' — 151'	59	107' — 110'	87	169' — 171'	08
152' — 157'	6.46358	111' — 113'	6.46388	172' — 173'	6.46409
158' — 162'	57	114' — 117'	89	174' — 175'	10
163' — 167'	56	118' — 120'	90	176' — 178'	11
168' — 171'	6.46355	121' — 124'	6.46391	179' — 180'	6.46412
172' — 176'	54	125' — 127'	92	181' — 182'	13
177' — 181'	53	128' — 130'	93	183' — 184'	14

For small angles: $\log \sin A = \log A' + S$ and $\log \tan A = A' + T$
For angles near 90°: $\log \cos A = \log (90° - A)' + S$, $\log \operatorname{ctn} A = \log (90° - A)' + T$
where A' = number of minutes in A, and $(90° - A)'$ = number of minutes in $90° - A$

0° — Logarithms of Trigonometric Functions [III

′	L Sin	d	L Tan	c d	L Ctn	L Cos	
0						0.00 000	60
1	6.46 373	30103	6.46 373	30103	3.53 627	0.00 000	59
2	6.76 476	17609	6.76 476	17609	3.23 524	0.00 000	58
3	6.94 085	12494	6.94 085	12494	3.05 915	0.00 000	57
4	7.06 579	9691	7.06 579	9691	2.93 421	0.00 000	56
5	7.16 270	7918	7.16 270	7918	2.83 730	0.00 000	55
6	7.24 188	6694	7.24 188	6694	2.75 812	0.00 000	54
7	7.30 882	5800	7.30 882	5800	2.69 118	0.00 000	53
8	7.36 682	5115	7.36 682	5115	2.63 318	0.00 000	52
9	7.41 797	4576	7.41 797	4576	2.58 203	0.00 000	51
10	7.46 373	4139	7.46 373	4139	2.53 627	0.00 000	50
11	7.50 512	3779	7.50 512	3779	2.49 488	0.00 000	49
12	7.54 291	3476	7.54 291	3476	2.45 709	0.00 000	48
13	7.57 767	3218	7.57 767	3219	2.42 233	0.00 000	47
14	7.60 985	2997	7.60 986	2996	2.39 014	0.00 000	46
15	7.63 982	2802	7.63 982	2803	2.36 018	0.00 000	45
16	7.66 784	2633	7.66 785	2633	2.33 215	0.00 000	44
17	7.69 417	2483	7.69 418	2482	2.30 582	9.99 999	43
18	7.71 900	2348	7.71 900	2348	2.28 100	9.99 999	42
19	7.74 248	2227	7.74 248	2228	2.25 752	9.99 999	41
20	7.76 475	2119	7.76 476	2119	2.23 524	9.99 999	40
21	7.78 594	2021	7.78 595	2020	2.21 405	9.99 999	39
22	7.80 615	1930	7.80 615	1931	2.19 385	9.99 999	38
23	7.82 545	1848	7.82 546	1848	2.17 454	9.99 999	37
24	7.84 393	1773	7.84 394	1773	2.15 606	9.99 999	36
25	7.86 166	1704	7.86 167	1704	2.13 833	9.99 999	35
26	7.87 870	1639	7.87 871	1639	2.12 129	9.99 999	34
27	7.89 509	1579	7.89 510	1579	2.10 490	9.99 999	33
28	7.91 088	1524	7.91 089	1524	2.08 911	9.99 999	32
29	7.92 612	1472	7.92 613	1473	2.07 387	9.99 998	31
30	7.94 084	1424	7.94 086	1424	2.05 914	9.99 998	30
31	7.95 508	1379	7.95 510	1379	2.04 490	9.99 998	29
32	7.96 887	1336	7.96 889	1336	2.03 111	9.99 998	28
33	7 98 223	1297	7.98 225	1297	2.01 775	9.99 998	27
34	7.99 520	1259	7.99 522	1259	2.00 478	9.99 998	26
35	8.00 779	1223	8.00 781	1223	1.99 219	9.99 998	25
36	8.02 002	1190	8.02 004	1190	1.97 996	9.99 998	24
37	8.03 192	1158	8.03 194	1159	1.96 806	9.99 997	23
38	8.04 350	1128	8.04 353	1128	1.95 647	9.99 997	22
39	8.05 478	1100	8.05 481	1100	1.94 519	9.99 997	21
40	8.06 578	1072	8.06 581	1072	1.93 419	9.99 997	20
41	8.07 650	1046	8.07 653	1047	1.92 347	9.99 997	19
42	8.08 696	1022	8.08 700	1022	1.91 300	9.99 997	18
43	8.09 718	999	8.09 722	998	1.90 278	9.99 997	17
44	8.10 717	976	8.10 720	976	1.89 280	9.99 996	16
45	8.11 693	954	8.11 696	955	1.88 304	9.99 996	15
46	8.12 647	934	8.12 651	934	1.87 349	9.99 996	14
47	8.13 581	914	8.13 585	915	1.86 415	9.99 996	13
48	8.14 495	896	8.14 500	895	1.85 500	9.99 996	12
49	8.15 391	877	8.15 395	878	1.84 605	9.99 996	11
50	8.16 268	860	8.16 273	860	1.83 727	9.99 995	10
51	8.17 128	843	8.17 133	843	1.82 867	9.99 995	9
52	8.17 971	827	8.17 976	828	1.82 024	9.99 995	8
53	8.18 798	812	8.18 804	812	1.81 196	9.99 995	7
54	8.19 610	797	8.19 616	797	1.80 384	9.99 995	6
55	8.20 407	782	8.20 413	782	1.79 587	9.99 994	5
56	8.21 189	769	8.21 195	769	1.78 805	9.99 994	4
57	8.21 958	755	8.21 964	756	1.78 036	9.99 994	3
58	8.22 713	743	8.22 720	742	1.77 280	9.99 994	2
59	8.23 456	730	8.23 462	730	1.76 538	9.99 994	1
60	8.24 186		8.24 192		1.75 808	9.99 993	0
	L Cos	d	L Ctn	c d	L Tan	L Sin	′

For logarithms of sines or tangents of angles less than 3° (or logarithms of cosines or cotangents of angles greater than 87°), see Table IIIa, p. 45. When the tabular differences are large, that method is usually better. The proportional parts stated for 1° and 2° in this table are sufficient when great accuracy is not required, even if the ordinary method of interpolation is used.

89° — Logarithms of Trigonometric Functions

1° — Logarithms of Trigonometric Functions

'	L Sin	d	L Tan	c d	L Ctn	L Cos		Prop. Pts.				
0	8.24 186	717	8.24 192	718	1.75 808	9.99 993	60					
1	8.24 903	706	8.24 910	706	1.75 090	9.99 993	59		720	710	690	680	670
2	8.25 609	695	8.25 616	696	1.74 384	9.99 993	58	2	144	142	138	136	134
3	8.26 304	684	8.26 312	684	1.73 688	9.99 993	57	3	216	213	207	204	201
4	8.26 988	673	8.26 996	673	1.73 004	9.99 992	56	4	288	284	276	272	268
								5	360	355	345	340	335
								6	432	426	414	408	402
5	8.27 661	663	8.27 669	663	1.72 331	9.99 992	55	7	504	497	483	476	469
6	8.28 324	653	8.28 332	654	1.71 668	9.99 992	54	8	576	568	552	544	536
7	8.28 977	644	8.28 986	643	1.71 014	9.99 992	53	9	648	639	621	612	603
8	8.29 621	634	8.29 629	634	1.70 371	9.99 992	52		660	650	640	630	620
9	8.30 255	624	8.30 263	625	1.69 737	9.99 991	51	2	132	130	128	126	124
10	8.30 879	616	8.30 888	617	1.69 112	9.99 991	50	3	198	195	192	189	186
11	8.31 495	608	8.31 505	607	1.68 495	9.99 991	49	4	264	260	256	252	248
12	8.32 103	599	8.32 112	599	1.67 888	9.99 990	48	5	330	325	320	315	310
13	8.32 702	590	8.32 711	591	1.67 289	9.99 990	47	6	396	390	384	378	372
14	8.33 292	583	8.33 302	584	1.66 698	9.99 990	46	7	462	455	448	441	434
								8	528	520	512	504	496
								9	594	585	576	567	558
15	8.33 875	575	8.33 886	575	1.66 114	9.99 990	45						
16	8.34 450	568	8.34 461	568	1.65 539	9.99 989	44		610	600	590	580	570
17	8.35 018	560	8.35 029	561	1.64 971	9.99 989	43	2	122	120	118	116	114
18	8.35 578	553	8.35 590	553	1.64 410	9.99 989	42	3	183	180	177	174	171
19	8.36 131	547	8.36 143	546	1.63 857	9.99 989	41	4	244	240	236	232	228
								5	305	300	295	290	285
								6	366	360	354	348	342
20	8.36 678	539	8.36 689	540	1.63 311	9.99 988	40	7	427	420	413	406	399
21	8.37 217	533	8.37 229	533	1.62 771	9.99 988	39	8	488	480	472	464	456
22	8.37 750	526	8.37 762	527	1.62 238	9.99 988	38	9	549	540	531	522	513
23	8.38 276	520	8.38 289	520	1.61 711	9.99 987	37						
24	8.38 796	514	8.38 809	514	1.61 191	9.99 987	36		560	550	540	530	520
								2	112	110	108	106	104
25	8.39 310	508	8.39 323	509	1.60 677	9.99 987	35	3	168	165	162	159	156
26	8.39 818	502	8.39 832	502	1.60 168	9.99 986	34	4	224	220	216	212	208
27	8.40 320	496	8.40 334	496	1.59 666	9.99 986	33	5	280	275	270	265	260
28	8.40 816	491	8.40 830	491	1.59 170	9.99 986	32	6	336	330	324	318	312
29	8.41 307	485	8.41 321	486	1.58 679	9.99 985	31	7	392	385	378	371	364
								8	448	440	432	424	416
								9	504	495	486	477	468
30	8.41 792	480	8.41 807	480	1.58 193	9.99 985	30						
31	8.42 272	474	8.42 287	475	1.57 713	9.99 985	29		510	500	490	480	470
32	8.42 746	470	8.42 762	470	1.57 238	9.99 984	28	2	102	100	98	96	94
33	8.43 216	464	8.43 232	464	1.56 768	9.99 984	27	3	153	150	147	144	141
34	8.43 680	459	8.43 696	460	1.56 304	9.99 984	26	4	204	200	196	192	188
								5	255	250	245	240	235
								6	306	300	294	288	282
35	8.44 139	455	8.44 156	455	1.55 844	9.99 983	25	7	357	350	343	336	329
36	8.44 594	450	8.44 611	450	1.55 389	9.99 983	24	8	408	400	392	384	376
37	8.45 044	445	8.45 061	446	1.54 939	9.99 983	23	9	459	450	441	432	423
38	8.45 489	441	8.45 507	441	1.54 493	9.99 982	22						
39	8.45 930	436	8.45 948	437	1.54 052	9.99 982	21		460	450	440	430	420
								2	92	90	88	86	84
40	8.46 366	433	8.46 385	432	1.53 615	9.99 982	20	3	138	135	132	129	126
41	8.46 799	427	8.46 817	428	1.53 183	9.99 981	19	4	184	180	176	172	168
42	8.47 226	424	8.47 245	424	1.52 755	9.99 981	18	5	230	225	220	215	210
43	8.47 650	419	8.47 669	420	1.52 331	9.99 981	17	6	276	270	264	258	252
44	8.48 069	416	8.48 089	416	1.51 911	9.99 980	16	7	322	315	308	301	294
								8	368	360	352	344	336
								9	414	405	396	387	378
45	8.48 485	411	8.48 505	412	1.51 495	9.99 980	15						
46	8.48 896	408	8.48 917	408	1.51 083	9.99 979	14		410	400	395	390	385
47	8.49 304	404	8.49 325	404	1.50 675	9.99 979	13	2	82	80	79.0	78	77.0
48	8.49 708	400	8.49 729	401	1.50 271	9.99 979	12	3	123	120	118.5	117	115.5
49	8.50 108	396	8.50 130	397	1.49 870	9.99 978	11	4	164	160	158.0	156	154.0
								5	205	200	197.5	195	192.5
								6	246	240	237.0	234	231.0
50	8.50 504	393	8.50 527	393	1.49 473	9.99 978	10	7	287	280	276.5	273	269.5
51	8.50 897	390	8.50 920	390	1.49 080	9.99 977	9	8	328	320	316.0	312	308.0
52	8.51 287	386	8.51 310	386	1.48 690	9.99 977	8	9	369	360	355.5	351	346.5
53	8.51 673	382	8.51 696	383	1.48 304	9.99 977	7						
54	8.52 055	379	8.52 079	380	1.47 921	9.99 976	6		380	375	370	365	360
								2	76	75.0	74	73.0	72
55	8.52 434	376	8.52 459	376	1.47 541	9.99 976	5	3	114	112.5	111	109.5	108
56	8.52 810	373	8.52 835	373	1.47 165	9.99 975	4	4	152	150.0	148	146.0	144
57	8.53 183	369	8.53 208	370	1.46 792	9.99 975	3	5	190	187.5	185	182.5	180
58	8.53 552	367	8.53 578	367	1.46 422	9.99 974	2	6	228	225.0	222	219.0	216
59	8.53 919	363	8.53 945	363	1.46 055	9.99 974	1	7	266	262.5	259	255.5	252
60	8.54 282		8.54 308		1.45 692	9.99 974	0	8	304	300.0	296	292.0	288
								9	342	337.5	333	328.5	324
	L Cos	d	L Ctn	c d	L Tan	L Sin	'	Prop. Pts.				

88° — Logarithms of Trigonometric Functions

2° — Logarithms of Trigonometric Functions [III]

'	L Sin	d	L Tan	c d	L Ctn	L Cos	'	Prop. Pts.
0	8.54 282		8.54 308		1.45 692	9.99 974	60	
1	8.54 642	360	8.54 669	361	1.45 331	9.99 973	59	
2	8.54 999	357	8.55 027	358	1.44 973	9.99 973	58	
3	8.55 354	355	8.55 382	355	1.44 618	9.99 972	57	
4	8.55 705	351	8.55 734	352	1.44 266	9.99 972	56	
5	8.56 054	349	8.56 083	349	1.43 917	9.99 971	55	
6	8.56 400	346	8.56 429	346	1.43 571	9.99 971	54	360 355 350 345
7	8.56 743	343	8.56 773	344	1.43 227	9.99 970	53	2 72 71.0 70 69.0
8	8.57 084	341	8.57 114	341	1.42 886	9.99 970	52	3 108 106.5 105 103.5
9	8.57 421	337	8.57 452	338	1.42 548	9.99 969	51	4 144 142.0 140 138.0
10	8.57 757	336	8.57 788	336	1.42 212	9.99 969	50	5 180 177.5 175 172.5 6 216 213.0 210 207.0 7 252 248.5 245 241.5
11	8.58 089	332	8.58 121	333	1.41 879	9.99 968	49	8 288 284.0 280 276.0
12	8.58 419	330	8.58 451	330	1.41 549	9.99 968	48	9 324 319.5 315 310.5
13	8.58 747	328	8.58 779	328	1.41 221	9.99 967	47	
14	8.59 072	325	8.59 105	326	1.40 895	9.99 967	46	
15	8.59 395	323	8.59 428	323	1.40 572	9.99 967	45	340 335 330 325
16	8.59 715	320	8.59 749	321	1.40 251	9.99 966	44	2 68 67.0 66 65.0
17	8.60 033	318	8.60 068	319	1.39 932	9.99 966	43	3 102 100.5 99 97.5
18	8.60 349	316	8.60 384	316	1.39 616	9.99 965	42	4 136 134.0 132 130.0 5 170 167.5 165 162.5
19	8.60 662	313	8.60 698	314	1.39 302	9.99 964	41	6 204 201.0 198 195.0 7 238 234.5 231 227.5
20	8.60 973	311	8.61 009	311	1.38 991	9.99 964	40	8 272 268.0 264 260.0 9 306 301.5 297 292.5
21	8.61 282	309	8.61 319	310	1.38 681	9.99 963	39	
22	8.61 589	307	8.61 626	307	1.38 374	9.99 963	38	
23	8.61 894	305	8.61 931	305	1.38 069	9.99 962	37	320 315 310 305
24	8.62 196	302	8.62 234	303	1.37 766	9.99 962	36	2 64 63.0 62 61.0 3 96 94.5 93 91.5
25	8.62 497	301	8.62 535	301	1.37 465	9.99 961	35	4 128 126.0 124 122.0
26	8.62 795	298	8.62 834	299	1.37 166	9.99 961	34	5 160 157.5 155 152.5
27	8.63 091	296	8.63 131	297	1.36 869	9.99 960	33	6 192 189.0 186 183.0 7 224 220.5 217 213.5
28	8.63 385	294	8.63 426	295	1.36 574	9.99 960	32	8 256 252.0 248 244.0
29	8.63 678	293	8.63 718	292	1.36 282	9.99 959	31	9 288 283.5 279 274.5
30	8.63 968	290	8.64 009	291	1.35 991	9.99 959	30	
31	8.64 256	288	8.64 298	289	1.35 702	9.99 958	29	
32	8.64 543	287	8.64 585	287	1.35 415	9.99 958	28	300 295 290 285
33	8.64 827	284	8.64 870	285	1.35 130	9.99 957	27	2 60 59.0 58 57.0 3 90 88.5 87 85.5
34	8.65 110	283	8.65 154	284	1.34 846	9.99 956	26	4 120 118.0 116 114.0
35	8.65 391	281	8.65 435	281	1.34 565	9.99 956	25	5 150 147.5 145 142.5 6 180 177.0 174 171.0
36	8.65 670	279	8.65 715	280	1.34 285	9.99 955	24	7 210 206.5 203 199.5
37	8.65 947	277	8.65 993	278	1.34 007	9.99 955	23	8 240 236.0 232 228.0
38	8.66 223	276	8.66 269	276	1.33 731	9.99 954	22	9 270 265.5 261 256.5
39	8.66 497	274	8.66 543	274	1.33 457	9.99 954	21	
40	8.66 769	272	8.66 816	273	1.33 184	9.99 953	20	280 275 270 265
41	8.67 039	270	8.67 087	271	1.32 913	9.99 952	19	2 56 55.0 54 53.0
42	8.67 308	269	8.67 356	269	1.32 644	9.99 952	18	3 84 82.5 81 79.5
43	8.67 575	267	8.67 624	268	1.32 376	9.99 951	17	4 112 110.0 108 106.0 5 140 137.5 135 132.5
44	8.67 841	266	8.67 890	266	1.32 110	9.99 951	16	6 168 165.0 162 159.0
45	8.68 104	263	8.68 154	264	1.31 846	9.99 950	15	7 196 192.5 189 185.5
46	8.68 367	263	8.68 417	263	1.31 583	9.99 949	14	8 224 220.0 216 212.0 9 252 247.5 243 238.5
47	8.68 627	260	8.68 678	261	1.31 322	9.99 949	13	
48	8.68 886	259	8.68 938	260	1.31 062	9.99 948	12	
49	8.69 144	258	8.69 196	258	1.30 804	9.99 948	11	260 255 250 245
50	8.69 400	256	8.69 453	257	1.30 547	9.99 947	10	2 52 51.0 50 49.0 3 78 76.5 75 73.5
51	8.69 654	254	8.69 708	255	1.30 292	9.99 946	9	4 104 102.0 100 98.0
52	8.69 907	253	8.69 962	254	1.30 038	9.99 946	8	5 130 127.5 125 122.5
53	8.70 159	252	8.70 214	252	1.29 786	9.99 945	7	6 156 153.0 150 147.0 7 182 178.5 175 171.5
54	8.70 409	250	8.70 465	251	1.29 535	9.99 944	6	8 208 204.0 200 196.0
55	8.70 658	249	8.70 714	249	1.29 286	9.99 944	5	9 234 229.5 225 220.5
56	8.70 905	247	8.70 962	248	1.29 038	9.99 943	4	
57	8.71 151	246	8.71 208	246	1.28 792	9.99 942	3	
58	8.71 395	244	8.71 453	245	1.28 547	9.99 942	2	
59	8.71 638	243	8.71 697	244	1.28 303	9.99 941	1	
60	8.71 880	242	8.71 940	243	1.28 060	9.99 940	0	
	L Cos	d	L Ctn	c d	L Tan	L Sin	'	Prop. Pts.

87° — Logarithms of Trigonometric Functions

3° — Logarithms of Trigonometric Functions

'	L Sin	d	L Tan	c d	L Ctn	L Cos		Prop. Pts.
0	8.71 880	240	8.71 940	241	1.28 060	9.99 940	60	
1	8.72 120	240	8.72 181	239	1.27 819	9.99 940	59	**241 239 237 235**
2	8.72 359	239	8.72 420	239	1.27 580	9.99 939	58	2 | 48.2 47.8 47.4 47.0
3	8.72 597	238	8.72 659	239	1.27 341	9.99 938	57	3 | 72.3 71.7 71.1 70.5
4	8.72 834	237	8.72 896	237	1.27 104	9.99 938	56	4 | 96.4 95.6 94.8 94.0
		235		236				5 | 120.5 119.5 118.5 117.5
5	8.73 069	234	8.73 132	234	1.26 868	9.99 937	55	6 | 144.6 143.4 142.2 141.0
6	8.73 303	232	8.73 366	234	1.26 634	9.99 936	54	7 | 168.7 167.3 165.9 164.5
7	8.73 535	232	8.73 600	232	1.26 400	9.99 936	53	8 | 192.8 191.2 189.6 188.0
8	8.73 767	230	8.73 832	231	1.26 168	9.99 935	52	9 | 216.9 215.1 213.3 211.5
9	8.73 997	229	8.74 063	229	1.25 937	9.99 934	51	**234 232 229 227**
10	8.74 226	228	8.74 292	229	1.25 708	9.99 934	50	2 | 46.8 46.4 45.8 45.4
11	8.74 454	226	8.74 521	227	1.25 479	9.99 933	49	3 | 70.2 69.6 68.7 68.1
12	8.74 680	226	8.74 748	226	1.25 252	9.99 932	48	4 | 93.6 92.8 91.6 90.8
13	8.74 906	224	8.74 974	225	1.25 026	9.99 932	47	5 | 117.0 116.0 114.5 113.5
14	8.75 130	223	8.75 199	224	1.24 801	9.99 931	46	6 | 140.4 139.2 137.4 136.2
								7 | 163.8 162.4 160.3 158.9
15	8.75 353	222	8.75 423	222	1.24 577	9.99 930	45	8 | 187.2 185.6 183.2 181.6
16	8.75 575	220	8.75 645	222	1.24 355	9.99 929	44	9 | 210.6 208.8 206.1 204.3
17	8.75 795	220	8.75 867	220	1.24 133	9.99 929	43	**226 224 222 220**
18	8.76 015	219	8.76 087	219	1.23 913	9.99 928	42	2 | 45.2 44.8 44.4 44.0
19	8.76 234	217	8.76 306	219	1.23 694	9.99 927	41	3 | 67.8 67.2 66.6 66.0
20	8.76 451	216	8.76 525	217	1.23 475	9.99 926	40	4 | 90.4 89.6 88.8 88.0
21	8.76 667	216	8.76 742	216	1.23 258	9.99 926	39	5 | 113.0 112.0 111.0 110.0
22	8.76 883	214	8.76 958	215	1.23 042	9.99 925	38	6 | 135.6 134.4 133.2 132.0
23	8.77 097	213	8.77 173	214	1.22 827	9.99 924	37	7 | 158.2 156.8 155.4 154.0
24	8.77 310	212	8.77 387	213	1.22 613	9.99 923	36	8 | 180.8 179.2 177.6 176.0
								9 | 203.4 201.6 199.8 198.0
25	8.77 522	211	8.77 600	211	1.22 400	9.99 923	35	**219 217 215 213**
26	8.77 733	210	8.77 811	211	1.22 189	9.99 922	34	2 | 43.8 43.4 43.0 42.6
27	8.77 943	209	8.78 022	210	1.21 978	9.99 921	33	3 | 65.7 65.1 64.5 63.9
28	8.78 152	208	8.78 232	209	1.21 768	9.99 920	32	4 | 87.6 86.8 86.0 85.2
29	8.78 360	208	8.78 441	208	1.21 559	9.99 920	31	5 | 109.5 108.5 107.5 106.5
								6 | 131.4 130.2 129.0 127.8
30	8.78 568	206	8.78 649	206	1.21 351	9.99 919	30	7 | 153.3 151.9 150.5 149.1
31	8.78 774	205	8.78 855	206	1.21 145	9.99 918	29	8 | 175.2 173.6 172.0 170.4
32	8.78 979	204	8.79 061	205	1.20 939	9.99 917	28	9 | 197.1 195.3 193.5 191.7
33	8.79 183	203	8.79 266	204	1.20 734	9.99 917	27	**211 208 206 203**
34	8.79 386	202	8.79 470	203	1.20 530	9.99 916	26	2 | 42.2 41.6 41.2 40.6
35	8.79 588	201	8.79 673	202	1.20 327	9.99 915	25	3 | 63.3 62.4 61.8 60.9
36	8.79 789	201	8.79 875	201	1.20 125	9.99 914	24	4 | 84.4 83.2 82.4 81.2
37	8.79 990	199	8.80 076	201	1.19 924	9.99 913	23	5 | 105.5 104.0 103.0 101.5
38	8.80 189	199	8.80 277	199	1.19 723	9.99 913	22	6 | 126.6 124.8 123.6 121.8
39	8.80 388	197	8.80 476	199	1.19 524	9.99 912	21	7 | 147.7 145.6 144.2 142.1
								8 | 168.8 166.4 164.8 162.4
40	8.80 585	197	8.80 674	198	1.19 326	9.99 911	20	9 | 189.9 187.2 185.4 182.7
41	8.80 782	196	8.80 872	196	1.19 128	9.99 910	19	**201 199 197 195**
42	8.80 978	195	8.81 068	196	1.18 932	9.99 909	18	2 | 40.2 39.8 39.4 39.0
43	8.81 173	194	8.81 264	195	1.18 736	9.99 909	17	3 | 60.3 59.7 59.1 58.5
44	8.81 367	193	8.81 459	194	1.18 541	9.99 908	16	4 | 80.4 79.6 78.8 78.0
								5 | 100.5 99.5 98.5 97.5
45	8.81 560	192	8.81 653	193	1.18 347	9.99 907	15	6 | 120.6 119.4 118.2 117.0
46	8.81 752	192	8.81 846	192	1.18 154	9.99 906	14	7 | 140.7 139.3 137.9 136.5
47	8.81 944	190	8.82 038	192	1.17 962	9.99 905	13	8 | 160.8 159.2 157.6 156.0
48	8.82 134	190	8.82 230	190	1.17 770	9.99 904	12	9 | 180.9 179.1 177.3 175.5
49	8.82 324	189	8.82 420	190	1.17 580	9.99 904	11	**193 192 190 188**
50	8.82 513	188	8.82 610	189	1.17 390	9.99 903	10	2 | 38.6 38.4 38.0 37.6
51	8.82 701	187	8.82 799	188	1.17 201	9.99 902	9	3 | 57.9 57.6 57.0 56.4
52	8.82 888	187	8.82 987	188	1.17 013	9.99 901	8	4 | 77.2 76.8 76.0 75.2
53	8.83 075	186	8.83 175	186	1.16 825	9.99 900	7	5 | 96.5 96.0 95.0 94.0
54	8.83 261	185	8.83 361	186	1.16 639	9.99 899	6	6 | 115.8 115.2 114.0 112.8
								7 | 135.1 134.4 133.0 131.6
55	8.83 446	184	8.83 547	185	1.16 453	9.99 898	5	8 | 154.4 153.6 152.0 150.4
56	8.83 630	183	8.83 732	184	1.16 268	9.99 898	4	9 | 173.7 172.8 171.0 169.2
57	8.83 813	183	8.83 916	184	1.16 084	9.99 897	3	**186 184 182 181**
58	8.83 996	181	8.84 100	182	1.15 900	9.99 896	2	2 | 37.2 36.8 36.4 36.2
59	8.84 177	181	8.84 282	182	1.15 718	9.99 895	1	3 | 55.8 55.2 54.6 54.3
60	8.84 358		8.84 464		1.15 536	9.99 894	0	4 | 74.4 73.6 72.8 72.4
								5 | 93.0 92.0 91.0 90.5
								6 | 111.6 110.4 109.2 108.6
								7 | 130.2 128.8 127.4 126.7
								8 | 148.8 147.2 145.6 144.8
								9 | 167.4 165.6 163.8 162.9
	L Cos	d	L Ctn	c d	L Tan	L Sin	'	Prop. Pts.

86° — Logarithms of Trigonometric Functions

4° — Logarithms of Trigonometric Functions [III

'	L Sin	d	L Tan	c d	L Ctn	L Cos	'
0	8.84 358	181	8.84 464	182	1.15 536	9.99 894	60
1	8.84 539	179	8.84 646	180	1.15 354	9.99 893	59
2	8.84 718	179	8.84 826	180	1.15 174	9.99 892	58
3	8.84 897	178	8.85 006	179	1.14 994	9.99 891	57
4	8.85 075	177	8.85 185	178	1.14 815	9.99 891	56
5	8.85 252	177	8.85 363	177	1.14 637	9.99 890	55
6	8.85 429	176	8.85 540	177	1.14 460	9.99 889	54
7	8.85 605	175	8.85 717	176	1.14 283	9.99 888	53
8	8 85 780	175	8.85 893	176	1.14 107	9.99 887	52
9	8.85 955	173	8.86 069	174	1.13 931	9.99 886	51
10	8.86 128	173	8.86 243	174	1.13 757	9.99 885	50
11	8.86 301	173	8.86 417	174	1.13 583	9.99 884	49
12	8.86 474	171	8.86 591	172	1.13 409	9.99 883	48
13	8.86 645	171	8.86 763	172	1.13 237	9.99 882	47
14	8.86 816	171	8.86 935	171	1.13 065	9.99 881	46
15	8.86 987	169	8.87 106	171	1.12 894	9.99 880	45
16	8.87 156	169	8.87 277	170	1.12 723	9.99 879	44
17	8.87 325	169	8.87 447	169	1.12 553	9.99 879	43
18	8.87 494	167	8.87 616	169	1.12 384	9.99 878	42
19	8.87 661	168	8.87 785	168	1.12 215	9.99 877	41
20	8.87 829	166	8.87 953	167	1.12 047	9.99 876	40
21	8.87 995	166	8.88 120	167	1.11 880	9.99 875	39
22	8.88 161	165	8.88 287	166	1.11 713	9.99 874	38
23	8.88 326	164	8.88 453	165	1.11 547	9.99 873	37
24	8.88 490	164	8.88 618	165	1.11 382	9.99 872	36
25	8.88 654	163	8.88 783	165	1.11 217	9.99 871	35
26	8.88 817	163	8.88 948	163	1.11 052	9.99 870	34
27	8.88 980	162	8.89 111	163	1.10 889	9.99 869	33
28	8.89 142	162	8.89 274	163	1.10 726	9.99 868	32
29	8.89 304	160	8.89 437	161	1.10 563	9.99 867	31
30	8.89 464	161	8.89 598	162	1.10 402	9.99 866	30
31	8.89 625	159	8.89 760	160	1.10 240	9.99 865	29
32	8.89 784	159	8.89 920	160	1.10 080	9.99 864	28
33	8.89 943	159	8.90 080	160	1.09 920	9.99 863	27
34	8.90 102	158	8.90 240	159	1.09 760	9.99 862	26
35	8.90 260	157	8.90 399	158	1.09 601	9.99 861	25
36	8.90 417	157	8.90 557	158	1.09 443	9.99 860	24
37	8.90 574	156	8.90 715	157	1.09 285	9.99 859	23
38	8.90 730	155	8.90 872	157	1.09 128	9.99 858	22
39	8.90 885	155	8.91 029	156	1.08 971	9.99 857	21
40	8.91 040	155	8.91 185	155	1.08 815	9.99 856	20
41	8.91 195	154	8.91 340	155	1.08 660	9.99 855	19
42	8.91 349	153	8 91 495	155	1.08 505	9.99 854	18
43	8.91 502	153	8.91 650	153	1.08 350	9.99 853	17
44	8.91 655	152	8.91 803	154	1.08 197	9.99 852	16
45	8.91 807	152	8.91 957	153	1.08 043	9.99 851	15
46	8.91 959	151	8.92 110	152	1.07 890	9.99 850	14
47	8.92 110	151	8.92 262	152	1.07 738	9.99 848	13
48	8.92 261	150	8.92 414	151	1.07 586	9.99 847	12
49	8.92 411	150	8.92 565	151	1.07 435	9.99 846	11
50	8.92 561	149	8.92 716	150	1.07 284	9.99 845	10
51	8.92 710	149	8.92 866	150	1.07 134	9.99 844	9
52	8.92 859	148	8.93 016	149	1.06 984	9.99 843	8
53	8.93 007	147	8.93 165	148	1.06 835	9.99 842	7
54	8.93 154	147	8.93 313	149	1.06 687	9.99 841	6
55	8.93 301	147	8.93 462	147	1.06 538	9.99 840	5
56	8.93 448	146	8.93 609	147	1.06 391	9.99 839	4
57	8.93 594	146	8.93 756	147	1.06 244	9.99 838	3
58	8.93 740	145	8.93 903	146	1.06 097	9.99 837	2
59	8.93 885	145	8.94 049	146	1.05 951	9.99 836	1
60	8.94 030		8.94 195		1.05 805	9.99 834	0
	L Cos	d	L Ctn	c d	L Tan	L Sin	'

Prop. Pts.

	182	181	180	179
2	36.4	36.2	36.0	35.8
3	54.6	54.3	54.0	53.7
4	72.8	72.4	72.0	71.6
5	91.0	90.5	90.0	89.5
6	109.2	108.6	108.0	107.4
7	127.4	126.7	126.0	125.3
8	145.6	144.8	144.0	143.2
9	163.8	162.9	162.0	161.1

	178	177	176	175
2	35.6	35.4	35.2	35.0
3	53.4	53.1	52.8	52.5
4	71.2	70.8	70.4	70.0
5	89.0	88.5	88.0	87.5
6	106.8	106.2	105.6	105.0
7	124.6	123.9	123.2	122.5
8	142.4	141.6	140.8	140.0
9	160.2	159.3	158.4	157.5

	174	173	172	171
2	34.8	34.6	34.4	34.2
3	52.2	51.9	51.6	51.3
4	69.6	69.2	68.8	68.4
5	87.0	86.5	86.0	85.5
6	104.4	103.8	103.2	102.6
7	121.8	121.1	120.4	119.7
8	139.2	138.4	137.6	136.8
9	156.6	155.7	154.8	153.9

	170	169	168	167
2	34.0	33.8	33.6	33.4
3	51.0	50.7	50.4	50.1
4	68.0	67.6	67.2	66.8
5	85.0	84.5	84.0	83.5
6	102.0	101.4	100.8	100.2
7	119.0	118.3	117.6	116.9
8	136.0	135.2	134.4	133.6
9	153.0	152.1	151.2	150.3

	166	165	164	163
2	33.2	33.0	32.8	32.6
3	49.8	49.5	49.2	48.9
4	66.4	66.0	65.6	65.2
5	83.0	82.5	82.0	81.5
6	99.6	99.0	98.4	97.8
7	116.2	115.5	114.8	114.1
8	132.8	132.0	131.2	130.4
9	149.4	148.5	147.6	146.7

	162	161	160	159
2	32.4	32.2	32.0	31.8
3	48.6	48.3	48.0	47.7
4	64.8	64.4	64.0	63.6
5	81.0	80.5	80.0	79.5
6	97.2	96.6	96.0	95.4
7	113.4	112.7	112.0	111.3
8	129.6	128.8	128.0	127.2
9	145.8	144.9	144.0	143.1

	158	157	156	155
2	31.6	31.4	31.2	31.0
3	47.4	47.1	46.8	46.5
4	63.2	62.8	62.4	62.0
5	79.0	78.5	78.0	77.5
6	94.8	94.2	93.6	93.0
7	110.6	109.9	109.2	108.5
8	126.4	125.6	124.8	124.0
9	142.2	141.3	140.4	139.5

	154	153	152	151
2	30.8	30.6	30.4	30.2
3	46.2	45.9	45.6	45.3
4	61.6	61.2	60.8	60.4
5	77.0	76.5	76.0	75.5
6	92.4	91.8	91.2	90.6
7	107.8	107.1	106.4	105.7
8	123.2	122.4	121.6	120.8
9	138.6	137.7	136.8	135.9

85° — Logarithms of Trigonometric Functions

5° — Logarithms of Trigonometric Functions

′	L Sin	d	L Tan	c d	L Ctn	L Cos	
0	8.94 030		8.94 195		1.05 805	9.99 834	60
1	8.94 174	144	8.94 340	145	1.05 660	9.99 833	59
2	8.94 317	143	8.94 485	145	1.05 515	9.99 832	58
3	8.94 461	144	8.94 630	145	1.05 370	9.99 831	57
4	8.94 603	142	8.94 773	143	1.05 227	9.99 830	56
5	8.94 746	143	8.94 917	144	1.05 083	9.99 829	55
6	8.94 887	141	8.95 060	143	1.04 940	9.99 828	54
7	8.95 029	142	8.95 202	142	1.04 798	9.99 827	53
8	8.95 170	141	8.95 344	142	1.04 656	9.99 825	52
9	8.95 310	140	8.95 486	142	1.04 514	9.99 824	51
10	8.95 450	140	8.95 627	141	1.04 373	9.99 823	50
11	8.95 589	139	8.95 767	140	1.04 233	9.99 822	49
12	8.95 728	139	8.95 908	141	1.04 092	9.99 821	48
13	8.95 867	139	8.96 047	139	1.03 953	9.99 820	47
14	8.96 005	138	8.96 187	140	1.03 813	9.99 819	46
15	8.96 143	138	8.96 325	138	1.03 675	9.99 817	45
16	8.96 280	137	8.96 464	139	1.03 536	9.99 816	44
17	8.96 417	137	8.96 602	138	1.03 398	9.99 815	43
18	8.96 553	136	8.96 739	137	1.03 261	9.99 814	42
19	8.96 689	136	8.96 877	138	1.03 123	9.99 813	41
20	8.96 825	136	8.97 013	136	1.02 987	9.99 812	40
21	8.96 960	135	8.97 150	137	1.02 850	9.99 810	39
22	8.97 095	135	8.97 285	135	1.02 715	9.99 809	38
23	8.97 229	134	8.97 421	136	1.02 579	9.99 808	37
24	8.97 363	134	8.97 556	135	1.02 444	9.99 807	36
25	8.97 496	133	8.97 691	135	1.02 309	9.99 806	35
26	8.97 629	133	8.97 825	134	1.02 175	9.99 804	34
27	8.97 762	133	8.97 959	134	1.02 041	9.99 803	33
28	8.97 894	132	8.98 092	133	1.01 908	9.99 802	32
29	8.98 026	132	8.98 225	133	1.01 775	9.99 801	31
30	8.98 157	131	8.98 358	133	1.01 642	9.99 800	30
31	8.98 288	131	8.98 490	132	1.01 510	9.99 798	29
32	8.98 419	131	8.98 622	132	1.01 378	9.99 797	28
33	8.98 549	130	8.98 753	131	1.01 247	9.99 796	27
34	8.98 679	130	8.98 884	131	1.01 116	9.99 795	26
35	8.98 808	129	8.99 015	131	1.00 985	9.99 793	25
36	8.98 937	129	8.99 145	130	1.00 855	9.99 792	24
37	8.99 066	129	8.99 275	130	1.00 725	9.99 791	23
38	8.99 194	128	8.99 405	130	1.00 595	9.99 790	22
39	8.99 322	128	8.99 534	129	1.00 466	9.99 788	21
40	8.99 450	128	8.99 662	128	1.00 338	9.99 787	20
41	8.99 577	127	8.99 791	129	1.00 209	9.99 786	19
42	8.99 704	127	8.99 919	128	1.00 081	9.99 785	18
43	8.99 830	126	9.00 046	127	0.99 954	9.99 783	17
44	8.99 956	126	9.00 174	128	0.99 826	9.99 782	16
45	9.00 082	126	9.00 301	127	0.99 699	9.99 781	15
46	9.00 207	125	9.00 427	126	0.99 573	9.99 780	14
47	9.00 332	125	9.00 553	126	0.99 447	9.99 778	13
48	9.00 456	124	9.00 679	126	0.99 321	9.99 777	12
49	9.00 581	125	9.00 805	126	0.99 195	9.99 776	11
50	9.00 704	123	9.00 930	125	0.99 070	9.99 775	10
51	9.00 828	124	9.01 055	125	0.98 945	9.99 773	9
52	9.00 951	123	9.01 179	124	0.98 821	9.99 772	8
53	9.01 074	123	9.01 303	124	0.98 697	9.99 771	7
54	9.01 196	122	9.01 427	124	0.98 573	9.99 769	6
55	9.01 318	122	9.01 550	123	0.98 450	9.99 768	5
56	9.01 440	122	9.01 673	123	0.98 327	9.99 767	4
57	9.01 561	121	9.01 796	123	0.98 204	9.99 765	3
58	9.01 682	121	9.01 918	122	0.98 082	9.99 764	2
59	9.01 803	121	9.02 040	122	0.97 960	9.99 763	1
60	9.01 923	120	9.02 162	122	0.97 838	9.99 761	0
	L Cos	d	L Ctn	c d	L Tan	L Sin	′

Prop. Pts.

	150	149	148	147
2	30.0	29.8	29.6	29.4
3	45.0	44.7	44.4	44.1
4	60.0	59.6	59.2	58.8
5	75.0	74.5	74.0	73.5
6	90.0	89.4	88.8	88.2
7	105.0	104.3	103.6	102.9
8	120.0	119.2	118.4	117.6
9	135.0	134.1	133.2	132.3

	146	145	144	143
2	29.2	29.0	28.8	28.6
3	43.8	43.5	43.2	42.9
4	58.4	58.0	57.6	57.2
5	73.0	72.5	72.0	71.5
6	87.6	87.0	86.4	85.8
7	102.2	101.5	100.8	100.1
8	116.8	116.0	115.2	114.4
9	131.4	130.5	129.6	128.7

	142	141	140	139
2	28.4	28.2	28.0	27.8
3	42.6	42.3	42.0	41.7
4	56.8	56.4	56.0	55.6
5	71.0	70.5	70.0	69.5
6	85.2	84.6	84.0	83.4
7	99.4	98.7	98.0	97.3
8	113.6	112.8	112.0	111.2
9	127.8	126.9	126.0	125.1

	138	137	136	135
2	27.6	27.4	27.2	27.0
3	41.4	41.1	40.8	40.5
4	55.2	54.8	54.4	54.0
5	69.0	68.5	68.0	67.5
6	82.8	82.2	81.6	81.0
7	96.6	95.9	95.2	94.5
8	110.4	109.6	108.8	108.0
9	124.2	123.3	122.4	121.5

	134	133	132	131
2	26.8	26.6	26.4	26.2
3	40.2	39.9	39.6	39.3
4	53.6	53.2	52.8	52.4
5	67.0	66.5	66.0	65.5
6	80.4	79.8	79.2	78.6
7	93.8	93.1	92.4	91.7
8	107.2	106.4	105.6	104.8
9	120.6	119.7	118.8	117.9

	130	129	128	127
2	26.0	25.8	25.6	25.4
3	39.0	38.7	38.4	38.1
4	52.0	51.6	51.2	50.8
5	65.0	64.5	64.0	63.5
6	78.0	77.4	76.8	76.2
7	91.0	90.3	89.6	88.9
8	104.0	103.2	102.4	101.6
9	117.0	116.1	115.2	114.3

	126	125	124	123
2	25.2	25.0	24.8	24.6
3	37.8	37.5	37.2	36.9
4	50.4	50.0	49.6	49.2
5	63.0	62.5	62.0	61.5
6	75.6	75.0	74.4	73.8
7	88.2	87.5	86.8	86.1
8	100.8	100.0	99.2	98.4
9	113.4	112.5	111.6	110.7

	122	121	120	
2	24.4	24.2	24.0	
3	36.6	36.3	36.0	
4	48.8	48.4	48.0	
5	61.0	60.5	60.0	
6	73.2	72.6	72.0	
7	85.4	84.7	84.0	
8	97.6	96.8	96.0	
9	109.8	108.9	108.0	

84° — Logarithms of Trigonometric Functions

6° — Logarithms of Trigonometric Functions

′	L Sin	d	L Tan	c d	L Ctn	L Cos		Prop. Pts.
0	9.01 923	120	9.02 162	121	0.97 838	9.99 761	60	
1	9.02 043	120	9.02 283	121	0.97 717	9.99 760	59	
2	9.02 163	120	9.02 404	121	0.97 596	9.99 759	58	
3	9.02 283	119	9.02 525	120	0.97 475	9.99 757	57	
4	9.02 402	118	9.02 645	121	0.97 355	9.99 756	56	
5	9.02 520	119	9.02 766	119	0.97 234	9.99 755	55	121 120 119 118
6	9.02 639	118	9.02 885	120	0.97 115	9.99 753	54	2 24.2 24.0 23.8 23.6
7	9.02 757	117	9.03 005	119	0.96 995	9.99 752	53	3 36.3 36.0 35.7 35.4
8	9.02 874	118	9.03 124	118	0.96 876	9.99 751	52	4 48.4 48.0 47.6 47.2
9	9.02 992	117	9.03 242	119	0.96 758	9.99 749	51	5 60.5 60.0 59.5 59.0
10	9.03 109	117	9.03 361	118	0.96 639	9.99 748	50	6 72.6 72.0 71.4 70.8
11	9.03 226	116	9.03 479	118	0.96 521	9.99 747	49	7 84.7 84.0 83.3 82.6
12	9.03 342	116	9.03 597	117	0.96 403	9.99 745	48	8 96.8 96.0 95.2 94.4
13	9.03 458	116	9.03 714	118	0.96 286	9.99 744	47	9 108.9 108.0 107.1 106.2
14	9.03 574	116	9.03 832	116	0.96 168	9.99 742	46	
15	9.03 690	115	9.03 948	117	0.96 052	9.99 741	45	117 116 115 114
16	9.03 805	115	9.04 065	116	0.95 935	9.99 740	44	2 23.4 23.2 23.0 22.8
17	9.03 920	114	9.04 181	116	0.95 819	9.99 738	43	3 35.1 34.8 34.5 34.2
18	9.04 034	115	9.04 297	116	0.95 703	9.99 737	42	4 46.8 46.4 46.0 45.6
19	9.04 149	113	9.04 413	115	0.95 587	9.99 736	41	5 58.5 58.0 57.5 57.0
20	9.04 262	114	9.04 528	115	0.95 472	9.99 734	40	6 70.2 69.6 69.0 68.4
21	9.04 376	114	9.04 643	115	0.95 357	9.99 733	39	7 81.9 81.2 80.5 79.8
22	9.04 490	113	9.04 758	115	0.95 242	9.99 731	38	8 93.6 92.8 92.0 91.2
23	9.04 603	112	9.04 873	114	0.95 127	9.99 730	37	9 105.3 104.4 103.5 102.6
24	9.04 715	113	9.04 987	114	0.95 013	9.99 728	36	
25	9.04 828	112	9.05 101	113	0.94 899	9.99 727	35	113 112 111 110
26	9.04 940	112	9.05 214	114	0.94 786	9.99 726	34	2 22.6 22.4 22.2 22.0
27	9.05 052	112	9.05 328	113	0.94 672	9.99 724	33	3 33.9 33.6 33.3 33.0
28	9.05 164	111	9.05 441	112	0.94 559	9.99 723	32	4 45.2 44.8 44.4 44.0
29	9.05 275	111	9.05 553	113	0.94 447	9.99 721	31	5 56.5 56.0 55.5 55.0
30	9.05 386	111	9.05 666	112	0.94 334	9.99 720	30	6 67.8 67.2 66.6 66.0
31	9.05 497	110	9.05 778	112	0.94 222	9.99 718	29	7 79.1 78.4 77.7 77.0
32	9.05 607	110	9.05 890	112	0.94 110	9.99 717	28	8 90.4 89.6 88.8 88.0
33	9.05 717	110	9.06 002	111	0.93 998	9.99 716	27	9 101.7 100.8 99.9 99.0
34	9.05 827	110	9.06 113	111	0.93 887	9.99 714	26	
35	9.05 937	109	9.06 224	111	0.93 776	9.99 713	25	109 108 107 106
36	9.06 046	109	9.06 335	110	0.93 665	9.99 711	24	2 21.8 21.6 21.4 21.2
37	9.06 155	109	9.06 445	111	0.93 555	9.99 710	23	3 32.7 32.4 32.1 31.8
38	9.06 264	108	9.06 556	110	0.93 444	9.99 708	22	4 43.6 43.2 42.8 42.4
39	9.06 372	109	9.06 666	109	0.93 334	9.99 707	21	5 54.5 54.0 53.5 53.0
40	9.06 481	108	9.06 775	110	0.93 225	9.99 705	20	6 65.4 64.8 64.2 63.6
41	9.06 589	107	9.06 885	109	0.93 115	9.99 704	19	7 76.3 75.6 74.9 74.2
42	9.06 696	108	9.06 994	109	0.93 006	9.99 702	18	8 87.2 86.4 85.6 84.8
43	9.06 804	107	9.07 103	108	0.92 897	9.99 701	17	9 98.1 97.2 96.3 95.4
44	9.06 911	107	9.07 211	109	0.92 789	9.99 699	16	
45	9.07 018	106	9.07 320	108	0.92 680	9.99 698	15	*From the top:*
46	9.07 124	107	9.07 428	108	0.92 572	9.99 696	14	For **6°+** or **186°+**,
47	9.07 231	106	9.07 536	107	0.92 464	9.99 695	13	read as printed; for
48	9.07 337	105	9.07 643	108	0.92 357	9.99 693	12	**96°+** or **276°+**, read
49	9.07 442	106	9.07 751	107	0.92 249	9.99 692	11	co-function.
50	9.07 548	105	9.07 858	106	0.92 142	9.99 690	10	*From the bottom:*
51	9.07 653	105	9.07 964	107	0.92 036	9.99 689	9	For **83°+** or **263°+**,
52	9.07 758	105	9.08 071	106	0.91 929	9.99 687	8	read as printed; for
53	9.07 863	105	9.08 177	106	0.91 823	9.99 686	7	**173°+** or **353°+**, read
54	9.07 968	104	9.08 283	106	0.91 717	9.99 684	6	co-function.
55	9.08 072	104	9.08 389	106	0.91 611	9.99 683	5	
56	9.08 176	104	9.08 495	105	0.91 505	9.99 681	4	
57	9.08 280	103	9.08 600	105	0.91 400	9.99 680	3	
58	9.08 383	103	9.08 705	105	0.91 295	9.99 678	2	
59	9.08 486	103	9.08 810	104	0.91 190	9.99 677	1	
60	9.08 589		9.08 914		0.91 086	9.99 675	0	
	L Cos	d	L Ctn	c d	L Tan	L Sin	′	Prop. Pts.

83° — Logarithms of Trigonometric Functions

7° — Logarithms of Trigonometric Functions

′	L Sin	d	L Tan	c d	L Ctn	L Cos		Prop. Pts.			
0	9.08 589	103	9.08 914	105	0.91 086	9.99 675	60				
1	9.08 692	103	9.09 019	104	0.90 981	9.99 674	59	105	104	103	102
2	9.08 795	102	9.09 123	104	0.90 877	9.99 672	58				
3	9.08 897	102	9.09 227	103	0.90 773	9.99 670	57	2 21.0	20.8	20.6	20.4
4	9.08 999	102	9.09 330	104	0.90 670	9.99 669	56	3 31.5	31.2	30.9	30.6
5	9.09 101	101	9.09 434	103	0.90 566	9.99 667	55	4 42.0	41.6	41.2	40.8
6	9.09 202	102	9.09 537	103	0.90 463	9.99 666	54	5 52.5	52.0	51.5	51.0
7	9.09 304	101	9.09 640	102	0.90 360	9.99 664	53	6 63.0	62.4	61.8	61.2
8	9.09 405	101	9.09 742	103	0.90 258	9.99 663	52	7 73.5	72.8	72.1	71.4
9	9.09 506	100	9.09 845	102	0.90 155	9.99 661	51	8 84.0	83.2	82.4	81.6
10	9.09 606	101	9.09 947	102	0.90 053	9.99 659	50	9 94.5	93.6	92.7	91.8
11	9.09 707	100	9.10 049	101	0.89 951	9.99 658	49				
12	9.09 807	100	9.10 150	102	0.89 850	9.99 656	48		101	99	98	97
13	9.09 907	99	9.10 252	101	0.89 748	9.99 655	47				
14	9.10 006	100	9.10 353	101	0.89 647	9.99 653	46	2 20.2	19.8	19.6	19.4
15	9.10 106	99	9.10 454	101	0.89 546	9.99 651	45	3 30.3	29.7	29.4	29.1
16	9.10 205	99	9.10 555	101	0.89 445	9.99 650	44	4 40.4	39.6	39.2	38.8
17	9.10 304	98	9.10 656	100	0.89 344	9.99 648	43	5 50.5	49.5	49.0	48.5
18	9.10 402	99	9.10 756	100	0.89 244	9.99 647	42	6 60.6	59.4	58.8	58.2
19	9.10 501	98	9.10 856	100	0.89 144	9.99 645	41	7 70.7	69.3	68.6	67.9
20	9.10 599	98	9.10 956	100	0.89 044	9.99 643	40	8 80.8	79.2	78.4	77.6
21	9.10 697	98	9.11 056	99	0.88 944	9.99 642	39	9 90.9	89.1	88.2	87.3
22	9.10 795	98	9.11 155	99	0.88 845	9.99 640	38				
23	9.10 893	97	9.11 254	99	0.88 746	9.99 638	37	96	95	94	93
24	9.10 990	97	9.11 353	99	0.88 647	9.99 637	36				
25	9.11 087	97	9.11 452	99	0.88 548	9.99 635	35	2 19.2	19.0	18.8	18.6
26	9.11 184	97	9.11 551	98	0.88 449	9.99 633	34	3 28.8	28.5	28.2	27.9
27	9.11 281	96	9.11 649	98	0.88 351	9.99 632	33	4 38.4	38.0	37.6	37.2
28	9.11 377	97	9.11 747	98	0.88 253	9.99 630	32	5 48.0	47.5	47.0	46.5
29	9.11 474	96	9.11 845	98	0.88 155	9.99 629	31	6 57.6	57.0	56.4	55.8
30	9.11 570	96	9.11 943	97	0.88 057	9.99 627	30	7 67.2	66.5	65.8	65.1
31	9.11 666	95	9.12 040	98	0.87 960	9.99 625	29	8 76.8	76.0	75.2	74.4
32	9.11 761	96	9.12 138	97	0.87 862	9.99 624	28	9 86.4	85.5	84.6	83.7
33	9.11 857	95	9.12 235	97	0.87 765	9.99 622	27				
34	9.11 952	95	9.12 332	96	0.87 668	9.99 620	26		92	91	90
35	9.12 047	95	9.12 428	97	0.87 572	9.99 618	25	2	18.4	18.2	18.0
36	9.12 142	94	9.12 525	96	0.87 475	9.99 617	24	3	27.6	27.3	27.0
37	9.12 236	95	9.12 621	96	0.87 379	9.99 615	23	4	36.8	36.4	36.0
38	9.12 331	94	9.12 717	96	0.87 283	9.99 613	22	5	46.0	45.5	45.0
39	9.12 425	94	9.12 813	96	0.87 187	9.99 612	21	6	55.2	54.6	54.0
40	9.12 519	93	9.12 909	95	0.87 091	9.99 610	20	7	64.4	63.7	63.0
41	9.12 612	94	9.13 004	95	0.86 996	9.99 608	19	8	73.6	72.8	72.0
42	9.12 706	93	9.13 099	95	0.86 901	9.99 607	18	9	82.8	81.9	81.0
43	9.12 799	93	9.13 194	95	0.86 806	9.99 605	17				
44	9.12 892	93	9.13 289	95	0.86 711	9.99 603	16				
45	9.12 985	93	9.13 384	94	0.86 616	9.99 601	15	*From the top:*			
46	9.13 078	93	9.13 478	95	0.86 522	9.99 600	14				
47	9.13 171	92	9.13 573	94	0.86 427	9.99 598	13	For **7°+** or **187°+**,			
48	9.13 263	92	9.13 667	94	0.86 333	9.99 596	12	read as printed; for			
49	9.13 355	92	9.13 761	93	0.86 239	9.99 595	11	**97°+** or **277°+**, read			
50	9.13 447	92	9.13 854	94	0.86 146	9.99 593	10	co-function.			
51	9.13 539	91	9.13 948	93	0.86 052	9.99 591	9				
52	9.13 630	92	9.14 041	93	0.85 959	9.99 589	8	*From the bottom:*			
53	9.13 722	91	9.14 134	93	0.85 866	9.99 588	7				
54	9.13 813	91	9.14 227	93	0.85 773	9.99 586	6	For **82°+** or **262°+**,			
55	9.13 904	90	9.14 320	92	0.85 680	9.99 584	5	read as printed; for			
56	9.13 994	91	9.14 412	92	0.85 588	9.99 582	4	**172°+** or **352°+**, read			
57	9.14 085	90	9.14 504	93	0.85 496	9.99 581	3	co-function.			
58	9.14 175	91	9.14 597	91	0.85 403	9.99 579	2				
59	9.14 266	90	9.14 688	92	0.85 312	9.99 577	1				
60	9.14 356		9.14 780		0.85 220	9.99 575	0				
	L Cos	d	L Ctn	c d	L Tan	L Sin	′	Prop. Pts.			

82° — Logarithms of Trigonometric Functions

8° — Logarithms of Trigonometric Functions [III

′	L Sin	d	L Tan	c d	L Ctn	L Cos	
0	9.14 356		9.14 780		0.85 220	9.99 575	60
1	9.14 445	89	9.14 872	92	0.85 128	9.99 574	59
2	9.14 535	90	9.14 963	91	0.85 037	9.99 572	58
3	9.14 624	89	9.15 054	91	0.84 946	9.99 570	57
4	9.14 714	90	9.15 145	91	0.84 855	9.99 568	56
5	9.14 803	89	9.15 236	91	0.84 764	9.99 566	55
6	9.14 891	88	9.15 327	91	0.84 673	9.99 565	54
7	9.14 980	89	9.15 417	90	0.84 583	9.99 563	53
8	9.15 069	89	9.15 508	91	0.84 492	9.99 561	52
9	9.15 157	88	9.15 598	90	0.84 402	9.99 559	51
10	9.15 245	88	9.15 688	90	0.84 312	9.99 557	50
11	9.15 333	88	9.15 777	89	0.84 223	9.99 556	49
12	9.15 421	88	9.15 867	90	0.84 133	9.99 554	48
13	9.15 508	87	9.15 956	89	0.84 044	9.99 552	47
14	9.15 596	88	9.16 046	90	0.83 954	9.99 550	46
15	9.15 683	87	9.16 135	89	0.83 865	9.99 548	45
16	9.15 770	87	9.16 224	89	0.83 776	9.99 546	44
17	9.15 857	87	9.16 312	88	0.83 688	9.99 545	43
18	9.15 944	87	9.16 401	89	0.83 599	9.99 543	42
19	9.16 030	86	9.16 489	88	0.83 511	9.99 541	41
20	9.16 116	86	9.16 577	88	0.83 423	9.99 539	40
21	9.16 203	87	9.16 665	88	0.83 335	9.99 537	39
22	9.16 289	86	9.16 753	88	0.83 247	9.99 535	38
23	9.16 374	85	9.16 841	88	0.83 159	9.99 533	37
24	9.16 460	86	9.16 928	87	0.83 072	9.99 532	36
25	9.16 545	85	9.17 016	88	0.82 984	9.99 530	35
26	9.16 631	86	9.17 103	87	0.82 897	9.99 528	34
27	9.16 716	85	9.17 190	87	0.82 810	9.99 526	33
28	9.16 801	85	9.17 277	87	0.82 723	9.99 524	32
29	9.16 886	85	9.17 363	86	0.82 637	9.99 522	31
30	9.16 970	84	9.17 450	87	0.82 550	9.99 520	30
31	9.17 055	85	9.17 536	86	0.82 464	9.99 518	29
32	9.17 139	84	9.17 622	86	0.82 378	9.99 517	28
33	9.17 223	84	9.17 708	86	0.82 292	9.99 515	27
34	9.17 307	84	9.17 794	86	0.82 206	9.99 513	26
35	9.17 391	84	9.17 880	86	0.82 120	9.99 511	25
36	9.17 474	83	9.17 965	85	0.82 035	9.99 509	24
37	9.17 558	84	9.18 051	86	0.81 949	9.99 507	23
38	9.17 641	83	9.18 136	85	0.81 864	9.99 505	22
39	9.17 724	83	9.18 221	85	0.81 779	9.99 503	21
40	9.17 807	83	9.18 306	85	0.81 694	9.99 501	20
41	9.17 890	83	9.18 391	85	0.81 609	9.99 499	19
42	9.17 973	82	9.18 475	84	0.81 525	9.99 497	18
43	9.18 055	82	9.18 560	85	0.81 440	9.99 495	17
44	9.18 137	83	9.18 644	84	0.81 356	9.99 494	16
45	9.18 220	82	9.18 728	84	0.81 272	9.99 492	15
46	9.18 302	81	9.18 812	84	0.81 188	9.99 490	14
47	9.18 383	82	9.18 896	83	0.81 104	9.99 488	13
48	9.18 465	82	9.18 979	84	0.81 021	9.99 486	12
49	9.18 547	81	9.19 063	83	0.80 937	9.99 484	11
50	9.18 628	81	9.19 146	83	0.80 854	9.99 482	10
51	9.18 709	81	9.19 229	83	0.80 771	9.99 480	9
52	9.18 790	81	9.19 312	83	0.80 688	9.99 478	8
53	9.18 871	81	9.19 395	83	0.80 605	9.99 476	7
54	9.18 952	81	9.19 478	83	0.80 522	9.99 474	6
55	9.19 033	80	9.19 561	82	0.80 439	9.99 472	5
56	9.19 113	80	9.19 643	82	0.80 357	9.99 470	4
57	9.19 193	80	9.19 725	82	0.80 275	9.99 468	3
58	9.19 273	80	9.19 807	82	0.80 193	9.99 466	2
59	9.19 353	80	9.19 889	82	0.80 111	9.99 464	1
60	9.19 433		9.19 971		0.80 029	9.99 462	0
	L Cos	d	L Ctn	c d	L Tan	L Sin	′

Prop. Pts.

	92	91	90	89
2	18.4	18.2	18.0	17.8
3	27.6	27.3	27.0	26.7
4	36.8	36.4	36.0	35.6
5	46.0	45.5	45.0	44.5
6	55.2	54.6	54.0	53.4
7	64.4	63.7	63.0	62.3
8	73.6	72.8	72.0	71.2
9	82.8	81.9	81.0	80.1

	88	87	86
2	17.6	17.4	17.2
3	26.4	26.1	25.8
4	35.2	34.8	34.4
5	44.0	43.5	43.0
6	52.8	52.2	51.6
7	61.6	60.9	60.2
8	70.4	69.6	68.8
9	79.2	78.3	77.4

	85	84	83
2	17.0	16.8	16.6
3	25.5	25.2	24.9
4	34.0	33.6	33.2
5	42.5	42.0	41.5
6	51.0	50.4	49.8
7	59.5	58.8	58.1
8	68.0	67.2	66.4
9	76.5	75.6	74.7

	82	81	80
2	16.4	16.2	16.0
3	24.6	24.3	24.0
4	32.8	32.4	32.0
5	41.0	40.5	40.0
6	49.2	48.6	48.0
7	57.4	56.7	56.0
8	65.6	64.8	64.0
9	73.8	72.9	72.0

From the top:

For **8°+** or **188°+**, read as printed ; for **98°+** or **278°+**, read co-function.

From the bottom:

For **81°+** or **261°+**, read as printed ; for **171°+** or **351°+**, read co-function.

81° — Logarithms of Trigonometric Functions

9° — Logarithms of Trigonometric Functions

′	L Sin	d	L Tan	c d	L Ctn	L Cos		Prop. Pts.			
0	9.19 433	80	9.19 971	82	0.80 029	9.99 462	60				
1	9.19 513	79	9.20 053	81	0.79 947	9.99 460	59				
2	9.19 592	80	9.20 134	82	0.79 866	9.99 458	58				
3	9.19 672	79	9.20 216	81	0.79 784	9.99 456	57				
4	9.19 751	79	9.20 297	81	0.79 703	9.99 454	56				
5	9.19 830	79	9.20 378	81	0.79 622	9.99 452	55		82	81	80	79
6	9.19 909	79	9.20 459	81	0.79 541	9.99 450	54					
7	9.19 988	79	9.20 540	81	0.79 460	9.99 448	53	2	16.4	16.2	16.0	15.8
8	9.20 067	78	9.20 621	80	0.79 379	9.99 446	52	3	24.6	24.3	24.0	23.7
9	9.20 145	78	9.20 701	81	0.79 299	9.99 444	51	4	32.8	32.4	32.0	31.6
10	9.20 223	79	9.20 782	80	0.79 218	9.99 442	50	5	41.0	40.5	40.0	39.5
11	9.20 302	78	9.20 862	80	0.79 138	9.99 440	49	6	49.2	48.6	48.0	47.4
12	9.20 380	78	9.20 942	80	0.79 058	9.99 438	48	7	57.4	56.7	56.0	55.3
13	9.20 458	77	9.21 022	80	0.78 978	9.99 436	47	8	65.6	64.8	64.0	63.2
14	9.20 535	78	9.21 102	80	0.78 898	9.99 434	46	9	73.8	72.9	72.0	71.1
15	9.20 613	78	9.21 182	79	0.78 818	9.99 432	45					
16	9.20 691	77	9.21 261	80	0.78 739	9.99 429	44					
17	9.20 768	77	9.21 341	79	0.78 659	9.99 427	43		78	77	76	75
18	9.20 845	77	9.21 420	79	0.78 580	9.99 425	42	2	15.6	15.4	15.2	15.0
19	9.20 922	77	9.21 499	79	0.78 501	9.99 423	41	3	23.4	23.1	22.8	22.5
20	9.20 999	77	9.21 578	79	0.78 422	9.99 421	40	4	31.2	30.8	30.4	30.0
21	9.21 076	77	9.21 657	79	0.78 343	9.99 419	39	5	39.0	38.5	38.0	37.5
22	9.21 153	76	9.21 736	78	0.78 264	9.99 417	38	6	46.8	46.2	45.6	45.0
23	9.21 229	77	9.21 814	79	0.78 186	9.99 415	37	7	54.6	53.9	53.2	52.5
24	9.21 306	76	9.21 893	78	0.78 107	9.99 413	36	8	62.4	61.6	60.8	60.0
25	9.21 382	76	9.21 971	78	0.78 029	9.99 411	35	9	70.2	69.3	68.4	67.5
26	9.21 458	76	9.22 049	78	0.77 951	9.99 409	34					
27	9.21 534	76	9.22 127	78	0.77 873	9.99 407	33					
28	9.21 610	75	9.22 205	78	0.77 795	9.99 404	32		74	73	72	71
29	9.21 685	76	9.22 283	78	0.77 717	9.99 402	31	2	14.8	14.6	14.4	14.2
30	9.21 761	75	9.22 361	77	0.77 639	9.99 400	30	3	22.2	21.9	21.6	21.3
31	9.21 836	76	9.22 438	78	0.77 562	9.99 398	29	4	29.6	29.2	28.8	28.4
32	9.21 912	75	9.22 516	77	0.77 484	9.99 396	28	5	37.0	36.5	36.0	35.5
33	9.21 987	75	9.22 593	77	0.77 407	9.99 394	27	6	44.4	43.8	43.2	42.6
34	9.22 062	75	9.22 670	77	0.77 330	9.99 392	26	7	51.8	51.1	50.4	49.7
35	9.22 137	74	9.22 747	77	0.77 253	9.99 390	25	8	59.2	58.4	57.6	56.8
36	9.22 211	75	9.22 824	77	0.77 176	9.99 388	24	9	66.6	65.7	64.8	63.9
37	9.22 286	75	9.22 901	76	0.77 099	9.99 385	23					
38	9.22 361	74	9.22 977	77	0.77 023	9.99 383	22					
39	9.22 435	74	9.23 054	76	0.76 946	9.99 381	21					
40	9.22 509	74	9.23 130	76	0.76 870	9.99 379	20					
41	9.22 583	74	9.23 206	77	0.76 794	9.99 377	19					
42	9.22 657	74	9.23 283	76	0.76 717	9.99 375	18		*From the top:*			
43	9.22 731	74	9.23 359	76	0.76 641	9.99 372	17					
44	9.22 805	73	9.23 435	75	0.76 565	9.99 370	16		For 9°+, or 189°+, read as printed; for 99°+ or 279°+, read co-function.			
45	9.22 878	74	9.23 510	76	0.76 490	9.99 368	15					
46	9.22 952	73	9.23 586	75	0.76 414	9.99 366	14					
47	9.23 025	73	9.23 661	76	0.76 339	9.99 364	13					
48	9.23 098	73	9.23 737	75	0.76 263	9.99 362	12					
49	9.23 171	73	9.23 812	75	0.76 188	9.99 359	11		*From the bottom:*			
50	9.23 244	73	9.23 887	75	0.76 113	9.99 357	10					
51	9.23 317	73	9.23 962	75	0.76 038	9.99 355	9		For 80°+ or 260°+, read as printed; for 170°+ or 350°+, read co-function.			
52	9.23 390	72	9.24 037	75	0.75 963	9.99 353	8					
53	9.23 462	73	9.24 112	74	0.75 888	9.99 351	7					
54	9.23 535	72	9.24 186	75	0.75 814	9.99 348	6					
55	9.23 607	72	9.24 261	74	0.75 739	9.99 346	5					
56	9.23 679	73	9.24 335	75	0.75 665	9.99 344	4					
57	9.23 752	71	9.24 410	74	0.75 590	9.99 342	3					
58	9.23 823	72	9.24 484	74	0.75 516	9.99 340	2					
59	9.23 895	72	9.24 558	74	0.75 442	9.99 337	1					
60	9.23 967		9.24 632		0.75 368	9.99 335	0					
	L Cos	d	L Ctn	c d	L Tan	L Sin	′		Prop. Pts.			

80° — Logarithms of Trigonometric Functions

10° — Logarithms of Trigonometric Functions [III

′	L Sin	d	L Tan	c d	L Ctn	L Cos	d		Prop. Pts.
0	9.23 967	72	9.24 632	74	0.75 368	9.99 335	2	60	
1	9.24 039	71	9.24 706	73	0.75 294	9.99 333	2	59	
2	9.24 110	71	9.24 779	74	0.75 221	9.99 331	3	58	**74** | **73** | **72**
3	9.24 181	72	9.24 853	73	0.75 147	9.99 328	2	57	2 14.8 14.6 14.4
4	9.24 253	71	9.24 926	74	0.75 074	9.99 326	2	56	3 22.2 21.9 21.6
5	9.24 324	71	9.25 000	73	0.75 000	9.99 324	2	55	4 29.6 29.2 28.8
6	9.24 395	71	9.25 073	73	0.74 927	9.99 322	3	54	5 37.0 36.5 36.0
7	9.24 466	70	9.25 146	73	0.74 854	9.99 319	2	53	6 44.4 43.8 43.2
8	9.24 536	71	9.25 219	73	0.74 781	9.99 317	2	52	7 51.8 51.1 50.4
9	9.24 607	70	9.25 292	73	0.74 708	9.99 315	2	51	8 59.2 58.4 57.6
10	9.24 677	71	9.25 365	72	0.74 635	9.99 313	3	50	9 66.6 65.7 64.8
11	9.24 748	70	9.25 437	73	0.74 563	9.99 310	2	49	
12	9.24 818	70	9.25 510	72	0.74 490	9.99 308	2	48	**71** | **70** | **69**
13	9.24 888	70	9.25 582	73	0.74 418	9.99 306	2	47	2 14.2 14.0 13.8
14	9.24 958	70	9.25 655	72	0.74 345	9.99 304	3	46	3 21.3 21.0 20.7
15	9.25 028	70	9.25 727	72	0.74 273	9.99 301	2	45	4 28.4 28.0 27.6
16	9.25 098	70	9.25 799	72	0.74 201	9.99 299	2	44	5 35.5 35.0 34.5
17	9.25 168	69	9.25 871	72	0.74 129	9.99 297	3	43	6 42.6 42.0 41.4
18	9.25 237	70	9.25 943	72	0.74 057	9.99 294	2	42	7 49.7 49.0 48.3
19	9.25 307	69	9.26 015	71	0.73 985	9.99 292	2	41	8 56.8 56.0 55.2
20	9.25 376	69	9.26 086	72	0.73 914	9.99 290	2	40	9 63.9 63.0 62.1
21	9.25 445	69	9.26 158	71	0.73 842	9.99 288	3	39	
22	9.25 514	69	9.26 229	72	0.73 771	9.99 285	2	38	**68** | **67** | **66**
23	9.25 583	69	9.26 301	71	0.73 699	9.99 283	2	37	2 13.6 13.4 13.2
24	9.25 652	69	6.26 372	71	0.73 628	9.99 281	3	36	3 20.4 20.1 19.8
25	9.25 721	69	9.26 443	71	0.73 557	9.99 278	2	35	4 27.2 26.8 26.4
26	9.25 790	68	9.26 514	71	0.73 486	9.99 276	2	34	5 34.0 33.5 33.0
27	9.25 858	69	9.26 585	70	0.73 415	9.99 274	3	33	6 40.8 40.2 39.6
28	9.25 927	68	9.26 655	71	0.73 345	9.99 271	2	32	7 47.6 46.9 46.2
29	9.25 995	68	9.26 726	71	0.73 274	9.99 269	2	31	8 54.4 53.6 52.8
30	9.26 063	68	9.26 797	70	0.73 203	9.99 267	3	30	9 61.2 60.3 59.4
31	9.26 131	68	9.26 867	70	0.73 133	9.99 264	2	29	
32	9.26 199	68	9.26 937	71	0.73 063	9.99 262	2	28	
33	9.26 267	68	9.27 008	70	0.72 992	9.99 260	3	27	| **65** | **3**
34	9.26 335	68	9.27 078	70	0.72 922	9.99 257	2	26	2 13.0 0.6
35	9.26 403	67	9.27 148	70	0.72 852	9.99 255	3	25	3 19.5 0.9
36	9.26 470	68	9.27 218	70	0.72 782	9.99 252	2	24	4 26.0 1.2
37	9.26 538	67	9.27 288	69	0.72 712	9.99 250	2	23	5 32.5 1.5
38	9.26 605	67	9.27 357	70	0.72 643	9.99 248	3	22	6 39.0 1.8
39	9.26 672	67	9.27 427	69	0.72 573	9.99 245	2	21	7 45.5 2.1
40	9.26 739	67	9.27 496	70	0.72 504	9.99 243	2	20	8 52.0 2.4
41	9.26 806	67	9.27 566	69	0.72 434	9.99 241	3	19	9 58.5 2.7
42	9.26 873	67	9.27 635	69	0.72 365	9.99 238	2	18	
43	9.26 940	67	9.27 704	69	0.72 296	9.99 236	3	17	
44	9.27 007	66	9.27 773	69	0.72 227	9.99 233	2	16	
45	9.27 073	67	9.27 842	69	0.72 158	9.99 231	2	15	*From the top:*
46	9.27 140	66	9.27 911	69	0.72 089	9.99 229	3	14	
47	9.27 206	67	9.27 980	69	0.72 020	9.99 226	2	13	For **10°**+ or **190°**+,
48	9.27 273	66	9.28 049	68	0.71 951	9.99 224	3	12	read as printed; for
49	9.27 339	66	9.28 117	69	0.71 883	9.99 221	2	11	**100°**+ or **280°**+, read
50	9.27 405	66	9.28 186	68	0.71 814	9.99 219	2	10	co-function.
51	9.27 471	66	9.28 254	69	0.71 746	9.99 217	3	9	
52	9.27 537	65	9.28 323	68	0.71 677	9.99 214	2	8	*From the bottom:*
53	9.27 602	66	9.28 391	68	0.71 609	9.99 212	3	7	
54	9.27 668	66	9.28 459	68	0.71 541	9.99 209	2	6	For **79°**+ or **259°**+,
55	9.27 734	65	9.28 527	68	0.71 473	9 99 207	3	5	read as printed; for
56	9.27 799	65	9.28 595	67	0.71 405	9.99 204	2	4	**169°**+ or **349°**+, read
57	9.27 864	66	9.28 662	68	0.71 338	9.99 202	3	3	co-function.
58	9.27 930	65	9.28 730	68	0.71 270	9.99 200	2	2	
59	9.27 995	65	9.28 798	67	0.71 202	9.99 197	3	1	
60	9.28 060		9.28 865		0.71 135	9.99 195		0	
	L Cos	d	L Ctn	c d	L Tan	L Sin	d	′	Prop. Pts.

79° — Logarithms of Trigonometric Functions

11° — Logarithms of Trigonometric Functions

′	L Sin	d	L Tan	c d	L Ctn	L Cos	d		Prop. Pts.		
0	9.28 060		9.28 865		0.71 135	9.99 195		60			
1	9.28 125	65	9.28 933	68	0.71 067	9.99 192	3	59			
2	9.28 190	65	9.29 000	67	0.71 000	9.99 190	2	58	68	67	66
3	9.28 254	64	9.29 067	67	0.70 933	9.99 187	3	57	2	13.6	13.4	13.2
4	9.28 319	65	9.29 134	67	0.70 866	9.99 185	2	56	3	20.4	20.1	19.8
5	9.28 384	65	9.29 201	67	0.70 799	9.99 182	3	55	4	27.2	26.8	26.4
6	9.28 448	64	9.29 268	67	0.70 732	9.99 180	2	54	5	34.0	33.5	33.0
7	9.28 512	64	9.29 335	67	0.70 665	9.99 177	3	53	6	40.8	40.2	39.6
8	9.28 577	65	9.29 402	67	0.70 598	9.99 175	2	52	7	47.6	46.9	46.2
9	9.28 641	64	9.29 468	66	0.70 532	9.99 172	3	51	8	54.4	53.6	52.8
10	9.28 705	64	9.29 535	67	0.70 465	9.99 170	2	50	9	61.2	60.3	59.4
11	9.28 769	64	9.29 601	66	0.70 399	9.99 167	3	49			
12	9.28 833	63	9.29 668	67	0.70 332	9.99 165	2	48	65	64	63
13	9.28 896	64	9.29 734	66	0.70 266	9.99 162	3	47			
14	9.28 960	64	9.29 800	66	0.70 200	9.99 160	2	46	2	13.0	12.8	12.6
15	9.29 024	64	9.29 866	66	0.70 134	9.99 157	3	45	3	19.5	19.2	18.9
16	9.29 087	63	9.29 932	66	0.70 068	9.99 155	2	44	4	26.0	25.6	25.2
17	9.29 150	63	9.29 998	66	0.70 002	9.99 152	3	43	5	32.5	32.0	31.5
18	9.29 214	64	9.30 064	66	0.69 936	9.99 150	2	42	6	39.0	38.4	37.8
19	9.29 277	63	9.30 130	65	0.69 870	9.99 147	3	41	7	45.5	44.8	44.1
20	9.29 340	63	9.30 195	66	0.69 805	9.99 145	2	40	8	52.0	51.2	50.4
21	9.29 403	63	9.30 261	65	0.69 739	9.99 142	3	39	9	58.5	57.6	56.7
22	9.29 466	63	9.30 326	65	0.69 674	9.99 140	2	38			
23	9.29 529	62	9.30 391	66	0.69 609	9.99 137	3	37	62	61	60
24	9.29 591	63	9.30 457	65	0.69 543	9.99 135	2	36	2	12.4	12.2	12.0
25	9.29 654	62	9.30 522	65	0.69 478	9.99 132	3	35	3	18.6	18.3	18.0
26	9.29 716	63	9.30 587	65	0.69 413	9.99 130	2	34	4	24.8	24.4	24.0
27	9.29 779	62	9.30 652	65	0.69 348	9.99 127	3	33	5	31.0	30.5	30.0
28	9.29 841	62	9.30 717	65	0.69 283	9.99 124	2	32	6	37.2	36.6	36.0
29	9.29 903	63	9.30 782	64	0.69 218	9.99 122	3	31	7	43.4	42.7	42.0
30	9.29 966	62	9.30 846	65	0.69 154	9.99 119	2	30	8	49.6	48.8	48.0
31	9.30 028	62	9.30 911	64	0.69 089	9.99 117	3	29	9	55.8	54.9	54.0
32	9.30 090	61	9.30 975	65	0.69 025	9.99 114	2	28			
33	9.30 151	62	9.31 040	64	0.68 960	9.99 112	3	27	59	3	
34	9.30 213	62	9.31 104	64	0.68 896	9.99 109	2	26			
35	9.30 275	61	9.31 168	65	0.68 832	9.99 106	3	25	2	11.8	0.6
36	9.30 336	62	9.31 233	64	0.68 767	9.99 104	2	24	3	17.7	0.9
37	9.30 398	61	9.31 297	64	0.68 703	9.99 101	3	23	4	23.6	1.2
38	9.30 459	62	9.31 361	64	0.68 639	9.99 099	2	22	5	29.5	1.5
39	9.30 521	61	9.31 425	64	0.68 575	9.99 096	3	21	6	35.4	1.8
40	9.30 582	61	9.31 489	63	0.68 511	9.99 093	2	20	7	41.3	2.1
41	9.30 643	61	9.31 552	64	0.68 448	9.99 091	3	19	8	47.2	2.4
42	9.30 704	61	9.31 616	63	0.68 384	9.99 088	2	18	9	53.1	2.7
43	9.30 765	61	9.31 679	64	0.68 321	9.99 086	3	17			
44	9.30 826	61	9.31 743	63	0.68 257	9.99 083	2	16			
45	9.30 887	60	9.31 806	64	0.68 194	9.99 080	3	15	*From the top.*
46	9.30 947	61	9.31 870	63	0.68 130	9.99 078	2	14			
47	9.31 008	60	9.31 933	63	0.68 067	9.99 075	3	13	For **11°+** or **191°+**,
48	9.31 068	61	9.31 996	63	0.68 004	9.99 072	2	12	read as printed ; for
49	9.31 129	60	9.32 059	63	0.67 941	9.99 070	3	11	**101°+** or **281°+**, read
50	9.31 189	61	9.32 122	63	0.67 878	9.99 067	2	10	co-function.
51	9.31 250	60	9.32 185	63	0.67 815	9.99 064	3	9			
52	9.31 310	60	9.32 248	63	0.67 752	9.99 062	2	8			
53	9.31 370	60	9.32 311	62	0.67 689	9.99 059	3	7	*From the bottom:*
54	9.31 430	60	9.32 373	63	0.67 627	9.99 056	2	6			
55	9.31 490	59	9.32 436	62	0.67 564	9.99 054	3	5	For **78°+** or **258°+**,
56	9.31 549	60	9.32 498	63	0.67 502	9.99 051	2	4	read as printed ; for
57	9.31 609	60	9.32 561	62	0.67 439	9.99 048	3	3	**168°+** or **348°+**, read
58	9.31 669	59	9.32 623	62	0.67 377	9.99 046	2	2	co-function.
59	9.31 728	60	9.32 685	62	0.67 315	9.99 043	3	1			
60	9.31 788		9.32 747		0.67 253	9.99 040		0			
	L Cos	d	L Ctn	c d	L Tan	L Sin	d	′	Prop. Pts.		

78° — Logarithms of Trigonometric Functions

12° — Logarithms of Trigonometric Functions

′	L Sin	d	L Tan	c d	L Ctn	L Cos	d	′
0	9.31 788	59	9.32 747	63	0.67 253	9.99 040	2	60
1	9.31 847	60	9.32 810	62	0.67 190	9.99 038	3	59
2	9.31 907	59	9.32 872	61	0.67 128	9.99 035	3	58
3	9.31 966	59	9.32 933	62	0.67 067	9.99 032	2	57
4	9.32 025	59	9.32 995	62	0.67 005	9.99 030	3	56
5	9.32 084	59	9.33 057	62	0.66 943	9.99 027	3	55
6	9.32 143	59	9.33 119	61	0.66 881	9.99 024	2	54
7	9.32 202	59	9.33 180	62	0.66 820	9.99 022	3	53
8	9.32 261	58	9.33 242	61	0.66 758	9.99 019	3	52
9	9.32 319	59	9.33 303	62	0.66 697	9.99 016	3	51
10	9.32 378	59	9.33 365	61	0.66 635	9.99 013	2	50
11	9.32 437	58	9.33 426	61	0.66 574	9.99 011	3	49
12	9.32 495	58	9.33 487	61	0.66 513	9.99 008	3	48
13	9.32 553	59	9.33 548	61	0.66 452	9.99 005	3	47
14	9.32 612	58	9.33 609	61	0.66 391	9.99 002	2	46
15	9.32 670	58	9.33 670	61	0.66 330	9.99 000	3	45
16	9.32 728	58	9.33 731	61	0.66 269	9.98 997	3	44
17	9.32 786	58	9.33 792	61	0.66 208	9.98 994	3	43
18	9.32 844	58	9.33 853	60	0.66 147	9.98 991	2	42
19	9.32 902	58	9.33 913	61	0.66 087	9.98 989	3	41
20	9.32 960	58	9.33 974	60	0.66 026	9.98 986	3	40
21	9.33 018	57	9.34 034	61	0.65 966	9.98 983	2	39
22	9.33 075	58	9.34 095	60	0.65 905	9.98 980	3	38
23	9.33 133	57	9.34 155	60	0.65 845	9.98 978	3	37
24	9.33 190	58	9.34 215	61	0.65 785	9.98 975	3	36
25	9.33 248	57	9.34 276	60	0.65 724	9.98 972	3	35
26	9.33 305	57	9.34 336	60	0.65 664	9.98 969	2	34
27	9.33 362	58	9.34 396	60	0.65 604	9.98 967	3	33
28	9.33 420	57	9.34 456	60	0.65 544	9.98 964	3	32
29	9.33 477	57	9.34 516	60	0.65 484	9.98 961	3	31
30	9.33 534	57	9.34 576	59	0.65 424	9.98 958	3	30
31	9.33 591	56	9.34 635	60	0.65 365	9.98 955	2	29
32	9.33 647	57	9.34 695	60	0.65 305	9.98 953	3	28
33	9.33 704	57	9.34 755	59	0.65 245	9.98 950	3	27
34	9.33 761	57	9.34 814	60	0.65 186	9.98 947	3	26
35	9.33 818	56	9.34 874	59	0.65 126	9.98 944	3	25
36	9.33 874	57	9.34 933	59	0.65 067	9.98 941	3	24
37	9.33 931	56	9.34 992	59	0.65 008	9.98 938	2	23
38	9.33 987	56	9.35 051	60	0.64 949	9.98 936	3	22
39	9.34 043	57	9.35 111	59	0.64 889	9.98 933	3	21
40	9.34 100	56	9.35 170	59	0.64 830	9.98 930	3	20
41	9.34 156	56	9.35 229	59	0.64 771	9.98 927	3	19
42	9.34 212	56	9.35 288	59	0.64 712	9.98 924	3	18
43	9.34 268	56	9.35 347	58	0.64 653	9.98 921	2	17
44	9.34 324	56	9.35 405	59	0.64 595	9.98 919	3	16
45	9.34 380	56	9.35 464	59	0.64 536	9.98 916	3	15
46	9.34 436	55	9.35 523	58	0.64 477	9.98 913	3	14
47	9.34 491	56	9.35 581	59	0.64 419	9.98 910	3	13
48	9.34 547	55	9.35 640	58	0.64 360	9.98 907	3	12
49	9.34 602	56	9.35 698	59	0.64 302	9.98 904	3	11
50	9.34 658	55	9.35 757	58	0.64 243	9.98 901	3	10
51	9.34 713	56	9.35 815	58	0.64 185	9.98 898	2	9
52	9.34 769	55	9.35 873	58	0.64 127	9.98 896	3	8
53	9.34 824	55	9.35 931	58	0.64 069	9.98 893	3	7
54	9.34 879	55	9.35 989	58	0.64 011	9.98 890	3	6
55	9.34 934	55	9.36 047	58	0.63 953	9.98 887	3	5
56	9.34 989	55	9.36 105	58	0.63 895	9.98 884	3	4
57	9.35 044	55	9.36 163	58	0.63 837	9.98 881	3	3
58	9.35 099	55	9.36 221	58	0.63 779	9.98 878	3	2
59	9.35 154	55	9.36 279	57	0.63 721	9.98 875	3	1
60	9.35 209		9.36 336		0.63 664	9.98 872		0
	L Cos	d	L Ctn	c d	L Tan	L Sin	d	′

Prop. Pts.

	63	62	61
2	12.6	12.4	12.2
3	18.9	18.6	18.3
4	25.2	24.8	24.4
5	31.5	31.0	30.5
6	37.8	37.2	36.6
7	44.1	43.4	42.7
8	50.4	49.6	48.8
9	56.7	55.8	54.9

	60	59	58
2	12.0	11.8	11.6
3	18.0	17.7	17.4
4	24.0	23.6	23.2
5	30.0	29.5	29.0
6	36.0	35.4	34.8
7	42.0	41.3	40.6
8	48.0	47.2	46.4
9	54.0	53.1	52.2

	57	56
2	11.4	11.2
3	17.1	16.8
4	22.8	22.4
5	28.5	28.0
6	34.2	33.6
7	39.9	39.2
8	45.6	44.8
9	51.3	50.4

	55	3
2	11.0	0.6
3	16.5	0.9
4	22.0	1.2
5	27.5	1.5
6	33.0	1.8
7	38.5	2.1
8	44.0	2.4
9	49.5	2.7

From the top:

For **12°+** or **192°+**, read as printed; for **102°+** or **282°+**, read co-function.

From the bottom ·

For **77°** or **257°**, read as printed; for **167°** or **347°**, read co-function.

77° — Logarithms of Trigonometric Functions

13° — Logarithms of Trigonometric Functions

′	L Sin	d	L Tan	c d	L Ctn	L Cos	d		Prop. Pts.		
0	9.35 209	54	9.36 336	58	0.63 664	9.98 872	3	60			
1	9.35 263	55	9.36 394	58	0.63 606	9.98 869	2	59			
2	9.35 318	55	9.36 452	57	0.63 548	9.98 867	3	58	**58**	**57**	**56**
3	9.35 373	54	9.36 509	57	0.63 491	9.98 864	3	57	2 11.6	11.4	11.2
4	9.35 427	54	9.36 566	58	0.63 434	9.98 861	3	56	3 17.4	17.1	16.8
5	9.35 481	55	9.36 624	57	0.63 376	9.98 858	3	55	4 23.2	22.8	22.4
6	9.35 536	54	9.36 681	57	0.63 319	9.98 855	3	54	5 29.0	28.5	28.0
7	9.35 590	54	9.36 738	57	0.63 262	9.98 852	3	53	6 34.8	34.2	33.6
8	9.35 644	54	9.36 795	57	0.63 205	9.98 849	3	52	7 40.6	39.9	39.2
9	9.35 698	54	9.36 852	57	0.63 148	9.98 846	3	51	8 46.4	45.6	44.8
10	9.35 752	54	9.36 909	57	0.63 091	9.98 843	3	50	9 52.2	51.3	50.4
11	9.35 806	54	9.36 966	57	0.63 034	9.98 840	3	49			
12	9.35 860	54	9.37 023	57	0.62 977	9.98 837	3	48	**55**	**54**	**53**
13	9.35 914	54	9.37 080	57	0.62 920	9.98 834	3	47	2 11.0	10.8	10.6
14	9.35 968	54	9.37 137	56	0.62 863	9.98 831	3	46	3 16.5	16.2	15.9
15	9.36 022	53	9.37 193	57	0.62 807	9.98 828	3	45	4 22.0	21.6	21.2
16	9.36 075	54	9.37 250	56	0.62 750	9.98 825	3	44	5 27.5	27.0	26.5
17	9.36 129	53	9.37 306	57	0.62 694	9.98 822	3	43	6 33.0	32.4	31.8
18	9.36 182	54	9.37 363	56	0.62 637	9.98 819	3	42	7 38.5	37.8	37.1
19	9.36 236	53	9.37 419	57	0.62 581	9.98 816	3	41	8 44.0	43.2	42.4
20	9.36 289	53	9.37 476	56	0.62 524	9.98 813	3	40	9 49.5	48.6	47.7
21	9.36 342	53	9.37 532	56	0.62 468	9.98 810	3	39			
22	9.36 395	54	9.37 588	56	0.62 412	9.98 807	3	38		**52**	**51**
23	9.36 449	53	9.37 644	56	0.62 356	9.98 804	3	37			
24	9.36 502	53	9.37 700	56	0.62 300	9.98 801	3	36	2	10.4	10.2
25	9.36 555	53	9.37 756	56	0.62 244	9.98 798	3	35	3	15.6	15.3
26	9.36 608	52	9.37 812	56	0.62 188	9.98 795	3	34	4	20.8	20.4
27	9.36 660	53	9.37 868	56	0.62 132	9.98 792	3	33	5	26.0	25.5
28	9.36 713	53	9.37 924	56	0.62 076	9.98 789	3	32	6	31.2	30.6
29	9.36 766	53	9.37 980	55	0.62 020	9.98 786	3	31	7	36.4	35.7
30	9.36 819	52	9.38 035	56	0.61 965	9.98 783	3	30	8	41.6	40.8
31	9.36 871	53	9.38 091	56	0.61 909	9.98 780	3	29	9	46.8	45.9
32	9.36 924	52	9.38 147	55	0.61 853	9.98 777	3	28			
33	9.36 976	52	9.38 202	55	0.61 798	9.98 774	3	27		**4**	**3**
34	9.37 028	53	9.38 257	56	0.61 743	9.98 771	3	26	2	0.8	0.6
35	9.37 081	52	9.38 313	55	0.61 687	9.98 768	3	25	3	1.2	0.9
36	9.37 133	52	9.38 368	55	0.61 632	9.98 765	3	24	4	1.6	1.2
37	9.37 185	52	9.38 423	56	0.61 577	9.98 762	3	23	5	2.0	1.5
38	9.37 237	52	9.38 479	55	0.61 521	9.98 759	3	22	6	2.4	1.8
39	9.37 289	52	9.38 534	55	0.61 466	9.98 756	3	21	7	2.8	2.1
40	9.37 341	52	9.38 589	55	0.61 411	9.98 753	3	20	8	3.2	2.4
41	9.37 393	52	9.38 644	55	0.61 356	9.98 750	4	19	9	3.6	2.7
42	9.37 445	52	9.38 699	55	0.61 301	9.98 746	3	18			
43	9.37 497	52	9.38 754	54	0.61 246	9.98 743	3	17			
44	9.37 549	51	9.38 808	55	0.61 192	9.98 740	3	16			
45	9.37 600	52	9.38 863	55	0.61 137	9.98 737	3	15	*From the top:*		
46	9.37 652	51	9.38 918	54	0.61 082	9.98 734	3	14			
47	9.37 703	52	9.38 972	55	0.61 028	9.98 731	3	13	For **13°+** or **193°+**,		
48	9.37 755	51	9.39 027	55	0.60 973	9.98 728	3	12	read as printed; for		
49	9.37 806	52	9.39 082	54	0.60 918	9.98 725	3	11	**103°+** or **283°+**, read		
50	9.37 858	51	9.39 136	54	0.60 864	9.98 722	3	10	co-function.		
51	9.37 909	51	9.39 190	55	0.60 810	9.98 719	4	9			
52	9.37 960	51	9.39 245	54	0.60 755	9.98 715	3	8			
53	9.38 011	51	9.39 299	54	0.60 701	9.98 712	3	7	*From the bottom:*		
54	9.38 062	51	9.39 353	54	0.60 647	9.98 709	3	6			
55	9.38 113	51	9.39 407	54	0.60 593	9.98 706	3	5	For **76°** or **256°**,		
56	9.38 164	51	9.39 461	54	0.60 539	9.98 703	3	4	read as printed; for		
57	9.38 215	51	9.39 515	54	0.60 485	9.98 700	3	3	**166°+** or **346°+**, read		
58	9.38 266	51	9.39 569	54	0.60 431	9.98 697	3	2	co-function.		
59	9.38 317	51	9.39 623	54	0.60 377	9.98 694	4	1			
60	9.38 368		9.39 677		0.60 323	9.98 690		0			
	L Cos	d	L Ctn	c d	L Tan	L Sin	d	′	Prop. Pts.		

76° — Logarithms of Trigonometric Functions

14° — Logarithms of Trigonometric Functions [III]

′	L Sin	d	L Tan	c d	L Ctn	L Cos	d	′	Prop. Pts.
0	9.38 368	50	9.39 677	54	0.60 323	9.98 690	3	60	
1	9.38 418	50	9.39 731	54	0.60 269	9.98 687	3	59	
2	9.38 469	51	9.39 785	54	0.60 215	9.98 684	3	58	**54 53 52**
3	9.38 519	50	9.39 838	53	0.60 162	9.98 681	3	57	2 10.8 10.6 10.4
4	9.38 570	51	9.39 892	54	0.60 108	9.98 678	3	56	3 16.2 15.9 15.6
5	9.38 620	50	9.39 945	53	0.60 055	9.98 675	3	55	4 21.6 21.2 20.8
6	9.38 670	50	9.39 999	54	0.60 001	9.98 671	4	54	5 27.0 26.5 26.0
7	9.38 721	51	9.40 052	53	0.59 948	9.98 668	3	53	6 32.4 31.8 31.2
8	9.38 771	50	9.40 106	54	0.59 894	9.98 665	3	52	7 37.8 37.1 36.4
9	9.38 821	50	9.40 159	53	0.59 841	9.98 662	3	51	8 43.2 42.4 41.6
10	9.38 871	50	9.40 212	53	0.59 788	9.98 659	3	50	9 48.6 47.7 46.8
11	9.38 921	50	9.40 266	54	0.59 734	9.98 656	3	49	
12	9.38 971	50	9.40 319	53	0.59 681	9.98 652	4	48	**51 50 49**
13	9.39 021	50	9.40 372	53	0.59 628	9.98 649	3	47	2 10.2 10.0 9.8
14	9.39 071	50	9.40 425	53	0.59 575	9.98 646	3	46	3 15.3 15.0 14.7
15	9.39 121	50	9.40 478	53	0.59 522	9.98 643	3	45	4 20.4 20.0 19.6
16	9.39 170	49	9.40 531	53	0.59 469	9.98 640	4	44	5 25.5 25.0 24.5
17	9.39 220	50	9.40 584	53	0.59 416	9.98 636	3	43	6 30.6 30.0 29.4
18	9.39 270	50	9.40 636	52	0.59 364	9.98 633	3	42	7 35.7 35.0 34.3
19	9.39 319	49	9.40 689	53	0.59 311	9.98 630	3	41	8 40.8 40.0 39.2
20	9.39 369	50	9.40 742	53	0.59 258	9.98 627	4	40	9 45.9 45.0 44.1
21	9.39 418	49	9.40 795	53	0.59 205	9.98 623	3	39	
22	9.39 467	49	9.40 847	52	0.59 153	9.98 620	3	38	
23	9.39 517	50	9.40 900	53	0.59 100	9.98 617	3	37	**48 47**
24	9.39 566	49	9.40 952	52	0.59 048	9.98 614	4	36	2 9.6 9.4
25	9.39 615	49	9.41 005	53	0.58 995	9.98 610	3	35	3 14.4 14.1
26	9.39 664	49	9.41 057	52	0.58 943	9.98 607	3	34	4 19.2 18.8
27	9.39 713	49	9.41 109	52	0.58 891	9.98 604	3	33	5 24.0 23.5
28	9.39 762	49	9.41 161	53	0.58 839	9.98 601	4	32	6 28.8 28.2
29	9.39 811	49	9.41 214	52	0.58 786	9.98 597	3	31	7 33.6 32.9
30	9.39 860	49	9.41 266	52	0.58 734	9.98 594	3	30	8 38.4 37.6
31	9.39 909	49	9.41 318	52	0.58 682	9.98 591	3	29	9 43.2 42.3
32	9.39 958	48	9.41 370	52	0.58 630	9.98 588	4	28	
33	9.40 006	49	9.41 422	52	0.58 578	9.98 584	3	27	
34	9.40 055	48	9 41 474	52	0.58 526	9.98 581	3	26	**4 3**
35	9.40 103	49	9.41 526	52	0.58 474	9.98 578	4	25	2 0.8 0.6
36	9.40 152	48	9.41 578	51	0.58 422	9.98 574	3	24	3 1.2 0.9
37	9.40 200	49	9.41 629	52	0.58 371	9.98 571	3	23	4 1.6 1.2
38	9.40 249	48	9.41 681	52	0.58 319	9.98 568	3	22	5 2.0 1.5
39	9.40 297	49	9.41 733	51	0.58 267	9.98 565	4	21	6 2.4 1.8
40	9.40 346	48	9.41 784	52	0.58 216	9.98 561	3	20	7 2.8 2.1
41	9.40 394	48	9.41 836	51	0.58 164	9.98 558	3	19	8 3.2 2.4
42	9.40 442	48	9.41 887	52	0.58 113	9.98 555	4	18	9 3.6 2.7
43	9.40 490	48	9.41 939	51	0.58 061	9.98 551	3	17	
44	9.40 538	48	9.41 990	51	0.58 010	9.98 548	3	16	
45	9.40 586	48	9.42 041	52	0.57 959	9.98 545	4	15	*From the top:*
46	9.40 634	48	9.42 093	51	0.57 907	9.98 541	3	14	
47	9.40 682	48	9.42 144	51	0.57 856	9.98 538	3	13	For **14°+** or **194°+**,
48	9.40 730	48	9.42 195	51	0.57 805	9.98 535	4	12	read as printed; for
49	9.40 778	47	9.42 246	51	0.57 754	9.98 531	3	11	**104°+** or **284°+**, read
50	9.40 825	48	9.42 297	51	0.57 703	9.98 528	3	10	co-function.
51	9.40 873	48	9.42 348	51	0.57 652	9.98 525	4	9	
52	9.40 921	47	9.42 399	51	0.57 601	9.98 521	3	8	*From the bottom:*
53	9.40 968	48	9.42 450	51	0.57 550	9.98 518	3	7	
54	9.41 016	47	9.42 501	51	0.57 499	9.98 515	4	6	For **75°+** or **255°+**,
55	9.41 063	48	9.42 552	51	0.57 448	9.98 511	3	5	read as printed; for
56	9.41 111	47	9.42 603	50	0.57 397	9.98 508	3	4	**165°+** or **345°+**, read
57	9.41 158	47	9.42 653	51	0.57 347	9.98 505	4	3	co-function.
58	9.41 205	47	9.42 704	51	0.57 296	9.98 501	3	2	
59	9.41 252	48	9.42 755	50	0.57 245	9.98 498	4	1	
60	9.41 300		9.42 805		0.57 195	9.98 494		0	
	L Cos	d	L Ctn	c d	L Tan	L Sin	d	′	Prop. Pts.

75° — Logarithms of Trigonometric Functions

15° — Logarithms of Trigonometric Functions

′	L Sin	d	L Tan	c d	L Ctn	L Cos	d	′	Prop. Pts.
0	9.41 300	47	9.42 805	51	0.57 195	9.98 494	3	60	
1	9.41 347	47	9.42 856	50	0.57 144	9.98 491	3	59	**51 | 50 | 49**
2	9.41 394	47	9.42 906	51	0.57 094	9.98 488	4	58	2 10.2 10.0 9.8
3	9.41 441	47	9.42 957	50	0.57 043	9.98 484	3	57	3 15.3 15.0 14.7
4	9.41 488	47	9.43 007	50	0.56 993	9.98 481	4	56	4 20.4 20.0 19.6
5	9.41 535	47	9.43 057	51	0.56 943	9.98 477	3	55	5 25.5 25.0 24.5
6	9.41 582	46	9.43 108	50	0.56 892	9.98 474	3	54	6 30.6 30.0 29.4
7	9.41 628	47	9.43 158	50	0.56 842	9.98 471	4	53	7 35.7 35.0 34.3
8	9.41 675	47	9.43 208	50	0.56 792	9.98 467	3	52	8 40.8 40.0 39.2
9	9.41 722	46	9.43 258	50	0.56 742	9.98 464	4	51	9 45.9 45.0 44.1
10	9.41 768	47	9.43 308	50	0.56 692	9.98 460	3	50	
11	9.41 815	46	9.43 358	50	0.56 642	9.98 457	4	49	
12	9.41 861	47	9.43 408	50	0.56 592	9.98 453	3	48	**48 | 47 | 46**
13	9.41 908	46	9.43 458	50	0.56 542	9.98 450	3	47	2 9.6 9.4 9.2
14	9.41 954	47	9.43 508	50	0.56 492	9.98 447	4	46	3 14.4 14.1 13.8
15	9.42 001	46	9.43 558	49	0.56 442	9.98 443	3	45	4 19.2 18.8 18.4
16	9.42 047	46	9.43 607	50	0.56 393	9.98 440	4	44	5 24.0 23.5 23.0
17	9.42 093	47	9.43 657	50	0.56 343	9.98 436	3	43	6 28.8 28.2 27.6
18	9.42 140	46	9.43 707	49	0.56 293	9.98 433	4	42	7 33.6 32.9 32.2
19	9.42 186	46	9.43 756	50	0.56 244	9.98 429	3	41	8 38.4 37.6 36.8
20	9.42 232	46	9.43 806	49	0.56 194	9.98 426	4	40	9 43.2 42.3 41.4
21	9.42 278	46	9.43 855	50	0.56 145	9.98 422	3	39	
22	9.42 324	46	9.43 905	49	0.56 095	9.98 419	4	38	**45 | 44**
23	9.42 370	46	9.43 954	50	0.56 046	9.98 415	3	37	2 9.0 8.8
24	9.42 416	45	9.44 004	49	0.55 996	9.98 412	3	36	3 13.5 13.2
25	9.42 461	46	9.44 053	49	0.55 947	9.98 409	4	35	4 18.0 17.6
26	9.42 507	46	9.44 102	49	0.55 898	9.98 405	3	34	5 22.5 22.0
27	9.42 553	46	9.44 151	50	0.55 849	9.98 402	4	33	6 27.0 26.4
28	9.42 599	45	9.44 201	49	0.55 799	9.98 398	3	32	7 31.5 30.8
29	9.42 644	46	9.44 250	49	0.55 750	9.98 395	4	31	8 36.0 35.2
30	9.42 690	45	9.44 299	49	0.55 701	9.98 391	3	30	9 40.5 39.6
31	9.42 735	46	9.44 348	49	0.55 652	9.98 388	4	29	
32	9.42 781	45	9.44 397	49	0.55 603	9.98 384	3	28	
33	9.42 826	46	9.44 446	49	0.55 554	9.98 381	4	27	**4 | 3**
34	9.42 872	45	9.44 495	49	0.55 505	9.98 377	4	26	2 0.8 0.6
35	9.42 917	45	9.44 544	48	0.55 456	9.98 373	3	25	3 1.2 0.9
36	9.42 962	46	9.44 592	49	0.55 408	9.98 370	4	24	4 1.6 1.2
37	9.43 008	45	9.44 641	49	0.55 359	9.98 366	3	23	5 2.0 1.5
38	9.43 053	45	9.44 690	48	0.55 310	9.98 363	4	22	6 2.4 1.8
39	9.43 098	45	9.44 738	49	0.55 262	9.98 359	3	21	7 2.8 2.1
40	9.43 143	45	9.44 787	49	0.55 213	9.98 356	4	20	8 3.2 2.4
41	9.43 188	45	9.44 836	48	0.55 164	9.98 352	3	19	9 3.6 2.7
42	9.43 233	45	9.44 884	49	0.55 116	9.98 349	4	18	
43	9.43 278	45	9.44 933	48	0.55 067	9.98 345	3	17	
44	9.43 323	44	9.44 981	48	0.55 019	9.98 342	4	16	
45	9.43 367	45	9.45 029	49	0.54 971	9.98 338	4	15	*From the top:*
46	9.43 412	45	9.45 078	48	0.54 922	9.98 334	3	14	
47	9.43 457	45	9.45 126	48	0.54 874	9.98 331	4	13	For **15°+** or **195°+**,
48	9.43 502	44	9.45 174	48	0.54 826	9.98 327	3	12	read as printed; for
49	9.43 546	45	9.45 222	49	0.54 778	9.98 324	4	11	**105°+** or **285°+**, read
50	9.43 591	44	9.45 271	48	0.54 729	9.98 320	3	10	co-function.
51	9.43 635	44	9.45 319	48	0.54 681	9.98 317	4	9	
52	9.43 689	45	9.45 367	48	0.54 633	9.98 313	4	8	
53	9.43 724	45	9.45 415	48	0.54 585	9.98 309	3	7	*From the bottom:*
54	9.43 769	44	9.45 463	48	0.54 537	9.98 306	4	6	
55	9.43 813	44	9.45 511	48	0.54 489	9.98 302	3	5	For **74°+** or **254°+**,
56	9.43 857	44	9.45 559	47	0.54 441	9.98 299	4	4	read as printed; for
57	9.43 901	45	9.45 606	48	0.54 394	9.98 295	4	3	**164°+** or **344°+**, read
58	9.43 946	44	9.45 654	48	0.54 346	9.98 291	3	2	co-function.
59	9.43 990	44	9.45 702	48	0.54 298	9.98 288	4	1	
60	9 44 034		9.45 750		0.54 250	9.98 284		0	
	L Cos	d	L Ctn	c d	L Tan	L Sin	d	′	Prop. Pts.

74° — Logarithms of Trigonometric Functions

16° — Logarithms of Trigonometric Functions [III

′	L Sin	d	L Tan	c d	L Ctn	L Cos	d	′	Prop. Pts.		
0	9.44 034		9.45 750		0.54 250	9.98 284		60			
1	9.44 078	44	9.45 797	47	0.54 203	9.98 281	3	59			
2	9.44 122	44	9.45 845	48	0.54 155	9.98 277	4	58	48	47	46
3	9.44 166	44	9.45 892	47	0.54 108	9.98 273	4	57	2 9.6	9.4	9.2
4	9.44 210	44	9.45 940	48	0.54 060	9.98 270	3	56	3 14.4	14.1	13.8
5	9.44 253	43	9.45 987	47	0.54 013	9.98 266	4	55	4 19.2	18.8	18.4
6	9.44 297	44	9.46 035	48	0.53 965	9.98 262	4	54	5 24.0	23.5	23.0
7	9.44 341	44	9.46 082	47	0.53 918	9.98 259	3	53	6 28.8	28.2	27.6
8	9.44 385	44	9.46 130	48	0.53 870	9.98 255	4	52	7 33.6	32.9	32.2
9	9.44 428	43	9.46 177	47	0.53 823	9.98 251	4	51	8 38.4	37.6	36.8
10	9.44 472	44	9.46 224	47	0.53 776	9.98 248	3	50	9 43.2	42.3	41.4
11	9.44 516	44	9.46 271	47	0.53 729	9.98 244	4	49			
12	9.44 559	43	9.46 319	48	0.53 681	9.98 240	4	48	45	44	43
13	9.44 602	43	9.46 366	47	0.53 634	9.98 237	3	47	2 9.0	8.8	8.6
14	9.44 646	44	9.46 413	47	0.53 587	9.98 233	4	46	3 13.5	13.2	12.9
15	9.44 689	43	9.46 460	47	0.53 540	9.98 229	4	45	4 18.0	17.6	17.2
16	9.44 733	44	9.46 507	47	0.53 493	9.98 226	3	44	5 22.5	22.0	21.5
17	9.44 776	43	9.46 554	47	0.53 446	9.98 222	4	43	6 27.0	26.4	25.8
18	9.44 819	43	9.46 601	47	0.53 399	9.98 218	4	42	7 31.5	30.8	30.1
19	9.44 862	43	9.46 648	46	0.53 352	9.98 215	3	41	8 36.0	35.2	34.4
20	9.44 905	43	9.46 694	47	0.53 306	9.98 211	4	40	9 40.5	39.6	38.7
21	9.44 948	44	9.46 741	47	0.53 259	9.98 207	4	39			
22	9.44 992	43	9.46 788	47	0.53 212	9.98 204	3	38			
23	9.45 035	42	9.46 835	46	0.53 165	9.98 200	4	37		42	41
24	9.45 077	43	9.46 881	47	0.53 119	9.98 196	4	36	2 8.4	8.2	
25	9.45 120	43	9.46 928	47	0.53 072	9.98 192	3	35	3 12.6	12.3	
26	9.45 163	43	9.46 975	46	0.53 025	9.98 189	4	34	4 16.8	16.4	
27	9.45 206	43	9.47 021	47	0.52 979	9.98 185	4	33	5 21.0	20.5	
28	9.45 249	43	9.47 068	46	0.52 932	9.98 181	4	32	6 25.2	24.6	
29	9.45 292	42	9.47 114	46	0.52 886	9.98 177	3	31	7 29.4	28.7	
30	9.45 334	43	9.47 160	47	0.52 840	9.98 174	4	30	8 33.6	32.8	
31	9.45 377	42	9.47 207	46	0.52 793	9.98 170	4	29	9 37.8	36.9	
32	9.45 419	43	9.47 253	46	0.52 747	9.98 166	4	28			
33	9.45 462	42	9.47 299	47	0.52 701	9.98 162	3	27		4	3
34	9.45 504	43	9.47 346	46	0.52 654	9.98 159	4	26	2 0.8	0.6	
35	9.45 547	42	9.47 392	46	0.52 608	9.98 155	4	25	3 1.2	0.9	
36	9.45 589	43	9.47 438	46	0.52 562	9.98 151	4	24	4 1.6	1.2	
37	9.45 632	42	9.47 484	46	0.52 516	9.98 147	3	23	5 2.0	1.5	
38	9.45 674	42	9.47 530	46	0.52 470	9.98 144	4	22	6 2.4	1.8	
39	9.45 716	42	9.47 576	46	0.52 424	9.98 140	4	21	7 2.8	2.1	
40	9.45 758	43	9.47 622	46	0.52 378	9.98 136	4	20	8 3.2	2.4	
41	9.45 801	42	9.47 668	46	0.52 332	9.98 132	3	19	9 3.6	2.7	
42	9.45 843	42	9.47 714	46	0.52 286	9.98 129	4	18			
43	9.45 885	42	9.47 760	46	0.52 240	9.98 125	4	17			
44	9.45 927	42	9.47 806	46	0.52 194	9.98 121	4	16			
45	9.45 969	42	9.47 852	45	0.52 148	9.98 117	4	15	*From the top:*		
46	9.46 011	42	9.47 897	46	0.52 103	9.98 113	3	14			
47	9.46 053	42	9.47 943	46	0.52 057	9.98 110	4	13	For **16°+** or **196°+**,		
48	9.46 095	41	9.47 989	46	0.52 011	9.98 106	4	12	read as printed; for		
49	9.46 136	42	9.48 035	45	0.51 965	9.98 102	4	11	**106°+** or **286°+**, read		
50	9.46 178	42	9.48 080	46	0.51 920	9.98 098	4	10	co-function.		
51	9.46 220	42	9.48 126	45	0.51 874	9.98 094	4	9			
52	9.46 262	41	9.48 171	46	0.51 829	9.98 090	3	8	*From the bottom:*		
53	9.46 303	42	9.48 217	45	0.51 783	9.98 087	4	7			
54	9.46 345	41	9.48 262	45	0.51 738	9.98 083	4	6	For **73°+** or **253°+**,		
55	9.46 386	42	9.48 307	46	0.51 693	9.98 079	4	5	read as printed; for		
56	9.46 428	41	9.48 353	45	0.51 647	9.98 075	4	4	**163°+** or **343°+**, read		
57	9.46 469	42	9.48 398	45	0.51 602	9.98 071	4	3	co-function.		
58	9.46 511	41	9.48 443	46	0.51 557	9.98 067	4	2			
59	9.46 552	42	9.48 489	45	0.51 511	9.98 063	3	1			
60	9.46 594		9.48 534		0.51 466	9.98 060		0			
	L Cos	d	L Ctn	c d	L Tan	L Sin	d	′	Prop. Pts.		

73° — Logarithms of Trigonometric Functions

17° — Logarithms of Trigonometric Functions

′	L Sin	d	L Tan	c d	L Ctn	L Cos	d		Prop. Pts.		
0	9.46 594	41	9.48 534	45	0.51 466	9.98 060	4	60			
1	9.46 635	41	9.48 579	45	0.51 421	9.98 056	4	59			
2	9.46 676	41	9.48 624	45	0.51 376	9.98 052	4	58	**45**	**44**	**43**
3	9.46 717	41	9.48 669	45	0.51 331	9.98 048	4	57	2 9.0	8.8	8.6
4	9.46 758	42	9.48 714	45	0.51 286	9.98 044	4	56	3 13.5	13.2	12.9
5	9.46 800	41	9.48 759	45	0.51 241	9.98 040	4	55	4 18.0	17.6	17.2
6	9.46 841	41	9.48 804	45	0.51 196	9.98 036	4	54	5 22.5	22.0	21.5
7	9.46 882	41	9.48 849	45	0.51 151	9.98 032	3	53	6 27.0	26.4	25.8
8	9.46 923	41	9.48 894	45	0.51 106	9.98 029	4	52	7 31.5	30.8	30.1
9	9.46 964	41	9.48 939	45	0.51 061	9.98 025	4	51	8 36.0	35.2	34.4
10	9.47 005	40	9.48 984	45	0.51 016	9.98 021	4	50	9 40.5	39.6	38.7
11	9.47 045	41	9.49 029	44	0.50 971	9.98 017	4	49			
12	9.47 086	41	9.49 073	45	0.50 927	9.98 013	4	48	**42**	**41**	**40**
13	9.47 127	41	9.49 118	45	0.50 882	9.98 009	4	47			
14	9.47 168	41	9.49 163	44	0.50 837	9.98 005	4	46	2 8.4	8 2	8.0
15	9.47 209	40	9.49 207	45	0.50 793	9.98 001	4	45	3 12.6	12.3	12.0
16	9.47 249	41	9.49 252	44	0.50 748	9.97 997	4	44	4 16.8	16.4	16.0
17	9.47 290	40	9.49 296	45	0.50 704	9.97 993	4	43	5 21.0	20.5	20.0
18	9.47 330	41	9.49 341	44	0.50 659	9.97 989	3	42	6 25.2	24.6	24.0
19	9.47 371	40	9.49 385	45	0.50 615	9.97 986	4	41	7 29.4	28.7	28.0
20	9.47 411	41	9.49 430	44	0.50 570	9.97 982	4	40	8 33.6	32.8	32.0
21	9.47 452	40	9.49 474	45	0.50 526	9.97 978	4	39	9 37.8	36.9	36.0
22	9.47 492	41	9.49 519	44	0.50 481	9.97 974	4	38			
23	9.47 533	40	9.49 563	44	0.50 437	9.97 970	4	37		**39**	**5**
24	9.47 573	40	9.49 607	45	0.50 393	9.97 966	4	36	2	7.8	1.0
25	9.47 613	41	9.49 652	44	0.50 348	9.97 962	4	35	3	11.7	1.5
26	9.47 654	40	9.49 696	44	0.50 304	9.97 958	4	34	4	15.6	2.0
27	9.47 694	40	9.49 740	44	0.50 260	9.97 954	4	33	5	19.5	2.5
28	9.47 734	40	9.49 784	44	0.50 216	9.97 950	4	32	6	23.4	3.0
29	9.47 774	40	9.49 828	44	0.50 172	9.97 946	4	31	7	27.3	3.5
30	9.47 814	40	9.49 872	44	0.50 128	9.97 942	4	30	8	31.2	4.0
31	9.47 854	40	9.49 916	44	0.50 084	9.97 938	4	29	9	35.1	4.5
32	9.47 894	40	9.49 960	44	0.50 040	9.97 934	4	28			
33	9.47 934	40	9.50 004	44	0.49 996	9.97 930	4	27		**4**	**3**
34	9.47 974	40	9.50 048	44	0.49 952	9.97 926	4	26			
35	9.48 014	40	9.50 092	44	0.49 908	9.97 922	4	25	2	0.8	0.6
36	9.48 054	40	9.50 136	44	0.49 864	9.97 918	4	24	3	1.2	0.9
37	9.48 094	39	9.50 180	43	0.49 820	9.97 914	4	23	4	1.6	1.2
38	9.48 133	40	9.50 223	44	0.49 777	9.97 910	4	22	5	2.0	1.5
39	9.48 173	40	9.50 267	44	0.49 733	9.97 906	4	21	6	2.4	1.8
40	9.48 213	39	9.50 311	44	0.49 689	9.97 902	4	20	7	2.8	2.1
41	9.48 252	40	9.50 355	43	0.49 645	9.97 898	4	19	8	3.2	2.4
42	9.48 292	40	9.50 398	44	0.49 602	9.97 894	4	18	9	3.6	2.7
43	9.48 332	39	9.50 442	43	0.49 558	9.97 890	4	17			
44	9.48 371	40	9.50 485	44	0.49 515	9.97 886	4	16			
45	9.48 411	39	9.50 529	43	0.49 471	9.97 882	4	15	*From the top:*		
46	9.48 450	40	9.50 572	44	0.49 428	9.97 878	4	14			
47	9.48 490	39	9.50 616	43	0.49 384	9.97 874	4	13	For **17°+** or **197°+**,		
48	9.48 529	39	9.50 659	44	0.49 341	9.97 870	4	12	read as printed ; for		
49	9.48 568	39	9.50 703	43	0.49 297	9.97 866	5	11	**107°+** or **287°+**, read		
50	9.48 607	40	9.50 746	43	0.49 254	9.97 861	4	10	co-function.		
51	9.48 647	39	9.50 789	44	0.49 211	9.97 857	4	9			
52	9.48 686	39	9.50 833	43	0.49 167	9.97 853	4	8	*From the bottom:*		
53	9.48 725	39	9.50 876	43	0.49 124	9.97 849	4	7			
54	9.48 764	39	9.50 919	43	0.49 081	9.97 845	4	6	For **72°+** or **252°+**,		
55	9.48 803	39	9.50 962	43	0.49 038	9.97 841	4	5	read as printed ; for		
56	9.48 842	39	9.51 005	43	0.48 995	9.97 837	4	4	**162°+** or **342°+**, read		
57	9.48 881	39	9.51 048	44	0.48 952	9.97 833	4	3	co-function.		
58	9.48 920	39	9.51 092	43	0.48 908	9.97 829	4	2			
59	9.48 959	39	9.51 135	43	0.48 865	9.97 825	4	1			
60	9.48 998		9.51 178		0.48 822	9.97 821		0			
	L Cos	d	L Ctn	c d	L Tan	L Sin	d	′	Prop. Pts.		

72° — Logarithms of Trigonometric Functions

18° — Logarithms of Trigonometric Functions [III

′	L Sin	d	L Tan	c d	L Ctn	L Cos	d	′	Prop. Pts.
0	9.48 998		9.51 178		0.48 822	9.97 821		60	
1	9.49 037	39	9.51 221	43	0.48 779	9.97 817	4	59	
2	9.49 076	39	9.51 264	43	0.48 736	9.97 812	5	58	
3	9.49 115	39	9.51 306	42	0.48 694	9.97 808	4	57	
4	9.49 153	38	9.51 349	43	0.48 651	9.97 804	4	56	
5	9.49 192	39	9.51 392	43	0.48 608	9.97 800	4	55	**43** **42** **41**
6	9.49 231	39	9.51 435	43	0.48 565	9.97 796	4	54	2 8.6 8.4 8.2
7	9.49 269	38	9.51 478	43	0.48 522	9.97 792	4	53	3 12.9 12.6 12.3
8	9.49 308	39	9.51 520	42	0.48 480	9.97 788	4	52	4 17.2 16.8 16.4
9	9.49 347	39	9.51 563	43	0.48 437	9.97 784	4	51	5 21.5 21.0 20.5
10	9.49 385	38	9.51 606	43	0.48 394	9.97 779	5	50	6 25.8 25.2 24.6
11	9.49 424	39	9.51 648	42	0.48 352	9.97 775	4	49	7 30.1 29.4 28.7
12	9.49 462	38	9.51 691	43	0.48 309	9.97 771	4	48	8 34.4 33.6 32.8
13	9.49 500	38	9.51 734	43	0.48 266	9.97 767	4	47	9 38.7 37.8 36.9
14	9.49 539	39	9.51 776	42	0.48 224	9.97 763	4	46	
15	9.49 577	38	9.51 819	43	0.48 181	9.97 759	4	45	
16	9.49 615	38	9.51 861	42	0.48 139	9.97 754	5	44	
17	9.49 654	39	9.51 903	42	0.48 097	9.97 750	4	43	**39** **38** **37**
18	9.49 692	38	9.51 946	43	0.48 054	9.97 746	4	42	2 7.8 7.6 7.4
19	9.49 730	38	9.51 988	42	0.48 012	9.97 742	4	41	3 11.7 11.4 11.1
20	9.49 768	38	9.52 031	43	0.47 969	9.97 738	4	40	4 15.6 15.2 14.8
21	9.49 806	38	9.52 073	42	0.47 927	9.97 734	4	39	5 19.5 19.0 18.5
22	9.49 844	38	9.52 115	42	0.47 885	9.97 729	5	38	6 23.4 22.8 22.2
23	9.49 882	38	9.52 157	42	0.47 843	9.97 725	4	37	7 27.3 26.6 25.9
24	9.49 920	38	9.52 200	43	0.47 800	9.97 721	4	36	8 31.2 30.4 29.6
25	9.49 958	38	9.52 242	42	0.47 758	9.97 717	4	35	9 35.1 34.2 33.3
26	9.49 996	38	9.52 284	42	0.47 716	9.97 713	4	34	
27	9.50 034	38	9.52 326	42	0.47 674	9.97 708	5	33	
28	9.50 072	38	9.52 368	42	0.47 632	9.97 704	4	32	**36** **5** **4**
29	9.50 110	38	9.52 410	42	0.47 590	9.97 700	4	31	2 7.2 1.0 0.8
30	9.50 148	37	9.52 452	42	0.47 548	9.97 696	5	30	3 10.8 1.5 1.2
31	9.50 185	38	9.52 494	42	0.47 506	9.97 691	4	29	4 14.4 2.0 1.6
32	9.50 223	38	9.52 536	42	0.47 464	9.97 687	4	28	5 18.0 2.5 2.0
33	9.50 261	37	9.52 578	42	0.47 422	9.97 683	4	27	6 21.6 3.0 2.4
34	9.50 298	38	9.52 620	41	0.47 380	9.97 679	5	26	7 25.2 3.5 2.8
35	9.50 336	38	9.52 661	42	0.47 339	9.97 674	4	25	8 28.8 4.0 3.2
36	9.50 374	37	9.52 703	42	0.47 297	9.97 670	4	24	9 32.4 4.5 3.6
37	9.50 411	38	9.52 745	42	0.47 255	9.97 666	4	23	
38	9.50 449	37	9.52 787	42	0.47 213	9.97 662	5	22	
39	9.50 486	37	9.52 829	41	0.47 171	9.97 657	4	21	
40	9.50 523	38	9.52 870	42	0.47 130	9.97 653	4	20	
41	9.50 561	37	9.52 912	41	0.47 088	9.97 649	4	19	
42	9.50 598	37	9.52 953	42	0.47 047	9.97 645	5	18	*From the top:*
43	9.50 635	38	9.52 995	42	0.47 005	9.97 640	4	17	
44	9.50 673	37	9.53 037	41	0.46 963	9.97 636	4	16	For **18°+** or **198°+**,
45	9.50 710	37	9.53 078	42	0.46 922	9.97 632	4	15	read as printed; for
46	9.50 747	37	9.53 120	41	0.46 880	9.97 628	5	14	**108°+** or **288°+**, read
47	9.50 784	37	9.53 161	41	0.46 839	9.97 623	4	13	co-function.
48	9.50 821	37	9.53 202	42	0.46 798	9.97 619	4	12	
49	9.50 858	38	9.53 244	41	0.46 756	9.97 615	5	11	
50	9.50 896	37	9.53 285	42	0.46 715	9.97 610	4	10	*From the bottom:*
51	9.50 933	37	9.53 327	41	0.46 673	9.97 606	4	9	
52	9.50 970	37	9.53 368	41	0.46 632	9.97 602	5	8	For **71°+** or **251°+**,
53	9.51 007	36	9.53 409	41	0.46 591	9.97 597	4	7	read as printed; for
54	9.51 043	37	9.53 450	42	0.46 550	9.97 593	4	6	**161°+** or **341°+**, read
55	9.51 080	37	9.53 492	41	0.46 508	9.97 589	5	5	co-function.
56	9.51 117	37	9.53 533	41	0.46 467	9.97 584	4	4	
57	9.51 154	37	9.53 574	41	0.46 426	9.97 580	4	3	
58	9.51 191	36	9.53 615	41	0.46 385	9.97 576	5	2	
59	9.51 227	37	9.53 656	41	0.46 344	9.97 571	4	1	
60	9.51 264		9.53 697		0.46 303	9.97 567		0	
	L Cos	d	L Ctn	c d	L Tan	L Sin	d	′	Prop. Pts.

71° — Logarithms of Trigonometric Functions

19° — Logarithms of Trigonometric Functions

′	L Sin	d	L Tan	c d	L Ctn	L Cos	d		Prop. Pts.		
0	9.51 264	37	9.53 697	41	0.46 303	9.97 567	4	60			
1	9.51 301	37	9.53 738	41	0.46 262	9.97 563	5	59			
2	9.51 338	36	9.53 779	41	0.46 221	9.97 558	4	58			
3	9.51 374	37	9.53 820	41	0.46 180	9.97 554	4	57			
4	9.51 411	36	9.53 861	41	0.46 139	9.97 550	5	56			
5	3.51 447	37	9.53 902	41	0.46 098	9.97 545	4	55		41	40	39
6	9.51 484	36	9.53 943	41	0.46 057	9.97 541	5	54	2	8.2	8.0	7.8
7	9.51 520	37	9.53 984	41	0.46 016	9.97 536	4	53	3	12.3	12.0	11.7
8	9.51 557	36	9.54 025	40	0.45 975	9.97 532	4	52	4	16.4	16.0	15.6
9	9.51 593	36	9.54 065	41	0.45 935	9.97 528	5	51	5	20.5	20.0	19.5
10	9.51 629	37	9.54 106	41	0.45 894	9.97 523	4	50	6	24.6	24.0	23.4
11	9.51 666	36	9.54 147	40	0.45 853	9.97 519	4	49	7	28.7	28.0	27.3
12	9.51 702	36	9.54 187	41	0.45 813	9.97 515	5	48	8	32.8	32.0	31.2
13	9.51 738	36	9.54 228	41	0.45 772	9.97 510	4	47	9	36.9	36.0	35.1
14	9.51 774	37	9.54 269	40	0.45 731	9.97 506	5	46				
15	9.51 811	36	9.54 309	41	0.45 691	9.97 501	4	45				
16	9.51 847	36	9.54 350	40	0.45 650	9.97 497	5	44		37	36	35
17	9.51 883	36	9.54 390	41	0.45 610	9.97 492	4	43				
18	9.51 919	36	9.54 431	40	0.45 569	9.97 488	4	42	2	7.4	7.2	7.0
19	9.51 955	36	9.54 471	41	0.45 529	9.97 484	5	41	3	11.1	10.8	10.5
20	9.51 991	36	9.54 512	40	0.45 488	9.97 479	4	40	4	14.8	14.4	14.0
21	9.52 027	36	9.54 552	41	0.45 448	9.97 475	5	39	5	18.5	18.0	17.5
22	9.52 063	36	9.54 593	40	0.45 407	9.97 470	4	38	6	22.2	21.6	21.0
23	9.52 099	36	9.54 633	40	0.45 367	9.97 466	5	37	7	25.9	25.2	24.5
24	9.52 135	36	9.54 673	41	0.45 327	9.97 461	4	36	8	29.6	28.8	28.0
25	9.52 171	36	9.54 714	40	0.45 286	9.97 457	4	35	9	33.3	32.4	31.5
26	9.52 207	35	9.54 754	40	0.45 246	9.97 453	5	34				
27	9.52 242	36	9.54 794	41	0.45 206	9.97 448	4	33				
28	9.52 278	36	9.54 835	40	0.45 165	9.97 444	5	32		34	5	4
29	9.52 314	36	9.54 875	40	0.45 125	9.97 439	4	31	2	6.8	1.0	0.8
30	9.52 350	35	9.54 915	40	0.45 085	9.97 435	5	30	3	10.2	1.5	1.2
31	9.52 385	36	9.54 955	40	0.45 045	9.97 430	4	29	4	13.6	2.0	1.6
32	9.52 421	35	9.54 995	40	0.45 005	9.97 426	5	28	5	17.0	2.5	2.0
33	9.52 456	36	9.55 035	40	0.44 965	9.97 421	4	27	6	20.4	3.0	2.4
34	9.52 492	35	9.55 075	40	0.44 925	9.97 417	5	26	7	23.8	3.5	2.8
35	9.52 527	36	9.55 115	40	0.44 885	9.97 412	4	25	8	27.2	4.0	3.2
36	9.52 563	35	9.55 155	40	0.44 845	9.97 408	5	24	9	30.6	4.5	3.6
37	9.52 598	36	9.55 195	40	0.44 805	9.97 403	4	23				
38	9.52 634	35	9.55 235	40	0.44 765	9.97 399	5	22				
39	9.52 669	36	9.55 275	40	0.44 725	9.97 394	4	21				
40	9.52 705	35	9.55 315	40	0.44 685	9.97 390	5	20				
41	9.52 740	35	9.55 355	40	0.44 645	9.97 385	4	19		*From the top:*		
42	9.52 775	36	9.55 395	39	0.44 605	9.97 381	5	18				
43	9.52 811	35	9.55 434	40	0.44 566	9.97 376	4	17		For **19°+** or **199°+**,		
44	9.52 846	35	9.55 474	40	0.44 526	9.97 372	5	16		read as printed ; for		
45	9.52 881	35	9.55 514	40	0.44 486	9.97 367	4	15		**109°+** or **289°+**, read		
46	9.52 916	35	9.55 554	39	0.44 446	9.97 363	5	14		co-function.		
47	9.52 951	35	9.55 593	40	0.44 407	9.97 358	5	13				
48	9.52 986	35	9.55 633	40	0.44 367	9.97 353	4	12				
49	9.53 021	35	9.55 673	39	0.44 327	9.97 349	5	11		*From the bottom:*		
50	9.53 056	36	9.55 712	40	0.44 288	9.97 344	4	10				
51	9.53 092	34	9.55 752	39	0.44 248	9.97 340	5	9		For **70°+** or **250°+**,		
52	9.53 126	35	9.55 791	40	0.44 209	9.97 335	4	8		read as printed ; for		
53	9.53 161	35	9.55 831	39	0.44 169	9.97 331	5	7		**160°+** or **340°+**, read		
54	9.53 196	35	9.55 870	40	0.44 130	9.97 326	4	6		co-function.		
55	9.53 231	35	9.55 910	39	0.44 090	9.97 322	5	5				
56	9.53 266	35	9.55 949	40	0.44 051	9.97 317	5	4				
57	9.53 301	35	9.55 989	39	0.44 011	9.97 312	4	3				
58	9.53 336	34	9.56 028	39	0.43 972	9.97 308	5	2				
59	9.53 370	35	9.56 067	40	0.43 933	9.97 303	4	1				
60	9.53 405		9.56 107		0.43 893	9.97 299		0				
	L Cos	d	L Ctn	c d	L Tan	L Sin	d	′	Prop. Pts.		

70° — Logarithms of Trigonometric Functions

20° — Logarithms of Trigonometric Functions [III

′	L Sin	d	L Tan	c d	L Ctn	L Cos	d	′	Prop. Pts.		
0	9.53 405		9.56 107		0.43 893	9.97 299		60			
1	9.53 440	35	9.56 146	39	0.43 854	9.97 294	5	59			
2	9.53 475	35	9.56 185	39	0.43 815	9.97 289	5	58			
3	9.53 509	34	9.56 224	39	0.43 776	9.97 285	4	57			
4	9.53 544	35	9.56 264	40	0.43 736	9.97 280	5	56			
		34		39			4		**40**	**39**	**38**
5	9.53 578	35	9.56 303	39	0.43 697	9.97 276	5	55			
6	9.53 613	34	9.56 342	39	0.43 658	9.97 271	5	54	2 8.0	7.8	7.6
7	9.53 647	35	9.56 381	39	0.43 619	9.97 266	4	53	3 12.0	11.7	11.4
8	9.53 682	34	9.56 420	39	0.43 580	9.97 262	5	52	4 16.0	15.6	15.2
9	9.53 716	35	9.56 459	39	0.43 541	9.97 257	5	51	5 20.0	19.5	19.0
10	9.53 751	34	9.56 498	39	0.43 502	9.97 252	4	50	6 24.0	23.4	22.8
11	9.53 785	34	9.56 537	39	0.43 463	9.97 248	5	49	7 28.0	27.3	26.6
12	9.53 819	35	9.56 576	39	0.43 424	9.97 243	5	48	8 32.0	31.2	30.4
13	9.53 854	34	9.56 615	39	0.43 385	9.97 238	4	47	9 36.0	35.1	34.2
14	9.53 888	34	9.56 654	39	0.43 346	9.97 234	5	46			
15	9.53 922	35	9.56 693	39	0.43 307	9.97 229	5	45			
16	9.53 957	34	9.56 732	39	0.43 268	9.97 224	4	44	**37**	**35**	**34**
17	9.53 991	34	9.56 771	39	0.43 229	9.97 220	5	43			
18	9.54 025	34	9.56 810	39	0.43 190	9.97 215	5	42	2 7.4	7.0	6.8
19	9.54 059	34	9.56 849	38	0.43 151	9.97 210	4	41	3 11.1	10.5	10.2
20	9.54 093	34	9.56 887	39	0.43 113	9.97 206	5	40	4 14.8	14.0	13.6
21	9.54 127	34	9.56 926	39	0.43 074	9.97 201	5	39	5 18.5	17.5	17.0
22	9.54 161	34	9.56 965	39	0.43 035	9.97 196	4	38	6 22.2	21.0	20.4
23	9.54 195	34	9.57 004	38	0.42 996	9.97 192	5	37	7 25.9	24.5	23.8
24	9.54 229	34	9.57 042	39	0.42 958	9.97 187	5	36	8 29.6	28.0	27.2
25	9.54 263	34	9.57 081	39	0.42 919	9.97 182	4	35	9 33.3	31.5	30.6
26	9.54 297	34	9.57 120	38	0.42 880	9.97 178	5	34			
27	9.54 331	34	9.57 158	39	0.42 842	9.97 173	5	33			
28	9.54 365	34	9.57 197	38	0.42 803	9.97 168	5	32	**33**	**5**	**4**
29	9.54 399	34	9.57 235	39	0.42 765	9.97 163	4	31			
30	9.54 433	33	9.57 274	38	0.42 726	9.97 159	5	30	2 6.6	1.0	0.8
31	9.54 466	34	9.57 312	39	0.42 688	9.97 154	5	29	3 9.9	1.5	1.2
32	9.54 500	34	9.57 351	38	0.42 649	9.97 149	4	28	4 13.2	2.0	1.6
33	9.54 534	33	9.57 389	39	0.42 611	9.97 145	5	27	5 16.5	2.5	2.0
34	9.54 567	34	9.57 428	38	0.42 572	9.97 140	5	26	6 19.8	3.0	2.4
35	9.54 601	34	9.57 466	38	0.42 534	9.97 135	5	25	7 23.1	3.5	2.8
36	9.54 635	33	9.57 504	39	0.42 496	9.97 130	4	24	8 26.4	4.0	3.2
37	9.54 668	34	9.57 543	38	0.42 457	9.97 126	5	23	9 29.7	4.5	3.6
38	9.54 702	33	9.57 581	38	0.42 419	9.97 121	5	22			
39	9.54 735	34	9.57 619	39	0.42 381	9.97 116	5	21			
40	9.54 769	33	9.57 658	38	0.42 342	9.97 111	4	20			
41	9.54 802	34	9.57 696	38	0.42 304	9.97 107	5	19	*From the top:*		
42	9.54 836	33	9.57 734	38	0.42 266	9.97 102	5	18			
43	9.54 869	34	9.57 772	38	0.42 228	9.97 097	5	17	For **20°+** or **200°+**,		
44	9.54 903	33	9.57 810	39	0.42 190	9.97 092	5	16	read as printed; for		
45	9.54 936	33	9.57 849	38	0.42 151	9.97 087	4	15	**110°+** or **290°+**, read		
46	9.54 969	34	9.57 887	38	0.42 113	9.97 083	5	14	co-function.		
47	9.55 003	33	9.57 925	38	0.42 075	9.97 078	5	13			
48	9.55 036	33	9.57 963	38	0.42 037	9.97 073	5	12	*From the bottom.*		
49	9.55 069	33	9.58 001	38	0.41 999	9.97 068	5	11			
50	9.55 102	34	9.58 039	38	0.41 961	9.97 063	4	10	For **69°+** or **249°+**,		
51	9.55 136	33	9.58 077	38	0.41 923	9.97 059	5	9	read as printed; for		
52	9.55 169	33	9.58 115	38	0.41 885	9.97 054	5	8	**159°+** or **339°+**, read		
53	9.55 202	33	9.58 153	38	0.41 847	9.97 049	5	7	co-function.		
54	9.55 235	33	9.58 191	38	0.41 809	9.97 044	5	6			
55	9.55 268	33	9.58 229	38	0.41 771	9.97 039	4	5			
56	9.55 301	33	9.58 267	37	0.41 733	9.97 035	5	4			
57	9.55 334	33	9.58 304	38	0.41 696	9.97 030	5	3			
58	9.55 367	33	9.58 342	38	0.41 658	9.97 025	5	2			
59	9.55 400	33	9.58 380	38	0.41 620	9.97 020	5	1			
60	9.55 433		9.58 418		0.41 582	9.97 015		0			
	L Cos	d	L Ctn	c d	L Tan	L Sin	d	′	Prop. Pts.		

69° — Logarithms of Trigonometric Functions

21° — Logarithms of Trigonometric Functions

′	L Sin	d	L Tan	c d	L Ctn	L Cos	d	′	Prop. Pts.		
0	9.55 433		9.58 418		0.41 582	9.97 015		60			
1	9.55 466	33	9.58 455	37	0.41 545	9.97 010	5	59			
2	9.55 499	33	9.58 493	38	0.41 507	9.97 005	5	58			
3	9.55 532	33	9.58 531	38	0.41 469	9.97 001	4	57			
4	9.55 564	32	9.58 569	38	0.41 431	9.96 996	5	56			
5	9.55 597	33	9.58 606	37	0.41 394	9.96 991	5	55	38	37	36
6	9.55 630	33	9.58 644	38	0.41 356	9.96 986	5	54	2 7.6	7.4	7.2
7	9.55 663	33	9.58 681	37	0.41 319	9.96 981	5	53	3 11.4	11.1	10.8
8	9.55 695	32	9.58 719	38	0.41 281	9.96 976	5	52	4 15.2	14.8	14.4
9	9.55 728	33	9.58 757	38	0.41 243	9.96 971	5	51	5 19.0	18.5	18.0
10	9.55 761	33	9.58 794	37	0.41 206	9.96 966	5	50	6 22.8	22.2	21.6
11	9.55 793	32	9.58 832	38	0.41 168	9.96 962	4	49	7 26.6	25.9	25.2
12	9.55 826	33	9.58 869	37	0.41 131	9.96 957	5	48	8 30.4	29.6	28.8
13	9.55 858	33	9.58 907	38	0.41 093	9.96 952	5	47	9 34.2	33.3	32.4
14	9.55 891	32	9.58 944	37	0.41 056	9.96 947	5	46			
15	9.55 923	33	9.58 981	37	0.41 019	9.96 942	5	45			
16	9.55 956	32	9.59 019	38	0.40 981	9.96 937	5	44		33	32	31
17	9.55 988	33	9.59 056	37	0.40 944	9.96 932	5	43			
18	9.56 021	32	9.59 094	38	0.40 906	9.96 927	5	42	2 6.6	6.4	6.2
19	9.56 053	32	9.59 131	37	0.40 869	9.96 922	5	41	3 9.9	9.6	9.3
20	9.56 085	33	9.59 168	37	0.40 832	9.96 917	5	40	4 13.2	12.8	12.4
21	9.56 118	32	9.59 205	38	0.40 795	9.96 912	5	39	5 16.5	16.0	15.5
22	9.56 150	32	9.59 243	37	0.40 757	9.96 907	4	38	6 19.8	19.2	18.6
23	9.56 182	33	9.59 280	37	0.40 720	9.96 903	5	37	7 23.1	22.4	21.7
24	9.56 215	32	9.59 317	37	0.40 683	9.96 898	5	36	8 26.4	25.6	24.8
25	9.56 247	32	9.59 354	37	0.40 646	9.96 893	5	35	9 29.7	28.8	27.9
26	9.56 279	32	9.59 391	38	0.40 609	9.96 888	5	34			
27	9.56 311	32	9.59 429	37	0.40 571	9.96 883	5	33		6	5	4
28	9.56 343	32	9.59 466	37	0.40 534	9.96 878	5	32			
29	9.56 375	33	9.59 503	37	0.40 497	9.96 873	5	31	2 1.2	1.0	0.8
30	9.56 408	32	9.59 540	37	0.40 460	9.96 868	5	30	3 1.8	1.5	1.2
31	9.56 440	32	9.59 577	37	0.40 423	9.96 863	5	29	4 2.4	2.0	1.6
32	9.56 472	32	9.59 614	37	0.40 386	9.96 858	5	28	5 3.0	2.5	2.0
33	9.56 504	32	9.59 651	37	0.40 349	9.96 853	5	27	6 3.6	3.0	2.4
34	9.56 536	32	9.59 688	37	0.40 312	9.96 848	5	26	7 4.2	3.5	2.8
35	9.56 568	31	9.59 725	37	0.40 275	9.96 843	5	25	8 4.8	4.0	3.2
36	9.56 599	32	9.59 762	37	0.40 238	9.96 838	5	24	9 5.4	4.5	3.6
37	9.56 631	32	9.59 799	36	0.40 201	9.96 833	5	23			
38	9.56 663	32	9.59 835	37	0.40 165	9.96 828	5	22			
39	9.56 695	32	9.59 872	37	0.40 128	9.96 823	5	21			
40	9.56 727	32	9.59 909	37	0.40 091	9.96 818	5	20			
41	9.56 759	31	9.59 946	37	0.40 054	9.96 813	5	19	*From the top:*		
42	9.56 790	32	9.59 983	36	0.40 017	9.96 808	5	18			
43	9.56 822	32	9.60 019	37	0.39 981	9.96 803	5	17	For **21°+** or **201°+**,		
44	9.56 854	32	9.60 056	37	0.39 944	9.96 798	5	16	read as printed ; for		
45	9.56 886	31	9.60 093	37	0.39 907	9.96 793	5	15	**111°+** or **291°+**, read		
46	9.56 917	32	9.60 130	36	0.39 870	9.96 788	5	14	co-function.		
47	9.56 949	31	9.60 166	37	0.39 834	9.96 783	5	13			
48	9.56 980	32	9.60 203	37	0.39 797	9.96 778	5	12			
49	9.57 012	32	9.60 240	36	0.39 760	9.96 772	6	11			
50	9.57 044	31	9.60 276	37	0.39 724	9.96 767	5	10	*From the bottom:*		
51	9.57 075	32	9.60 313	36	0.39 687	9.96 762	5	9			
52	9.57 107	31	9.60 349	37	0.39 651	9.96 757	5	8	For **68°+** or **248°+**,		
53	9.57 138	31	9.60 386	36	0.39 614	9.96 752	5	7	read as printed ; for		
54	9.57 169	32	9.60 422	37	0.39 578	9.96 747	5	6	**158°+** or **338°+**, read		
55	9.57 201	31	9.60 459	36	0.39 541	9.96 742	5	5	co-function.		
56	9.57 232	32	9.60 495	37	0.39 505	9.96 737	5	4			
57	9.57 264	31	9.60 532	36	0.39 468	9.96 732	5	3			
58	9.57 295	31	9.60 568	37	0.39 432	9.96 727	5	2			
59	9.57 326	32	9.60 605	36	0.39 395	9.96 722	5	1			
60	9.57 358		9.60 641		0.39 359	9.96 717		0			
	L Cos	d	L Ctn	c d	L Tan	L Sin	d	′	Prop. Pts.		

68° — Logarithms of Trigonometric Functions

22° — Logarithms of Trigonometric Functions [III

′	L Sin	d	L Tan	c d	L Ctn	L Cos	d		Prop. Pts.			
0	9.57 358		9.60 641		0.39 359	9.96 717		60				
1	9.57 389	31	9.60 677	36	0.39 323	9.96 711	6	59				
2	9.57 420	31	9.60 714	37	0.39 286	9.96 706	5	58				
3	9.57 451	31	9.60 750	36	0.39 250	9.96 701	5	57				
4	9.57 482	31	9.60 786	36	0.39 214	9.96 696	5	56				
5	9.57 514	32	9.60 823	37	0.39 177	9.96 691	5	55		37	36	35
6	9.57 545	31	9.60 859	36	0.39 141	9.96 686	5	54	2	7.4	7.2	7.0
7	9.57 576	31	9.60 895	36	0.39 105	9.96 681	5	53	3	11.1	10.8	10.5
8	9.57 607	31	9.60 931	36	0.39 069	9.96 676	5	52	4	14.8	14.4	14.0
9	9.57 638	31	9.60 967	36	0.39 033	9.96 670	5	51	5	18.5	18.0	17.5
10	9.57 669	31	9.61 004	37	0.38 996	9.96 665	5	50	6	22.2	21.6	21.0
11	9.57 700	31	9.61 040	36	0.38 960	9.96 660	5	49	7	25.9	25.2	24.5
12	9.57 731	31	9.61 076	36	0.38 924	9.96 655	5	48	8	29.6	28.8	28.0
13	9.57 762	31	9.61 112	36	0.38 888	9.96 650	5	47	9	33.3	32.4	31.5
14	9.57 793	31	9.61 148	36	0.38 852	9.96 645	5	46				
15	9.57 824	31	9.61 184	36	0.38 816	9.96 640	6	45				
16	9.57 855	30	9.61 220	36	0.38 780	9.96 634	5	44		32	31	30
17	9.57 885	31	9.61 256	36	0.38 744	9.96 629	5	43	2	6.4	6.2	6.0
18	9.57 916	31	9.61 292	36	0.38 708	9.96 624	5	42	3	9.6	9.3	9.0
19	9.57 947	31	9.61 328	36	0.38 672	9.96 619	5	41	4	12.8	12.4	12.0
20	9.57 978	30	9.61 364	36	0.38 636	9.96 614	6	40	5	16.0	15.5	15.0
21	9.58 008	31	9.61 400	36	0.38 600	9.96 608	5	39	6	19.2	18.6	18.0
22	9.58 039	31	9.61 436	36	0.38 564	9.96 603	5	38	7	22.4	21.7	21.0
23	9.58 070	31	9.61 472	36	0.38 528	9.96 598	5	37	8	25.6	24.8	24.0
24	9.58 101	30	9.61 508	36	0.38 492	9.96 593	5	36	9	28.8	27.9	27.0
25	9.58 131	31	9.61 544	35	0.38 456	9.96 588	6	35				
26	9.58 162	30	9.61 579	36	0.38 421	9.96 582	5	34				
27	9.58 192	31	9.61 615	36	0.38 385	9.96 577	5	33		29	6	5
28	9.58 223	30	9.61 651	36	0.38 349	9.96 572	5	32	2	5.8	1.2	1.0
29	9.58 253	31	9.61 687	35	0.38 313	9.96 567	5	31	3	8.7	1.8	1.5
30	9.58 284	30	9.61 722	36	0.38 278	9.96 562	6	30	4	11.6	2.4	2.0
31	9.58 314	31	9.61 758	36	0.38 242	9.96 556	5	29	5	14.5	3.0	2.5
32	9.58 345	30	9.61 794	36	0.38 206	9.96 551	5	28	6	17.4	3.6	3.0
33	9.58 375	31	9.61 830	35	0.38 170	9.96 546	5	27	7	20.3	4.2	3.5
34	9.58 406	30	9.61 865	36	0.38 135	9.96 541	6	26	8	23.2	4.8	4.0
35	9.58 436	31	9.61 901	35	0.38 099	9.96 535	5	25	9	26.1	5.4	4.5
36	9.58 467	30	9.61 936	36	0.38 064	9.96 530	5	24				
37	9.58 497	30	9.61 972	36	0.38 028	9.96 525	5	23				
38	9.58 527	30	9.62 008	35	0.37 992	9.96 520	6	22				
39	9.58 557	31	9.62 043	36	0.37 957	9.96 514	5	21				
40	9.58 588	30	9.62 079	35	0.37 921	9.96 509	5	20				
41	9.58 618	30	9.62 114	36	0.37 886	9.96 504	6	19				
42	9.58 648	30	9.62 150	35	0.37 850	9.96 498	5	18	*From the top:*			
43	9.58 678	31	9.62 185	36	0.37 815	9.96 493	5	17	For **22°+** or **202°+**,			
44	9.58 709	30	9.62 221	35	0.37 779	9.96 488	5	16	read as printed; for			
45	9.58 739	30	9.62 256	36	0.37 744	9.96 483	6	15	**112°+** or **292°+**, read			
46	9.58 769	30	9.62 292	35	0.37 708	9.96 477	5	14	co-function.			
47	9.58 799	30	9.62 327	35	0.37 673	9.96 472	5	13				
48	9.58 829	30	9.62 362	36	0.37 638	9.96 467	6	12				
49	9.58 859	30	9.62 398	35	0.37 602	9.96 461	5	11	*From the bottom:*			
50	9.58 889	30	9.62 433	35	0.37 567	9.96 456	5	10	For **67°+** or **247°+**,			
51	9.58 919	30	9.62 468	36	0.37 532	9.96 451	6	9	read as printed; for			
52	9.58 949	30	9.62 504	35	0.37 496	9.96 445	5	8	**157°+** or **337°+**, read			
53	9.58 979	30	9.62 539	35	0.37 461	9.96 440	5	7	co-function.			
54	9.59 009	30	9.62 574	35	0.37 426	9.96 435	6	6				
55	9.59 039	30	9.62 609	36	0.37 391	9.96 429	5	5				
56	9.59 069	29	9.62 645	35	0.37 355	9.96 424	5	4				
57	9.59 098	30	9.62 680	35	0.37 320	9.96 419	6	3				
58	9.59 128	30	9.62 715	35	0.37 285	9.96 413	5	2				
59	9.59 158	30	9.62 750	35	0.37 250	9.96 408	5	1				
60	9.59 188		9.62 785		0.37 215	9.96 403		0				
	L Cos	d	L Ctn	c d	L Tan	L Sin	d	′	Prop. Pts.			

67° — Logarithms of Trigonometric Functions

23° — Logarithms of Trigonometric Functions

'	L Sin	d	L Tan	c d	L Ctn	L Cos	d		Prop. Pts.		
0	9.59 188	30	9.62 785	35	0.37 215	9.96 403	6	60			
1	9.59 218	29	9.62 820	35	0.37 180	9.96 397	5	59			
2	9.59 247	30	9.62 855	35	0.37 145	9.96 392	5	58			
3	9.59 277	30	9.62 890	36	0.37 110	9.96 387	6	57			
4	9.59 307	29	9.62 926	35	0.37 074	9.96 381	5	56			
5	9.59 336	30	9.62 961	35	0.37 039	9.96 376	6	55	**36**	**35**	**34**
6	9.59 366	30	9.62 996	35	0.37 004	9.96 370	5	54	2 7.2	7.0	6.8
7	9.59 396	29	9.63 031	35	0.36 969	9.96 365	5	53	3 10.8	10.5	10.2
8	9.59 425	30	9.63 066	35	0.36 934	9.96 360	6	52	4 14.4	14.0	13.6
9	9.59 455	29	9.63 101	34	0.36 899	9.96 354	5	51	5 18.0	17.5	17.0
10	9.59 484	30	9.63 135	35	0.36 865	9.96 349	6	50	6 21.6	21.0	20.4
11	9.59 514	29	9.63 170	35	0.36 830	9.96 343	5	49	7 25.2	24.5	23.8
12	9.59 543	30	9.63 205	35	0.36 795	9.96 338	5	48	8 28.8	28.0	27.2
13	9.59 573	29	9.63 240	35	0.36 760	9.96 333	6	47	9 32.4	31.5	30.6
14	9.59 602	30	9.63 275	35	0.36 725	9.96 327	5	46			
15	9.59 632	29	9.63 310	35	0.36 690	9.96 322	5	45			
16	9.59 661	29	9.63 345	34	0.36 655	9.96 316	5	44		**30**	**29**	**28**
17	9.59 690	30	9.63 379	35	0.36 621	9.96 311	6	43			
18	9.59 720	29	9.63 414	35	0.36 586	9.96 305	5	42	2 6.0	5.8	5.6
19	9.59 749	29	9.63 449	35	0.36 551	9.96 300	6	41	3 9.0	8.7	8.4
20	9.59 778	30	9.63 484	35	0.36 516	9.96 294	5	40	4 12.0	11.6	11.2
21	9.59 808	29	9.63 519	34	0.36 481	9.96 289	5	39	5 15.0	14.5	14.0
22	9.59 837	29	9.63 553	35	0.36 447	9.96 284	6	38	6 18.0	17.4	16.8
23	9.59 866	29	9.63 588	35	0.36 412	9.96 278	5	37	7 21.0	20.3	19.6
24	9.59 895	29	9.63 623	34	0.36 377	9.96 273	6	36	8 24.0	23.2	22.4
25	9.59 924	30	9.63 657	35	0.36 343	9.96 267	5	35	9 27.0	26.1	25.2
26	9.59 954	29	9.63 692	34	0.36 308	9.96 262	6	34			
27	9.59 983	29	9.63 726	35	0.36 274	9.96 256	5	33			
28	9.60 012	29	9.63 761	35	0.36 239	9.96 251	6	32		**6**	**5**	
29	9.60 041	29	9.63 796	34	0.36 204	9.96 245	5	31	2 1.2	1.0	
30	9.60 070	29	9.63 830	35	0.36 170	9.96 240	6	30	3 1.8	1.5	
31	9.60 099	29	9.63 865	34	0.36 135	9.96 234	5	29	4 2.4	2.0	
32	9.60 128	29	9.63 899	35	0.36 101	9.96 229	6	28	5 3.0	2.5	
33	9.60 157	29	9.63 934	34	0.36 066	9.96 223	5	27	6 3.6	3.0	
34	9.60 186	29	9.63 968	35	0.36 032	9.96 218	6	26	7 4.2	3.5	
35	9.60 215	29	9.64 003	34	0.35 997	9.96 212	5	25	8 4.8	4.0	
36	9.60 244	29	9.64 037	35	0.35 963	9.96 207	6	24	9 5.4	4.5	
37	9.60 273	29	9.64 072	34	0.35 928	9.96 201	5	23			
38	9.60 302	29	9.64 106	34	0.35 894	9.96 196	6	22			
39	9.60 331	28	9.64 140	35	0.35 860	9.96 190	5	21			
40	9.60 359	29	9.64 175	34	0.35 825	9.96 185	6	20			
41	9.60 388	29	9.64 209	34	0.35 791	9.96 179	5	19	*From the top:*		
42	9.60 417	29	9.64 243	35	0.35 757	9.96 174	6	18			
43	9.60 446	28	9.64 278	34	0.35 722	9.96 168	6	17	For **23°+** or **203°+**,		
44	9.60 474	29	9.64 312	34	0.35 688	9.96 162	5	16	read as printed; for		
45	9.60 503	29	9.64 346	35	0.35 654	9.96 157	6	15	**113°+** or **293°+**, read		
46	9.60 532	29	9.64 381	34	0.35 619	9.96 151	5	14	co-function.		
47	9.60 561	28	9.64 415	34	0.35 585	9.96 146	6	13			
48	9.60 589	29	9.64 449	34	0.35 551	9.96 140	5	12	*From the bottom:*		
49	9.60 618	28	9.64 483	34	0.35 517	9.96 135	6	11			
50	9.60 646	29	9.64 517	35	0.35 483	9.96 129	6	10	For **66°+** or **246°+**,		
51	9.60 675	29	9.64 552	34	0.35 448	9.96 123	5	9	read as printed; for		
52	9.60 704	28	9.64 586	34	0.35 414	9.96 118	6	8	**156°+** or **336°+**, read		
53	9.60 732	29	9.64 620	34	0.35 380	9.96 112	5	7	co-function.		
54	9.60 761	28	9.64 654	34	0.35 346	9.96 107	6	6			
55	9.60 789	29	9.64 688	34	0.35 312	9.96 101	6	5			
56	9.60 818	28	9.64 722	34	0.35 278	9.96 095	5	4			
57	9.60 846	29	9.64 756	34	0.35 244	9.96 090	6	3			
58	9.60 875	28	9.64 790	34	0.35 210	9.96 084	5	2			
59	9.60 903	28	9.64 824	34	0.35 176	9.96 079	6	1			
60	9.60 931		9.64 858		0.35 142	9.96 073		0			
	L Cos	d	L Ctn	c d	L Tan	L Sin	d	'	Prop. Pts.		

66° — Logarithms of Trigonometric Functions

24° — Logarithms of Trigonometric Functions [III

′	L Sin	d	L Tan	c d	L Ctn	L Cos	d		Prop. Pts.		
0	9.60 931		9.64 858		0.35 142	9.96 073		60			
1	9.60 960	29	9.64 892	34	0.35 108	9.96 067	6	59			
2	9.60 988	28	9.64 926	34	0.35 074	9.96 062	5	58			
3	9.61 016	28	9.64 960	34	0.35 040	9.96 056	6	57			
4	9.61 045	29	9.64 994	34	0.35 006	9.96 050	6	56			
5	9.61 073	28	9.65 028	34	0.34 972	9.96 045	5	55	**34**	**33**	**29**
6	9.61 101	28	9.65 062	34	0.34 938	9.96 039	6	54	2 6.8	6.6	5.8
7	9.61 129	28	9.65 096	34	0.34 904	9.96 034	5	53	3 10.2	9.9	8.7
8	9.61 158	29	9.65 130	34	0.34 870	9.96 028	6	52	4 13.6	13.2	11.6
9	9.61 186	28	9.65 164	34	0.34 836	9.96 022	6	51	5 17.0	16.5	14.5
10	9.61 214	28	9.65 197	33	0.34 803	9.96 017	5	50	6 20.4	19.8	17.4
11	9.61 242	28	9.65 231	34	0.34 769	9.96 011	6	49	7 23.8	23.1	20.3
12	9.61 270	28	9.65 265	34	0.34 735	9.96 005	6	48	8 27.2	26.4	23.2
13	9.61 298	28	9.65 299	34	0.34 701	9.96 000	5	47	9 30.6	29.7	26.1
14	9.61 326	28	9.65 333	34	0.34 667	9.95 994	6	46			
15	9.61 354	28	9.65 366	33	0.34 634	9.95 988	6	45			
16	9.61 382	28	9.65 400	34	0.34 600	9.95 982	5	44		**28**	**27**
17	9.61 411	29	9.65 434	34	0.34 566	9.95 977	6	43			
18	9.61 438	27	9.65 467	33	0.34 533	9.95 971	6	42	2	5.6	5.4
19	9.61 466	28	9.65 501	34	0.34 499	9.95 965	5	41	3	8.4	8.1
20	9.61 494	28	9.65 535	34	0.34 465	9.95 960	6	40	4	11.2	10.8
21	9.61 522	28	9.65 568	33	0.34 432	9.95 954	6	39	5	14.0	13.5
22	9.61 550	28	9.65 602	34	0.34 398	9.95 948	6	38	6	16.8	16.2
23	9.61 578	28	9.65 636	34	0.34 364	9.95 942	5	37	7	19.6	18.9
24	9.61 606	28	9.65 669	33	0.34 331	9.95 937	6	36	8	22.4	21.6
25	9.61 634	28	9.65 703	34	0.34 297	9.95 931	6	35	9	25.2	24.3
26	9.61 662	28	9.65 736	33	0.34 264	9.95 925	5	34			
27	9.61 689	27	9.65 770	34	0.34 230	9.95 920	6	33			
28	9.61 717	28	9.65 803	33	0.34 197	9.95 914	6	32		**6**	**5**
29	9.61 745	28	9.65 837	34	0.34 163	9.95 908	6	31			
30	9.61 773	28	9.65 870	33	0.34 130	9.95 902	5	30	2	1.2	1.0
31	9.61 800	27	9.65 904	34	0.34 096	9.95 897	5	29	3	1.8	1.5
32	9.61 828	28	9.65 937	33	0.34 063	9.95 891	6	28	4	2.4	2.0
33	9.61 856	28	9.65 971	34	0.34 029	9.95 885	6	27	5	3.0	2.5
34	9.61 883	27	9.66 004	33	0.33 996	9.95 879	6	26	6	3.6	3.0
35	9.61 911	28	9.66 038	34	0.33 962	9.95 873	6	25	7	4.2	3.5
36	9.61 939	28	9.66 071	33	0.33 929	9.95 868	5	24	8	4.8	4.0
37	9.61 966	27	9.66 104	33	0.33 896	9.95 862	6	23	9	5.4	4.5
38	9.61 994	28	9.66 138	34	0.33 862	9.95 856	6	22			
39	9.62 021	27	9.66 171	33	0.33 829	9.95 850	6	21			
40	9.62 049	28	9.66 204	33	0.33 796	9.95 844	6	20			
41	9.62 076	27	9.66 238	34	0.33 762	9.95 839	5	19			
42	9.62 104	28	9.66 271	33	0.33 729	9.95 833	6	18	*From the top:*		
43	9.62 131	27	9.66 304	33	0.33 696	9.95 827	6	17			
44	9.62 159	28	9.66 337	33	0.33 663	9.95 821	6	16	For **24°+** or **204°+**,		
45	9.62 186	27	9.66 371	34	0.33 629	9.95 815	6	15	read as printed; for		
46	9.62 214	28	9.66 404	33	0.33 596	9.95 810	5	14	**114°+** or **294°+**, read		
47	9.62 241	27	9.66 437	33	0.33 563	9.95 804	6	13	co-function.		
48	9.62 268	27	9.66 470	33	0.33 530	9.95 798	6	12			
49	9.62 296	28	9.66 503	33	0.33 497	9.95 792	6	11			
50	9.62 323	27	9.66 537	34	0.33 463	9.95 786	6	10	*From the bottom:*		
51	9.62 350	27	9.66 570	33	0.33 430	9.95 780	6	9			
52	9.62 377	27	9.66 603	33	0.33 397	9.95 775	5	8	For **65°+** or **245°+**,		
53	9.62 405	28	9.66 636	33	0.33 364	9.95 769	6	7	read as printed; for		
54	9.62 432	27	9.66 669	33	0.33 331	9.95 763	6	6	**155°+** or **335°+**, read		
55	9.62 459	27	9.66 702	33	0.33 298	9.95 757	6	5	co-function.		
56	9.62 486	27	9.66 735	33	0.33 265	9.95 751	6	4			
57	9.62 513	27	9.66 768	33	0.33 232	9.95 745	6	3			
58	9.62 541	28	9.66 801	33	0.33 199	9.95 739	6	2			
59	9.62 568	27	9.66 834	33	0.33 166	9.95 733	5	1			
60	9.62 595		9.66 867		0.33 133	9.95 728		0			
	L Cos	d	L Ctn	c d	L Tan	L Sin	d	′	Prop. Pts.		

65° — Logarithms of Trigonometric Functions

25° — Logarithms of Trigonometric Functions

′	L Sin	d	L Tan	c d	L Ctn	L Cos	d	
0	9.62 595	27	9.66 867	33	0.33 133	9.95 728	6	60
1	9.62 622	27	9.66 900	33	0.33 100	9.95 722	6	59
2	9.62 649	27	9.66 933	33	0.33 067	9.95 716	6	58
3	9.62 676	27	9.66 966	33	0.33 034	9.95 710	6	57
4	9.62 703	27	9.66 999	33	0.33 001	9.95 704	6	56
5	9.62 730	27	9.67 032	33	0.32 968	9.95 698	6	55
6	9.62 757	27	9.67 065	33	0.32 935	9.95 692	6	54
7	9.62 784	27	9.67 098	33	0.32 902	9.95 686	6	53
8	9.62 811	27	9.67 131	32	0.32 869	9.95 680	6	52
9	9.62 838	27	9.67 163	33	0.32 837	9.95 674	6	51
10	9.62 865	27	9.67 196	33	0.32 804	9.95 668	5	50
11	9.62 892	26	9.67 229	33	0.32 771	9.95 663	6	49
12	9.62 918	27	9.67 262	33	0.32 738	9.95 657	6	48
13	9.62 945	27	9.67 295	32	0.32 705	9.95 651	6	47
14	9.62 972	27	9.67 327	33	0.32 673	9.95 645	6	46
15	9.62 999	27	9.67 360	33	0.32 640	9.95 639	6	45
16	9.63 026	26	9.67 393	33	0.32 607	9.95 633	6	44
17	9.63 052	27	9.67 426	32	0.32 574	9.95 627	6	43
18	9.63 079	27	9.67 458	33	0.32 542	9.95 621	6	42
19	9.63 106	27	9.67 491	33	0.32 509	9.95 615	6	41
20	9.63 133	26	9.67 524	32	0.32 476	9.95 609	6	40
21	9.63 159	27	9.67 556	33	0.32 444	9.95 603	6	39
22	9.63 186	27	9.67 589	33	0.32 411	9.95 597	6	38
23	9.63 213	26	9.67 622	32	0.32 378	9.95 591	6	37
24	9.63 239	27	9.67 654	33	0.32 346	9.95 585	6	36
25	9.63 266	26	9.67 687	32	0.32 313	9.95 579	6	35
26	9.63 292	27	9.67 719	33	0.32 281	9.95 573	6	34
27	9.63 319	26	9.67 752	33	0.32 248	9.95 567	6	33
28	9.63 345	27	9.67 785	32	0.32 215	9.95 561	6	32
29	9.63 372	26	9.67 817	33	0.32 183	9.95 555	6	31
30	9.63 398	27	9.67 850	32	0.32 150	9.95 549	6	30
31	9.63 425	26	9.67 882	33	0.32 118	9.95 543	6	29
32	9.63 451	27	9.67 915	32	0.32 085	9.95 537	6	28
33	9.63 478	26	9.67 947	33	0.32 053	9.95 531	6	27
34	9.63 504	27	9.67 980	32	0.32 020	9.95 525	6	26
35	9.63 531	26	9.68 012	32	0.31 988	9.95 519	6	25
36	9.63 557	26	9.68 044	33	0.31 956	9.95 513	6	24
37	9.63 583	27	9.68 077	32	0.31 923	9.95 507	7	23
38	9.63 610	26	9.68 109	33	0.31 891	9.95 500	6	22
39	9.63 636	26	9.68 142	32	0.31 858	9.95 494	6	21
40	9.63 662	27	9.68 174	32	0.31 826	9.95 488	6	20
41	9.63 689	26	9.68 206	33	0.31 794	9.95 482	6	19
42	9.63 715	26	9.68 239	32	0.31 761	9.95 476	6	18
43	9.63 741	26	9.68 271	32	0.31 729	9.95 470	6	17
44	9.63 767	27	9.68 303	33	0.31 697	9.95 464	6	16
45	9.63 794	26	9.68 336	32	0.31 664	9.95 458	6	15
46	9.63 820	26	9.68 368	32	0.31 632	9.95 452	6	14
47	9.63 846	26	9.68 400	32	0.31 600	9.95 446	6	13
48	9.63 872	26	9.68 432	33	0.31 568	9.95 440	6	12
49	9.63 898	26	9.68 465	32	0.31 535	9.95 434	7	11
50	9.63 924	26	9.68 497	32	0.31 503	9.95 427	6	10
51	9.63 950	26	9.68 529	32	0.31 471	9.95 421	6	9
52	9.63 976	26	9.68 561	32	0.31 439	9.95 415	6	8
53	9.64 002	26	9.68 593	33	0.31 407	9.95 409	6	7
54	9.64 028	26	9.68 626	32	0.31 374	9.95 403	6	6
55	9.64 054	26	9.68 658	32	0.31 342	9.95 397	6	5
56	9.64 080	26	9.68 690	32	0.31 310	9.95 391	7	4
57	9.64 106	26	9.68 722	32	0.31 278	9.95 384	6	3
58	9.64 132	26	9.68 754	32	0.31 246	9.95 378	6	2
59	9.64 158	26	9.68 786	32	0.31 214	9.95 372	6	1
60	9.64 184		9.68 818		0.31 182	9.95 366		0
	L Cos	d	L Ctn	c d	L Tan	L Sin	d	′

Prop. Pts.

	33	32	27
2	6.6	6.4	5.4
3	9.9	9.6	8.1
4	13.2	12.8	10.8
5	16.5	16.0	13.5
6	19.8	19.2	16.2
7	23.1	22.4	18.9
8	26.4	25.6	21.6
9	29.7	28.8	24.3

	26	7
2	5.2	1.4
3	7.8	2.1
4	10.4	2.8
5	13.0	3.5
6	15.6	4.2
7	18.2	4.9
8	20.8	5.6
9	23.4	6.3

	6	5
2	1.2	1.0
3	1.8	1.5
4	2.4	2.0
5	3.0	2.5
6	3.6	3.0
7	4.2	3.5
8	4.8	4.0
9	5.4	4.5

From the top.

For 25°+ or 205°+, read as printed; for 115°+ or 295°+, read co-function.

From the bottom:

For 64°+ or 244°+, read as printed; for 154°+ or 334°+, read co-function.

64° — Logarithms of Trigonometric Functions

26° — Logarithms of Trigonometric Functions [III]

′	L Sin	d	L Tan	c d	L Ctn	L Cos	d	′	Prop. Pts.			
0	9.64 184		9.68 818		0.31 182	9.95 366		60				
1	9.64 210	26	9.68 850	32	0.31 150	9.95 360	6	59				
2	9.64 236	26	9.68 882	32	0.31 118	9.95 354	6	58				
3	9.64 262	26	9.68 914	32	0.31 086	9.95 348	6	57				
4	9.64 288	26	9.68 946	32	0.31 054	9.95 341	7	56				
5	9.64 313	25	9.68 978	32	0.31 022	9.95 335	6	55		32	31	26
6	9.64 339	26	9.69 010	32	0.30 990	9.95 329	6	54	2	6.4	6.2	5.2
7	9.64 365	26	9.69 042	32	0.30 958	9.95 323	6	53	3	9.6	9.3	7.8
8	9.64 391	26	9.69 074	32	0.30 926	9.95 317	6	52	4	12.8	12.4	10.4
9	9.64 417	26	9.69 106	32	0.30 894	9.95 310	7	51	5	16.0	15.5	13.0
10	9.64 442	25	9.69 138	32	0.30 862	9.95 304	6	50	6	19.2	18.6	15.6
11	9.64 468	26	9.69 170	32	0.30 830	9.95 298	6	49	7	22.4	21.7	18.2
12	9.64 494	26	9.69 202	32	0.30 798	9.95 292	6	48	8	25.6	24.8	20.8
13	9.64 519	25	9.69 234	32	0.30 766	9.95 286	6	47	9	28.8	27.9	23.4
14	9.64 545	26	9.69 266	32	0.30 734	9.95 279	7	46				
15	9.64 571	26	9.69 298	31	0.30 702	9.95 273	6	45				
16	9.64 596	25	9.69 329	32	0.30 671	9.95 267	6	44			25	24
17	9.64 622	26	9.69 361	32	0.30 639	9.95 261	6	43	2		5.0	4.8
18	9.64 647	25	9.69 393	32	0.30 607	9.95 254	7	42	3		7.5	7.2
19	9.64 673	26	9.69 425	32	0.30 575	9.95 248	6	41	4		10.0	9.6
20	9.64 698	25	9.69 457	31	0.30 543	9.95 242	6	40	5		12.5	12.0
21	9.64 724	26	9.69 488	32	0.30 512	9.95 236	6	39	6		15.0	14.4
22	9.64 749	25	9.69 520	32	0.30 480	9.95 229	7	38	7		17.5	16.8
23	9.64 775	26	9.69 552	32	0.30 448	9.95 223	6	37	8		20.0	19.2
24	9.64 800	25	9.69 584	31	0.30 416	9.95 217	6	36	9		22.5	21.6
25	9.64 826	26	9.69 615	32	0.30 385	9.95 211	6	35				
26	9.64 851	25	9.69 647	32	0.30 353	9.95 204	7	34				
27	9.64 877	26	9.69 679	31	0.30 321	9.95 198	6	33				
28	9.64 902	25	9.69 710	32	0.30 290	9.95 192	6	32			7	6
29	9.64 927	26	9.69 742	32	0.30 258	9.95 185	7	31	2		1.4	1.2
30	9.64 953	25	9.69 774	31	0.30 226	9.95 179	6	30	3		2.1	1.8
31	9.64 978	25	9.69 805	32	0.30 195	9.95 173	6	29	4		2.8	2.4
32	9.65 003	26	9.69 837	31	0.30 163	9.95 167	7	28	5		3.5	3.0
33	9.65 029	25	9.69 868	32	0.30 132	9.95 160	6	27	6		4.2	3.6
34	9.65 054	25	9.69 900	32	0.30 100	9.95 154	6	26	7		4.9	4.2
35	9.65 079	25	9.69 932	31	0.30 068	9.95 148	7	25	8		5.6	4.8
36	9.65 104	26	9.69 963	32	0.30 037	9.95 141	6	24	9		6.3	5.4
37	9.65 130	25	9.69 995	31	0.30 005	9.95 135	6	23				
38	9.65 155	25	9.70 026	32	0.29 974	9.95 129	7	22				
39	9.65 180	25	9.70 058	31	0.29 942	9.95 122	6	21				
40	9.65 205	25	9.70 089	32	0.29 911	9.95 116	6	20				
41	9.65 230	25	9.70 121	31	0.29 879	9.95 110	7	19				
42	9.65 255	26	9.70 152	32	0.29 848	9.95 103	6	18	*From the top:*			
43	9.65 281	25	9.70 184	31	0.29 816	9.95 097	7	17				
44	9.65 306	25	9.70 215	32	0.29 785	9.95 090	6	16	For **26°+** or **206°+**,			
45	9.65 331	25	9.70 247	31	0.29 753	9.95 084	6	15	read as printed; for			
46	9.65 356	25	9.70 278	31	0.29 722	9.95 078	7	14	**116°+** or **296°+**, read			
47	9.65 381	25	9.70 309	32	0.29 691	9.95 071	6	13	co-function.			
48	9.65 406	25	9.70 341	31	0.29 659	9.95 065	6	12				
49	9.65 431	25	9.70 372	32	0.29 628	9.95 059	7	11				
50	9.65 456	25	9.70 404	31	0.29 596	9.95 052	6	10	*From the bottom:*			
51	9.65 481	25	9.70 435	31	0.29 565	9.95 046	7	9				
52	9.65 506	25	9.70 466	32	0.29 534	9.95 039	6	8	For **63°+** or **243°+**,			
53	9.65 531	25	9.70 498	31	0.29 502	9.95 033	7	7	read as printed; for			
54	9.65 556	24	9.70 529	31	0.29 471	9.95 027	6	6	**153°+** or **333°+**, read			
55	9.65 580	25	9.70 560	32	0.29 440	9.95 020	6	5	co-function.			
56	9.65 605	25	9.70 592	31	0.29 408	9.95 014	7	4				
57	9.65 630	25	9.70 623	31	0.29 377	9.95 007	6	3				
58	9.65 655	25	9.70 654	31	0.29 346	9.95 001	6	2				
59	9.65 680	25	9.70 685	32	0.29 315	9.94 995	7	1				
60	9.65 705		9.70 717		0.29 283	9.94 988		0				
	L Cos	d	L Ctn	c d	L Tan	L Sin	d	′	Prop. Pts.			

63° — Logarithms of Trigonometric Functions

27° — Logarithms of Trigonometric Functions

′	L Sin	d	L Tan	c d	L Ctn	L Cos	d	′	Prop. Pts.			
0	9.65 705	24	9.70 717	31	0.29 283	9.94 988	6	60				
1	9.65 729	25	9.70 748	31	0.29 252	9.94 982	7	59				
2	9.65 754	25	9.70 779	31	0.29 221	9.94 975	6	58				
3	9.65 779	25	9.70 810	31	0.29 190	9.94 969	7	57				
4	9.65 804	24	9.70 841	32	0.29 159	9.94 962	6	56		32	31	30
5	9.65 828	25	9.70 873	31	0.29 127	9.94 956	7	55	2	6.4	6.2	6.0
6	9.65 853	25	9.70 904	31	0.29 096	9.94 949	6	54	3	9.6	9.3	9.0
7	9.65 878	24	9.70 935	31	0.29 065	9.94 943	7	53	4	12.8	12.4	12.0
8	9.65 902	25	9.70 966	31	0.29 034	9.94 936	6	52	5	16.0	15.5	15.0
9	9.65 927	25	9.70 997	31	0.29 003	9.94 930	7	51	6	19.2	18.6	18.0
10	9.65 952	24	9.71 028	31	0.28 972	9.94 923	6	50	7	22.4	21.7	21.0
11	9.65 976	25	9.71 059	31	0.28 941	9.94 917	7	49	8	25.6	24.8	24.0
12	9.66 001	24	9.71 090	31	0.28 910	9.94 911	6	48	9	28.8	27.9	27.0
13	9.66 025	25	9.71 121	32	0.28 879	9.94 904	7	47				
14	9.66 050	25	9.71 153	31	0.28 847	9.94 898	6	46				
15	9.66 075	24	9.71 184	31	0.28 816	9.94 891	7	45				
16	9.66 099	25	9.71 215	31	0.28 785	9.94 885	6	44		25	24	23
17	9.66 124	24	9.71 246	31	0.28 754	9.94 878	7	43	2	5.0	4.8	4.6
18	9.66 148	25	9.71 277	31	0.28 723	9.94 871	6	42	3	7.5	7.2	6.9
19	9.66 173	24	9.71 308	31	0.28 692	9.94 865	7	41	4	10.0	9.6	9.2
20	9.66 197	24	9.71 339	31	0.28 661	9.94 858	6	40	5	12.5	12.0	11.5
21	9.66 221	25	9.71 370	31	0.28 630	9.94 852	7	39	6	15.0	14.4	13.8
22	9.66 246	24	9.71 401	30	0.28 599	9.94 845	6	38	7	17.5	16.8	16.1
23	9.66 270	25	9.71 431	31	0.28 569	9.94 839	7	37	8	20.0	19.2	18.4
24	9.66 295	24	9.71 462	31	0.28 538	9.94 832	6	36	9	22.5	21.6	20.7
25	9.66 319	24	9.71 493	31	0.28 507	9.94 826	7	35				
26	9.66 343	25	9.71 524	31	0.28 476	9.94 819	6	34				
27	9.66 368	24	9.71 555	31	0.28 445	9.94 813	7	33			7	6
28	9.66 392	24	9.71 586	31	0.28 414	9.94 806	6	32				
29	9.66 416	25	9.71 617	31	0.28 383	9.94 799	7	31	2		1.4	1.2
30	9.66 441	24	9.71 648	31	0.28 352	9.94 793	6	30	3		2.1	1.8
31	9.66 465	24	9.71 679	30	0.28 321	9.94 786	7	29	4		2.8	2.4
32	9.66 489	24	9.71 709	31	0.28 291	9.94 780	6	28	5		3.5	3.0
33	9.66 513	24	9.71 740	31	0.28 260	9.94 773	7	27	6		4.2	3.6
34	9.66 537	25	9.71 771	31	0.28 229	9.94 767	6	26	7		4.9	4.2
35	9.66 562	24	9.71 802	31	0.28 198	9.94 760	7	25	8		5.6	4.8
36	9.66 586	24	9.71 833	30	0.28 167	9.94 753	6	24	9		6.3	5.4
37	9.66 610	24	9.71 863	31	0.28 137	9.94 747	7	23				
38	9.66 634	24	9.71 894	31	0.28 106	9.94 740	6	22				
39	9.66 658	24	9.71 925	30	0.28 075	9.94 734	7	21				
40	9.66 682	24	9.71 955	31	0.28 045	9.94 727	7	20				
41	9.66 706	25	9.71 986	31	0.28 014	9.94 720	6	19	*From the top:*			
42	9.66 731	24	9.72 017	31	0.27 983	9.94 714	7	18				
43	9.66 755	24	9.72 048	30	0.27 952	9.94 707	7	17	For **27°+** or **207°+**,			
44	9.66 779	24	9.72 078	31	0.27 922	9.94 700	6	16	read as printed; for			
45	9.66 803	24	9.72 109	31	0.27 891	9.94 694	7	15	**117°+** or **297°+**, read			
46	9.66 827	24	9.72 140	30	0.27 860	9.94 687	7	14	co-function.			
47	9.66 851	24	9.72 170	31	0.27 830	9.94 680	6	13				
48	9.66 875	24	9.72 201	30	0.27 799	9.94 674	7	12				
49	9.66 899	23	9.72 231	31	0.27 769	9.94 667	7	11	*From the bottom:*			
50	9.66 922	24	9.72 262	31	0.27 738	9.94 660	6	10				
51	9.66 946	24	9.72 293	30	0.27 707	9.94 654	7	9	For **62°+** or **242°+**,			
52	9.66 970	24	9.72 323	31	0.27 677	9.94 647	7	8	read as printed; for			
53	9.66 994	24	9.72 354	30	0.27 646	9.94 640	6	7	**152°+** or **332°+**, read			
54	9.67 018	24	9.72 384	31	0.27 616	9.94 634	7	6	co-function.			
55	9.67 042	24	9.72 415	30	0.27 585	9.94 627	7	5				
56	9.67 066	24	9.72 445	31	0.27 555	9.94 620	6	4				
57	9.67 090	23	9.72 476	30	0.27 524	9.94 614	7	3				
58	9.67 113	24	9.72 506	31	0.27 494	9.94 607	7	2				
59	9.67 137	24	9.72 537	30	0.27 463	9.94 600	7	1				
60	9.67 161		9.72 567		0.27 433	9.94 593		0				
	L Cos	d	L Ctn	c d	L Tan	L Sin	d	′	Prop. Pts.			

62° — Logarithms of Trigonometric Functions

28° — Logarithms of Trigonometric Functions [III

′	L Sin	d	L Tan	c d	L Ctn	L Cos	d		Prop. Pts.					
0	9.67 161		9.72 567		0.27 433	9.94 593		60						
1	9.67 185	24	9.72 598	31	0.27 402	9.94 587	6	59						
2	9.67 208	23	9.72 628	30	0.27 372	9.94 580	7	58						
3	9.67 232	24	9.72 659	31	0.27 341	9.94 573	7	57						
4	9.67 256	24	9.72 689	30	0.27 311	9.94 567	6	56						
5	9.67 280	24	9.72 720	31	0.27 280	9.94 560	7	55			31	30	29	
6	9.67 303	23	9.72 750	30	0.27 250	9.94 553	7	54		2	6.2	6.0	5.8	
7	9.67 327	24	9.72 780	30	0.27 220	9.94 546	7	53		3	9.3	9.0	8.7	
8	9.67 350	23	9.72 811	31	0.27 189	9.94 540	6	52		4	12.4	12.0	11.6	
9	9.67 374	24	9.72 841	30	0.27 159	9.94 533	7	51		5	15.5	15.0	14.5	
10	9.67 398	24	9.72 872	31	0.27 128	9.94 526	7	50		6	18.6	18.0	17.4	
11	9.67 421	23	9.72 902	30	0.27 098	9.94 519	7	49		7	21.7	21.0	20.3	
12	9.67 445	24	9.72 932	30	0.27 068	9.94 513	6	48		8	24.8	24.0	23.2	
13	9.67 468	23	9.72 963	31	0.27 037	9.94 506	7	47		9	27.9	27.0	26.1	
14	9.67 492	24	9.72 993	30	0.27 007	9.94 499	7	46						
15	9.67 515	23	9.73 023	30	0.26 977	9.94 492	7	45						
16	9.67 539	24	9.73 054	31	0.26 946	9.94 485	7	44			24	23	22	
17	9.67 562	23	9.73 084	30	0.26 916	9.94 479	6	43						
18	9.67 586	24	9.73 114	30	0.26 886	9.94 472	7	42		2	4.8	4.6	4.4	
19	9.67 609	23	9.73 144	30	0.26 856	9.94 465	7	41		3	7.2	6.9	6.6	
20	9.67 633	24	9.73 175	31	0.26 825	9.94 458	7	40		4	9.6	9.2	8.8	
21	9.67 656	23	9.73 205	30	0.26 795	9.94 451	7	39		5	12.0	11.5	11.0	
22	9.67 680	24	9.73 235	30	0.26 765	9.94 445	6	38		6	14.4	13.8	13.2	
23	9.67 703	23	9.73 265	30	0.26 735	9.94 438	7	37		7	16.8	16.1	15.4	
24	9.67 726	23	9.73 295	30	0.26 705	9.94 431	7	36		8	19.2	18.4	17.6	
25	9.67 750	24	9.73 326	31	0.26 674	9.94 424	7	35		9	21.6	20.7	19.8	
26	9.67 773	23	9.73 356	30	0.26 644	9.94 417	7	34						
27	9.67 796	23	9.73 386	30	0.26 614	9.94 410	7	33						
28	9.67 820	24	9.73 416	30	0.26 584	9.94 404	6	32				7	6	
29	9.67 843	23	9.73 446	30	0.26 554	9.94 397	7	31						
30	9.67 866	23	9.73 476	30	0.26 524	9.94 390	7	30		2		1.4	1.2	
31	9.67 890	24	9.73 507	31	0.26 493	9.94 383	7	29		3		2.1	1.8	
32	9.67 913	23	9.73 537	30	0.26 463	9.94 376	7	28		4		2.8	2.4	
33	9.67 936	23	9.73 567	30	0.26 433	9.94 369	7	27		5		3.5	3.0	
34	9.67 959	23	9.73 597	30	0.26 403	9.94 362	7	26		6		4.2	3.6	
35	9.67 982	24	9.73 627	30	0.26 373	9.94 355	6	25		7		4.9	4.2	
36	9.68 006	23	9.73 657	30	0.26 343	9.94 349	7	24		8		5.6	4.8	
37	9.68 029	23	9.73 687	30	0.26 313	9.94 342	7	23		9		6.3	5.4	
38	9.68 052	23	9.73 717	30	0.26 283	9.94 335	7	22						
39	9.68 075	23	9.73 747	30	0.26 253	9.94 328	7	21						
40	9.68 098	23	9.73 777	30	0.26 223	9.94 321	7	20						
41	9.68 121	23	9.73 807	30	0.26 193	9.94 314	7	19		*From the top:*				
42	9.68 144	23	9.73 837	30	0.26 163	9.94 307	7	18						
43	9.68 167	23	9.73 867	30	0.26 133	9.94 300	7	17		For **28°+** or **208°+**,				
44	9.68 190	23	9.73 897	30	0.26 103	9.94 293	7	16		read as printed; for				
45	9.68 213	24	9.73 927	30	0.26 073	9.94 286	7	15		**118°+** or **298°+**, read				
46	9.68 237	23	9.73 957	30	0.26 043	9.94 279	6	14		co-function.				
47	9.68 260	23	9.73 987	30	0.26 013	9.94 273	7	13						
48	9.68 283	22	9.74 017	30	0.25 983	9.94 266	7	12		*From the bottom:*				
49	9.68 305	23	9.74 047	30	0.25 953	9.94 259	7	11						
50	9.68 328	23	9.74 077	30	0.25 923	9.94 252	7	10		For **61°+** or **241°+**,				
51	9.68 351	23	9.74 107	30	0.25 893	9.94 245	7	9		read as printed; for				
52	9.68 374	23	9.74 137	29	0.25 863	9.94 238	7	8		**151°+** or **331°+**, read				
53	9.68 397	23	9.74 166	30	0.25 834	9.94 231	7	7		co-function.				
54	9.68 420	23	9.74 196	30	0.25 804	9.94 224	7	6						
55	9.68 443	23	9.74 226	30	0.25 774	9.94 217	7	5						
56	9.68 466	23	9.74 256	30	0.25 744	9.94 210	7	4						
57	9.68 489	23	9.74 286	30	0.25 714	9.94 203	7	3						
58	9.68 512	22	9.74 316	29	0.25 684	9.94 196	7	2						
59	9.68 534	23	9.74 345	30	0.25 655	9.94 189	7	1						
60	9.68 557		9.74 375		0.25 625	9.94 182		0						
	L Cos	d	L Ctn	c d	L Tan	L Sin	d	′	Prop. Pts.					

61° — Logarithms of Trigonometric Functions

29° — Logarithms of Trigonometric Functions

′	L Sin	d	L Tan	c d	L Ctn	L Cos	d		Prop. Pts.		
0	9.68 557	23	9.74 375	30	0.25 625	9.94 182	7	60			
1	9.68 580	23	9.74 405	30	0.25 595	9.94 175	7	59			
2	9.68 603	22	9.74 435	30	0.25 565	9.94 168	7	58			
3	9.68 625	23	9.74 465	29	0.25 535	9.94 161	7	57			
4	9.68 648	23	9.74 494	30	0.25 506	9.94 154	7	56			
5	9.68 671	23	9.74 524	30	0.25 476	9.94 147	7	55			
6	9.68 694	22	9.74 554	29	0.25 446	9.94 140	7	54			
7	9.68 716	23	9.74 583	30	0.25 417	9.94 133	7	53			
8	9.68 739	23	9.74 613	30	0.25 387	9.94 126	7	52	**30**	**29**	**23**
9	9.68 762	22	9.74 643	30	0.25 357	9.94 119	7	51			
10	9.68 784	23	9.74 673	29	0.25 327	9.94 112	7	50	2 6.0	5.8	4.6
11	9.68 807	22	9.74 702	30	0.25 298	9.94 105	7	49	3 9.0	8.7	6.9
12	9.68 829	23	9.74 732	30	0.25 268	9.94 098	8	48	4 12.0	11.6	9.2
13	9.68 852	23	9.74 762	29	0.25 238	9.94 090	7	47	5 15.0	14.5	11.5
14	9.68 875	22	9.74 791	30	0.25 209	9.94 083	7	46	6 18.0	17.4	13.8
15	9.68 897	23	9.74 821	30	0.25 179	9.94 076	7	45	7 21.0	20.3	16.1
16	9.68 920	22	9.74 851	29	0.25 149	9.94 069	7	44	8 24.0	23.2	18.4
17	9.68 942	23	9.74 880	30	0.25 120	9.94 062	7	43	9 27.0	26.1	20.7
18	9.68 965	22	9.74 910	29	0.25 090	9.94 055	7	42			
19	9.68 987	23	9.74 939	30	0.25 061	9.94 048	7	41			
20	9.69 010	22	9.74 969	29	0.25 031	9.94 041	7	40			
21	9.69 032	23	9.74 998	30	0.25 002	9.94 034	7	39	**22**	**8**	**7**
22	9.69 055	22	9.75 028	30	0.24 972	9.94 027	7	38			
23	9.69 077	23	9.75 058	29	0.24 942	9.94 020	8	37	2 4.4	1.6	1.4
24	9.69 100	22	9.75 087	30	0.24 913	9.94 012	7	36	3 6.6	2.4	2.1
25	9.69 122	22	9.75 117	29	0.24 883	9.94 005	7	35	4 8.8	3.2	2.8
26	9.69 144	23	9.75 146	30	0.24 854	9.93 998	7	34	5 11.0	4.0	3.5
27	9.69 167	22	9.75 176	29	0.24 824	9.93 991	7	33	6 13.2	4.8	4.2
28	9.69 189	23	9.75 205	30	0.24 795	9.93 984	7	32	7 15.4	5.6	4.9
29	9.69 212	22	9.75 235	29	0.24 765	9.93 977	7	31	8 17.6	6.4	5.6
30	9.69 234	22	9.75 264	30	0.24 736	9.93 970	7	30	9 19.8	7.2	6.3
31	9.69 256	23	9.75 294	29	0.24 706	9.93 963	8	29			
32	9.69 279	22	9.75 323	30	0.24 677	9.93 955	7	28			
33	9.69 301	22	9.75 353	29	0.24 647	9.93 948	7	27			
34	9.69 323	22	9.75 382	29	0.24 618	9.93 941	7	26			
35	9.69 345	23	9.75 411	30	0.24 589	9.93 934	7	25			
36	9.69 368	22	9.75 441	29	0.24 559	9.93 927	7	24			
37	9.69 390	22	9.75 470	30	0.24 530	9.93 920	8	23	*From the top:*		
38	9.69 412	22	9.75 500	29	0.24 500	9.93 912	7	22			
39	9.69 434	22	9.75 529	29	0.24 471	9.93 905	7	21	For **29°+** or **209°+**,		
40	9.69 456	23	9.75 558	30	0.24 442	9.93 898	7	20	read as printed; for		
41	9.69 479	22	9.75 588	29	0.24 412	9.93 891	7	19	**119°+** or **299°+**, read		
42	9.69 501	22	9.75 617	30	0.24 383	9.93 884	8	18	co-function.		
43	9.69 523	22	9.75 647	29	0.24 353	9.93 876	7	17			
44	9.69 545	22	9.75 676	29	0.24 324	9.93 869	7	16			
45	9.69 567	22	9.75 705	30	0.24 295	9.93 862	7	15	*From the bottom:*		
46	9.69 589	22	9.75 735	29	0.24 265	9.93 855	8	14			
47	9.69 611	22	9.75 764	29	0.24 236	9.93 847	7	13	For **60°+** or **240°+**,		
48	9.69 633	22	9.75 793	30	0.24 207	9.93 840	7	12	read as printed; for		
49	9.69 655	22	9.75 822	30	0.24 178	9.93 833	7	11	**150°+** or **330°+**, read		
50	9.69 677	22	9.75 852	29	0.24 148	9.93 826	7	10	co-function.		
51	9.69 699	22	9.75 881	29	0.24 119	9.93 819	8	9			
52	9.69 721	22	9.75 910	29	0.24 090	9.93 811	7	8			
53	9.69 743	22	9.75 939	30	0.24 061	9.93 804	7	7			
54	9.69 765	22	9.75 969	29	0.24 031	9.93 797	8	6			
55	9.69 787	22	9.75 998	29	0.24 002	9.93 789	7	5			
56	9.69 809	22	9.76 027	29	0.23 973	9.93 782	7	4			
57	9.69 831	22	9.76 056	30	0.23 944	9.93 775	7	3			
58	9.69 853	22	9.76 086	29	0.23 914	9.93 768	8	2			
59	9.69 875	22	9.76 115	29	0.23 885	9.93 760	7	1			
60	9.69 897		9.76 144		0.23 856	9.93 753		0			
	L Cos	d	L Ctn	c d	L Tan	L Sin	d	′	Prop. Pts.		

60° — Logarithms of Trigonometric Functions

30° — Logarithms of Trigonometric Functions [III]

′	L Sin	d	L Tan	c d	L Ctn	L Cos	d		Prop. Pts.		
0	9.69 897	22	9.76 144	29	0.23 856	9.93 753	7	60			
1	9.69 919	22	9.76 173	29	0.23 827	9.93 746	8	59			
2	9.69 941	22	9.76 202	29	0.23 798	9.93 738	7	58			
3	9.69 963	21	9.76 231	30	0.23 769	9.93 731	7	57			
4	9.69 984	22	9.76 261	29	0.23 739	9.93 724	7	56		30	29	28
5	9.70 006	22	9.76 290	29	0.23 710	9.93 717	8	55				
6	9.70 028	22	9.76 319	29	0.23 681	9.93 709	7	54	2	6.0	5.8	5.6
7	9.70 050	22	9.76 348	29	0.23 652	9.93 702	7	53	3	9.0	8.7	8.4
8	9.70 072	21	9.76 377	29	0.23 623	9.93 695	8	52	4	12.0	11.6	11.2
9	9.70 093	22	9.76 406	29	0.23 594	9.93 687	7	51	5	15.0	14.5	14.0
10	9.70 115	22	9.76 435	29	0.23 565	9.93 680	7	50	6	18.0	17.4	16.8
11	9.70 137	22	9.76 464	29	0.23 536	9.93 673	8	49	7	21.0	20.3	19.6
12	9.70 159	21	9.76 493	29	0.23 507	9.93 665	7	48	8	24.0	23.2	22.4
13	9.70 180	22	9.76 522	29	0.23 478	9.93 658	8	47	9	27.0	26.1	25.2
14	9.70 202	22	9.76 551	29	0.23 449	9.93 650	7	46				
15	9.70 224	21	9.76 580	29	0.23 420	9.93 643	7	45				
16	9.70 245	22	9.76 609	30	0.23 391	9.93 636	8	44		22	21
17	9.70 267	21	9.76 639	29	0.23 361	9.93 628	7	43			
18	9.70 288	22	9.76 668	29	0.23 332	9.93 621	7	42	2	4.4	4.2
19	9.70 310	22	9.76 697	28	0.23 303	9.93 614	8	41	3	6.6	6.3
20	9.70 332	21	9.76 725	29	0.23 275	9.93 606	7	40	4	8.8	8.4
21	9.70 353	22	9.76 754	29	0.23 246	9.93 599	8	39	5	11.0	10.5
22	9.70 375	21	9.76 783	29	0.23 217	9.93 591	7	38	6	13.2	12.6
23	9.70 396	22	9.76 812	29	0.23 188	9.93 584	7	37	7	15.4	14.7
24	9.70 418	21	9.76 841	29	0.23 159	9.93 577	8	36	8	17.6	16.8
25	9.70 439	22	9.76 870	29	0.23 130	9.93 569	7	35	9	19.8	18.9
26	9.70 461	21	9.76 899	29	0.23 101	9.93 562	8	34			
27	9.70 482	22	9.76 928	29	0.23 072	9.93 554	7	33			
28	9.70 504	21	9.76 957	29	0.23 043	9.93 547	8	32		8	7
29	9.70 525	22	9.76 986	29	0.23 014	9.93 539	7	31			
30	9.70 547	21	9.77 015	29	0.22 985	9.93 532	7	30	2	1.6	1.4
31	9.70 568	22	9.77 044	29	0.22 956	9.93 525	8	29	3	2.4	2.1
32	9.70 590	21	9.77 073	28	0.22 927	9.93 517	7	28	4	3.2	2.8
33	9.70 611	22	9.77 101	29	0.22 899	9.93 510	8	27	5	4.0	3.5
34	9.70 633	21	9.77 130	29	0.22 870	9.93 502	7	26	6	4.8	4.2
35	9.70 654	21	9.77 159	29	0.22 841	9.93 495	8	25	7	5.6	4.9
36	9.70 675	22	9.77 188	29	0.22 812	9.93 487	7	24	8	6.4	5.6
37	9.70 697	21	9.77 217	29	0.22 783	9.93 480	8	23	9	7.2	6.3
38	9.70 718	21	9.77 246	28	0.22 754	9.93 472	7	22			
39	9.70 739	22	9.77 274	29	0.22 726	9.93 465	8	21			
40	9.70 761	21	9.77 303	29	0.22 697	9.93 457	7	20			
41	9.70 782	21	9.77 332	29	0.22 668	9.93 450	8	19	*From the top:*		
42	9.70 803	21	9.77 361	29	0.22 639	9.93 442	7	18			
43	9.70 824	22	9.77 390	28	0.22 610	9.93 435	8	17	For **30°+** or **210°+**,		
44	9.70 846	21	9.77 418	29	0.22 582	9.93 427	7	16	read as printed; for		
45	9.70 867	21	9.77 447	29	0.22 553	9.93 420	8	15	**120°+** or **300°+**, read		
46	9.70 888	21	9.77 476	29	0.22 524	9.93 412	7	14	co-function.		
47	9.70 909	22	9.77 505	28	0.22 495	9.93 405	8	13			
48	9.70 931	21	9.77 533	29	0.22 467	9.93 397	7	12			
49	9.70 952	21	9.77 562	29	0.22 438	9.93 390	8	11	*From the bottom:*		
50	9.70 973	21	9.77 591	28	0.22 409	9.93 382	7	10			
51	9.70 994	21	9.77 619	29	0.22 381	9.93 375	8	9	For **59°+** or **239°+**,		
52	9.71 015	21	9.77 648	29	0.22 352	9.93 367	7	8	read as printed; for		
53	9.71 036	22	9.77 677	29	0.22 323	9.93 360	8	7	**149°+** or **329°+**, read		
54	9.71 058	21	9.77 706	28	0.22 294	9.93 352	8	6	co-function.		
55	9.71 079	21	9.77 734	29	0.22 266	9.93 344	7	5			
56	9.71 100	21	9.77 763	28	0.22 237	9.93 337	8	4			
57	9.71 121	21	9.77 791	29	0.22 209	9.93 329	7	3			
58	9.71 142	21	9.77 820	29	0.22 180	9.93 322	8	2			
59	9.71 163	21	9.77 849	28	0.22 151	9.93 314	7	1			
60	9.71 184		9.77 877		0.22 123	9.93 307		0			
	L Cos	d	L Ctn	c d	L Tan	L Sin	d	′	Prop. Pts.		

59° — Logarithms of Trigonometric Functions

31° — Logarithms of Trigonometric Functions

	L Sin	d	L Tan	c d	L Ctn	L Cos	d		Prop. Pts.		
0	9.71 184		9.77 877		0.22 123	9.93 307		60			
1	9.71 205	21	9.77 906	29	0.22 094	9.93 299	8	59			
2	9.71 226	21	9.77 935	29	0.22 065	9.93 291	8	58			
3	9.71 247	21	9.77 963	28	0.22 037	9.93 284	7	57			
4	9.71 268	21	9.77 992	29	0.22 008	9.93 276	8	56			
5	9.71 289	21	9.78 020	28	0.21 980	9.93 269	7	55			
6	9.71 310	21	9.78 049	29	0.21 951	9.93 261	8	54			
7	9.71 331	21	9.78 077	28	0.21 923	9.93 253	8	53			
8	9.71 352	21	9.78 106	29	0.21 894	9.93 246	7	52	**29**	**28**	**21**
9	9.71 373	21	9.78 135	29	0.21 865	9.93 238	8	51			
10	9.71 393	20	9.78 163	28	0.21 837	9.93 230	8	50	2 5.8	5.6	4.2
11	9.71 414	21	9.78 192	29	0.21 808	9.93 223	7	49	3 8.7	8.4	6.3
12	9.71 435	21	9.78 220	28	0.21 780	9.93 215	8	48	4 11.6	11.2	8.4
13	9.71 456	21	9.78 249	29	0.21 751	9.93 207	8	47	5 14.5	14.0	10.5
14	9.71 477	21	9.78 277	28	0.21 723	9.93 200	7	46	6 17.4	16.8	12.6
		21		29			8		7 20.3	19.6	14.7
15	9.71 498	21	9.78 306	28	0.21 694	9.93 192	8	45	8 23.2	22.4	16.8
16	9.71 519	20	9.78 334	29	0.21 666	9.93 184	7	44	9 26.1	25.2	18.9
17	9.71 539	21	9.78 363	28	0.21 637	9.93 177	8	43			
18	9.71 560	21	9.78 391	28	0.21 609	9.93 169	8	42			
19	9.71 581	21	9.78 419	29	0.21 581	9.93 161	7	41			
20	9.71 602	20	9.78 448	28	0.21 552	9.93 154	8	40			
21	9.71 622	21	9.78 476	29	0.21 524	9.93 146	8	39	**20**	**8**	**7**
22	9.71 643	21	9.78 505	28	0.21 495	9.93 138	7	38			
23	9.71 664	21	9.78 533	29	0.21 467	9.93 131	8	37	2 4.0	1.6	1.4
24	9.71 685	20	9.78 562	28	0.21 438	9.93 123	8	36	3 6.0	2.4	2.1
25	9.71 705	21	9.78 590	28	0.21 410	9.93 115	7	35	4 8.0	3.2	2.8
26	9.71 726	21	9.78 618	29	0.21 382	9.93 108	8	34	5 10.0	4.0	3.5
27	9.71 747	20	9.78 647	28	0.21 353	9.93 100	8	33	6 12.0	4.8	4.2
28	9.71 767	21	9.78 675	29	0.21 325	9.93 092	8	32	7 14.0	5.6	4.9
29	9.71 788	21	9.78 704	28	0.21 296	9.93 084	7	31	8 16.0	6.4	5.6
30	9.71 809	20	9.78 732	28	0.21 268	9.93 077	8	30	9 18.0	7.2	6.3
31	9.71 829	21	9.78 760	29	0.21 240	9.93 069	8	29			
32	9.71 850	20	9.78 789	28	0.21 211	9.93 061	8	28			
33	9.71 870	21	9.78 817	28	0.21 183	9.93 053	7	27			
34	9.71 891	20	9.78 845	29	0.21 155	9.93 046	8	26			
35	9.71 911	21	9.78 874	28	0.21 126	9.93 038	8	25			
36	9.71 932	20	9.78 902	28	0.21 098	9.93 030	8	24			
37	9.71 952	21	9.78 930	29	0.21 070	9.93 022	8	23			
38	9.71 973	21	9.78 959	28	0.21 041	9.93 014	7	22	*From the top:*		
39	9.71 994	20	9.78 987	28	0.21 013	9.93 007	8	21			
40	9.72 014	20	9.79 015	28	0.20 985	9.92 999	8	20	For **31°+** or **211°+**,		
41	9.72 034	21	9.79 043	29	0.20 957	9.92 991	8	19	read as printed; for		
42	9.72 055	20	9.79 072	28	0.20 928	9.92 983	7	18	**121°+** or **301°+**, read		
43	9.72 075	21	9.79 100	28	0.20 900	9.92 976	8	17	co-function.		
44	9.72 096	20	9.79 128	28	0.20 872	9.92 968	8	16			
45	9.72 116	21	9.79 156	29	0.20 844	9.92 960	8	15	*From the bottom:*		
46	9.72 137	20	9.79 185	28	0.20 815	9.92 952	8	14			
47	9.72 157	20	9.79 213	28	0.20 787	9.92 944	8	13	For **58°+** or **238°+**,		
48	9.72 177	21	9.79 241	28	0.20 759	9.92 936	7	12	read as printed; for		
49	9.72 198	20	9.79 269	28	0.20 731	9.92 929	8	11	**148°+** or **328°+**, read		
50	9.72 218	20	9.79 297	29	0.20 703	9.92 921	8	10	co-function.		
51	9.72 238	21	9.79 326	28	0.20 674	9.92 913	8	9			
52	9.72 259	20	9.79 354	28	0.20 646	9.92 905	8	8			
53	9.72 279	20	9.79 382	28	0.20 618	9.92 897	8	7			
54	9.72 299	21	9.79 410	28	0.20 590	9.92 889	8	6			
55	9.72 320	20	9.79 438	28	0.20 562	9.92 881	7	5			
56	9.72 340	20	9.79 466	29	0.20 534	9.92 874	8	4			
57	9.72 360	21	9.79 495	28	0.20 505	9.92 866	8	3			
58	9.72 381	20	9.79 523	28	0.20 477	9.92 858	8	2			
59	9.72 401	20	9.79 551	28	0.20 449	9.92 850	8	1			
60	9.72 421		9.79 579		0.20 421	9.92 842		0			
	L Cos	d	L Ctn	c d	L Tan	L Sin	d	′	Prop. Pts.		

58° — Logarithms of Trigonometric Functions

78   32° — Logarithms of Trigonometric Functions   [III

′	L Sin	d	L Tan	c d	L Ctn	L Cos	d		Prop. Pts.		
0	9.72 421		9.79 579		0.20 421	9.92 842		60			
1	9.72 441	20	9.79 607	28	0.20 393	9.92 834	8	59			
2	9.72 461	20	9.79 635	28	0.20 365	9.92 826	8	58			
3	9.72 482	21	9.79 663	28	0.20 337	9.92 818	8	57			
4	9.72 502	20	9.79 691	28	0.20 309	9.92 810	8	56			
		20		28			7		**29**	**28**	**27**
5	9.72 522	20	9.79 719	28	0.20 281	9.92 803	8	55			
6	9.72 542	20	9.79 747	29	0.20 253	9.92 795	8	54	2 5.8	5.6	5.4
7	9.72 562	20	9.79 776	28	0.20 224	9.92 787	8	53	3 8.7	8.4	8.1
8	9.72 582	20	9.79 804	28	0.20 196	9.92 779	8	52	4 11.6	11.2	10.8
9	9.72 602	20	9.79 832	28	0.20 168	9.92 771	8	51	5 14.5	14.0	13.5
		20		28			8		6 17.4	16.8	16.2
10	9.72 622	21	9.79 860	28	0.20 140	9.92 763	8	50	7 20.3	19.6	18.9
11	9.72 643	20	9.79 888	28	0.20 112	9.92 755	8	49	8 23.2	22.4	21.6
12	9.72 663	20	9.79 916	28	0.20 084	9.92 747	8	48	9 26.1	25.2	24.3
13	9.72 683	20	9.79 944	28	0.20 056	9.92 739	8	47			
14	9.72 703	20	9.79 972	28	0.20 028	9.92 731	8	46			
15	9.72 723	20	9.80 000	28	0.20 000	9.92 723	8	45			
16	9.72 743	20	9.80 028	28	0.19 972	9.92 715	8	44	**21**	**20**	**19**
17	9.72 763	20	9.80 056	28	0.19 944	9.92 707	8	43			
18	9.72 783	20	9.80 084	28	0.19 916	9.92 699	8	42	2 4.2	4.0	3.8
19	9.72 803	20	9.80 112	28	0.19 888	9.92 691	8	41	3 6.3	6.0	5.7
		20		28			8		4 8.4	8.0	7.6
20	9.72 823	20	9.80 140	28	0.19 860	9.92 683	8	40	5 10.5	10.0	9.5
21	9.72 843	20	9.80 168	27	0.19 832	9.92 675	8	39	6 12.6	12.0	11.4
22	9.72 863	20	9.80 195	28	0.19 805	9.92 667	8	38	7 14.7	14.0	13.3
23	9.72 883	19	9.80 223	28	0.19 777	9.92 659	8	37	8 16.8	16.0	15.2
24	9.72 902	20	9.80 251	28	0.19 749	9.92 651	8	36	9 18.9	18.0	17.1
25	9.72 922	20	9.80 279	28	0.19 721	9.92 643	8	35			
26	9.72 942	20	9.80 307	28	0.19 693	9.92 635	8	34			
27	9.72 962	20	9.80 335	28	0.19 665	9.92 627	8	33			
28	9.72 982	20	9.80 363	28	0.19 637	9.92 619	8	32	**9**	**8**	**7**
29	9.73 002	20	9.80 391	28	0.19 609	9.92 611	8	31	2 1.8	1.6	1.4
		20		28			8		3 2.7	2.4	2.1
30	9.73 022	19	9.80 419	28	0.19 581	9.92 603	8	30	4 3.6	3.2	2.8
31	9.73 041	20	9.80 447	27	0.19 553	9.92 595	8	29	5 4.5	4.0	3.5
32	9.73 061	20	9.80 474	28	0.19 526	9.92 587	8	28	6 5.4	4.8	4.2
33	9.73 081	20	9.80 502	28	0.19 498	9.92 579	8	27	7 6.3	5.6	4.9
34	9.73 101	20	9.80 530	28	0.19 470	9.92 571	8	26	8 7.2	6.4	5.6
		20		28			8		9 8.1	7.2	6.3
35	9.73 121	19	9.80 558	28	0.19 442	9.92 563	8	25			
36	9.73 140	20	9.80 586	28	0.19 414	9.92 555	9	24			
37	9.73 160	20	9.80 614	28	0.19 386	9.92 546	8	23			
38	9.73 180	20	9.80 642	27	0.19 358	9.92 538	8	22			
39	9.73 200	19	9.80 669	28	0.19 331	9.92 530	8	21			
40	9.73 219	20	9.80 697	28	0.19 303	9.92 522	8	20			
41	9.73 239	20	9.80 725	28	0.19 275	9.92 514	8	19	*From the top:*		
42	9.73 259	19	9.80 753	28	0.19 247	9.92 506	8	18			
43	9.73 278	20	9.80 781	27	0.19 219	9.92 498	8	17	For **32°+** or **212°+**,		
44	9.73 298	20	9.80 808	28	0.19 192	9.92 490	8	16	read as printed; for		
45	9.73 318	19	9.80 836	28	0.19 164	9.92 482	9	15	**122°+** or **302°+**, read		
46	9.73 337	20	9.80 864	28	0.19 136	9.92 473	8	14	co-function.		
47	9.73 357	20	9.80 892	27	0.19 108	9.92 465	8	13			
48	9.73 377	19	9.80 919	28	0.19 081	9.92 457	8	12	*From the bottom:*		
49	9.73 396	20	9.80 947	28	0.19 053	9.92 449	8	11			
50	9.73 416	19	9.80 975	28	0.19 025	9.92 441	8	10	For **57°+** or **237°+**,		
51	9.73 435	20	9.81 003	27	0.18 997	9.92 433	8	9	read as printed; for		
52	9.73 455	19	9.81 030	28	0.18 970	9.92 425	9	8	**147°+** or **327°+**, read		
53	9.73 474	20	9.81 058	28	0.18 942	9.92 416	8	7	co-function.		
54	9.73 494	19	9.81 086	27	0.18 914	9.92 408	8	6			
55	9.73 513	20	9.81 113	28	0.18 887	9.92 400	8	5			
56	9.73 533	19	9.81 141	28	0.18 859	9.92 392	8	4			
57	9.73 552	20	9.81 169	27	0.18 831	9.92 384	8	3			
58	9.73 572	19	9.81 196	28	0.18 804	9.92 376	9	2			
59	9.73 591	20	9.81 224	28	0.18 776	9.92 367	8	1			
60	9.73 611		9.81 252		0.18 748	9.92 359		0			
	L Cos	d	L Ctn	c d	L Tan	L Sin	d	′	Prop. Pts.		

57° — Logarithms of Trigonometric Functions

33° — Logarithms of Trigonometric Functions

'	L Sin	d	L Tan	c d	L Ctn	L Cos	d	'	Prop. Pts.
0	9.73 611	19	9.81 252	27	0.18 748	9.92 359	8	60	
1	9.73 630	20	9.81 279	28	0.18 721	9.92 351	8	59	
2	9.73 650	19	9.81 307	28	0.18 693	9.92 343	8	58	
3	9.73 669	20	9.81 335	27	0.18 665	9.92 335	9	57	
4	9.73 689	19	9.81 362	28	0.18 638	9.92 326	8	56	
5	9.73 708	19	9.81 390	28	0.18 610	9.92 318	8	55	**28 | 27 | 20**
6	9.73 727	20	9.81 418	27	0.18 582	9.92 310	8	54	2 | 5.6 | 5.4 | 4.0
7	9.73 747	19	9.81 445	28	0.18 555	9.92 302	9	53	3 | 8.4 | 8.1 | 6.0
8	9.73 766	19	9.81 473	27	0.18 527	9.92 293	8	52	4 | 11.2 | 10.8 | 8.0
9	9.73 785	20	9.81 500	28	0.18 500	9.92 285	8	51	5 | 14.0 | 13.5 | 10.0
10	9.73 805	19	9.81 528	28	0.18 472	9.92 277	8	50	6 | 16.8 | 16.2 | 12.0
11	9.73 824	19	9.81 556	27	0.18 444	9.92 269	9	49	7 | 19.6 | 18.9 | 14.0
12	9.73 843	20	9.81 583	28	0.18 417	9.92 260	8	48	8 | 22.4 | 21.6 | 16.0
13	9.73 863	19	9.81 611	27	0.18 389	9.92 252	8	47	9 | 25.2 | 24.3 | 18.0
14	9.73 882	19	9.81 638	28	0.18 362	9.92 244	9	46	
15	9.73 901	20	9.81 666	27	0.18 334	9.92 235	8	45	
16	9.73 921	19	9.81 693	28	0.18 307	9.92 227	8	44	**19 | 18**
17	9.73 940	19	9.81 721	27	0.18 279	9.92 219	8	43	2 | 3.8 | 3.6
18	9.73 959	19	9.81 748	28	0.18 252	9.92 211	9	42	3 | 5.7 | 5.4
19	9.73 978	19	9.81 776	27	0.18 224	9.92 202	8	41	4 | 7.6 | 7.2
20	9.73 997	20	9.81 803	28	0.18 197	9.92 194	8	40	5 | 9.5 | 9.0
21	9.74 017	19	9.81 831	27	0.18 169	9.92 186	9	39	6 | 11.4 | 10.8
22	9.74 036	19	9.81 858	28	0.18 142	9.92 177	8	38	7 | 13.3 | 12.6
23	9.74 055	19	9.81 886	27	0.18 114	9.92 169	8	37	8 | 15.2 | 14.4
24	9.74 074	19	9.81 913	28	0.18 087	9.92 161	9	36	9 | 17.1 | 16.2
25	9.74 093	20	9.81 941	27	0.18 059	9.92 152	8	35	
26	9.74 113	19	9.81 968	28	0.18 032	9.92 144	8	34	
27	9.74 132	19	9.81 996	27	0.18 004	9.92 136	9	33	
28	9.74 151	19	9.82 023	28	0.17 977	9.92 127	8	32	**9 | 8**
29	9.74 170	19	9.82 051	27	0.17 949	9.92 119	8	31	2 | 1.8 | 1.6
30	9.74 189	19	9.82 078	28	0.17 922	9.92 111	9	30	3 | 2.7 | 2.4
31	9.74 208	19	9.82 106	27	0.17 894	9.92 102	8	29	4 | 3.6 | 3.2
32	9.74 227	19	9.82 133	28	0.17 867	9.92 094	8	28	5 | 4.5 | 4.0
33	9.74 246	19	9.82 161	27	0.17 839	9.92 086	9	27	6 | 5.4 | 4.8
34	9.74 265	19	9.82 188	27	0.17 812	9.92 077	8	26	7 | 6.3 | 5.6
35	9.74 284	19	9.82 215	28	0.17 785	9.92 069	9	25	8 | 7.2 | 6.4
36	9.74 303	19	9.82 243	27	0.17 757	9.92 060	8	24	9 | 8.1 | 7.2
37	9.74 322	19	9.82 270	28	0.17 730	9.92 052	8	23	
38	9.74 341	19	9.82 298	27	0.17 702	9.92 044	9	22	
39	9.74 360	19	9.82 325	27	0.17 675	9.92 035	8	21	
40	9.74 379	19	9.82 352	28	0.17 648	9.92 027	9	20	
41	9.74 398	19	9.82 380	27	0.17 620	9.92 018	8	19	
42	9.74 417	19	9.82 407	28	0.17 593	9.92 010	8	18	*From the top:*
43	9.74 436	19	9.82 435	27	0.17 565	9.92 002	9	17	
44	9.74 455	19	9.82 462	27	0.17 538	9.91 993	8	16	For **33°+** or **213°+**,
45	9.74 474	19	9.82 489	28	0.17 511	9.91 985	9	15	read as printed; for
46	9.74 493	19	9.82 517	27	0.17 483	9.91 976	8	14	**123°+** or **303°+**, read
47	9.74 512	19	9.82 544	27	0.17 456	9.91 968	9	13	co-function.
48	9.74 531	18	9.82 571	28	0.17 429	9.91 959	8	12	
49	9.74 549	19	9.82 599	27	0.17 401	9.91 951	9	11	*From the bottom:*
50	9.74 568	19	9.82 626	27	0.17 374	9.91 942	8	10	
51	9.74 587	19	9.82 653	28	0.17 347	9.91 934	9	9	For **56°+** or **236°+**,
52	9.74 606	19	9.82 681	27	0.17 319	9.91 925	8	8	read as printed; for
53	9.74 625	19	9.82 708	27	0.17 292	9.91 917	9	7	**146°+** or **326°+**, read
54	9.74 644	18	9.82 735	27	0.17 265	9.91 908	8	6	co-function.
55	9.74 662	19	9.82 762	28	0.17 238	9.91 900	9	5	
56	9.74 681	19	9.82 790	27	0.17 210	9.91 891	8	4	
57	9.74 700	19	9.82 817	27	0.17 183	9.91 883	9	3	
58	9.74 719	18	9.82 844	27	0.17 156	9.91 874	8	2	
59	9.74 737	19	9.82 871	28	0.17 129	9.91 866	9	1	
60	9.74 756		9.82 899		0.17 101	9.91 857		0	
	L Cos	d	L Ctn	c d	L Tan	L Sin	d	'	Prop. Pts.

56° — Logarithms of Trigonometric Functions

34° — Logarithms of Trigonometric Functions [III

′	L Sin	d	L Tan	c d	L Ctn	L Cos	d		Prop. Pts.		
0	9.74 756		9.82 899		0.17 101	9.91 857		60			
1	9.74 775	19	9.82 926	27	0.17 074	9.91 849	8	59			
2	9.74 794	19	9.82 953	27	0.17 047	9.91 840	9	58			
3	9.74 812	18	9.82 980	27	0.17 020	9.91 832	8	57			
4	9.74 831	19	9.83 008	28	0.16 992	9.91 823	9	56			
5	9.74 850	19	9.83 035	27	0.16 965	9.91 815	8	55		28	27	26
6	9.74 868	18	9.83 062	27	0.16 938	9.91 806	9	54	2	5.6	5.4	5.2
7	9.74 887	19	9.83 089	27	0.16 911	9.91 798	8	53	3	8.4	8.1	7.8
8	9.74 906	19	9.83 117	28	0.16 883	9.91 789	9	52	4	11.2	10.8	10.4
9	9.74 924	18	9.83 144	27	0.16 856	9.91 781	8	51	5	14.0	13.5	13.0
10	9.74 943	19	9.83 171	27	0.16 829	9.91 772	9	50	6	16.8	16.2	15.6
11	9.74 961	18	9.83 198	27	0.16 802	9.91 763	9	49	7	19.6	18.9	18.2
12	9.74 980	19	9.83 225	27	0.16 775	9.91 755	8	48	8	22.4	21.6	20.8
13	9.74 999	19	9.83 252	27	0.16 748	9.91 746	9	47	9	25.2	24.3	23.4
14	9.75 017	18	9.83 280	28	0.16 720	9.91 738	8	46				
15	9.75 036	19	9.83 307	27	0.16 693	9.91 729	9	45				
16	9.75 054	18	9.83 334	27	0.16 666	9.91 720	9	44			19	18
17	9.75 073	19	9.83 361	27	0.16 639	9.91 712	8	43				
18	9.75 091	18	9.83 388	27	0.16 612	9.91 703	9	42	2		3.8	3.6
19	9.75 110	19	9.83 415	27	0.16 585	9.91 695	8	41	3		5.7	5.4
20	9.75 128	18	9.83 442	28	0.16 558	9.91 686	9	40	4		7.6	7.2
21	9.75 147	19	9.83 470	27	0.16 530	9.91 677	9	39	5		9.5	9.0
22	9.75 165	18	9.83 497	27	0.16 503	9.91 669	8	38	6		11.4	10.8
23	9.75 184	19	9.83 524	27	0.16 476	9.91 660	9	37	7		13.3	12.6
24	9.75 202	18	9.83 551	27	0.16 449	9.91 651	9	36	8		15.2	14.4
25	9.75 221	19	9.83 578	27	0.16 422	9.91 643	8	35	9		17.1	16.2
26	9.75 239	18	9.83 605	27	0.16 395	9.91 634	9	34				
27	9.75 258	19	9.83 632	27	0.16 368	9.91 625	9	33				
28	9.75 276	18	9.83 659	27	0.16 341	9.91 617	8	32			9	8
29	9.75 294	18	9.83 686	27	0.16 314	9.91 608	9	31	2		1.8	1.6
30	9.75 313	19	9.83 713	27	0.16 287	9.91 599	8	30	3		2.7	2.4
31	9.75 331	18	9.83 740	28	0.16 260	9.91 591	9	29	4		3.6	3.2
32	9.75 350	19	9.83 768	27	0.16 232	9.91 582	9	28	5		4.5	4.0
33	9.75 368	18	9.83 795	27	0.16 205	9.91 573	8	27	6		5.4	4.8
34	9.75 386	18	9.83 822	27	0.16 178	9.91 565	9	26	7		6.3	5.6
35	9.75 405	19	9.83 849	27	0.16 151	9.91 556	9	25	8		7.2	6.4
36	9.75 423	18	9.83 876	27	0.16 124	9.91 547	9	24	9		8.1	7.2
37	9.75 441	18	9.83 903	27	0.16 097	9.91 538	8	23				
38	9.75 459	18	9.83 930	27	0.16 070	9.91 530	9	22				
39	9.75 478	19	9.83 957	27	0.16 043	9.91 521	9	21				
40	9.75 496	18	9.83 984	27	0.16 016	9.91 512	8	20				
41	9.75 514	18	9.84 011	27	0.15 989	9.91 504	9	19	*From the top:*			
42	9.75 533	19	9.84 038	27	0.15 962	9.91 495	9	18				
43	9.75 551	18	9.84 065	27	0.15 935	9.91 486	9	17	For **34°+** or **214°+**,			
44	9.75 569	18	9.84 092	27	0.15 908	9.91 477	8	16	read as printed; for			
45	9.75 587	18	9.84 119	27	0.15 881	9.91 469	9	15	**124°+** or **304°+**, read			
46	9.75 605	19	9.84 146	27	0.15 854	9.91 460	9	14	co-function.			
47	9.75 624	18	9.84 173	27	0.15 827	9.91 451	9	13				
48	9.75 642	18	9.84 200	27	0.15 800	9.91 442	9	12				
49	9.75 660	18	9.84 227	27	0.15 773	9.91 433	8	11	*From the bottom:*			
50	9.75 678	18	9.84 254	26	0.15 746	9.91 425	9	10				
51	9.75 696	18	9.84 280	27	0.15 720	9.91 416	9	9	For **55°+** or **235°+**,			
52	9.75 714	19	9.84 307	27	0.15 693	9.91 407	9	8	read as printed; for			
53	9.75 733	18	9.84 334	27	0.15 666	9.91 398	9	7	**145°+** or **325°+**, read			
54	9.75 751	18	9.84 361	27	0.15 639	9.91 389	8	6	co-function.			
55	9.75 769	18	9.84 388	27	0.15 612	9.91 381	9	5				
56	9.75 787	18	9.84 415	27	0.15 585	9.91 372	9	4				
57	9.75 805	18	9.84 442	27	0.15 558	9.91 363	9	3				
58	9.75 823	18	9.84 469	27	0.15 531	9.91 354	9	2				
59	9.75 841	18	9.84 496	27	0 15 504	9.91 345	9	1				
60	9.75 859		9.84 523		0.15 477	9.91 336		0				
	L Cos	d	L Ctn	c d	L Tan	L Sin	d	′	Prop. Pts.			

55° — Logarithms of Trigonometric Functions

35° — Logarithms of Trigonometric Functions

′	L Sin	d	L Tan	c d	L Ctn	L Cos	d		Prop. Pts.		
0	9.75 859		9.84 523		0.15 477	9.91 336		60			
1	9.75 877	18	9.84 550	27	0.15 450	9.91 328	8	59			
2	9.75 895	18	9.84 576	26	0.15 424	9.91 319	9	58			
3	9.75 913	18	9.84 603	27	0.15 397	9.91 310	9	57			
4	9.75 931	18	9.84 630	27	0.15 370	9.91 301	9	56			
5	9.75 949	18	9.84 657	27	0.15 343	9.91 292	9	55	**27**	**26**	**18**
6	9.75 967	18	9.84 684	27	0.15 316	9.91 283	9	54	2 5.4	5.2	3.6
7	9.75 985	18	9.84 711	27	0.15 289	9.91 274	9	53	3 8.1	7.8	5.4
8	9.76 003	18	9.84 738	27	0.15 262	9.91 266	8	52	4 10.8	10.4	7.2
9	9.76 021	18	9.84 764	26	0.15 236	9.91 257	9	51	5 13.5	13.0	9.0
10	9.76 039	18	9.84 791	27	0.15 209	9.91 248	9	50	6 16.2	15.6	10.8
11	9.76 057	18	9.84 818	27	0.15 182	9.91 239	9	49	7 18.9	18.2	12.6
12	9.76 075	18	9.84 845	27	0.15 155	9.91 230	9	48	8 21.6	20.8	14.4
13	9.76 093	18	9.84 872	27	0.15 128	9.91 221	9	47	9 24.3	23.4	16.2
14	9.76 111	18	9.84 899	26	0.15 101	9.91 212	9	46			
15	9.76 129	17	9.84 925	27	0.15 075	9.91 203	9	45			
16	9.76 146	18	9.84 952	27	0.15 048	9.91 194	9	44	**17**	**10**	
17	9.76 164	18	9.84 979	27	0.15 021	9.91 185	9	43			
18	9.76 182	18	9.85 006	27	0.14 994	9.91 176	9	42	2 3.4	2.0	
19	9.76 200	18	9.85 033	26	0.14 967	9.91 167	9	41	3 5.1	3.0	
20	9.76 218	18	9.85 059	27	0.14 941	9.91 158	9	40	4 6.8	4.0	
21	9.76 236	17	9.85 086	27	0.14 914	9.91 149	9	39	5 8.5	5.0	
22	9.76 253	18	9.85 113	27	0.14 887	9.91 141	8	38	6 10.2	6.0	
23	9.76 271	18	9.85 140	26	0.14 860	9.91 132	9	37	7 11.9	7.0	
24	9.76 289	18	9.85 166	27	0.14 834	9.91 123	9	36	8 13.6	8.0	
25	9.76 307	17	9.85 193	27	0.14 807	9.91 114	9	35	9 15.3	9.0	
26	9.76 324	18	9.85 220	27	0.14 780	9.91 105	9	34			
27	9.76 342	18	9.85 247	26	0.14 753	9.91 096	9	33			
28	9.76 360	18	9.85 273	27	0.14 727	9.91 087	9	32	**9**	**8**	
29	9.76 378	17	9.85 300	27	0.14 700	9.91 078	9	31	2 1.8	1.6	
30	9.76 395	18	9.85 327	27	0.14 673	9.91 069	9	30	3 2.7	2.4	
31	9.76 413	18	9.85 354	26	0.14 646	9.91 060	9	29	4 3.6	3.2	
32	9.76 431	17	9.85 380	27	0.14 620	9.91 051	9	28	5 4.5	4.0	
33	9.76 448	18	9.85 407	27	0.14 593	9.91 042	9	27	6 5.4	4.8	
34	9.76 466	18	9.85 434	26	0.14 566	9.91 033	10	26	7 6.3	5.6	
35	9.76 484	17	9.85 460	27	0.14 540	9.91 023	9	25	8 7.2	6.4	
36	9.76 501	18	9.85 487	27	0.14 513	9.91 014	9	24	9 8.1	7.2	
37	9.76 519	18	9.85 514	26	0.14 486	9.91 005	9	23			
38	9.76 537	17	9.85 540	27	0.14 460	9.90 996	9	22			
39	9.76 554	18	9.85 567	27	0.14 433	9.90 987	9	21			
40	9.76 572	18	9.85 594	26	0.14 406	9.90 978	9	20			
41	9.76 590	17	9.85 620	27	0.14 380	9.90 969	9	19			
42	9.76 607	18	9.85 647	27	0.14 353	9.90 960	9	18	*From the top:*		
43	9.76 625	17	9.85 674	26	0.14 326	9.90 951	9	17	For **35°+** or **215°+**,		
44	9.76 642	18	9.85 700	27	0.14 300	9.90 942	9	16	read as printed; for		
45	9.76 660	17	9.85 727	27	0.14 273	9.90 933	9	15	**125°+** or **305°+**, read		
46	9.76 677	18	9.85 754	26	0.14 246	9.90 924	9	14	co-function.		
47	9.76 695	17	9.85 780	27	0.14 220	9.90 915	9	13			
48	9.76 712	18	9.85 807	27	0.14 193	9.90 906	10	12			
49	9.76 730	17	9.85 834	26	0.14 166	9.90 896	9	11			
50	9.76 747	18	9.85 860	27	0.14 140	9.90 887	9	10	*From the bottom:*		
51	9.76 765	17	9.85 887	26	0.14 113	9.90 878	9	9	For **54°+** or **234°+**,		
52	9.76 782	18	9.85 913	27	0.14 087	9.90 869	9	8	read as printed; for		
53	9.76 800	17	9.85 940	27	0.14 060	9.90 860	9	7	**144°+** or **324°+**, read		
54	9.76 817	18	9.85 967	26	0.14 033	9.90 851	9	6	co-function.		
55	9.76 835	17	9.85 993	27	0.14 007	9.90 842	10	5			
56	9.76 852	18	9.86 020	26	0.13 980	9.90 832	9	4			
57	9.76 870	17	9.86 046	27	0.13 954	9.90 823	9	3			
58	9.76 887	17	9.86 073	27	0.13 927	9.90 814	9	2			
59	9.76 904	18	9.86 100	26	0.13 900	9.90 805	9	1			
60	9.76 922		9.86 126		0.13 874	9.90 796		0			
	L Cos	d	L Ctn	c d	L Tan	L Sin	d	′	Prop. Pts.		

54° — Logarithms of Trigonometric Functions

36° — Logarithms of Trigonometric Functions

′	L Sin	d	L Tan	c d	L Ctn	L Cos	d	
0	9.76 922	17	9.86 126	27	0.13 874	9.90 796	9	60
1	9.76 939	18	9.86 153	26	0.13 847	9.90 787	10	59
2	9.76 957	17	9.86 179	27	0.13 821	9.90 777	9	58
3	9.76 974	17	9.86 206	26	0.13 794	9.90 768	9	57
4	9.76 991	18	9.86 232	27	0.13 768	9.90 759	9	56
5	9.77 009	17	9.86 259	26	0.13 741	9.90 750	9	55
6	9.77 026	17	9.86 285	27	0.13 715	9.90 741	10	54
7	9.77 043	18	9.86 312	26	0.13 688	9.90 731	9	53
8	9.77 061	17	9.86 338	27	0.13 662	9.90 722	9	52
9	9.77 078	17	9.86 365	27	0.13 635	9.90 713	9	51
10	9.77 095	17	9.86 392	26	0.13 608	9.90 704	10	50
11	9.77 112	18	9.86 418	27	0.13 582	9.90 694	9	49
12	9.77 130	17	9.86 445	26	0.13 555	9.90 685	9	48
13	9.77 147	17	9.86 471	27	0.13 529	9.90 676	9	47
14	9.77 164	17	9.86 498	26	0.13 502	9.90 667	10	46
15	9.77 181	18	9.86 524	27	0.13 476	9.90 657	9	45
16	9.77 199	17	9.86 551	26	0.13 449	9.90 648	9	44
17	9.77 216	17	9.86 577	26	0.13 423	9.90 639	9	43
18	9.77 233	17	9.86 603	27	0.13 397	9.90 630	10	42
19	9.77 250	18	9.86 630	26	0.13 370	9.90 620	9	41
20	9.77 268	17	9.86 656	27	0.13 344	9.90 611	9	40
21	9.77 285	17	9.86 683	26	0.13 317	9.90 602	10	39
22	9.77 302	17	9.86 709	27	0.13 291	9.90 592	9	38
23	9.77 319	17	9.86 736	26	0.13 264	9.90 583	9	37
24	9.77 336	17	9.86 762	27	0.13 238	9.90 574	9	36
25	9.77 353	17	9.86 789	26	0.13 211	9.90 565	10	35
26	9.77 370	17	9.86 815	27	0.13 185	9.90 555	9	34
27	9.77 387	18	9.86 842	26	0.13 158	9.90 546	9	33
28	9.77 405	17	9.86 868	26	0.13 132	9.90 537	10	32
29	9.77 422	17	9.86 894	27	0.13 106	9.90 527	9	31
30	9.77 439	17	9.86 921	26	0.13 079	9.90 518	9	30
31	9.77 456	17	9.86 947	27	0.13 053	9.90 509	10	29
32	9.77 473	17	9.86 974	26	0.13 026	9.90 499	9	28
33	9.77 490	17	9.87 000	27	0.13 000	9.90 490	10	27
34	9.77 507	17	9.87 027	26	0.12 973	9.90 480	9	26
35	9.77 524	17	9.87 053	26	0.12 947	9.90 471	9	25
36	9.77 541	17	9.87 079	27	0.12 921	9.90 462	10	24
37	9.77 558	17	9.87 106	26	0.12 894	9.90 452	9	23
38	9.77 575	17	9.87 132	26	0.12 868	9.90 443	9	22
39	9.77 592	17	9.87 158	27	0.12 842	9.90 434	10	21
40	9.77 609	17	9.87 185	26	0.12 815	9.90 424	9	20
41	9.77 626	17	9.87 211	27	0.12 789	9.90 415	10	19
42	9.77 643	17	9.87 238	26	0.12 762	9.90 405	9	18
43	9.77 660	17	9.87 264	26	0.12 736	9.90 396	10	17
44	9.77 677	17	9.87 290	27	0.12 710	9.90 386	9	16
45	9.77 694	17	9.87 317	26	0.12 683	9.90 377	9	15
46	9.77 711	17	9.87 343	26	0.12 657	9.90 368	10	14
47	9.77 728	16	9.87 369	27	0.12 631	9.90 358	9	13
48	9.77 744	17	9.87 396	26	0.12 604	9.90 349	10	12
49	9.77 761	17	9.87 422	26	0.12 578	9.90 339	9	11
50	9.77 778	17	9.87 448	27	0.12 552	9.90 330	10	10
51	9.77 795	17	9.87 475	26	0.12 525	9.90 320	9	9
52	9.77 812	17	9.87 501	26	0.12 499	9.90 311	10	8
53	9.77 829	17	9.87 527	27	0.12 473	9.90 301	9	7
54	9.77 846	16	9.87 554	26	0.12 446	9.90 292	10	6
55	9.77 862	17	9.87 580	26	0.12 420	9.90 282	9	5
56	9.77 879	17	9.87 606	27	0.12 394	9.90 273	10	4
57	9.77 896	17	9.87 633	26	0.12 367	9.90 263	9	3
58	9.77 913	17	9.87 659	26	0.12 341	9.90 254	10	2
59	9.77 930	16	9.87 685	26	0.12 315	9.90 244	9	1
60	9.77 946		9.87 711		0.12 289	9.90 235		0
	L Cos	d	L Ctn	c d	L Tan	L Sin	d	′

Prop. Pts.

	27	26	18
2	5.4	5.2	3.6
3	8.1	7.8	5.4
4	10.8	10.4	7.2
5	13.5	13.0	9.0
6	16.2	15.6	10.8
7	18.9	18.2	12.6
8	21.6	20.8	14.4
9	24.3	23.4	16.2

	17	16
2	3.4	3.2
3	5.1	4.8
4	6.8	6.4
5	8.5	8.0
6	10.2	9.6
7	11.9	11.2
8	13.6	12.8
9	15.3	14.4

	10	9
2	2.0	1.8
3	3.0	2.7
4	4.0	3.6
5	5.0	4.5
6	6.0	5.4
7	7.0	6.3
8	8.0	7.2
9	9.0	8.1

From the top:

For **36°+** or **216°+**, read as printed; for **126°+** or **306°+**, read co-function.

From the bottom:

For **53°+** or **233°+**, read as printed; for **143°+** or **323°+**, read co-function.

53° — Logarithms of Trigonometric Functions

37° — Logarithms of Trigonometric Functions

′	L Sin	d	L Tan	c d	L Ctn	L Cos	d	′	Prop. Pts.			
0	9.77 946	17	9.87 711	27	0.12 289	9.90 235	10	60				
1	9.77 963	17	9.87 738	26	0.12 262	9.90 225	9	59				
2	9.77 980	17	9.87 764	26	0.12 236	9.90 216	10	58				
3	9.77 997	16	9.87 790	27	0.12 210	9.90 206	9	57				
4	9.78 013	17	9.87 817	26	0.12 183	9.90 197	10	56				
5	9.78 030	17	9.87 843	26	0.12 157	9.90 187	9	55				
6	9.78 047	16	9.87 869	26	0.12 131	9.90 178	10	54				
7	9.78 063	17	9.87 895	27	0.12 105	9.90 168	9	53				
8	9.78 080	17	9.87 922	26	0.12 078	9.90 159	10	52				
9	9.78 097	16	9.87 948	26	0.12 052	9.90 149	10	51				
10	9.78 113	17	9.87 974	26	0.12 026	9.90 139	9	50		**27**	**26**	**17**
11	9.78 130	17	9.88 000	27	0.12 000	9.90 130	10	49	2	5.4	5.2	3.4
12	9.78 147	16	9.88 027	26	0.11 973	9.90 120	9	48	3	8.1	7.8	5.1
13	9.78 163	17	9.88 053	26	0.11 947	9.90 111	10	47	4	10.8	10.4	6.8
14	9.78 180	17	9.88 079	26	0.11 921	9.90 101	10	46	5	13.5	13.0	8.5
15	9.78 197	16	9.88 105	26	0.11 895	9.90 091	9	45	6	16.2	15.6	10.2
16	9.78 213	17	9.88 131	27	0.11 869	9.90 082	10	44	7	18.9	18.2	11.9
17	9.78 230	16	9.88 158	26	0.11 842	9.90 072	9	43	8	21.6	20.8	13.6
18	9.78 246	17	9.88 184	26	0.11 816	9.90 063	10	42	9	24.3	23.4	15.3
19	9.78 263	17	9.88 210	26	0.11 790	9.90 053	10	41				
20	9.78 280	16	9.88 236	26	0.11 764	9.90 043	9	40				
21	9.78 296	17	9.88 262	27	0.11 738	9.90 034	10	39				
22	9.78 313	16	9.88 289	26	0.11 711	9.90 024	10	38				
23	9.78 329	17	9.88 315	26	0.11 685	9.90 014	9	37		**16**	**10**	**9**
24	9.78 346	16	9.88 341	26	0.11 659	9.90 005	10	36	2	3.2	2.0	1.8
25	9.78 362	17	9.88 367	26	0.11 633	9.89 995	10	35	3	4.8	3.0	2.7
26	9.78 379	16	9.88 393	27	0.11 607	9.89 985	9	34	4	6.4	4.0	3.6
27	9.78 395	17	9.88 420	26	0.11 580	9.89 976	10	33	5	8.0	5.0	4.5
28	9.78 412	16	9.88 446	26	0.11 554	9.89 966	10	32	6	9.6	6.0	5.4
29	9.78 428	17	9.88 472	26	0.11 528	9.89 956	9	31	7	11.2	7.0	6.3
30	9.78 445	16	9.88 498	26	0.11 502	9.89 947	10	30	8	12.8	8.0	7.2
31	9.78 461	17	9.88 524	26	0.11 476	9.89 937	10	29	9	14.4	9.0	8.1
32	9.78 478	16	9.88 550	27	0.11 450	9.89 927	9	28				
33	9.78 494	16	9.88 577	26	0.11 423	9.89 918	10	27				
34	9.78 510	17	9.88 603	26	0.11 397	9.89 908	10	26				
35	9.78 527	16	9.88 629	26	0.11 371	9.89 898	10	25				
36	9.78 543	17	9.88 655	26	0.11 345	9.89 888	9	24				
37	9.78 560	16	9.88 681	26	0.11 319	9.89 879	10	23	*From the top:*			
38	9.78 576	16	9.88 707	26	0.11 293	9.89 869	10	22				
39	9.78 592	17	9.88 733	26	0.11 267	9.89 859	10	21	For **37°+** or **217°+**,			
40	9.78 609	16	9.88 759	27	0.11 241	9.89 849	9	20	read as printed; for			
41	9.78 625	17	9.88 786	26	0.11 214	9.89 840	10	19	**127°+** or **307°+**, read			
42	9.78 642	16	9.88 812	26	0.11 188	9.89 830	10	18	co-function.			
43	9.78 658	16	9.88 838	26	0.11 162	9.89 820	10	17				
44	9.78 674	17	9.88 864	26	0.11 136	9.89 810	9	16				
45	9.78 691	16	9.88 890	26	0.11 110	9.89 801	10	15	*From the bottom:*			
46	9.78 707	16	9.88 916	26	0.11 084	9.89 791	10	14				
47	9.78 723	16	9.88 942	26	0.11 058	9.89 781	10	13	For **52°+** or **232°+**,			
48	9.78 739	17	9.88 968	26	0.11 032	9.89 771	10	12	read as printed; for			
49	9.78 756	16	9.88 994	26	0.11 006	9.89 761	9	11	**142°+** or **322°+**, read			
50	9.78 772	16	9.89 020	26	0.10 980	9.89 752	10	10	co-function.			
51	9.78 788	17	9.89 046	27	0.10 954	9.89 742	10	9				
52	9.78 805	16	9.89 073	26	0.10 927	9.89 732	10	8				
53	9.78 821	16	9.89 099	26	0.10 901	9.89 722	10	7				
54	9.78 837	16	9.89 125	26	0.10 875	9.89 712	10	6				
55	9.78 853	16	9.89 151	26	0.10 849	9.89 702	9	5				
56	9.78 869	17	9.89 177	26	0.10 823	9.89 693	10	4				
57	9.78 886	16	9.89 203	26	0.10 797	9.89 683	10	3				
58	9.78 902	16	9.89 229	26	0.10 771	9.89 673	10	2				
59	9.78 918	16	9.89 255	26	0.10 745	9.89 663	10	1				
60	9.78 934		9.89 281		0.10 719	9.89 653		0				
	L Cos	d	L Ctn	c d	L Tan	L Sin	d	′	Prop. Pts.			

52° — Logarithms of Trigonometric Functions

38° — Logarithms of Trigonometric Functions [III

′	L Sin	d	L Tan	c d	L Ctn	L Cos	d	′	Prop. Pts.
0	9.78 934	16	9.89 281	26	0.10 719	9.89 653	10	60	
1	9.78 950	17	9.89 307	26	0.10 693	9.89 643	10	59	
2	9.78 967	16	9.89 333	26	0.10 667	9.89 633	9	58	
3	9.78 983	16	9.89 359	26	0.10 641	9.89 624	10	57	
4	9.78 999	16	9.89 385	26	0.10 615	9.89 614	10	56	
5	9.79 015	16	9.89 411	26	0.10 589	9.89 604	10	55	26 25 17
6	9.79 031	16	9.89 437	26	0.10 563	9.89 594	10	54	2 5.2 5.0 3.4
7	9.79 047	16	9.89 463	26	0.10 537	9.89 584	10	53	3 7.8 7.5 5.1
8	9.79 063	16	9.89 489	26	0.10 511	9.89 574	10	52	4 10.4 10.0 6.8
9	9.79 079	16	9.89 515	26	0.10 485	9.89 564	10	51	5 13.0 12.5 8.5
10	9.79 095	16	9.89 541	26	0.10 459	9.89 554	10	50	6 15.6 15.0 10.2
11	9.79 111	17	9.89 567	26	0.10 433	9.89 544	10	49	7 18.2 17.5 11.9
12	9.79 128	16	9.89 593	26	0.10 407	9.89 534	10	48	8 20.8 20.0 13.6
13	9.79 144	16	9.89 619	26	0.10 381	9.89 524	10	47	9 23.4 22.5 15.3
14	9.79 160	16	9.89 645	26	0.10 355	9.89 514	10	46	
15	9.79 176	16	9.89 671	26	0.10 329	9.89 504	9	45	
16	9.79 192	16	9.89 697	26	0.10 303	9.89 495	10	44	16 15 11
17	9.79 208	16	9.89 723	26	0.10 277	9.89 485	10	43	2 3.2 3.0 2.2
18	9.79 224	16	9.89 749	26	0.10 251	9.89 475	10	42	3 4.8 4.5 3.3
19	9.79 240	16	9.89 775	26	0.10 225	9.89 465	10	41	4 6.4 6.0 4.4
20	9.79 256	16	9.89 801	26	0.10 199	9.89 455	10	40	5 8.0 7.5 5.5
21	9.79 272	16	9.89 827	26	0.10 173	9.89 445	10	39	6 9.6 9.0 6.6
22	9.79 288	16	9.89 853	26	0.10 147	9.89 435	10	38	7 11.2 10.5 7.7
23	9.79 304	15	9.89 879	26	0.10 121	9.89 425	10	37	8 12.8 12.0 8.8
24	9.79 319	16	9.89 905	26	0.10 095	9.89 415	10	36	9 14.4 13.5 9.9
25	9.79 335	16	9.89 931	26	0.10 069	9.89 405	10	35	
26	9.79 351	16	9.89 957	26	0.10 043	9.89 395	10	34	
27	9.79 367	16	9.89 983	26	0.10 017	9.89 385	10	33	10 9
28	9.79 383	16	9.90 009	26	0.09 991	9.89 375	10	32	
29	9.79 399	16	9.90 035	26	0.09 965	9.89 364	11	31	2 2.0 1.8
30	9.79 415	16	9.90 061	25	0.09 939	9.89 354	10	30	3 3.0 2.7
31	9.79 431	16	9.90 086	26	0.09 914	9.89 344	10	29	4 4.0 3.6
32	9.79 447	16	9.90 112	26	0.09 888	9.89 334	10	28	5 5.0 4.5
33	9.79 463	15	9.90 138	26	0.09 862	9.89 324	10	27	6 6.0 5.4
34	9.79 478	16	9.90 164	26	0.09 836	9.89 314	10	26	7 7.0 6.3
35	9.79 494	16	9.90 190	26	0.09 810	9.89 304	10	25	8 8.0 7.2
36	9.79 510	16	9.90 216	26	0.09 784	9.89 294	10	24	9 9.0 8.1
37	9.79 526	16	9.90 242	26	0.09 758	9.89 284	10	23	
38	9.79 542	16	9.90 268	26	0.09 732	9.89 274	10	22	
39	9.79 558	15	9.90 294	26	0.09 706	9.89 264	10	21	
40	9.79 573	16	9.90 320	26	0.09 680	9.89 254	10	20	
41	9.79 589	16	9.90 346	25	0.09 654	9.89 244	11	19	
42	9.79 605	16	9.90 371	26	0.09 629	9.89 233	10	18	*From the top:*
43	9.79 621	15	9.90 397	26	0.09 603	9.89 223	10	17	
44	9.79 636	16	9.90 423	26	0.09 577	9.89 213	10	16	For **38°+** or **218°+**,
45	9.79 652	16	9.90 449	26	0.09 551	9.89 203	10	15	read as printed; for
46	9.79 668	16	9.90 475	26	0.09 525	9.89 193	10	14	**128°+** or **308°+**, read
47	9.79 684	15	9.90 501	26	0.09 499	9.89 183	10	13	co-function.
48	9.79 699	16	9.90 527	26	0.09 473	9.89 173	11	12	
49	9.79 715	16	9.90 553	25	0.09 447	9.89 162	10	11	*From the bottom:*
50	9.79 731	15	9.90 578	26	0.09 422	9.89 152	10	10	
51	9.79 746	16	9.90 604	26	0.09 396	9.89 142	10	9	For **51°+** or **231°+**,
52	9.79 762	16	9.90 630	26	0.09 370	9.89 132	10	8	read as printed; for
53	9.79 778	15	9.90 656	26	0.09 344	9.89 122	10	7	**141°+** or **321°+**, read
54	9.79 793	16	9.90 682	26	0.09 318	9.89 112	11	6	co-function.
55	9.79 809	16	9.90 708	26	0.09 292	9.89 101	10	5	
56	9.79 825	15	9.90 734	25	0.09 266	9.89 091	10	4	
57	9.79 840	16	9.90 759	26	0.09 241	9.89 081	10	3	
58	9.79 856	16	9.90 785	26	0.09 215	9.89 071	11	2	
59	9.79 872	15	9.90 811	26	0.09 189	9.89 060	10	1	
60	9.79 887		9.90 837		0.09 163	9.89 050		0	
	L Cos	d	L Ctn	c d	L Tan	L Sin	d	′	Prop. Pts.

51° — Logarithms of Trigonometric Functions

39° — Logarithms of Trigonometric Functions

′	L Sin	d	L Tan	c d	L Ctn	L Cos	d		Prop. Pts.		
0	9.79 887	16	9.90 837	26	0.09 163	9.89 050	10	60			
1	9.79 903	15	9.90 863	26	0.09 137	9.89 040	10	59			
2	9.79 918	16	9.90 889	25	0.09 111	9.89 030	10	58			
3	9.79 934	16	9.90 914	26	0.09 086	9.89 020	11	57			
4	9.79 950	15	9.90 940	26	0.09 060	9.89 009	10	56			
5	9.79 965	16	9.90 966	26	0.09 034	9.88 999	10	55			
6	9.79 981	15	9.90 992	26	0.09 008	9.88 989	11	54			
7	9.79 996	16	9.91 018	25	0.08 982	9.88 978	10	53			
8	9.80 012	15	9.91 043	26	0.08 957	9.88 968	10	52			
9	9.80 027	16	9.91 069	26	0.08 931	9.88 958	10	51		26	25	16
10	9.80 043	15	9.91 095	26	0.08 905	9.88 948	11	50	2	5.2	5.0	3.2
11	9.80 058	16	9.91 121	26	0.08 879	9.88 937	10	49	3	7.8	7.5	4.8
12	9.80 074	15	9.91 147	25	0.08 853	9.88 927	10	48	4	10.4	10.0	6.4
13	9.80 089	16	9.91 172	26	0.08 828	9.88 917	11	47	5	13.0	12.5	8.0
14	9.80 105	15	9.91 198	26	0.08 802	9.88 906	10	46	6	15.6	15.0	9.6
15	9.80 120	16	9.91 224	26	0.08 776	9.88 896	10	45	7	18.2	17.5	11.2
16	9.80 136	15	9.91 250	26	0.08 750	9.88 886	11	44	8	20.8	20.0	12.8
17	9.80 151	15	9.91 276	25	0.08 724	9.88 875	10	43	9	23.4	22.5	14.4
18	9.80 166	16	9.91 301	26	0.08 699	9.88 865	10	42				
19	9.80 182	15	9.91 327	26	0.08 673	9.88 855	11	41				
20	9.80 197	16	9.91 353	26	0.08 647	9.88 844	10	40				
21	9.80 213	15	9.91 379	25	0.08 621	9.88 834	10	39				
22	9.80 228	16	9.91 404	26	0.08 596	9.88 824	11	38		15	11	10
23	9.80 244	15	9.91 430	26	0.08 570	9.88 813	10	37				
24	9.80 259	15	9.91 456	26	0.08 544	9.88 803	10	36	2	3.0	2.2	2.0
25	9.80 274	16	9.91 482	25	0.08 518	9.88 793	11	35	3	4.5	3.3	3.0
26	9.80 290	15	9.91 507	26	0.08 493	9.88 782	10	34	4	6.0	4.4	4.0
27	9.80 305	15	9.91 533	26	0.08 467	9.88 772	11	33	5	7.5	5.5	5.0
28	9.80 320	16	9.91 559	26	0.08 441	9.88 761	10	32	6	9.0	6.6	6.0
29	9.80 336	15	9.91 585	25	0.08 415	9.88 751	10	31	7	10.5	7.7	7.0
30	9.80 351	15	9.91 610	26	0.08 390	9.88 741	11	30	8	12.0	8.8	8.0
31	9.80 366	16	9.91 636	26	0.08 364	9.88 730	10	29	9	13.5	9.9	9.0
32	9.80 382	15	9.91 662	26	0.08 338	9.88 720	11	28				
33	9.80 397	15	9.91 688	25	0.08 312	9.88 709	10	27				
34	9.80 412	16	9.91 713	26	0.08 287	9.88 699	11	26				
35	9.80 428	15	9.91 739	26	0.08 261	9.88 688	10	25				
36	9.80 443	15	9.91 765	26	0.08 235	9.88 678	10	24				
37	9.80 458	15	9.91 791	25	0.08 209	9.88 668	11	23	From the top:			
38	9.80 473	16	9.91 816	26	0.08 184	9.88 657	10	22				
39	9.80 489	15	9.91 842	26	0.08 158	9.88 647	11	21	For **39°+** or **219°+**,			
40	9.80 504	15	9.91 868	25	0.08 132	9.88 636	10	20	read as printed; for			
41	9.80 519	15	9.91 893	26	0.08 107	9.88 626	11	19	**129°+** or **309°+**, read			
42	9.80 534	16	9.91 919	26	0.08 081	9.88 615	10	18	co-function.			
43	9.80 550	15	9.91 945	26	0.08 055	9.88 605	11	17				
44	9.80 565	15	9.91 971	25	0.08 029	9.88 594	10	16				
45	9.80 580	15	9.91 996	26	0.08 004	9.88 584	11	15	From the bottom:			
46	9.80 595	15	9.92 022	26	0.07 978	9.88 573	10	14				
47	9.80 610	15	9.92 048	25	0.07 952	9.88 563	11	13	For **50°+** or **230°+**,			
48	9.80 625	16	9.92 073	26	0.07 927	9.88 552	10	12	read as printed; for			
49	9.80 641	15	9.92 099	26	0.07 901	9.88 542	11	11	**140°+** or **320°+**, read			
50	9.80 656	15	9.92 125	25	0.07 875	9.88 531	10	10	co-function.			
51	9.80 671	15	9.92 150	26	0.07 850	9.88 521	11	9				
52	9.80 686	15	9.92 176	26	0.07 824	9.88 510	11	8				
53	9.80 701	15	9.92 202	25	0.07 798	9.88 499	10	7				
54	9.80 716	15	9.92 227	26	0.07 773	9.88 489	11	6				
55	9.80 731	15	9.92 253	26	0.07 747	9.88 478	10	5				
56	9.80 746	16	9.92 279	25	0.07 721	9.88 468	11	4				
57	9.80 762	15	9.92 304	26	0.07 696	9.88 457	11	3				
58	9.80 777	15	9.92 330	26	0.07 670	9.88 447	11	2				
59	9.80 792	15	9.92 356	25	0.07 644	9.88 436	11	1				
60	9.80 807		9.92 381		0.07 619	9.88 425		0				
	L Cos	d	L Ctn	c d	L Tan	L Sin	d	′	Prop. Pts.			

50° — Logarithms of Trigonometric Functions

40° — Logarithms of Trigonometric Functions [III

′	L Sin	d	L Tan	c d	L Ctn	L Cos	d	′	Prop. Pts.		
0	9.80 807		9.92 381		0.07 619	9.88 425		60			
1	9.80 822	15	9.92 407	26	0.07 593	9.88 415	10	59			
2	9.80 837	15	9.92 433	26	0.07 567	9.88 404	11	58			
3	9.80 852	15	9.92 458	25	0.07 542	9.88 394	10	57			
4	9.80 867	15	9.92 484	26	0.07 516	9.88 383	11	56			
5	9.80 882	15	9.92 510	26	0.07 490	9.88 372	11	55			
6	9.80 897	15	9.92 535	25	0.07 465	9.88 362	10	54			
7	9.80 912	15	9.92 561	26	0.07 439	9.88 351	11	53			
8	9.80 927	15	9.92 587	26	0.07 413	9.88 340	11	52			
9	9.80 942	15	9.92 612	25	0.07 388	9.88 330	10	51		26	25	15
10	9.80 957	15	9.92 638	26	0.07 362	9.88 319	11	50				
11	9.80 972	15	9.92 663	25	0.07 337	9.88 308	11	49	2	5.2	5.0	3.0
12	9.80 987	15	9.92 689	26	0.07 311	9.88 298	10	48	3	7.8	7.5	4.5
13	9.81 002	15	9.92 715	26	0.07 285	9.88 287	11	47	4	10.4	10.0	6.0
14	9.81 017	15	9.92 740	25	0.07 260	9.88 276	11	46	5	13.0	12.5	7.5
15	9.81 032	15	9.92 766	26	0.07 234	9.88 266	10	45	6	15.6	15.0	9.0
16	9.81 047	15	9.92 792	26	0.07 208	9.88 255	11	44	7	18.2	17.5	10.5
17	9.81 061	14	9.92 817	25	0.07 183	9.88 244	11	43	8	20.8	20.0	12.0
18	9.81 076	15	9.92 843	26	0.07 157	9.88 234	10	42	9	23.4	22.5	13.5
19	9.81 091	15	9.92 868	25	0.07 132	9.88 223	11	41				
20	9.81 106	15	9.92 894	26	0.07 106	9.88 212	11	40				
21	9.81 121	15	9.92 920	25	0.07 080	9.88 201	10	39		14	11	10
22	9.81 136	15	9.92 945	26	0.07 055	9.88 191	11	38				
23	9.81 151	15	9.92 971	25	0.07 029	9.88 180	11	37	2	2.8	2.2	2.0
24	9.81 166	14	9.92 996	26	0.07 004	9.88 169	11	36	3	4.2	3.3	3.0
25	9.81 180	15	9.93 022	26	0.06 978	9.88 158	10	35	4	5.6	4.4	4.0
26	9.81 195	15	9.93 048	25	0.06 952	9.88 148	11	34	5	7.0	5.5	5.0
27	9.81 210	15	9.93 073	26	0.06 927	9.88 137	11	33	6	8.4	6.6	6.0
28	9.81 225	15	9.93 099	25	0.06 901	9.88 126	11	32	7	9.8	7.7	7.0
29	9.81 240	14	9.93 124	26	0.06 876	9.88 115	10	31	8	11.2	8.8	8.0
30	9.81 254	15	9.93 150	25	0.06 850	9.88 105	11	30	9	12.6	9.9	9.0
31	9.81 269	15	9.93 175	26	0.06 825	9.88 094	11	29				
32	9.81 284	15	9.93 201	26	0.06 799	9.88 083	11	28				
33	9.81 299	15	9.93 227	25	0.06 773	9.88 072	11	27				
34	9.81 314	14	9.93 252	26	0.06 748	9.88 061	10	26				
35	9.81 328	15	9.93 278	25	0.06 722	9.88 051	11	25				
36	9.81 343	15	9.93 303	26	0.06 697	9.88 040	11	24				
37	9.81 358	14	9.93 329	25	0.06 671	9.88 029	11	23	*From the top:*			
38	9.81 372	15	9.93 351	26	0.06 646	9.88 018	11	22				
39	9.81 387	15	9.93 380	26	0.06 620	9.88 007	11	21	For **40°+** or **220°+**,			
40	9.81 402	15	9.93 406	25	0.06 594	9.87 996	11	20	read as printed; for			
41	9.81 417	14	9.93 431	26	0.06 569	9.87 985	10	19	**130°+** or **310°+**, read			
42	9.81 431	15	9.93 457	25	0.06 543	9.87 975	11	18	co-function.			
43	9.81 446	15	9.93 482	26	0.06 518	9.87 964	11	17				
44	9.81 461	14	9.93 508	25	0.06 492	9.87 953	11	16	*From the bottom:*			
45	9.81 475	15	9.93 533	26	0.06 467	9.87 942	11	15				
46	9.81 490	15	9.93 559	25	0.06 441	9.87 931	11	14	For **49°+** or **229°+**,			
47	9.81 505	14	9.93 584	26	0.06 416	9.87 920	11	13	read as printed; for			
48	9.81 519	15	9.93 610	26	0.06 390	9.87 909	11	12	**139°+** or **319°+**, read			
49	9.81 534	15	9.93 636	25	0.06 364	9.87 898	11	11	co-function.			
50	9.81 549	14	9.93 661	26	0.06 339	9.87 887	10	10				
51	9.81 563	15	9.93 687	25	0.06 313	9.87 877	11	9				
52	9.81 578	14	9.93 712	26	0.06 288	9.87 866	11	8				
53	9.81 592	15	9.93 738	25	0.06 262	9.87 855	11	7				
54	9.81 607	15	9.93 763	26	0.06 237	9.87 844	11	6				
55	9.81 622	14	9.93 789	25	0.06 211	9.87 833	11	5				
56	9.81 636	15	9.93 814	26	0.06 186	9.87 822	11	4				
57	9.81 651	14	9.93 840	25	0.06 160	9.87 811	11	3				
58	9.81 665	15	9.93 865	26	0.06 135	9.87 800	11	2				
59	9.81 680	14	9.93 891	25	0.06 109	9.87 789	11	1				
60	9.81 694		9.93 916		0.06 084	9.87 778		0				
′	L Cos	d	L Ctn	c d	L Tan	L Sin	d	′	Prop. Pts.		

49° — Logarithms of Trigonometric Functions

41° — Logarithms of Trigonometric Functions

′	L Sin	d	L Tan	c d	L Ctn	L Cos	d		Prop. Pts.		
0	9.81 694	15	9.93 916	26	0.06 084	9.87 778	11	60			
1	9.81 709	14	9.93 942	25	0.06 058	9.87 767	11	59			
2	9.81 723	15	9.93 967	26	0.06 033	9.87 756	11	58			
3	9.81 738	14	9.93 993	25	0.06 007	9.87 745	11	57			
4	9.81 752	15	9.94 018	26	0.05 982	9.87 734	11	56			
5	9.81 767	14	9.94 044	25	0.05 956	9.87 723	11	55			
6	9.81 781	15	9.94 069	26	0.05 931	9.87 712	11	54			
7	9.81 796	14	9.94 095	25	0.05 905	9.87 701	11	53			
8	9.81 810	15	9.94 120	26	0.05 880	9.87 690	11	52			
9	9.81 825	14	9.94 146	25	0.05 854	9.87 679	11	51		26	25	15
10	9.81 839	15	9.94 171	26	0.05 829	9.87 668	11	50	2	5.2	5.0	3.0
11	9.81 854	14	9.94 197	25	0.05 803	9.87 657	11	49	3	7.8	7.5	4.5
12	9.81 868	14	9.94 222	26	0.05 778	9.87 646	11	48	4	10.4	10.0	6.0
13	9.81 882	15	9.94 248	25	0.05 752	9.87 635	11	47	5	13.0	12.5	7.5
14	9.81 897	14	9.94 273	26	0.05 727	9.87 624	11	46	6	15.6	15.0	9.0
15	9.81 911	15	9.94 299	25	0.05 701	9.87 613	12	45	7	18.2	17.5	10.5
16	9.81 926	14	9.94 324	26	0.05 676	9.87 601	11	44	8	20.8	20.0	12.0
17	9.81 940	15	9.94 350	25	0.05 650	9.87 590	11	43	9	23.4	22.5	13.5
18	9.81 955	14	9.94 375	26	0.05 625	9.87 579	11	42				
19	9.81 969	14	9.94 401	25	0.05 599	9.87 568	11	41				
20	9.81 983	15	9.94 426	26	0.05 574	9.87 557	11	40				
21	9.81 998	14	9.94 452	25	0.05 548	9.87 546	11	39				
22	9.82 012	14	9.94 477	26	0.05 523	9.87 535	11	38		14	12	11
23	9.82 026	14	9.94 503	25	0.05 497	9.87 524	11	37	2	2.8	2.4	2.2
24	9.82 041	15	9.94 528	26	0.05 472	9.87 513	12	36	3	4.2	3.6	3.3
25	9.82 055	14	9.94 554	25	0.05 446	9.87 501	11	35	4	5.6	4.8	4.4
26	9.82 069	14	9.94 579	25	0.05 421	9.87 490	11	34	5	7.0	6.0	5.5
27	9.82 084	15	9.94 604	26	0.05 396	9.87 479	11	33	6	8.4	7.2	6.6
28	9.82 098	14	9.94 630	25	0.05 370	9.87 468	11	32	7	9.8	8.4	7.7
29	9.82 112	14	9.94 655	26	0.05 345	9.87 457	11	31	8	11.2	9.6	8.8
30	9.82 126	15	9.94 681	25	0.05 319	9.87 446	12	30	9	12.6	10.8	9.9
31	9.82 141	14	9.94 706	26	0.05 294	9.87 434	11	29				
32	9.82 155	14	9.94 732	25	0.05 268	9.87 423	11	28				
33	9.82 169	15	9.94 757	26	0.05 243	9.87 412	11	27				
34	9.82 184	14	9.94 783	25	0.05 217	9.87 401	11	26				
35	9.82 198	14	9.94 808	26	0.05 192	9.87 390	12	25				
36	9.82 212	14	9.94 834	25	0.05 166	9.87 378	11	24				
37	9.82 226	14	9.94 859	25	0.05 141	9.87 367	11	23	*From the top:*			
38	9.82 240	15	9.94 884	26	0.05 116	9.87 356	11	22				
39	9.82 255	14	9.94 910	25	0.05 090	9.87 345	11	21	For **41°+** or **221°+**,			
40	9.82 269	14	9.94 935	26	0.05 065	9.87 334	12	20	read as printed; for			
41	9.82 283	14	9.94 961	25	0.05 039	9.87 322	11	19	**131°+** or **311°+**, read			
42	9.82 297	14	9.94 986	26	0.05 014	9.87 311	11	18	co-function.			
43	9.82 311	15	9.95 012	25	0.04 988	9.87 300	12	17				
44	9.82 326	14	9.95 037	25	0.04 963	9.87 288	11	16				
45	9.82 340	14	9.95 062	26	0.04 938	9.87 277	11	15	*From the bottom:*			
46	9.82 354	14	9.95 088	25	0.04 912	9.87 266	11	14				
47	9.82 368	14	9.95 113	26	0.04 887	9.87 255	12	13	For **48°+** or **228°+**,			
48	9.82 382	14	9.95 139	25	0.04 861	9.87 243	11	12	read as printed; for			
49	9.82 396	14	9.95 164	26	0.04 836	9.87 232	11	11	**138°+** or **318°+**, read			
50	9.82 410	14	9.95 190	25	0.04 810	9.87 221	12	10	co-function.			
51	9.82 424	15	9.95 215	25	0.04 785	9.87 209	11	9				
52	9.82 439	14	9.95 240	26	0.04 760	9.87 198	11	8				
53	9.82 453	14	9.95 266	25	0.04 734	9.87 187	12	7				
54	9.82 467	14	9.95 291	26	0.04 709	9.87 175	11	6				
55	9.82 481	14	9.95 317	25	0.04 683	9.87 164	11	5				
56	9.82 495	14	9.95 342	26	0.04 658	9.87 153	12	4				
57	9.82 509	14	9.95 368	25	0.04 632	9.87 141	11	3				
58	9.82 523	14	9.95 393	25	0.04 607	9.87 130	11	2				
59	9.82 537	14	9.95 418	26	0.04 582	9.87 119	12	1				
60	9.82 551		9.95 444		0.04 556	9.87 107		0				
	L Cos	d	L Ctn	c d	L Tan	L Sin	d	′	Prop. Pts.			

48° — Logarithms of Trigonometric Functions

88 42° — Logarithms of Trigonometric Functions [III

′	L Sin	d	L Tan	c d	L Ctn	L Cos	d	′	Prop. Pts.
0	9.82 551	14	9.95 444	25	0.04 556	9.87 107	11	60	
1	9.82 565	14	9.95 469	26	0.04 531	9.87 096	11	59	
2	9.82 579	14	9.95 495	25	0.04 505	9.87 085	12	58	
3	9.82 593	14	9.95 520	25	0.04 480	9.87 073	11	57	
4	9.82 607	14	9.95 545	26	0.04 455	9.87 062	12	56	
5	9.82 621	14	9.95 571	25	0.04 429	9.87 050	11	55	
6	9.82 635	14	9.95 596	26	0.04 404	9.87 039	11	54	
7	9.82 649	14	9.95 622	25	0.04 378	9.87 028	12	53	
8	9.82 663	14	9.95 647	25	0.04 353	9.87 016	11	52	
9	9.82 677	14	9.95 672	26	0.04 328	9.87 005	12	51	
10	9.82 691	14	9.95 698	25	0.04 302	9.86 993	11	50		26	25	14
11	9.82 705	14	9.95 723	25	0.04 277	9.86 982	12	49	2	5.2	5.0	2.8
12	9.82 719	14	9.95 748	26	0.04 252	9.86 970	11	48	3	7.8	7.5	4.2
13	9.82 733	14	9.95 774	25	0.04 226	9.86 959	12	47	4	10.4	10.0	5.6
14	9.82 747	14	9.95 799	26	0.04 201	9.86 947	11	46	5	13.0	12.5	7.0
15	9.82 761	14	9.95 825	25	0.04 175	9.86 936	12	45	6	15.6	15.0	8.4
16	9.82 775	13	9.95 850	25	0.04 150	9.86 924	11	44	7	18.2	17.5	9.8
17	9.82 788	14	9.95 875	26	0.04 125	9.86 913	11	43	8	20.8	20.0	11.2
18	9.82 802	14	9.95 901	25	0.04 099	9.86 902	12	42	9	23.4	22.5	12.6
19	9.82 816	14	9.95 926	26	0.04 074	9.86 890	11	41				
20	9.82 830	14	9.95 952	25	0.04 048	9.86 879	12	40				
21	9.82 844	14	9.95 977	25	0.04 023	9.86 867	12	39				
22	9.82 858	14	9.96 002	26	0.03 998	9.86 855	11	38		13	12	11
23	9.82 872	13	9.96 028	25	0.03 972	9.86 844	12	37	2	2.6	2.4	2.2
24	9.82 885	14	9.96 053	25	0.03 947	9.86 832	11	36	3	3.9	3.6	3.3
25	9.82 899	14	9.96 078	26	0.03 922	9.86 821	12	35	4	5.2	4.8	4.4
26	9.82 913	14	9.96 104	25	0.03 896	9.86 809	11	34	5	6.5	6.0	5.5
27	9.82 927	14	9.96 129	26	0.03 871	9.86 798	12	33	6	7.8	7.2	6.6
28	9.82 941	14	9.96 155	25	0.03 845	9.86 786	11	32	7	9.1	8.4	7.7
29	9.82 955	13	9.96 180	25	0.03 820	9.86 775	12	31	8	10.4	9.6	8.8
30	9.82 968	14	9.96 205	26	0.03 795	9.86 763	11	30	9	11.7	10.8	9.9
31	9.82 982	14	9.96 231	25	0.03 769	9.86 752	12	29				
32	9.82 996	14	9.96 256	25	0.03 744	9.86 740	12	28				
33	9.83 010	13	9.96 281	26	0.03 719	9.86 728	11	27				
34	9.83 023	14	9.96 307	25	0.03 693	9.86 717	12	26				
35	9.83 037	14	9.96 332	25	0.03 668	9.86 705	11	25				
36	9.83 051	14	9.96 357	26	0.03 643	9.86 694	12	24				
37	9.83 065	13	9.96 383	25	0.03 617	9.86 682	12	23	*From the top:*			
38	9.83 078	14	9.96 408	25	0.03 592	9.86 670	11	22				
39	9.83 092	14	9.96 433	26	0.03 567	9.86 659	12	21	For **42°+** or **222°+**,			
40	9.83 106	14	9.96 459	25	0.03 541	9.86 647	12	20	read as printed ; for			
41	9.83 120	13	9.96 484	26	0.03 516	9.86 635	11	19	**132°+** or **312°+**, read			
42	9.83 133	14	9.96 510	25	0.03 490	9.86 624	12	18	co-function.			
43	9.83 147	14	9.96 535	25	0.03 465	9.86 612	12	17				
44	9.83 161	13	9.96 560	26	0.03 440	9.86 600	11	16				
45	9.83 174	14	9.96 586	25	0.03 414	9.86 589	12	15	*From the bottom :*			
46	9.83 188	14	9.96 611	25	0.03 389	9.86 577	12	14				
47	9.83 202	13	9.96 636	26	0.03 364	9.86 565	11	13	For **47°+** or **227°+**,			
48	9.83 215	14	9.96 662	25	0.03 338	9.86 554	12	12	read as printed ; for			
49	9.83 229	13	9.96 687	25	0.03 313	9.86 542	12	11	**137°+** or **317°+**, read			
50	9.83 242	14	9.96 712	26	0.03 288	9.86 530	12	10	co-function.			
51	9.83 256	14	9.96 738	25	0.03 262	9.86 518	11	9				
52	9.83 270	13	9.96 763	25	0.03 237	9.86 507	12	8				
53	9.83 283	14	9.96 788	26	0.03 212	9.86 495	12	7				
54	9.83 297	13	9.96 814	25	0.03 186	9.86 483	11	6				
55	9.83 310	14	9.96 839	25	0.03 161	9.86 472	12	5				
56	9.83 324	14	9.96 864	26	0.03 136	9.86 460	12	4				
57	9.83 338	13	9.96 890	25	0.03 110	9.86 448	12	3				
58	9.83 351	14	9.96 915	25	0.03 085	9.86 436	11	2				
59	9.83 365	13	9.96 940	26	0.03 060	9.86 425	12	1				
60	9.83 378		9.96 966		0.03 034	9.86 413		0				
	L Cos	d	L Ctn	c d	L Tan	L Sin	d	′	Prop. Pts.

47° — Logarithms of Trigonometric Functions

43° — Logarithms of Trigonometric Functions

′	L Sin	d	L Tan	c d	L Ctn	L Cos	d	′	Prop. Pts.		
0	9.83 378	14	9.96 966	25	0.03 034	9.86 413	12	60			
1	9.83 392	13	9.96 991	25	0.03 009	9.86 401	12	59			
2	9.83 405	14	9.97 016	26	0.02 984	9.86 389	12	58			
3	9.83 419	13	9.97 042	25	0.02 958	9.86 377	11	57			
4	9.83 432	14	9.97 067	25	0.02 933	9.86 366	12	56			
5	9.83 446	13	9.97 092	26	0.02 908	9.86 354	12	55			
6	9.83 459	14	9.97 118	25	0.02 882	9.86 342	12	54			
7	9.83 473	13	9.97 143	25	0.02 857	9.86 330	12	53			
8	9.83 486	14	9.97 168	25	0.02 832	9.86 318	12	52			
9	9.83 500	13	9.97 193	26	0.02 807	9.86 306	11	51			
10	9.83 513	14	9.97 219	25	0.02 781	9.86 295	12	50	**26**	**25**	**14**
11	9.83 527	13	9.97 244	25	0.02 756	9.86 283	12	49	2 5.2	5.0	2.8
12	9.83 540	14	9.97 269	26	0.02 731	9.86 271	12	48	3 7.8	7.5	4.2
13	9.83 554	13	9.97 295	25	0.02 705	9.86 259	12	47	4 10.4	10.0	5.6
14	9.83 567	14	9.97 320	25	0.02 680	9.86 247	12	46	5 13.0	12.5	7.0
15	9.83 581	13	9.97 345	26	0.02 655	9.86 235	12	45	6 15.6	15.0	8.4
16	9.83 594	14	9.97 371	25	0.02 629	9.86 223	12	44	7 18.2	17.5	9.8
17	9.83 608	13	9.97 396	25	0.02 604	9.86 211	11	43	8 20.8	20.0	11.2
18	9.83 621	13	9.97 421	26	0.02 579	9.86 200	12	42	9 23.4	22.5	12.6
19	9.83 634	14	9.97 447	25	0.02 553	9.86 188	12	41			
20	9.83 648	13	9.97 472	25	0.02 528	9.86 176	12	40			
21	9.83 661	13	9.97 497	26	0.02 503	9.86 164	12	39			
22	9.83 674	14	9.97 523	25	0.02 477	9.86 152	12	38	**13**	**12**	**11**
23	9.83 688	13	9.97 548	25	0.02 452	9.86 140	12	37	2 2.6	2.4	2.2
24	9.83 701	14	9.97 573	25	0.02 427	9.86 128	12	36	3 3.9	3.6	3.3
25	9.83 715	13	9.97 598	26	0.02 402	9.86 116	12	35	4 5.2	4.8	4.4
26	9.83 728	13	9.97 624	25	0.02 376	9.86 104	12	34	5 6.5	6.0	5.5
27	9.83 741	14	9.97 649	25	0.02 351	9.86 092	12	33	6 7.8	7.2	6.6
28	9.83 755	13	9.97 674	26	0.02 326	9.86 080	12	32	7 9.1	8.4	7.7
29	9.83 768	13	9.97 700	25	0.02 300	9.86 068	12	31	8 10.4	9.6	8.8
30	9.83 781	14	9.97 725	25	0.02 275	9.86 056	12	30	9 11.7	10.8	9.9
31	9.83 795	13	9.97 750	26	0.02 250	9.86 044	12	29			
32	9.83 808	13	9.97 776	25	0.02 224	9.86 032	12	28			
33	9.83 821	13	9.97 801	25	0.02 199	9.86 020	12	27			
34	9.83 834	14	9.97 826	25	0.02 174	9.86 008	12	26			
35	9.83 848	13	9.97 851	26	0.02 149	9.85 996	12	25			
36	9.83 861	13	9.97 877	25	0.02 123	9.85 984	12	24			
37	9.83 874	13	9.97 902	25	0.02 098	9.85 972	12	23	*From the top :*		
38	9.83 887	14	9.97 927	26	0.02 073	9.85 960	12	22			
39	9.83 901	13	9.97 953	25	0.02 047	9.85 948	12	21	For **43°+** or **223°+**,		
40	9.83 914	13	9.97 978	25	0.02 022	9.85 936	12	20	read as printed; for		
41	9.83 927	13	9.98 003	26	0.01 997	9.85 924	12	19	**133°+** or **313°+**, read		
42	9.83 940	14	9.98 029	25	0.01 971	9.85 912	12	18	co-function.		
43	9.83 954	13	9.98 054	25	0.01 946	9.85 900	12	17			
44	9.83 967	13	9.98 079	25	0.01 921	9.85 888	12	16			
45	9.83 980	13	9.98 104	26	0.01 896	9.85 876	12	15	*From the bottom :*		
46	9.83 993	13	9.98 130	25	0.01 870	9.85 864	13	14			
47	9.84 006	14	9.98 155	25	0.01 845	9.85 851	12	13	For **46°+** or **226°+**,		
48	9.84 020	13	9.98 180	26	0.01 820	9.85 839	12	12	read as printed; for		
49	9.84 033	13	9.98 206	25	0.01 794	9.85 827	12	11	**136°+** or **316°+**, read		
50	9.84 046	13	9.98 231	25	0.01 769	9.85 815	12	10	co-function.		
51	9.84 059	13	9.98 256	25	0.01 744	9.85 803	12	9			
52	9.84 072	13	9.98 281	26	0.01 719	9.85 791	12	8			
53	9.84 085	13	9.98 307	25	0.01 693	9.85 779	13	7			
54	9.84 098	14	9.98 332	25	0.01 668	9.85 766	12	6			
55	9.84 112	13	9.98 357	26	0.01 643	9.85 754	12	5			
56	9.84 125	13	9.98 383	25	0.01 617	9.85 742	12	4			
57	9.84 138	13	9.98 408	25	0.01 592	9.85 730	12	3			
58	9.84 151	13	9.98 433	25	0.01 567	9.85 718	12	2			
59	9.84 164	13	9.98 458	26	0.01 542	9.85 706	13	1			
60	9.84 177		9.98 484		0.01 516	9.85 693		0			
	L Cos	d	L Ctn	c d	L Tan	L Sin	d	′	Prop. Pts.		

46° — Logarithms of Trigonometric Functions

44°— Logarithms of Trigonometric Functions

′	L Sin	d	L Tan	c d	L Ctn	L Cos	d		Prop. Pts.		
0	9.84 177	13	9.98 484	25	0.01 516	9.85 693	12	60			
1	9.84 190	13	9.98 509	25	0.01 491	9.85 681	12	59			
2	9.84 203	13	9.98 534	26	0.01 466	9.85 669	12	58			
3	9.84 216	13	9.98 560	25	0.01 440	9.85 657	12	57			
4	9.84 229	13	9.98 585	25	0.01 415	9.85 645	13	56			
5	9.84 242	13	9.98 610	25	0.01 390	9.85 632	12	55			
6	9.84 255	14	9.98 635	26	0.01 365	9.85 620	12	54			
7	9.84 269	13	9.98 661	25	0.01 339	9.85 608	12	53			
8	9.84 282	13	9.98 686	25	0.01 314	9.85 596	13	52			
9	9.84 295	13	9.98 711	26	0.01 289	9.85 583	12	51		26	25	14
10	9.84 308	13	9.98 737	25	0.01 263	9.85 571	12	50	2	5.2	5.0	2.8
11	9.84 321	13	9.98 762	25	0.01 238	9.85 559	12	49	3	7.8	7.5	4.2
12	9.84 334	13	9.98 787	25	0.01 213	9.85 547	13	48	4	10.4	10.0	5.6
13	9.84 347	13	9.98 812	26	0.01 188	9.85 534	12	47	5	13.0	12.5	7.0
14	9.84 360	13	9.98 838	25	0.01 162	9.85 522	12	46	6	15.6	15.0	8.4
15	9.84 373	12	9.98 863	25	0.01 137	9.85 510	13	45	7	18.2	17.5	9.8
16	9.84 385	13	9.98 888	25	0.01 112	9.85 497	12	44	8	20.8	20.0	11.2
17	9.84 398	13	9.98 913	26	0.01 087	9.85 485	12	43	9	23.4	22.5	12.6
18	9.84 411	13	9.98 939	25	0.01 061	9.85 473	13	42				
19	9.84 424	13	9.98 964	25	0.01 036	9.85 460	12	41				
20	9.84 437	13	9.98 989	26	0.01 011	9.85 448	12	40				
21	9.84 450	13	9.99 015	25	0.00 985	9.85 436	13	39		13	12	
22	9.84 463	13	9.99 040	25	0.00 960	9.85 423	12	38				
23	9.84 476	13	9.99 065	25	0.00 935	9.85 411	12	37	2	2.6	2.4	
24	9.84 489	13	9.99 090	26	0.00 910	9.85 399	13	36	3	3.9	3.6	
25	9.84 502	13	9.99 116	25	0.00 884	9.85 386	12	35	4	5.2	4.8	
26	9.84 515	13	9.99 141	25	0.00 859	9.85 374	13	34	5	6.5	6.0	
27	9.84 528	12	9.99 166	25	0.00 834	9.85 361	12	33	6	7.8	7.2	
28	9.84 540	13	9.99 191	26	0.00 809	9.85 349	12	32	7	9.1	8.4	
29	9.84 553	13	9.99 217	25	0.00 783	9.85 337	13	31	8	10.4	9.6	
30	9.84 566	13	9.99 242	25	0.00 758	9.85 324	12	30	9	11.7	10.8	
31	9.84 579	13	9.99 267	26	0.00 733	9.85 312	13	29				
32	9.84 592	13	9.99 293	25	0.00 707	9.85 299	12	28				
33	9.84 605	13	9.99 318	25	0.00 682	9.85 287	13	27				
34	9.84 618	12	9.99 343	25	0.00 657	9.85 274	12	26				
35	9.84 630	13	9.99 368	26	0.00 632	9.85 262	12	25				
36	9.84 643	13	9.99 394	25	0.00 606	9.85 250	13	24				
37	9.84 656	13	9.99 419	25	0.00 581	9.85 237	12	23		*From the top:*		
38	9.84 669	13	9.99 444	25	0.00 556	9.85 225	13	22				
39	9.84 682	12	9.99 469	26	0.00 531	9.85 212	12	21		For **44°+** or **224°+**,		
40	9.84 694	13	9.99 495	25	0.00 505	9.85 200	13	20		read as printed; for		
41	9.84 707	13	9.99 520	25	0.00 480	9.85 187	12	19		**134°+** or **314°+**, read		
42	9.84 720	13	9.99 545	25	0.00 455	9.85 175	13	18		co-function.		
43	9.84 733	12	9.99 570	26	0.00 430	9.85 162	12	17				
44	9.84 745	13	9.99 596	25	0.00 404	9.85 150	13	16				
45	9.84 758	13	9.99 621	25	0.00 379	9.85 137	12	15		*From the bottom:*		
46	9.84 771	13	9.99 646	26	0.00 354	9.85 125	13	14				
47	9.84 784	12	9.99 672	25	0.00 328	9.85 112	12	13		For **45°+** or **225°+**,		
48	9.84 796	13	9.99 697	25	0.00 303	9.85 100	13	12		read as printed; for		
49	9.84 809	13	9.99 722	25	0.00 278	9.85 087	13	11		**135°+** or **315°+**, read		
50	9.84 822	13	9.99 747	26	0.00 253	9.85 074	12	10		co-function.		
51	9.84 835	12	9.99 773	25	0.00 227	9.85 062	13	9				
52	9.84 847	13	9.99 798	25	0.00 202	9.85 049	12	8				
53	9.84 860	13	9.99 823	25	0.00 177	9.85 037	13	7				
54	9.84 873	12	9.99 848	26	0.00 152	9.85 024	12	6				
55	9.84 885	13	9.99 874	25	0.00 126	9.85 012	13	5				
56	9.84 898	13	9.99 899	25	0.00 101	9.84 999	13	4				
57	9.84 911	12	9.99 924	25	0.00 076	9.84 986	12	3				
58	9.84 923	13	9.99 949	26	0.00 051	9.84 974	13	2				
59	9.84 936	13	9.99 975	25	0.00 025	9.84 961	12	1				
60	9.84 949		0.00 000		0.00 000	9 84 949		0				
	L Cos	d	L Ctn	c d	L Tan	L Sin	d	′	Prop. Pts.			

45°— Logarithms of Trigonometric Functions

Table IV — Degrees, Minutes, and Seconds to Radians

Degrees						Minutes		Seconds	
0°	0.00000 00	60°	1.04719 76	120°	2.09439 51	0′	0.00000 00	0″	0.00000 00
1	0.01745 33	61	1.06465 08	121	2.11184 84	1	0.00029 09	1	0.00000 48
2	0.03490 66	62	1.08210 41	122	2.12930 17	2	0.00058 18	2	0.00000 97
3	0.05235 99	63	1.09955 74	123	2.14675 50	3	0.00087 27	3	0.00001 45
4	0.06981 32	64	1.11701 07	124	2.16420 83	4	0.00116 36	4	0.00001 94
5	0.08726 65	65	1.13446 40	125	2.18166 16	5	0.00145 44	5	0.00002 42
6	0.10471 98	66	1.15191 73	126	2.19911 49	6	0.00174 53	6	0.00002 91
7	0.12217 30	67	1.16937 06	127	2.21656 82	7	0.00203 62	7	0.00003 39
8	0.13962 63	68	1.18682 39	128	2.23402 14	8	0.00232 71	8	0.00003 88
9	0.15707 96	69	1.20427 72	129	2.25147 47	9	0.00261 80	9	0.00004 36
10	0.17453 29	70	1.22173 05	130	2.26892 80	10	0.00290 89	10	0.00004 85
11	0.19198 62	71	1.23918 38	131	2.28638 13	11	0.00319 98	11	0.00005 33
12	0.20943 95	72	1.25663 71	132	2.30383 46	12	0.00349 07	12	0.00005 82
13	0.22689 28	73	1.27409 04	133	2.32128 79	13	0.00378 15	13	0.00006 30
14	0.24434 61	74	1.29154 36	134	2.33874 12	14	0.00407 24	14	0.00006 79
15	0.26179 94	75	1.30899 69	135	2.35619 45	15	0.00436 33	15	0.00007 27
16	0.27925 27	76	1.32645 02	136	2.37364 78	16	0.00465 42	16	0.00007 76
17	0.29670 60	77	1.34390 35	137	2.39110 11	17	0.00494 51	17	0.00008 24
18	0.31415 93	78	1.36135 68	138	2.40855 44	18	0.00523 60	18	0.00008 73
19	0.33161 26	79	1.37881 01	139	2.42600 77	19	0.00552 69	19	0.00009 21
20	0.34906 59	80	1.39626 34	140	2.44346 10	20	0.00581 78	20	0.00009 70
21	0.36651 91	81	1.41371 67	141	2.46091 42	21	0.00610 87	21	0.00010 18
22	0.38397 24	82	1.43117 00	142	2.47836 75	22	0.00639 95	22	0.00010 67
23	0.40142 57	83	1.44862 33	143	2.49582 08	23	0.00669 04	23	0.00011 15
24	0.41887 90	84	1.46607 66	144	2.51327 41	24	0.00698 13	24	0.00011 64
25	0.43633 23	85	1.48352 99	145	2.53072 74	25	0.00727 22	25	0.00012 12
26	0.45378 56	86	1.50098 32	146	2.54818 07	26	0.00756 31	26	0.00012 61
27	0.47123 89	87	1.51843 64	147	2.56563 40	27	0.00785 40	27	0.00013 09
28	0.48869 22	88	1.53588 97	148	2.58308 73	28	0.00814 49	28	0.00013 57
29	0.50614 55	89	1.55334 30	149	2.60054 06	29	0.00843 58	29	0.00014 06
30	0.52359 88	90	1.57079 63	150	2.61799 39	30	0.00872 66	30	0.00014 54
31	0.54105 21	91	1.58824 96	151	2.63544 72	31	0.00901 75	31	0.00015 03
32	0.55850 54	92	1.60570 29	152	2.65290 05	32	0.00930 84	32	0.00015 51
33	0.57595 87	93	1.62315 62	153	2.67035 38	33	0.00959 93	33	0.00016 00
34	0.59341 19	94	1.64060 95	154	2.68780 70	34	0.00989 02	34	0.00016 48
35	0.61086 52	95	1.65806 28	155	2.70526 03	35	0.01018 11	35	0.00016 97
36	0.62831 85	96	1.67551 61	156	2.72271 36	36	0.01047 20	36	0.00017 45
37	0.64577 18	97	1.69296 94	157	2.74016 69	37	0.01076 29	37	0.00017 94
38	0.66322 51	98	1.71042 27	158	2.75762 02	38	0.01105 38	38	0.00018 42
39	0.68067 84	99	1.72787 60	159	2.77507 35	39	0.01134 46	39	0.00018 91
40	0.69813 17	100	1.74532 93	160	2.79252 68	40	0.01163 55	40	0.00019 39
41	0.71558 50	101	1.76278 25	161	2.80998 01	41	0.01192 64	41	0.00019 88
42	0.73303 83	102	1.78023 58	162	2.82743 34	42	0.01221 73	42	0.00020 36
43	0.75049 16	103	1.79768 91	163	2.84488 67	43	0.01250 82	43	0.00020 85
44	0.76794 49	104	1.81514 24	164	2.86234 00	44	0.01279 91	44	0.00021 33
45	0.78539 82	105	1.83259 57	165	2.87979 33	45	0.01309 00	45	0.00021 82
46	0.80285 15	106	1.85004 90	166	2.89724 66	46	0.01338 09	46	0.00022 30
47	0.82030 47	107	1.86750 23	167	2.91469 99	47	0.01367 17	47	0.00022 79
48	0.83775 80	108	1.88495 56	168	2.93215 31	48	0.01396 26	48	0.00023 27
49	0.85521 13	109	1.90240 89	169	2.94960 64	49	0.01425 35	49	0.00023 76
50	0.87266 46	110	1.91986 22	170	2.96705 97	50	0.01454 44	50	0.00024 24
51	0.89011 79	111	1.93731 55	171	2.98451 30	51	0.01483 53	51	0.00024 73
52	0.90757 12	112	1.95476 88	172	3.00196 63	52	0.01512 62	52	0.00025 21
53	0.92502 45	113	1.97222 21	173	3.01941 96	53	0.01541 71	53	0.00025 70
54	0.94247 78	114	1.98967 53	174	3.03687 29	54	0.01570 80	54	0.00026 18
55	0.95993 11	115	2.00712 86	175	3.05432 62	55	0.01599 89	55	0.00026 66
56	0.97738 44	116	2.02458 19	176	3.07177 95	56	0.01628 97	56	0.00027 15
57	0.99483 77	117	2.04203 52	177	3.08923 28	57	0.01658 06	57	0.00027 63
58	1.01229 10	118	2.05948 85	178	3.10668 61	58	0.01687 15	58	0.00028 12
59	1.02974 43	119	2.07694 18	179	3.12413 94	59	0.01716 24	59	0.00028 60
60	1.04719 76	120	2.09439 51	180	3.14159 27	60	0.01745 33	60	0.00029 09

V — Radian Measure — Trigonometric Functions

x Radians	Sin x	Cos x	Tan x	Equivalent of x	x Radians	Sin x	Cos x	Tan x	Equivalent of x
.00	.00000	1.0000	.00000	0° 00'.0	.50	.47943	.87758	.54630	28° 38'.9
.01	.01000	.99995	.01000	0° 34'.4	.51	.48818	.87274	.55936	29° 13'.3
.02	.02000	.99980	.02000	1° 08'.8	.52	.49688	.86782	.57256	29° 47'.6
.03	.03000	.99955	.03001	1° 43'.1	.53	.50553	.86281	.58592	30° 22'.0
.04	.03999	.99920	.04002	2° 17'.5	.54	.51414	.85771	.59943	30° 56'.4
.05	.04998	.99875	.05004	2° 51'.9	.55	.52269	.85252	.61311	31° 30'.8
.06	.05996	.99820	.06007	3° 26'.3	.56	.53119	.84726	.62695	32° 05'.1
.07	.06994	.99755	.07011	4° 00'.6	.57	.53963	.84190	.64097	32° 39'.5
.08	.07991	.99680	.08017	4° 35'.0	.58	.54802	.83646	.65517	33° 13'.9
.09	.08988	.99595	.09024	5° 09'.4	.59	.55636	.83094	.66956	33° 48'.3
.10	.09983	.99500	.10033	5° 43'.8	.60	.56464	.82534	.68414	34° 22'.6
.11	.10978	.99396	.11045	6° 18'.2	.61	.57287	.81965	.69892	34° 57'.0
.12	.11971	.99281	.12058	6° 52'.5	.62	.58104	.81388	.71391	35° 31'.4
.13	.12963	.99156	.13074	7° 26'.9	.63	.58914	.80803	.72911	36° 05'.8
.14	.13954	.99022	.14092	8° 01'.3	.64	.59720	.80210	.74454	36° 40'.2
.15	.14944	.98877	.15114	8° 35'.7	.65	.60519	.79608	.76020	37° 14'.5
.16	.15932	.98723	.16138	9° 10'.0	.66	.61312	.78999	.77610	37° 48'.9
.17	.16918	.98558	.17166	9° 44'.4	.67	.62099	.78382	.79225	38° 23'.3
.18	.17903	.98384	.18197	10° 18'.8	.68	.62879	.77757	.80866	38° 57'.7
.19	.18886	.98200	.19232	10° 53'.2	.69	.63654	.77125	.82533	39° 32'.0
.20	.19867	.98007	.20271	11° 27'.5	.70	.64422	.76484	.84229	40° 06'.4
.21	.20846	.97803	.21314	12° 01'.9	.71	.65183	.75836	.85953	40° 40'.8
.22	.21823	.97590	.22362	12° 36'.3	.72	.65938	.75181	.87707	41° 15'.2
.23	.22798	.97367	.23414	13° 10'.7	.73	.66687	.74517	.89492	41° 49'.6
.24	.23770	.97134	.24472	13° 45'.1	.74	.67429	.73847	.91309	42° 23'.9
.25	.24740	.96891	.25534	14° 19'.4	.75	.68164	.73169	.93160	42° 58'.3
.26	.25708	.96639	.26602	14° 53'.8	.76	.68892	.72484	.95055	43° 32'.7
.27	.26673	.96377	.27676	15° 28'.2	.77	.69614	.71791	.96967	44° 07'.1
.28	.27636	.96106	.28755	16° 02'.6	.78	.70328	.71091	.98926	44° 41'.4
.29	.28595	.95824	.29841	16° 36'.9	.79	.71035	.70385	1.0092	45° 15'.8
.30	.29552	.95534	.30934	17° 11'.3	.80	.71736	.69671	1.0296	45° 50'.2
.31	.30506	.95233	.32033	17° 45'.7	.81	.72429	.68950	1.0505	46° 24'.6
.32	.31457	.94924	.33139	18° 20'.1	.82	.73115	.68222	1.0717	46° 59'.0
.33	.32404	.94604	.34252	18° 54'.5	.83	.73793	.67488	1.0934	47° 33'.3
.34	.33349	.94275	.35374	19° 28'.8	.84	.74464	.66746	1.1156	48° 07'.7
.35	.34290	.93937	.36503	20° 03'.2	.85	.75128	.65998	1.1383	48° 42'.1
.36	.35227	.93590	.37640	20° 37'.6	.86	.75784	.65244	1.1616	49° 16'.5
.37	.36162	.93233	.38786	21° 12'.0	.87	.76433	.64483	1.1853	49° 50'.8
.38	.37092	.92866	.39941	21° 46'.3	.88	.77074	.63715	1.2097	50° 25'.2
.39	.38019	.92491	.41106	22° 20'.7	.89	.77707	.62941	1.2346	50° 59'.6
.40	.38942	.92106	.42279	22° 55'.1	.90	.78333	.62161	1.2602	51° 34'.0
.41	.39861	.91712	.43463	23° 29'.5	.91	.78950	.61375	1.2864	52° 08'.3
.42	.40776	.91309	.44657	24° 03'.9	.92	.79560	.60582	1.3133	52° 42'.7
.43	.41687	.90897	.45862	24° 38'.2	.93	.80162	.59783	1.3409	53° 17'.1
.44	.42594	.90475	.47078	25° 12'.6	.94	.80756	.58979	1.3692	53° 51'.5
.45	.43497	.90045	.48305	25° 47'.0	.95	.81342	.58168	1.3984	54° 25'.9
.46	.44395	.89605	.49545	26° 21'.4	.96	.81919	.57352	1.4284	55° 00'.2
.47	.45289	.89157	.50795	26° 55'.7	.97	.82489	.56530	1.4592	55° 34'.6
.48	.46178	.88699	.52061	27° 30'.1	.98	.83050	.55702	1.4910	56° 09'.0
.49	.47063	.88233	.53339	28° 04'.5	.99	.83603	.54869	1.5237	56° 43'.4
.50	.47943	.87758	.54630	28° 38'.9	1.00	.84147	.54030	1.5574	57° 17'.7

V—Radian Measure — Trigonometric Functions

x Radians	Sin x	Cos x	Tan x	Equivalent of x
1.00	.84147	.54030	1.5574	57° 17'.7
1.01	.84683	.53186	1.5922	57° 52'.1
1.02	.85211	.52337	1.6281	58° 26'.5
1.03	.85730	.51482	1.6652	59° 00'.9
1.04	.86240	.50622	1.7036	59° 35'.3
1.05	.86742	.49757	1.7433	60° 09'.6
1.06	.87236	.48887	1.7844	60° 44'.0
1.07	.87720	.48012	1.8270	61° 18'.4
1.08	.88196	.47133	1.8712	61° 52'.8
1.09	.88663	.46249	1.9171	62° 27'.1
1.10	.89121	.45360	1.9648	63° 01'.5
1.11	.89570	.44466	2.0143	63° 35'.9
1.12	.90010	.43568	2.0660	64° 10'.3
1.13	.90441	.42666	2.1198	64° 44'.7
1.14	.90863	.41759	2.1759	65° 19'.0
1.15	.91276	.40849	2.2345	65° 53'.4
1.16	.91680	.39934	2.2958	66° 27'.8
1.17	.92075	.39015	2.3600	67° 02'.2
1.18	.92461	.38092	2.4273	67° 36'.5
1.19	.92837	.37166	2.4979	68° 10'.9
1.20	.93204	.36236	2.5722	68° 45'.3
1.21	.93562	.35302	2.6503	69° 19'.7
1.22	.93910	.34365	2.7328	69° 54'.1
1.23	.94249	.33424	2.8198	70° 28'.4
1.24	.94578	.32480	2.9119	71° 02'.8
1.25	.94898	.31532	3.0096	71° 37'.2
1.26	.95209	.30582	3.1133	72° 11'.6
1.27	.95510	.29628	3.2236	72° 45'.9
1.28	.95802	.28672	3.3413	73° 20'.3
1.29	.96084	.27712	3.4672	73° 54'.7
1.30	.96356	.26750	3.6021	74° 29'.1

x Radians	Sin x	Cos x	Tan x	Equivalent of x
1.30	.96356	.26750	3.6021	74° 29'.1
1.31	.96618	.25785	3.7470	75° 03'.4
1.32	.96872	.24818	3.9033	75° 37'.8
1.33	.97115	.23848	4.0723	76° 12'.2
1.34	.97348	.22875	4.2556	76° 46'.6
1.35	.97572	.21901	4.4552	77° 21'.0
1.36	.97786	.20924	4.6734	77° 55'.3
1.37	.97991	.19945	4.9131	78° 29'.7
1.38	.98185	.18964	5.1774	79° 04'.1
1.39	.98370	.17981	5.4707	79° 38'.5
1.40	.98545	.16997	5.7979	80° 12'.8
1.41	.98710	.16010	6.1654	80° 47'.2
1.42	.98865	.15023	6.5811	81° 21'.6
1.43	.99010	.14033	7.0555	81° 56'.0
1.44	.99146	.13042	7.6018	82° 30'.4
1.45	.99271	.12050	8.2381	83° 04'.7
1.46	.99387	.11057	8.9886	83° 39'.1
1.47	.99492	.10063	9.8874	84° 13'.5
1.48	.99588	.09067	10.983	84° 47'.9
1.49	.99674	.08071	12.350	85° 22'.2
1.50	.99749	.07074	14.101	85° 56'.6
1.51	.99815	.06076	16.428	86° 31'.0
1.52	.99871	.05077	19.670	87° 05'.4
1.53	.99917	.04079	24.498	87° 39'.8
1.54	.99953	.03079	32.461	88° 14'.1
1.55	.99978	.02079	48.078	88° 48'.5
1.56	.99994	.01080	92.621	89° 22'.9
1.57	1.0000	.00080	1255.8	89° 57'.3
1.58	.99996	-.00920	-108.65	90° 31'.6
1.59	.99982	-.01920	-52.067	91° 06'.0
1.60	.99957	-.02920	-34.233	91° 40'.4

π radians $= 180°$ $\qquad \pi = 3.14159265$
1 radian $= 57° 17' 44''.806 = 57.°2957795$
$3600'' = 60' = 1° = .01745329$ radian

TABLE Va — RADIANS TO DEGREES

	Radians	Tenths	Hundredths	Thousandths	Ten-thousandths
1	57°17'44''.8	5°43'46''.5	0°34'22''.6	0° 3'26''.3	0° 0'20''.6
2	114°35'29''.6	11°27'33''.0	1° 8'45''.3	0° 6'52''.5	0° 0'41''.3
3	171°53'14''.4	17°11'19''.4	1°43'07''.9	0°10'18''.8	0° 1'01''.9
4	229°10'59''.2	22°55'05''.9	2°17'30''.6	0°13'45''.1	0° 1'22''.5
5	286°28'44''.0	28°38'52''.4	2°51'53''.2	0°17'11''.3	0° 1'43''.1
6	343°46'28''.8	34°22'38''.9	3°26'15''.9	0°20'37''.6	0° 2'03''.8
7	401° 4'13''.6	40° 6'25''.4	4° 0'38''.5	0°24'03''.9	0° 2'24''.4
8	458°21'58''.4	45°50'11''.8	4°35'01''.2	0°27'30''.1	0° 2'45''.0
9	515°39'43''.3	51°33'58''.3	5° 9'23''.8	0°30'56''.4	0° 3'05''.6

Table VI — Powers — Roots — Reciprocals

n	n^2	$\sqrt{n}$	$\sqrt{10n}$	n^3	$\sqrt[3]{n}$	$\sqrt[3]{10n}$	$\sqrt[3]{100n}$	$1/n$
1.00	1.0000	1.00000	3.16228	1.00000	1.00000	2.15443	4.64159	1.00000
1.01	1.0201	1.00499	3.17805	1.03030	1.00332	2.16159	4.65701	.990099
1.02	1.0404	1.00995	3.19374	1.06121	1.00662	2.16870	4.67233	.980392
1.03	1.0609	1.01489	3.20936	1.09273	1.00990	2.17577	4.68755	.970874
1.04	1.0816	1.01980	3.22490	1.12486	1.01316	2.18279	4.70267	.961538
1.05	1.1025	1.02470	3.24037	1.15762	1.01640	2.18976	4.71769	.952381
1.06	1.1236	1.02956	3.25576	1.19102	1.01961	2.19669	4.73262	.943396
1.07	1.1449	1.03441	3.27109	1.22504	1.02281	2.20358	4.74746	.934579
1.08	1.1664	1.03923	3.28634	1.25971	1.02599	2.21042	4.76220	.925926
1.09	1.1881	1.04403	3.30151	1.29503	1.02914	2.21722	4.77686	.917431
1.10	1.2100	1.04881	3.31662	1.33100	1.03228	2.22398	4.79142	.909091
1.11	1.2321	1.05357	3.33167	1.36763	1.03540	2.23070	4.80590	.900901
1.12	1.2544	1.05830	3.34664	1.40493	1.03850	2.23738	4.82028	.892857
1.13	1.2769	1.06301	3.36155	1.44290	1.04158	2.24402	4.83459	.884956
1.14	1.2996	1.06771	3.37639	1.48154	1.04464	2.25062	4.84881	.877193
1.15	1.3225	1.07238	3.39116	1.52088	1.04769	2.25718	4.86294	.869565
1.16	1.3456	1.07703	3.40588	1.56090	1.05072	2.26370	4.87700	.862069
1.17	1.3689	1.08167	3.42053	1.60161	1.05373	2.27019	4.89097	.854701
1.18	1.3924	1.08628	3.43511	1.64303	1.05672	2.27664	4.90487	.847458
1.19	1.4161	1.09087	3.44964	1.68516	1.05970	2.28305	4.91868	.840336
1.20	1.4400	1.09545	3.46410	1.72800	1.06266	2.28943	4.93242	.833333
1.21	1.4641	1.10000	3.47851	1.77156	1.06560	2.29577	4.94609	.826446
1.22	1.4884	1.10454	3.49285	1.81585	1.06853	2.30208	4.95968	.819672
1.23	1.5129	1.10905	3.50714	1.86087	1.07144	2.30835	4.97319	.813008
1.24	1.5376	1.11355	3.52136	1.90662	1.07434	2.31459	4.98663	.806452
1.25	1.5625	1.11803	3.53553	1.95312	1.07722	2.32079	5.00000	.800000
1.26	1.5876	1.12250	3.54965	2.00038	1.08008	2.32697	5.01330	.793651
1.27	1.6129	1.12694	3.56371	2.04838	1.08293	2.33311	5.02653	.787402
1.28	1.6384	1.13137	3.57771	2.09715	1.08577	2.33921	5.03968	.781250
1.29	1.6641	1.13578	3.59166	2.14669	1.08859	2.34529	5.05277	.775194
1.30	1.6900	1.14018	3.60555	2.19700	1.09139	2.35133	5.06580	.769231
1.31	1.7161	1.14455	3.61939	2.24809	1.09418	2.35735	5.07875	.763359
1.32	1.7424	1.14891	3.63318	2.29997	1.09696	2.36333	5.09164	.757576
1.33	1.7689	1.15326	3.64692	2.35264	1.09972	2.36928	5.10447	.751880
1.34	1.7956	1.15758	3.66060	2.40610	1.10247	2.37521	5.11723	.746269
1.35	1.8225	1.16190	3.67423	2.46038	1.10521	2.38110	5.12993	.740741
1.36	1.8496	1.16619	3.68782	2.51546	1.10793	2.38697	5.14256	.735294
1.37	1.8769	1.17047	3.70135	2.57135	1.11064	2.39280	5.15514	.729927
1.38	1.9044	1.17473	3.71484	2.62807	1.11334	2.39861	5.16765	.724638
1.39	1.9321	1.17898	3.72827	2.68562	1.11602	2.40439	5.18010	.719424
1.40	1.9600	1.18322	3.74166	2.74400	1.11869	2.41014	5.19249	.714286
1.41	1.9881	1.18743	3.75500	2.80322	1.12135	2.41587	5.20483	.709220
1.42	2.0164	1.19164	3.76829	2.86329	1.12399	2.42156	5.21710	.704225
1.43	2.0449	1.19583	3.78153	2.92421	1.12662	2.42724	5.22932	.699301
1.44	2.0736	1.20000	3.79473	2.98598	1.12924	2.43288	5.24148	.694444
1.45	2.1025	1.20416	3.80789	3.04862	1.13185	2.43850	5.25359	.689655
1.46	2.1316	1.20830	3.82099	3.11214	1.13445	2.44409	5.26564	.684932
1.47	2.1609	1.21244	3.83406	3.17652	1.13703	2.44966	5.27763	.680272
1.48	2.1904	1.21655	3.84708	3.24179	1.13960	2.45520	5.28957	.675676
1.49	2.2201	1.22066	3.86005	3.30795	1.14216	2.46072	5.30146	.671141
1.50	2.2500	1.22474	3.87298	3.37500	1.14471	2.46621	5.31329	.666667
n	n^2	$\sqrt{n}$	$\sqrt{10n}$	n^3	$\sqrt[3]{n}$	$\sqrt[3]{10n}$	$\sqrt[3]{100n}$	$1/n$

Powers — Roots — Reciprocals

n	n^2	$\sqrt{n}$	$\sqrt{10n}$	n^3	$\sqrt[3]{n}$	$\sqrt[3]{10n}$	$\sqrt[3]{100n}$	$1/n$
1.50	2.2500	1.22474	3.87298	3.37500	1.14471	2.46621	5.31329	.666667
1.51	2.2801	1.22882	3.88587	3.44295	1.14725	2.47168	5.32507	.662252
1.52	2.3104	1.23288	3.89872	3.51181	1.14978	2.47712	5.33680	.657895
1.53	2.3409	1.23693	3.91152	3.58158	1.15230	2.48255	5.34848	.653595
1.54	2.3716	1.24097	3.92428	3.65226	1.15480	2.48794	5.36011	.649351
1.55	2.4025	1.24499	3.93700	3.72388	1.15729	2.49332	5.37169	.645161
1.56	2.4336	1.24900	3.94968	3.79642	1.15978	2.49867	5.38321	.641026
1.57	2.4649	1.25300	3.96232	3.86989	1.16225	2.50399	5.39469	.636943
1.58	2.4964	1.25698	3.97492	3.94431	1.16471	2.50930	5.40612	.632911
1.59	2.5281	1.26095	3.98748	4.01968	1.16717	2.51458	5.41750	.628931
1.60	2.5600	1.26491	4.00000	4.09600	1.16961	2.51984	5.42884	.625000
1.61	2.5921	1.26886	4.01248	4.17328	1.17204	2.52508	5.44012	.621118
1.62	2.6244	1.27279	4.02492	4.25153	1.17446	2.53030	5.45136	.617284
1.63	2.6569	1.27671	4.03733	4.33075	1.17687	2.53549	5.46256	.613497
1.64	2.6896	1.28062	4.04969	4.41094	1.17927	2.54067	5.47370	.609756
1.65	2.7225	1.28452	4.06202	4.49212	1.18167	2.54582	5.48481	.606061
1.66	2.7556	1.28841	4.07431	4.57430	1.18405	2.55095	5.49586	.602410
1.67	2.7889	1.29228	4.08656	4.65746	1.18642	2.55607	5.50688	.598802
1.68	2.8224	1.29615	4.09878	4.74163	1.18878	2.56116	5.51785	.595238
1.69	2.8561	1.30000	4.11096	4.82681	1.19114	2.56623	5.52877	.591716
1.70	2.8900	1.30384	4.12311	4.91300	1.19348	2.57128	5.53966	.588235
1.71	2.9241	1.30767	4.13521	5.00021	1.19582	2.57631	5.55050	.584795
1.72	2.9584	1.31149	4.14729	5.08845	1.19815	2.58133	5.56130	.581395
1.73	2.9929	1.31529	4.15933	5.17772	1.20046	2.58632	5.57205	.578035
1.74	3.0276	1.31909	4.17133	5.26802	1.20277	2.59129	5.58277	.574713
1.75	3.0625	1.32288	4.18330	5.35938	1.20507	2.59625	5.59344	.571429
1.76	3.0976	1.32665	4.19524	5.45178	1.20736	2.60118	5.60408	.568182
1.77	3.1329	1.33041	4.20714	5.54523	1.20964	2.60610	5.61467	.564972
1.78	3.1684	1.33417	4.21900	5.63975	1.21192	2.61100	5.62523	.561798
1.79	3.2041	1.33791	4.23084	5.73534	1.21418	2.61588	5.63574	.558659
1.80	3.2400	1.34164	4.24264	5.83200	1.21644	2.62074	5.64622	.555556
1.81	3.2761	1.34536	4.25441	5.92974	1.21869	2.62559	5.65665	.552486
1.82	3.3124	1.34907	4.26615	6.02857	1.22093	2.63041	5.66705	.549451
1.83	3.3489	1.35277	4.27785	6.12849	1.22316	2.63522	5.67741	.546448
1.84	3.3856	1.35647	4.28952	6.22950	1.22539	2.64001	5.68773	.543478
1.85	3.4225	1.36015	4.30116	6.33162	1.22760	2.64479	5.69802	.540541
1.86	3.4596	1.36382	4.31277	6.43486	1.22981	2.64954	5.70827	.537634
1.87	3.4969	1.36748	4.32435	6.53920	1.23201	2.65428	5.71848	.534759
1.88	3.5344	1.37113	4.33590	6.64467	1.23420	2.65901	5.72865	.531915
1.89	3.5721	1.37477	4.34741	6.75127	1.23639	2.66371	5.73879	.529101
1.90	3.6100	1.37840	4.35890	6.85900	1.23856	2.66840	5.74890	.526316
1.91	3.6481	1.38203	4.37035	6.96787	1.24073	2.67307	5.75897	.523560
1.92	3.6864	1.38564	4.38178	7.07789	1.24289	2.67773	5.76900	.520833
1.93	3.7249	1.38924	4.39318	7.18906	1.24505	2.68237	5.77900	.518135
1.94	3.7636	1.39284	4.40454	7.30138	1.24719	2.68700	5.78896	.515464
1.95	3.8025	1.39642	4.41588	7.41488	1.24933	2.69161	5.79989	.512821
1.96	3.8416	1.40000	4.42719	7.52954	1.25146	2.69620	5.80879	.510204
1.97	3.8809	1.40357	4.43847	7.64537	1.25359	2.70078	5.81865	.507614
1.98	3.9204	1.40712	4.44972	7.76239	1.25571	2.70534	5.82848	.505051
1.99	3.9601	1.41067	4.46094	7.88060	1.25782	2.70989	5.83827	.502513
2.00	4.0000	1.41421	4.47214	8.00000	1.25992	2.71442	5.84804	.500000
n	n^2	$\sqrt{n}$	$\sqrt{10n}$	n^3	$\sqrt[3]{n}$	$\sqrt[3]{10n}$	$\sqrt[3]{100n}$	$1/n$

Powers — Roots — Reciprocals

n	n^2	$\sqrt{n}$	$\sqrt{10n}$	n^3	$\sqrt[3]{n}$	$\sqrt[3]{10n}$	$\sqrt[3]{100n}$	$1/n$
2.00	4.0000	1.41421	4.47214	8.00000	1.25992	2.71442	5.84804	.500000
2.01	4.0401	1.41774	4.48330	8.12060	1.26202	2.71893	5.85777	.497512
2.02	4.0804	1.42127	4.49444	8.24241	1.26411	2.72344	5.86746	.495050
2.03	4.1209	1.42478	4.50555	8.36543	1.26619	2.72792	5.87713	.492611
2.04	4.1616	1.42829	4.51664	8.48966	1.26827	2.73239	5.88677	.490196
2.05	4.2025	1.43178	4.52769	8.61512	1.27033	2.73685	5.89637	.487805
2.06	4.2436	1.43527	4.53872	8.74182	1.27240	2.74129	5.90594	.485437
2.07	4.2849	1.43875	4.54973	8.86974	1.27445	2.74572	5.91548	.483092
2.08	4.3264	1.44222	4.56070	8.99891	1.27650	2.75014	5.92499	.480769
2.09	4.3681	1.44568	4.57165	9.12933	1.27854	2.75454	5.93447	.478469
2.10	4.4100	1.44914	4.58258	9.26100	1.28058	2.75892	5.94392	.476190
2.11	4.4521	1.45258	4.59347	9.39393	1.28261	2.76330	5.95334	.473934
2.12	4.4944	1.45602	4.60435	9.52813	1.28463	2.76766	5.96273	.471698
2.13	4.5369	1.45945	4.61519	9.66360	1.28665	2.77200	5.97209	.469434
2.14	4.5796	1.46287	4.62601	9.80034	1.28866	2.77633	5.98142	.467290
2.15	4.6225	1.46629	4.63681	9.93838	1.29066	2.78065	5.99073	.465116
2.16	4.6656	1.46969	4.64758	10.0777	1.29266	2.78495	6.00000	.462963
2.17	4.7089	1.47309	4.65833	10.2183	1.29465	2.78924	6.00925	.460829
2.18	4.7524	1.47648	4.66905	10.3602	1.29664	2.79352	6.01846	.458716
2.19	4.7961	1.47986	4.67974	10.5035	1.29862	2.79779	6.02765	.456621
2.20	4.8400	1.48324	4.69042	10.6480	1.30059	2.80204	6.03681	.454545
2.21	4.8841	1.48661	4.70106	10.7939	1.30256	2.80628	6.04594	.452489
2.22	4.9284	1.48997	4.71169	10.9410	1.30452	2.81050	6.05505	.450450
2.23	4.9729	1.49332	4.72229	11.0896	1.30648	2.81472	6.06413	.448430
2.24	5.0176	1.49666	4.73286	11.2394	1.30843	2.81892	6.07318	.446429
2.25	5.0625	1.50000	4.74342	11.3906	1.31037	2.82311	6.08220	.444444
2.26	5.1076	1.50333	4.75395	11.5432	1.31231	2.82728	6.09120	.442478
2.27	5.1529	1.50665	4.76445	11.6971	1.31424	2.83145	6.10017	.440529
2.28	5.1984	1.50997	4.77493	11.8524	1.31617	2.83560	6.10911	.438596
2.29	5.2441	1.51327	4.78539	12.0090	1.31809	2.83974	6.11803	.436681
2.30	5.2900	1.51658	4.79583	12.1670	1.32001	2.84387	6.12693	.434783
2.31	5.3361	1.51987	4.80625	12.3264	1.32192	2.84798	6.13579	.432900
2.32	5.3824	1.52315	4.81664	12.4872	1.32382	2.85209	6.14463	.431034
2.33	5.4289	1.52643	4.82701	12.6493	1.32572	2.85618	6.15345	.429185
2.34	5.4756	1.52971	4.83735	12.8129	1.32761	2.86026	6.16224	.427350
2.35	5.5225	1.53297	4.84768	12.9779	1.32950	2.86433	6.17101	.425532
2.36	5.5696	1.53623	4.85798	13.1443	1.33139	2.86838	6.17975	.423729
2.37	5.6169	1.53948	4.86826	13.3121	1.33326	2.87243	6.18846	.421941
2.38	5.6644	1.54272	4.87852	13.4813	1.33514	2.87646	6.19715	.420168
2.39	5.7121	1.54596	4.88876	13.6519	1.33700	2.88049	6.20582	.418410
2.40	5.7600	1.54919	4.89898	13.8240	1.33887	2.88450	6.21447	.416667
2.41	5.8081	1.55242	4.90918	13.9975	1.34072	2.88850	6.22308	.414938
2.42	5.8564	1.55563	4.91935	14.1725	1.34257	2.89249	6.23168	.413223
2.43	5.9049	1.55885	4.92950	14.3489	1.34442	2.89647	6.24025	.411523
2.44	5.9536	1.56205	4.93964	14.5268	1.34626	2.90044	6.24880	.409836
2.45	6.0025	1.56525	4.94975	14.7061	1.34810	2.90439	6.25732	.408163
2.46	6.0516	1.56844	4.95984	14.8869	1.34993	2.90834	6.26583	.406504
2.47	6.1009	1.57162	4.96991	15.0692	1.35176	2.91227	6.27431	.404858
2.48	6.1504	1.57480	4.97996	15.2530	1.35358	2.91620	6.28276	.403226
2.49	6.2001	1.57797	4.98999	15.4382	1.35540	2.92011	6.29119	.401606
2.50	6.2500	1.58114	5.00000	15.6250	1.35721	2.92402	6.29961	.400000
n	n^2	$\sqrt{n}$	$\sqrt{10n}$	n^3	$\sqrt[3]{n}$	$\sqrt[3]{10n}$	$\sqrt[3]{100n}$	$1/n$

Powers — Roots — Reciprocals

n	n^2	$\sqrt{n}$	$\sqrt{10\,n}$	n^3	$\sqrt[3]{n}$	$\sqrt[3]{10\,n}$	$\sqrt[3]{100\,n}$	$1/n$
2.50	6.2500	1.58114	5.00000	15.6250	1.35721	2.92402	6.29961	.400000
2.51	6.3001	1.58430	5.00999	15.8133	1.35902	2.92791	6.30799	.398406
2.52	6.3504	1.58745	5.01996	16.0030	1.36082	2.93179	6.31636	.396825
2.53	6.4009	1.59060	5.02991	16.1943	1.36262	2.93567	6.32470	.395257
2.54	6.4516	1.59374	5.03984	16.3871	1.36441	2.93953	6.33303	.393701
2.55	6.5025	1.59687	5.04975	16.5814	1.36620	2.94338	6.34133	.392157
2.56	6.5536	1.60000	5.05964	16.7772	1.36798	2.94723	6.34960	.390625
2.57	6.6049	1.60312	5.06952	16.9746	1.36976	2.95106	6.35786	.389105
2.58	6.6564	1.60624	5.07937	17.1735	1.37153	2.95488	6.36610	.387597
2.59	6.7081	1.60935	5.08920	17.3740	1.37330	2.95869	6.37431	.386100
2.60	6.7600	1.61245	5.09902	17.5760	1.37507	2.96250	6.38250	.384615
2.61	6.8121	1.61555	5.10882	17.7796	1.37683	2.96629	6.39068	.383142
2.62	6.8644	1.61864	5.11859	17.9847	1.37859	2.97007	6.39883	.381679
2.63	6.9169	1.62173	5.12835	18.1914	1.38034	2.97385	6.40696	.380228
2.64	6.9696	1.62481	5.13809	18.3997	1.38208	2.97761	6.41507	.378788
2.65	7.0225	1.62788	5.14782	18.6096	1.38383	2.98137	6.42316	.377358
2.66	7.0756	1.63095	5.15752	18.8211	1.38557	2.98511	6.43123	.375940
2.67	7.1289	1.63401	5.16720	19.0342	1.38730	2.98885	6.43928	.374532
2.68	7.1824	1.63707	5.17687	19.2488	1.38903	2.99257	6.44731	.373134
2.69	7.2361	1.64012	5.18652	19.4651	1.39076	2.99629	6.45531	.371747
2.70	7.2900	1.64317	5.19615	19.6830	1.39248	3.00000	6.46330	.370370
2.71	7.3441	1.64621	5.20577	19.9025	1.39419	3.00370	6.47127	.369004
2.72	7.3984	1.64924	5.21536	20.1236	1.39591	3.00739	6.47922	.367647
2.73	7.4529	1.65227	5.22494	20.3464	1.39761	3.01107	6.48715	.366300
2.74	7.5076	1.65529	5.23450	20.5708	1.39932	3.01474	6.49507	.364964
2.75	7.5625	1.65831	5.24404	20.7969	1.40102	3.01841	6.50296	.363636
2.76	7.6176	1.66132	5.25357	21.0246	1.40272	3.02206	6.51083	.362319
2.77	7.6729	1.66433	5.26308	21.2539	1.40441	3.02570	6.51868	.361011
2.78	7.7284	1.66733	5.27257	21.4850	1.40610	3.02934	6.52652	.359712
2.79	7.7841	1.67033	5.28205	21.7176	1.40778	3.03297	6.53434	.358423
2.80	7.8400	1.67332	5.29150	21.9520	1.40946	3.03659	6.54213	.357143
2.81	7.8961	1.67631	5.30094	22.1880	1.41114	3.04020	6.54991	.355872
2.82	7.9524	1.67929	5.31037	22.4258	1.41281	3.04380	6.55767	.354610
2.83	8.0089	1.68226	5.31977	22.6652	1.41448	3.04740	6.56541	.353357
2.84	8.0656	1.68523	5.32917	22.9063	1.41614	3.05098	6.57314	.352113
2.85	8.1225	1.68819	5.33854	23.1491	1.41780	3.05456	6.58084	.350877
2.86	8.1796	1.69115	5.34790	23.3937	1.41946	3.05813	6.58853	.349650
2.87	8.2369	1.69411	5.35724	23.6399	1.42111	3.06169	6.59620	.348432
2.88	8.2944	1.69706	5.36656	23.8879	1.42276	3.06524	6.60385	.347222
2.89	8.3521	1.70000	5.37587	24.1376	1.42440	3.06878	6.61149	.346021
2.90	8.4100	1.70294	5.38516	24.3890	1.42604	3.07232	6.61911	.344828
2.91	8.4681	1.70587	5.39444	24.6422	1.42768	3.07584	6.62671	.343643
2.92	8.5264	1.70880	5.40370	24.8971	1.42931	3.07936	6.63429	.342466
2.93	8.5849	1.71172	5.41295	25.1538	1.43094	3.08287	6.64185	.341297
2.94	8.6436	1.71464	5.42218	25.4122	1.43257	3.08638	6.64940	.340136
2.95	8.7025	1.71756	5.43139	25.6724	1.43419	3.08987	6.65693	.338983
2.96	8.7616	1.72047	5.44059	25.9343	1.43581	3.09336	6.66444	.337838
2.97	8.8209	1.72337	5.44977	26.1981	1.43743	3.09684	6.67194	.336700
2.98	8.8804	1.72627	5.45894	26.4636	1.43904	3.10031	6.67942	.335570
2.99	8.9401	1.72916	5.46809	26.7309	1.44065	3.10378	6.68688	.334448
3.00	9.0000	1.73205	5.47723	27.0000	1.44225	3.10723	6.69433	.333333
n	n^2	$\sqrt{n}$	$\sqrt{10\,n}$	n^3	$\sqrt[3]{n}$	$\sqrt[3]{10\,n}$	$\sqrt[3]{100\,n}$	$1/n$

Powers — Roots — Reciprocals [VI

n	n^2	$\sqrt{n}$	$\sqrt{10n}$	n^3	$\sqrt[3]{n}$	$\sqrt[3]{10n}$	$\sqrt[3]{100n}$	$1/n$
3.00	9.0000	1.73205	5.47723	27.0000	1.44225	3.10723	6.69433	.333333
3.01	9.0601	1.73494	5.48635	27.2709	1.44385	3.11068	6.70176	.332226
3.02	9.1204	1.73781	5.49545	27.5436	1.44545	3.11412	6.70917	.331126
3.03	9.1809	1.74069	5.50454	27.8181	1.44704	3.11756	6.71657	.330033
3.04	9.2416	1.74356	5.51362	28.0945	1.44863	3.12098	6.72395	.328947
3.05	9.3025	1.74642	5.52268	28.3726	1.45022	3.12440	6.73132	.327869
3.06	9.3636	1.74929	5.53173	28.6526	1.45180	3.12781	6.73866	.326797
3.07	9.4249	1.75214	5.54076	28.9344	1.45338	3.13121	6.74600	.325733
3.08	9.4864	1.75499	5.54977	29.2181	1.45496	3.13461	6.75331	.324675
3.09	9.5481	1.75784	5.55878	29.5036	1.45653	3.13800	6.76061	.323625
3.10	9.6100	1.76068	5.56776	29.7910	1.45810	3.14138	6.76790	.322581
3.11	9.6721	1.76352	5.57674	30.0802	1.45967	3.14475	6.77517	.321543
3.12	9.7344	1.76635	5.58570	30.3713	1.46123	3.14812	6.78242	.320513
3.13	9.7969	1.76918	5.59464	30.6643	1.46279	3.15148	6.78966	.319489
3.14	9.8596	1.77200	5.60357	30.9591	1.46434	3.15483	6.79688	.318471
3.15	9.9225	1.77482	5.61249	31.2559	1.46590	3.15818	6.80409	.317460
3.16	9.9856	1.77764	5.62139	31.5545	1.46745	3.16152	6.81128	.316456
3.17	10.0489	1.78045	5.63028	31.8550	1.46899	3.16485	6.81846	.315457
3.18	10.1124	1.78326	5.63915	32.1574	1.47054	3.16817	6.82562	.314465
3.19	10.1761	1.78606	5.64801	32.4618	1.47208	3.17149	6.83277	.313480
3.20	10.2400	1.78885	5.65685	32.7680	1.47361	3.17480	6.83990	.312500
3.21	10.3041	1.79165	5.66569	33.0762	1.47515	3.17811	6.84702	.311526
3.22	10.3684	1.79444	5.67450	33.3862	1.47668	3.18140	6.85412	.310559
3.23	10.4329	1.79722	5.68331	33.6983	1.47820	3.18469	6.86121	.309598
3.24	10.4976	1.80000	5.69210	34.0122	1.47973	3.18798	6.86829	.308642
3.25	10.5625	1.80278	5.70088	34.3281	1.48125	3.19125	6.87534	.307692
3.26	10.6276	1.80555	5.70964	34.6460	1.48277	3.19452	6.88239	.306748
3.27	10.6929	1.80831	5.71839	34.9658	1.48428	3.19778	6.88942	.305810
3.28	10.7584	1.81108	5.72713	35.2876	1.48579	3.20104	6.89643	.304878
3.29	10.8241	1.81384	5.73585	35.6113	1.48730	3.20429	6.90344	.303951
3.30	10.8900	1.81659	5.74456	35.9370	1.48881	3.20753	6.91042	.303030
3.31	10.9561	1.81934	5.75326	36.2647	1.49031	3.21077	6.91740	.302115
3.32	11.0224	1.82209	5.76194	36.5944	1.49181	3.21400	6.92436	.301205
3.33	11.0889	1.82483	5.77062	36.9260	1.49330	3.21722	6.93130	.300300
3.34	11.1556	1.82757	5.77927	37.2597	1.49480	3.22044	6.93823	.299401
3.35	11.2225	1.83030	5.78792	37.5954	1.49629	3.22365	6.94515	.298507
3.36	11.2896	1.83303	5.79655	37.9331	1.49777	3.22686	6.95205	.297619
3.37	11.3569	1.83576	5.80517	38.2728	1.49926	3.23006	6.95894	.296736
3.38	11.4244	1.83848	5.81378	38.6145	1.50074	3.23325	6.96582	.295858
3.39	11.4921	1.84120	5.82237	38.9582	1.50222	3.23643	6.97268	.294985
3.40	11.5600	1.84391	5.83095	39.3040	1.50369	3.23961	6.97953	.294118
3.41	11.6281	1.84662	5.83952	39.6518	1.50517	3.24278	6.98637	.293255
3.42	11.6964	1.84932	5.84808	40.0017	1.50664	3.24595	6.99319	.292398
3.43	11.7649	1.85203	5.85662	40.3536	1.50810	3.24911	7.00000	.291545
3.44	11.8336	1.85472	5.86515	40.7076	1.50957	3.25227	7.00680	.290698
3.45	11.9025	1.85742	5.87367	41.0636	1.51103	3.25542	7.01358	.289855
3.46	11.9716	1.86011	5.88218	41.4217	1.51249	3.25856	7.02035	.289017
3.47	12.0409	1.86279	5.89067	41.7819	1.51394	3.26169	7.02711	.288184
3.48	12.1104	1.86548	5.89915	42.1442	1.51540	3.26482	7.03385	.287356
3.49	12.1801	1.86815	5.90762	42.5085	1.51685	3.26795	7.04058	.286533
3.50	12.2500	1.87083	5.91608	42.8750	1.51829	3.27107	7.04730	.285714
n	n^2	$\sqrt{n}$	$\sqrt{10n}$	n^3	$\sqrt[3]{n}$	$\sqrt[3]{10n}$	$\sqrt[3]{100n}$	$1/n$

VI] Powers — Roots — Reciprocals 99

n	n^2	$\sqrt{n}$	$\sqrt{10n}$	n^3	$\sqrt[3]{n}$	$\sqrt[3]{10n}$	$\sqrt[3]{100n}$	$1/n$
3.50	12.2500	1.87083	5.91608	42.8750	1.51829	3.27107	7.04730	.285714
3.51	12.3201	1.87350	5.92453	43.2436	1.51974	3.27418	7.05400	.284900
3.52	12.3904	1.87617	5.93296	43.6142	1.52118	3.27729	7.06070	.284091
3.53	12.4609	1.87883	5.94138	43.9870	1.52262	3.28039	7.06738	.283286
3.54	12.5316	1.88149	5.94979	44.3619	1.52406	3.28348	7.07404	.282486
3.55	12.6025	1.88414	5.95819	44.7389	1.52549	3.28657	7.08070	.281690
3.56	12.6736	1.88680	5.96657	45.1180	1.52692	3.28965	7.08734	.280899
3.57	12.7449	1.88944	5.97495	45.4993	1.52835	3.29273	7.09397	.280112
3.58	12.8164	1.89209	5.98331	45.8827	1.52978	3.29580	7.10059	.279330
3.59	12.8881	1.89473	5.99166	46.2683	1.53120	3.29887	7.10719	.278552
3.60	12.9600	1.89737	6.00000	46.6560	1.53262	3.30193	7.11379	.277778
3.61	13.0321	1.90000	6.00833	47.0459	1.53404	3.30498	7.12037	.277008
3.62	13.1044	1.90263	6.01664	47.4379	1.53545	3.30803	7.12694	.276243
3.63	13.1769	1.90526	6.02495	47.8321	1.53686	3.31107	7.13349	.275482
3.64	13.2496	1.90788	6.03324	48.2285	1.53827	3.31411	7.14004	.274725
3.65	13.3225	1.91050	6.04152	48.6271	1.53968	3.31714	7.14657	.273973
3.66	13.3956	1.91311	6.04979	49.0279	1.54109	3.32017	7.15309	.273224
3.67	13.4689	1.91572	6.05805	49.4309	1.54249	3.32319	7.15960	.272480
3.68	13.5424	1.91833	6.06630	49.8360	1.54389	3.32621	7.16610	.271739
3.69	13.6161	1.92094	6.07454	50.2434	1.54529	3.32922	7.17258	.271003
3.70	13.6900	1.92354	6.08276	50.6530	1.54668	3.33222	7.17905	.270270
3.71	13.7641	1.92614	6.09098	51.0648	1.54807	3.33522	7.18552	.269542
3.72	13.8384	1.92873	6.09918	51.4788	1.54946	3.33822	7.19197	.268817
3.73	13.9129	1.93132	6.10737	51.8951	1.55085	3.34120	7.19840	.268097
3.74	13.9876	1.93391	6.11555	52.3136	1.55223	3.34419	7.20483	.267380
3.75	14.0625	1.93649	6.12372	52.7344	1.55362	3.34716	7.21125	.266667
3.76	14.1376	1.93907	6.13188	53.1574	1.55500	3.35014	7.21765	.265957
3.77	14.2129	1.94165	6.14003	53.5826	1.55637	3.35310	7.22405	.265252
3.78	14.2884	1.94422	6.14817	54.0102	1.55775	3.35607	7.23043	.264550
3.79	14.3641	1.94679	6.15630	54.4399	1.55912	3.35902	7.23680	.263852
3.80	14.4400	1.94936	6.16441	54.8720	1.56049	3.36198	7.24316	.263158
3.81	14.5161	1.95192	6.17252	55.3063	1.56186	3.36492	7.24950	.262467
3.82	14.5924	1.95448	6.18061	55.7430	1.56322	3.36786	7.25584	.261780
3.83	14.6689	1.95704	6.18870	56.1819	1.56459	3.37080	7.26217	.261097
3.84	14.7456	1.95959	6.19677	56.6231	1.56595	3.37373	7.26848	.260417
3.85	14.8225	1.96214	6.20484	57.0666	1.56731	3.37666	7.27479	.259740
3.86	14.8996	1.96469	6.21289	57.5125	1.56866	3.37958	7.28108	.259067
3.87	14.9769	1.96723	6.22093	57.9606	1.57001	3.38249	7.28736	.258398
3.88	15.0544	1.96977	6.22896	58.4111	1.57137	3.38540	7.29363	.257732
3.89	15.1321	1.97231	6.23699	58.8639	1.57271	3.38831	7.29989	.257069
3.90	15.2100	1.97484	6.24500	59.3190	1.57406	3.39121	7.30614	.256410
3.91	15.2881	1.97737	6.25300	59.7765	1.57541	3.39411	7.31238	.255754
3.92	15.3664	1.97990	6.26099	60.2363	1.57675	3.39700	7.31861	.255102
3.93	15.4449	1.98242	6.26897	60.6985	1.57809	3.39988	7.32483	.254453
3.94	15.5236	1.98494	6.27694	61.1630	1.57942	3.40277	7.33104	.253807
3.95	15.6025	1.98746	6.28490	61.6299	1.58076	3.40564	7.33723	.253165
3.96	15.6816	1.98997	6.29285	62.0991	1.58209	3.40851	7.34342	.252525
3.97	15.7609	1.99249	6.30079	62.5708	1.58342	3.41138	7.34960	.251889
3.98	15.8404	1.99499	6.30872	63.0448	1.58475	3.41424	7.35576	.251256
3.99	15.9201	1.99750	6.31664	63.5212	1.58608	3.41710	7.36192	.250627
4.00	16.0000	2.00000	6.32456	64.0000	1.58740	3.41995	7.36806	.250000
n	n^2	$\sqrt{n}$	$\sqrt{10n}$	n^3	$\sqrt[3]{n}$	$\sqrt[3]{10n}$	$\sqrt[3]{100n}$	$1/n$

Powers — Roots — Reciprocals

n	n^2	$\sqrt{n}$	$\sqrt{10n}$	n^3	$\sqrt[3]{n}$	$\sqrt[3]{10n}$	$\sqrt[3]{100n}$	$1/n$
4.00	16.0000	2.00000	6.32456	64.0000	1.58740	3.41995	7.36806	.250000
4.01	16.0801	2.00250	6.33246	64.4812	1.58872	3.42280	7.37420	.249377
4.02	16.1604	2.00499	6.34035	64.9648	1.59004	3.42564	7.38032	.248756
4.03	16.2409	2.00749	6.34823	65.4508	1.59136	3.42848	7.38644	.248139
4.04	16.3216	2.00998	6.35610	65.9393	1.59267	3.43131	7.39254	.247525
4.05	16.4025	2.01246	6.36396	66.4301	1.59399	3.43414	7.39864	.246914
4.06	16.4836	2.01494	6.37181	66.9234	1.59530	3.43697	7.40472	.246305
4.07	16.5649	2.01742	6.37966	67.4191	1.59661	3.43979	7.41080	.245700
4.08	16.6464	2.01990	6.38749	67.9173	1.59791	3.44260	7.41686	.245098
4.09	16.7281	2.02237	6.39531	68.4179	1.59922	3.44541	7.42291	.244499
4.10	16.8100	2.02485	6.40312	68.9210	1.60052	3.44822	7.42896	.243902
4.11	16.8921	2.02731	6.41093	69.4265	1.60182	3.45102	7.43499	.243309
4.12	16.9744	2.02978	6.41872	69.9345	1.60312	3.45382	7.44102	.242718
4.13	17.0569	2.03224	6.42651	70.4450	1.60441	3.45661	7.44703	.242131
4.14	17.1396	2.03470	6.43428	70.9579	1.60571	3.45939	7.45304	.241546
4.15	17.2225	2.03715	6.44205	71.4734	1.60700	3.46218	7.45904	.240964
4.16	17.3056	2.03961	6.44981	71.9913	1.60829	3.46496	7.46502	.240385
4.17	17.3889	2.04206	6.45755	72.5117	1.60958	3.46773	7.47100	.239808
4.18	17.4724	2.04450	6.46529	73.0346	1.61086	3.47050	7.47697	.239234
4.19	17.5561	2.04695	6.47302	73.5601	1.61215	3.47327	7.48292	.238663
4.20	17.6400	2.04939	6.48074	74.0880	1.61343	3.47603	7.48887	.238095
4.21	17.7241	2.05183	6.48845	74.6185	1.61471	3.47878	7.49481	.237530
4.22	17.8084	2.05426	6.49615	75.1514	1.61599	3.48154	7.50074	.236967
4.23	17.8929	2.05670	6.50384	75.6870	1.61726	3.48428	7.50666	.236407
4.24	17.9776	2.05913	6.51153	76.2250	1.61853	3.48703	7.51257	.235849
4.25	18.0625	2.06155	6.51920	76.7656	1.61981	3.48977	7.51847	.235294
4.26	18.1476	2.06398	6.52687	77.3088	1.62108	3.49250	7.52437	.234742
4.27	18.2329	2.06640	6.53452	77.8545	1.62234	3.49523	7.53025	.234192
4.28	18.3184	2.06882	6.54217	78.4028	1.62361	3.49796	7.53612	.233645
4.29	18.4041	2.07123	6.54981	78.9536	1.62487	3.50068	7.54199	.233100
4.30	18.4900	2.07364	6.55744	79.5070	1.62613	3.50340	7.54784	.232558
4.31	18.5761	2.07605	6.56506	80.0630	1.62739	3.50611	7.55369	.232019
4.32	18.6624	2.07846	6.57267	80.6216	1.62865	3.50882	7.55953	.231481
4.33	18.7489	2.08087	6.58027	81.1827	1.62991	3.51153	7.56535	.230947
4.34	18.8356	2.08327	6.58787	81.7465	1.63116	3.51423	7.57117	.230415
4.35	18.9225	2.08567	6.59545	82.3129	1.63241	3.51692	7.57698	.229885
4.36	19.0096	2.08806	6.60303	82.8819	1.63366	3.51962	7.58279	.229358
4.37	19.0969	2.09045	6.61060	83.4535	1.63491	3.52231	7.58858	.228833
4.38	19.1844	2.09284	6.61816	84.0277	1.63619	3.52499	7.59436	.228311
4.39	19.2721	2.09523	6.62571	84.6045	1.63740	3.52767	7.60014	.227790
4.40	19.3600	2.09762	6.63325	85.1840	1.63864	3.53035	7.60590	.227273
4.41	19.4481	2.10000	6.64078	85.7661	1.63988	3.53302	7.61166	.226757
4.42	19.5364	2.10238	6.64831	86.3509	1.64112	3.53569	7.61741	.226244
4.43	19.6249	2.10476	6.65582	86.9383	1.64236	3.53835	7.62315	.225734
4.44	19.7136	2.10713	6.66333	87.5284	1.64359	3.54101	7.62888	.225225
4.45	19.8025	2.10950	6.67083	88.1211	1.64483	3.54367	7.63461	.224719
4.46	19.8916	2.11187	6.67832	88.7165	1.64606	3.54632	7.64032	.224215
4.47	19.9809	2.11424	6.68581	89.3146	1.64729	3.54897	7.64603	.223714
4.48	20.0704	2.11660	6.69328	89.9154	1.64851	3.55162	7.65172	.223214
4.49	20.1601	2.11896	6.70075	90.5188	1.64974	3.55426	7.65741	.222717
4.50	20.2500	2.12132	6.70820	91.1250	1.65096	3.55689	7.66309	.222222
n	n^2	$\sqrt{n}$	$\sqrt{10n}$	n^3	$\sqrt[3]{n}$	$\sqrt[3]{10n}$	$\sqrt[3]{100n}$	$1/n$

Powers — Roots — Reciprocals

n	n^2	$\sqrt{n}$	$\sqrt{10n}$	n^3	$\sqrt[3]{n}$	$\sqrt[3]{10n}$	$\sqrt[3]{100n}$	$1/n$
4.50	20.2500	2.12132	6.70820	91.1250	1.65096	3.55689	7.66309	.222222
4.51	20.3401	2.12368	6.71565	91.7339	1.65219	3.55953	7.66877	.221729
4.52	20.4304	2.12603	6.72309	92.3454	1.65341	3.56215	7 67443	.221239
4.53	20.5209	2.12838	6.73053	92.9597	1.65462	3.56478	7.68009	220751
4.54	20.6116	2.13073	6.73795	93.5767	1.65584	3.56740	7.68573	.220264
4.55	20.7025	2.13307	6.74537	94.1964	1.65706	3.57002	7.69137	.219780
4.56	20.7936	2.13542	6.75278	94.8188	1.65827	3.57263	7.69700	.219298
4.57	20.8849	2.13776	6.76018	95.4440	1.65948	3.57524	7 70262	.218818
4.58	20.9764	2.14009	6.76757	96.0719	1.66069	3.57785	7 70824	.218341
4.59	21.0681	2.14243	6.77495	96.7026	1.66190	3.58045	7 71384	.217865
4.60	21.1600	2.14476	6.78233	97.3360	1.66310	3.58305	7.71944	.217391
4.61	21.2521	2.14709	6.78970	97.9722	1.66431	3.58564	7.72503	.216920
4.62	21.3444	2.14942	6.79706	98.6111	1.66551	3.58823	7 73061	.216450
4.63	21.4369	2.15174	6.80441	99.2528	1.66671	3.59082	7.73619	.215983
4.64	21.5296	2.15407	6.81175	99.8973	1.66791	3.59340	7.74175	.215517
4.65	21.6225	2.15639	6.81909	100.545	1.66911	3.59598	7 74731	215054
4.66	21.7156	2.15870	6.82642	101.195	1.67030	3.59856	7 75286	.214592
4.67	21.8089	2.16102	6.83374	101.848	1.67150	3.60113	7.75840	.214133
4.68	21.9024	2.16333	6.84105	102.503	1.67269	3.60370	7 76394	.213675
4.69	21.9961	2.16564	6.84836	103.162	1.67388	3.60626	7.76946	.213220
4.70	22.0900	2.16795	6.85565	103.823	1.67507	3.60883	7.77498	.212766
4.71	22.1841	2.17025	6.86294	104.487	1.67626	3.61138	7.78049	.212314
4.72	22.2784	2.17256	6.87023	105.154	1.67744	3.61394	7.78599	.211864
4.73	22.3729	2.17486	6.87750	105.824	1.67863	3.61649	7 79149	.211416
4.74	22.4676	2.17715	6.88477	106.496	1.67981	3.61903	7.79697	.210970
4.75	22.5625	2.17945	6.89202	107.172	1.68099	3.62158	7.80245	.210526
4.76	22.6576	2.18174	6.89928	107.850	1.68217	3.62412	7.80793	.210084
4.77	22.7529	2.18403	6.90652	108.531	1.68334	3.62665	7.81339	.209644
4.78	22.8484	2.18632	6.91375	109.215	1.68452	3.62919	7.81885	.209205
4.79	22.9441	2.18861	6.92098	109.902	1.68569	3.63172	7.82429	.208768
4.80	23.0400	2.19089	6.92820	110.592	1.68687	3.63424	7.82974	.208333
4.81	23.1361	2.19317	6.93542	111.285	1.68804	3.63676	7.83517	.207900
4.82	23.2324	2.19545	6.94262	111.980	1.68920	3.63928	7.84059	.207469
4.83	23.3289	2.19773	6.94982	112.679	1.69037	3.64180	7.84601	.207039
4.84	23.4256	2.20000	6.95701	113.380	1.69154	3.64431	7.85142	.206612
4.85	23.5225	2.20227	6.96419	114.084	1.69270	3.64682	7.85683	.206186
4.86	23.6196	2.20454	6.97137	114.791	1.69386	3.64932	7.86222	205761
4.87	23.7169	2.20681	6.97854	115.501	1.69503	3.65182	7.86761	.205339
4.88	23.8144	2.20907	6.98570	116.214	1.69619	3.65432	7.87299	.204918
4.89	23.9121	2.21133	6.99285	116.930	1.69734	3.65681	7.87837	.204499
4.90	24.0100	2.21359	7.00000	117.649	1.69850	3.65931	7.88374	.204082
4.91	24.1081	2.21585	7.00714	118.371	1.69965	3.66179	7.88909	.203666
4.92	24.2064	2.21811	7.01427	119.095	1.70081	3.66428	7.89445	.203252
4.93	24.3049	2.22036	7.02140	119.823	1.70196	3.66676	7.89979	.202840
4.94	24.4036	2.22261	7.02851	120.554	1.70311	3.66924	7.90513	.202429
4.95	24.5025	2.22486	7.03562	121.287	1.70426	3.67171	7.91046	.202020
4.96	24.6016	2.22711	7.04273	122.024	1.70540	3.67418	7.91578	.201613
4.97	24.7009	2.22935	7.04982	122.763	1.70655	3.67665	7.92110	.201207
4.98	24.8004	2.23159	7.05691	123.506	1.70769	3.67911	7.92641	.200803
4.99	24.9001	2.23383	7.06399	124.251	1.70884	3.68157	7.93171	.200401
5.00	25.0000	2.23607	7.07107	125.000	1.70998	3.68403	7.93701	.200000
n	n^2	$\sqrt{n}$	$\sqrt{10n}$	n^3	$\sqrt[3]{n}$	$\sqrt[3]{10n}$	$\sqrt[3]{100n}$	$1/n$

Powers — Roots — Reciprocals

n	n^2	$\sqrt{n}$	$\sqrt{10n}$	n^3	$\sqrt[3]{n}$	$\sqrt[3]{10n}$	$\sqrt[3]{100n}$	$1/n$
5.00	25.0000	2.23607	7.07107	125.000	1.70998	3.68403	7.93701	.200000
5.01	25.1001	2.23830	7.07814	125.752	1.71112	3 68649	7.94229	.199601
5.02	25.2004	2.24054	7.08520	126.506	1.71225	3.68894	7.94757	.199203
5.03	25.3009	2.24277	7.09225	127.264	1.71339	3.69138	7.95285	.198807
5.04	25.4016	2.24499	7.09930	128.024	1.71452	3.69383	7.95811	.198413
5.05	25.5025	2.24722	7.10634	128.788	1.71566	3.69627	7.96337	.198020
5.06	25.6036	2.24944	7.11337	129.554	1.71679	3.69871	7.96863	.197628
5.07	25.7049	2.25167	7.12039	130.324	1.71792	3.70114	7.97387	.197239
5.08	25.8064	2.25389	7.12741	131.097	1.71905	3.70357	7.97911	.196850
5.09	25.9081	2.25610	7.13442	131.872	1.72017	3.70600	7.98434	.196464
5.10	26.0100	2.25832	7.14143	132.651	1.72130	3.70843	7.98957	.196078
5.11	26.1121	2.26053	7.14843	133.433	1.72242	3.71085	7.99479	.195695
5.12	26.2144	2.26274	7.15542	134.218	1.72355	3.71327	8.00000	.195312
5.13	26.3169	2.26495	7.16240	135.006	1.72467	3.71569	8.00520	.194932
5.14	26.4196	2.26716	7.16938	135.797	1.72579	3.71810	8.01040	.194553
5.15	26.5225	2.26936	7.17635	136.591	1.72691	3.72051	8.01559	.194175
5.16	26.6256	2.27156	7.18331	137.388	1.72802	3.72292	8.02078	.193798
5.17	26.7289	2.27376	7.19027	138.188	1.72914	3.72532	8.02596	.193424
5.18	26.8324	2.27596	7.19722	138.992	1.73025	3.72772	8.03113	.193050
5.19	26.9361	2.27816	7.20417	139.798	1.73137	3.73012	8.03629	.192678
5.20	27.0400	2.28035	7.21110	140.608	1.73248	3.73251	8.04145	.192308
5.21	27.1441	2.28254	7.21803	141.421	1.73359	3.73490	8.04660	.191939
5.22	27.2484	2.28473	7.22496	142.237	1.73470	3.73729	8.05175	.191571
5.23	27.3529	2.28692	7.23187	143.056	1.73580	3.73968	8.05689	.191205
5.24	27.4576	2.28910	7.23878	143.878	1.73691	3.74206	8.06202	.190840
5.25	27.5625	2.29129	7.24569	144.703	1.73801	3.74443	8.06714	.190476
5.26	27.6676	2.29347	7.25259	145.532	1.73912	3.74681	8.07226	.190114
5.27	27.7729	2.29565	7.25948	146.363	1.74022	3.74918	8.07737	.189753
5.28	27.8784	2.29783	7.26636	147.198	1.74132	3.75155	8.08248	.189394
5.29	27.9841	2.30000	7.27324	148.036	1.74242	3.75392	8.08758	.189036
5.30	28.0900	2.30217	7.28011	148.877	1.74351	3.75629	8.09267	.188679
5.31	28.1961	2.30434	7.28697	149.721	1.74461	3.75865	8.09776	.188324
5.32	28.3024	2.30651	7.29383	150.569	1.74570	3.76101	8.10284	.187970
5.33	28.4089	2.30868	7.30068	151.419	1.74680	3.76336	8.10791	.187617
5.34	28.5156	2.31084	7.30753	152.273	1.74789	3.76571	8.11298	.187266
5.35	28.6225	2.31301	7.31437	153.130	1.74898	3.76806	8.11804	.186916
5.36	28.7296	2.31517	7.32120	153.991	1.75007	3.77041	8.12310	.186567
5.37	28.8369	2.31733	7.32803	154.854	1.75116	3.77275	8.12814	.186220
5.38	28.9444	2.31948	7.33485	155.721	1.75224	3.77509	8.13319	.185874
5.39	29.0521	2.32164	7.34166	156.591	1.75333	3.77743	8.13822	.185529
5.40	29.1600	2.32379	7.34847	157.464	1.75441	3.77976	8.14325	.185185
5.41	29.2681	2.32594	7.35527	158.340	1.75549	3.78209	8.14828	.184843
5.42	29.3764	2.32809	7.36206	159.220	1.75657	3.78442	8.15329	.184502
5.43	29.4849	2.33024	7.36885	160.103	1.75765	3.78675	8.15831	.184162
5.44	29.5936	2.33238	7.37564	160.989	1.75873	3.78907	8.16331	.183824
5.45	29.7025	2.33452	7.38241	161.879	1.75981	3.79139	8.16831	.183486
5.46	29.8116	2.33666	7.38918	162.771	1.76088	3.79371	8.17330	.183150
5.47	29.9209	2.33880	7.39594	163.667	1.76196	3.79603	8.17829	.182815
5.48	30.0304	2.34094	7.40270	164.567	1.76303	3.79834	8.18327	.182482
5.49	30.1401	2.34307	7.40945	165.469	1.76410	3.80065	8.18824	.182149
5.50	30.2500	2.34521	7.41620	166.375	1.76517	3.80295	8.19321	.181818
n	n^2	$\sqrt{n}$	$\sqrt{10n}$	n^3	$\sqrt[3]{n}$	$\sqrt[3]{10n}$	$\sqrt[3]{100n}$	$1/n$

Powers — Roots — Reciprocals

n	n^2	$\sqrt{n}$	$\sqrt{10n}$	n^3	$\sqrt[3]{n}$	$\sqrt[3]{10n}$	$\sqrt[3]{100n}$	$1/n$
5.50	30.2500	2.34521	7.41620	166.375	1.76517	3.80295	8.19321	.181818
5.51	30.3601	2.34734	7.42294	167.284	1.76624	3.80526	8.19818	.181488
5.52	30.4704	2.34947	7.42967	168.197	1.76731	3.80756	8.20313	.181159
5.53	30.5809	2.35160	7.43640	169.112	1.76838	3.80985	8.20808	.180832
5.54	30.6916	2.35372	7.44312	170.031	1.76944	3.81215	8.21303	.180505
5.55	30.8025	2.35584	7.44983	170.954	1.77051	3.81444	8.21797	.180180
5.56	30.9136	2.35797	7.45654	171.880	1.77157	3.81673	8.22290	.179856
5.57	31.0249	2.36008	7.46324	172.809	1.77263	3.81902	8.22783	.179533
5.58	31.1364	2.36220	7.46994	173.741	1.77369	3.82130	8.23275	.179211
5.59	31.2481	2.36432	7.47663	174.677	1.77475	3.82358	8.23766	.178891
5.60	31.3600	2.36643	7.48331	175.616	1.77581	3.82586	8.24257	.178571
5.61	31.4721	2.36854	7.48999	176.558	1.77686	3.82814	8.24747	.178253
5.62	31.5844	2.37065	7.49667	177.504	1.77792	3.83041	8.25237	.177936
5.63	31.6969	2.37276	7.50333	178.454	1.77897	3.83268	8.25726	.177620
5.64	31.8096	2.37487	7.50999	179.406	1.78003	3.83495	8.26215	.177305
5.65	31.9225	2.37697	7.51665	180.362	1.78108	3.83722	8.26703	.176991
5.66	32.0356	2.37908	7.52330	181.321	1.78213	3.83948	8.27190	.176678
5.67	32.1489	2.38118	7.52994	182.284	1.78318	3.84174	8.27677	.176367
5.68	32.2624	2.38328	7.53658	183.250	1.78422	3.84399	8.28164	.176056
5.69	32.3761	2.38537	7.54321	184.220	1.78527	3.84625	8.28649	.175747
5.70	32.4900	2.38747	7.54983	185.193	1.78632	3.84850	8.29134	.175439
5.71	32.6041	2.38956	7.55645	186.169	1.78736	3.85075	8.29619	.175131
5.72	32.7184	2.39165	7.56307	187.149	1.78840	3.85300	8.30103	.174825
5.73	32.8329	2.39374	7.56968	188.133	1.78944	3.85524	8.30587	.174520
5.74	32.9476	2.39583	7.57628	189.119	1.79048	3.85748	8.31069	.174216
5.75	33.0625	2.39792	7.58288	190.109	1.79152	3.85972	8.31552	.173913
5.76	33.1776	2.40000	7.58947	191.103	1.79256	3.86196	8.32034	.173611
5.77	33.2929	2.40208	7.59605	192.100	1.79360	3.86419	8.32515	.173310
5.78	33.4084	2.40416	7.60263	193.101	1.79463	3.86642	8.32995	.173010
5.79	33.5241	2.40624	7.60920	194.105	1.79567	3.86865	8.33476	.172712
5.80	33.6400	2.40832	7.61577	195.112	1.79670	3.87088	8.33955	.172414
5.81	33.7561	2.41039	7.62234	196.123	1.79773	3.87310	8.34434	.172117
5.82	33.8724	2.41247	7.62889	197.137	1.79876	3.87532	8.34913	.171821
5.83	33.9889	2.41454	7.63544	198.155	1.79979	3.87754	8.35390	.171527
5.84	34.1056	2.41661	7.64199	199.177	1.80082	3.87975	8.35868	.171233
5.85	34.2225	2.41868	7.64853	200.202	1.80185	3.88197	8.36345	.170940
5.86	34.3396	2.42074	7.65506	201.230	1.80288	3.88418	8.36821	.170649
5.87	34.4569	2.42281	7.66159	202.262	1.80390	3.88639	8.37297	.170358
5.88	34.5744	2.42487	7.66812	203.297	1.80492	3.88859	8.37772	.170068
5.89	34.6921	2.42693	7.67463	204.336	1.80595	3.89080	8.38247	.169779
5.90	34.8100	2.42899	7.68115	205.379	1.80697	3.89300	8.38721	.169492
5.91	34.9281	2.43105	7.68765	206.425	1.80799	3.89519	8.39194	.169205
5.92	35.0464	2.43311	7.69415	207.475	1.80901	3.89739	8.39667	.168919
5.93	35.1649	2.43516	7.70065	208.528	1.81003	3.89958	8.40140	.168634
5.94	35.2836	2.43721	7.70714	209.585	1.81104	3.90177	8.40612	.168350
5.95	35.4025	2.43926	7.71362	210.645	1.81206	3.90396	8.41083	.168067
5.96	35.5216	2.44131	7.72010	211.709	1.81307	3.90615	8.41554	.167785
5.97	35.6409	2.44336	7.72658	212.776	1.81409	3.90833	8.42025	.167504
5.98	35.7604	2.44540	7.73305	213.847	1.81510	3.91051	8.42494	.167224
5.99	35.8801	2.44745	7.73951	214.922	1.81611	3.91269	8.42964	.166945
6.00	36.0000	2.44949	7.74597	216.000	1.81712	3.91487	8.43433	.166667
n	n^2	$\sqrt{n}$	$\sqrt{10n}$	n^3	$\sqrt[3]{n}$	$\sqrt[3]{10n}$	$\sqrt[3]{100n}$	$1/n$

Powers — Roots — Reciprocals

n	n^2	$\sqrt{n}$	$\sqrt{10n}$	n^3	$\sqrt[3]{n}$	$\sqrt[3]{10n}$	$\sqrt[3]{100n}$	$1/n$
6.00	36.0000	2.44949	7.74597	216.000	1.81712	3.91487	8.43433	.166667
6.01	36.1201	2.45153	7.75242	217.082	1.81813	3.91704	8.43901	.166389
6.02	36.2404	2.45357	7.75887	218.167	1.81914	3.91921	8.44369	.166113
6.03	36.3609	2.45561	7.76531	219.256	1.82014	3.92138	8.44836	.165837
6.04	36.4816	2.45764	7.77174	220.349	1.82115	3.92355	8.45303	.165563
6.05	36.6025	2.45967	7.77817	221.445	1.82215	3.92571	8.45769	.165289
6.06	36.7236	2.46171	7.78460	222.545	1.82316	3.92787	8.46235	.165017
6.07	36.8449	2.46374	7.79102	223.649	1.82416	3.93003	8.46700	.164745
6.08	36.9664	2.46577	7.79744	224.756	1.82516	3.93219	8.47165	.164474
6.09	37.0881	2.46779	7.80385	225.867	1.82616	3.93434	8.47629	.164204
6.10	37.2100	2.46982	7.81025	226.981	1.82716	3.93650	8.48093	.163934
6.11	37.3321	2.47184	7.81665	228.099	1.82816	3.93865	8.48556	.163666
6.12	37.4544	2.47386	7.82304	229.221	1.82915	3.94079	8.49018	.163399
6.13	37.5769	2.47588	7.82943	230.346	1.83015	3.94294	8.49481	.163132
6.14	37.6996	2.47790	7.83582	231.476	1.83115	3.94508	8.49942	.162866
6.15	37.8225	2.47992	7.84219	232.608	1.83214	3.94722	8.50403	.162602
6.16	37.9456	2.48193	7.84857	233.745	1.83313	3.94936	8.50864	.162338
6.17	38.0689	2.48395	7.85493	234.885	1.83412	3.95150	8.51324	.162075
6.18	38.1924	2.48596	7.86130	236.029	1.83511	3.95363	8.51784	.161812
6.19	38.3161	2.48797	7.86766	237.177	1.83610	3.95576	8.52243	.161551
6.20	38.4400	2.48998	7.87401	238.328	1.83709	3.95789	8.52702	.161290
6.21	38.5641	2.49199	7.88036	239.483	1.83808	3.96002	8.53160	.161031
6.22	38.6884	2.49399	7.88670	240.642	1.83906	3.96214	8.53618	.160772
6.23	38.8129	2.49600	7.89303	241.804	1.84005	3.96427	8.54075	.160514
6.24	38.9376	2.49800	7.89937	242.971	1.84103	3.96638	8.54532	.160256
6.25	39.0625	2.50000	7.90569	244.141	1.84202	3.96850	8.54988	.160000
6.26	39.1876	2.50200	7.91202	245.314	1.84300	3.97062	8.55444	.159744
6.27	39.3129	2.50400	7.91833	246.492	1.84398	3.97273	8.55899	.159490
6.28	39.4384	2.50599	7.92465	247.673	1.84496	3.97484	8.56354	.159236
6.29	39.5641	2.50799	7.93095	248.858	1.84594	3.97695	8.56808	.158983
6.30	39.6900	2.50998	7.93725	250.047	1.84691	3.97906	8.57262	.158730
6.31	39.8161	2.51197	7.94355	251.240	1.84789	3.98116	8.57715	.158479
6.32	39.9424	2.51396	7.94984	252.436	1.84887	3.98326	8.58168	.158228
6.33	40.0689	2.51595	7.95613	253.636	1.84984	3.98536	8.58620	.157978
6.34	40.1956	2.51794	7.96241	254.840	1.85082	3.98746	8.59072	.157729
6.35	40.3225	2.51992	7.96869	256.048	1.85179	3.98956	8.59524	.157480
6.36	40.4496	2.52190	7.97496	257.259	1.85276	3.99165	8.59975	.157233
6.37	40.5769	2.52389	7.98123	258.475	1.85373	3.99374	8.60425	.156986
6.38	40.7044	2.52587	7.98749	259.694	1.85470	3.99583	8.60875	.156740
6.39	40.8321	2.52784	7.99375	260.917	1.85567	3.99792	8.61325	.156495
6.40	40.9600	2.52982	8.00000	262.144	1.85664	4.00000	8.61774	.156250
6.41	41.0881	2.53180	8.00625	263.375	1.85760	4.00208	8.62222	.156006
6.42	41.2164	2.53377	8.01249	264.609	1.85857	4.00416	8.62671	.155763
6.43	41.3449	2.53574	8.01873	265.848	1.85953	4.00624	8.63118	.155521
6.44	41.4736	2.53772	8.02496	267.090	1.86050	4.00832	8.63566	.155280
6.45	41.6025	2.53969	8.03119	268.336	1.86146	4.01039	8.64012	.155039
6.46	41.7316	2.54165	8.03741	269.586	1.86242	4.01246	8.64459	.154799
6.47	41.8609	2.54362	8.04363	270.840	1.86338	4.01453	8.64904	.154560
6.48	41.9904	2.54558	8.04984	272.098	1.86434	4.01660	8.65350	.154321
6.49	42.1201	2.54755	8.05605	273.359	1.86530	4.01866	8.65795	.154083
6.50	42.2500	2.54951	8.06226	274.625	1.86626	4.02073	8.66239	.153846
n	n^2	$\sqrt{n}$	$\sqrt{10n}$	n^3	$\sqrt[3]{n}$	$\sqrt[3]{10n}$	$\sqrt[3]{100n}$	$1/n$

Powers — Roots — Reciprocals

n	n^2	$\sqrt{n}$	$\sqrt{10n}$	n^3	$\sqrt[3]{n}$	$\sqrt[3]{10n}$	$\sqrt[3]{100n}$	$1/n$
6.50	42.2500	2.54951	8.06226	274.625	1.86626	4.02073	8.66239	.153846
6.51	42.3801	2.55147	8.06846	275.894	1.86721	4.02279	8.66683	.153610
6.52	42.5104	2.55343	8.07465	277.168	1.86817	4.02485	8.67127	.153374
6.53	42.6409	2.55539	8.08084	278.445	1.86912	4.02690	8.67570	.153139
6.54	42.7716	2.55734	8.08703	279.726	1.87008	4.02896	8.68012	.152905
6.55	42.9025	2.55930	8.09321	281.011	1.87103	4.03101	8.68455	.152672
6.56	43.0336	2.56125	8.09938	282.300	1.87198	4.03306	8.68896	.152439
6.57	43.1649	2.56320	8.10555	283.593	1.87293	4.03511	8.69338	.152207
6.58	43.2964	2.56515	8.11172	284.890	1.87388	4.03715	8.69778	.151976
6.59	43.4281	2.56710	8.11788	286.191	1.87483	4.03920	8.70219	.151745
6.60	43.5600	2.56905	8.12404	287.496	1.87578	4.04124	8.70659	.151515
6.61	43.6921	2.57099	8.13019	288.805	1.87672	4.04328	8.71098	.151286
6.62	43.8244	2.57294	8.13634	290.118	1.87767	4.04532	8.71537	.151057
6.63	43.9569	2.57488	8.14248	291.434	1.87862	4.04735	8.71976	.150830
6.64	44.0896	2.57682	8.14862	292.755	1.87956	4.04939	8.72414	.150602
6.65	44.2225	2.57876	8.15475	294.080	1.88050	4.05142	8.72852	.150376
6.66	44.3556	2.58070	8.16088	295.408	1.88144	4.05345	8.73289	.150150
6.67	44.4889	2.58263	8.16701	296.741	1.88239	4.05548	8.73726	.149925
6.68	44.6224	2.58457	8.17313	298.078	1.88333	4.05750	8.74162	.149701
6.69	44.7561	2.58650	8.17924	299.418	1.88427	4.05953	8.74598	.149477
6.70	44.8900	2.58844	8.18535	300.763	1.88520	4.06155	8.75034	.149254
6.71	45.0241	2.59037	8.19146	302.112	1.88614	4.06357	8.75469	.149031
6.72	45.1584	2.59230	8.19756	303.464	1.88708	4.06559	8.75904	.148810
6.73	45.2929	2.59422	8.20366	304.821	1.88801	4.06760	8.76338	.148588
6.74	45.4276	2.59615	8.20975	306.182	1.88895	4.06961	8.76772	.148368
6.75	45.5625	2.59808	8.21584	307.547	1.88988	4.07163	8.77205	.148148
6.76	45.6976	2.60000	8.22192	308.916	1.89081	4.07364	8.77638	.147929
6.77	45.8329	2.60192	8.22800	310.289	1.89175	4.07564	8.78071	.147710
6.78	45.9684	2.60384	8.23407	311.666	1.89268	4.07765	8.78503	.147493
6.79	46.1041	2.60576	8.24015	313.047	1.89361	4.07965	8.78935	.147275
6.80	46.2400	2.60768	8.24621	314.432	1.89454	4.08166	8.79366	.147059
6.81	46.3761	2.60960	8.25227	315.821	1.89546	4.08365	8.79797	.146843
6.82	46.5124	2.61151	8.25833	317.215	1.89639	4.08565	8.80227	.146628
6.83	46.6489	2.61343	8.26438	318.612	1.89732	4.08765	8.80657	.146413
6.84	46.7856	2.61534	8.27043	320.014	1.89824	4.08964	8.81087	.146199
6.85	46.9225	2.61725	8.27647	321.419	1.89917	4.09163	8.81516	.145985
6.86	47.0596	2.61916	8.28251	322.829	1.90009	4.09362	8.81945	.145773
6.87	47.1969	2.62107	8.28855	324.243	1.90102	4.09561	8.82373	.145560
6.88	47.3344	2.62298	8.29458	325.661	1.90194	4.09760	8.82801	.145349
6.89	47.4721	2.62488	8.30060	327.083	1.90286	4.09958	8.83228	.145138
6.90	47.6100	2.62679	8.30662	328.509	1.90378	4.10157	8.83656	.144928
6.91	47.7481	2.62869	8.31264	329.939	1.90470	4.10355	8.84082	.144718
6.92	47.8864	2.63059	8.31865	331.374	1.90562	4.10552	8.84509	.144509
6.93	48.0249	2.63249	8.32466	332.813	1.90653	4.10750	8.84934	.144300
6.94	48.1636	2.63439	8.33067	334.255	1.90745	4.10948	8.85360	.144092
6.95	48.3025	2.63629	8.33667	335.702	1.90837	4.11145	8.85785	.143885
6.96	48.4416	2.63818	8.34266	337.154	1.90928	4.11342	8.86210	.143678
6.97	48.5809	2.64008	8.34865	338.609	1.91019	4.11539	8.86634	.143472
6.98	48.7204	2.64197	8.35464	340.068	1.91111	4.11736	8.87058	.143266
6.99	48.8601	2.64386	8.36062	341.532	1.91202	4.11932	8.87481	.143062
7.00	49.0000	2.64575	8.36660	343.000	1.91293	4.12129	8.87904	.142857
n	n^2	$\sqrt{n}$	$\sqrt{10n}$	n^3	$\sqrt[3]{n}$	$\sqrt[3]{10n}$	$\sqrt[3]{100n}$	$1/n$

Powers — Roots — Reciprocals

n	n^2	$\sqrt{n}$	$\sqrt{10n}$	n^3	$\sqrt[3]{n}$	$\sqrt[3]{10n}$	$\sqrt[3]{100n}$	$1/n$
7.00	49.0000	2.64575	8.36660	343.000	1.91293	4.12129	8.87904	.142857
7.01	49.1401	2.64764	8.37257	344.472	1.91384	4.12325	8.88327	.142653
7.02	49.2804	2.64953	8.37854	345.948	1.91475	4.12521	8.88749	.142450
7.03	49.4209	2.65141	8.38451	347.429	1.91566	4.12716	8.89171	.142248
7.04	49.5616	2.65330	8.39047	348.914	1.91657	4.12912	8.89592	.142045
7.05	49.7025	2.65518	8.39643	350.403	1.91747	4.13107	8.90013	.141844
7.06	49.8436	2.65707	8.40238	351.896	1.91838	4.13303	8.90434	.141643
7.07	49.9849	2.65895	8.40833	353.393	1.91929	4.13498	8.90854	.141443
7.08	50.1264	2.66083	8.41427	354.895	1.92019	4.13693	8.91274	.141243
7.09	50.2681	2.66271	8.42021	356.401	1.92109	4.13887	8.91693	.141044
7.10	50.4100	2.66458	8.42615	357.911	1.92200	4.14082	8.92112	.140845
7.11	50.5521	2.66646	8.43208	359.425	1.92290	4.14276	8.92531	.140647
7.12	50.6944	2.66833	8.43801	360.944	1.92380	4.14470	8.92949	.140449
7.13	50.8369	2.67021	8.44393	362.467	1.92470	4.14664	8.93367	.140252
7.14	50.9796	2.67208	8.44985	363.994	1.92560	4.14858	8.93784	.140056
7.15	51.1225	2.67395	8.45577	365.526	1.92650	4.15052	8.94201	.139860
7.16	51.2656	2.67582	8.46168	367.062	1.92740	4.15245	8.94618	.139665
7.17	51.4089	2.67769	8.46759	368.602	1.92829	4.15438	8.95034	.139470
7.18	51.5524	2.67955	8.47349	370.146	1.92919	4.15631	8.95450	.139276
7.19	51.6961	2.68142	8.47939	371.695	1.93008	4.15824	8.95866	.139082
7.20	51.8400	2.68328	8.48528	373.248	1.93098	4.16017	8.96281	.138889
7.21	51.9841	2.68514	8.49117	374.805	1.93187	4.16209	8.96696	.138696
7.22	52.1284	2.68701	8.49706	376.367	1.93277	4.16402	8.97110	.138504
7.23	52.2729	2.68887	8.50294	377.933	1.93366	4.16594	8.97524	.138313
7.24	52.4176	2.69072	8.50882	379.503	1.93455	4.16786	8.97938	.138122
7.25	52.5625	2.69258	8.51469	381.078	1.93544	4.16978	8.98351	.137931
7.26	52.7076	2.69444	8.52056	382.657	1.93633	4.17169	8.98764	.137741
7.27	52.8529	2.69629	8.52643	384.241	1.93722	4.17361	8.99176	.137552
7.28	52.9984	2.69815	8.53229	385.828	1.93810	4.17552	8.99588	.137363
7.29	53.1441	2.70000	8.53815	387.420	1.93899	4.17743	9.00000	.137174
7.30	53.2900	2.70185	8.54400	389.017	1.93988	4.17934	9.00411	.136986
7.31	53.4361	2.70370	8.54985	390.618	1.94076	4.18125	9.00822	.136799
7.32	53.5824	2.70555	8.55570	392.223	1.94165	4.18315	9.01233	.136612
7.33	53.7289	2.70740	8.56154	393.833	1.94253	4.18506	9.01643	.136426
7.34	53.8756	2.70924	8.56738	395.447	1.94341	4.18696	9.02053	.136240
7.35	54.0225	2.71109	8.57321	397.065	1.94430	4.18886	9.02462	.136054
7.36	54.1696	2.71293	8.57904	398.688	1.94518	4.19076	9.02871	.135870
7.37	54.3169	2.71477	8.58487	400.316	1.94606	4.19266	9.03280	.135685
7.38	54.4644	2.71662	8.59069	401.947	1.94694	4.19455	9.03689	.135501
7.39	54.6121	2.71846	8.59651	403.583	1.94782	4.19644	9.04097	.135318
7.40	54.7600	2.72029	8.60233	405.224	1.94870	4.19834	9.04504	.135135
7.41	54.9081	2.72213	8.60814	406.869	1.94957	4.20023	9.04911	.134953
7.42	55.0564	2.72397	8.61394	408.518	1.95045	4.20212	9.05318	.134771
7.43	55.2049	2.72580	8.61974	410.172	1.95132	4.20400	9.05725	.134590
7.44	55.3536	2.72764	8.62554	411.831	1.95220	4.20589	9.06131	.134409
7.45	55.5025	2.72947	8.63134	413.494	1.95307	4.20777	9.06537	.134228
7.46	55.6516	2.73130	8.63713	415.161	1.95395	4.20965	9.06942	.134048
7.47	55.8009	2.73313	8.64292	416.833	1.95482	4.21153	9.07347	.133869
7.48	55.9504	2.73496	8.64870	418.509	1.95569	4.21341	9.07752	.133690
7.49	56.1001	2.73679	8.65448	420.190	1.95656	4.21529	9.08156	.133511
7.50	56.2500	2.73861	8.66025	421.875	1.95743	4.21716	9.08560	.133333
n	n^2	$\sqrt{n}$	$\sqrt{10n}$	n^3	$\sqrt[3]{n}$	$\sqrt[3]{10n}$	$\sqrt[3]{100n}$	$1/n$

Powers — Roots — Reciprocals

n	n^2	$\sqrt{n}$	$\sqrt{10\,n}$	n^3	$\sqrt[3]{n}$	$\sqrt[3]{10\,n}$	$\sqrt[3]{100\,n}$	$1/n$
7.50	56.2500	2.73861	8.66025	421.875	1.95743	4.21716	9.08560	.133333
7.51	56.4001	2.74044	8.66603	423.565	1.95830	4.21904	9.08964	.133156
7.52	56.5504	2.74226	8.67179	425.259	1.95917	4.22091	9.09367	.132979
7.53	56.7009	2.74408	8.67756	426.958	1.96004	4.22278	9.09770	.132802
7.54	56.8516	2.74591	8.68332	428.661	1.96091	4.22465	9.10173	.132626
7.55	57.0025	2.74773	8.68907	430.369	1.96177	4.22651	9.10575	.132450
7.56	57.1536	2.74955	8.69483	432.081	1.96264	4.22838	9.10977	.132275
7.57	57.3049	2.75136	8.70057	433.798	1.96350	4.23024	9.11378	.132100
7.58	57.4564	2.75318	8.70632	435.520	1.96437	4.23210	9.11779	.131926
7.59	57.6081	2.75500	8.71206	437.245	1.96523	4.23396	9.12180	.131752
7.60	57.7600	2.75681	8.71780	438.976	1.96610	4.23582	9.12581	.131579
7.61	57.9121	2.75862	8.72353	440.711	1.96696	4.23768	9.12981	.131406
7.62	58.0644	2.76043	8.72926	442.451	1.96782	4.23954	9.13380	.131234
7.63	58.2169	2.76225	8.73499	444.195	1.96868	4.24139	9.13780	.131062
7.64	58.3696	2.76405	8.74071	445.944	1.96954	4.24324	9.14179	.130890
7.65	58.5225	2.76586	8.74643	447.697	1.97040	4.24509	9.14577	.130719
7.66	58.6756	2.76767	8.75214	449.455	1.97126	4.24694	9.14976	.130548
7.67	58.8289	2.76948	8.75785	451.218	1.97211	4.24879	9.15374	.130378
7.68	58.9824	2.77128	8.76356	452.985	1.97297	4.25063	9.15771	.130208
7.69	59.1361	2.77308	8.76926	454.757	1.97383	4.25248	9.16169	.130039
7.70	59.2900	2.77489	8.77496	456.533	1.97468	4.25432	9.16566	.129870
7.71	59.4441	2.77669	8.78066	458.314	1.97554	4.25616	9.16962	.129702
7.72	59.5984	2.77849	8.78635	460.100	1.97639	4.25800	9.17359	.129534
7.73	59.7529	2.78029	8.79204	461.890	1.97724	4.25984	9.17754	.129366
7.74	59.9076	2.78209	8.79773	463.685	1.97809	4.26167	9.18150	.129199
7.75	60.0625	2.78388	8.80341	465.484	1.97895	4.26351	9.18545	.129032
7.76	60.2176	2.78568	8.80909	467.289	1.97980	4.26534	9.18940	.128866
7.77	60.3729	2.78747	8.81476	469.097	1.98065	4.26717	9.19335	.128700
7.78	60.5284	2.78927	8.82043	470.911	1.98150	4.26900	9.19729	.128535
7.79	60.6841	2.79106	8.82610	472.729	1.98234	4.27083	9.20123	.128370
7.80	60.8400	2.79285	8.83176	474.552	1.98319	4.27266	9.20516	.128205
7.81	60.9961	2.79464	8.83742	476.380	1.98404	4.27448	9.20910	.128041
7.82	61.1524	2.79643	8.84308	478.212	1.98489	4.27631	9.21302	.127877
7.83	61.3089	2.79821	8.84873	480.049	1.98573	4.27813	9.21695	.127714
7.84	61.4656	2.80000	8.85438	481.890	1.98658	4.27995	9.22087	.127551
7.85	61.6225	2.80179	8.86002	483.737	1.98742	4.28177	9.22479	.127389
7.86	61.7796	2.80357	8.86566	485.588	1.98826	4.28359	9.22871	.127226
7.87	61.9369	2.80535	8.87130	487.443	1.98911	4.28540	9.23262	.127065
7.88	62.0944	2.80713	8.87694	489.304	1.98995	4.28722	9.23653	.126904
7.89	62.2521	2.80891	8.88257	491.169	1.99079	4.28903	9.24043	.126743
7.90	62.4100	2.81069	8.88819	493.039	1.99163	4.29084	9.24434	.126582
7.91	62.5681	2.81247	8.89382	494.914	1.99247	4.29265	9.24823	.126422
7.92	62.7264	2.81425	8.89944	496.793	1.99331	4.29446	9.25213	.126263
7.93	62.8849	2.81603	8.90505	498.677	1.99415	4.29627	9.25602	.126103
7.94	63.0436	2.81780	8.91067	500.566	1.99499	4.29807	9.25991	.125945
7.95	63.2025	2.81957	8.91628	502.460	1.99583	4.29987	9.26380	.125786
7.96	63.3616	2.82135	8.92188	504.358	1.99666	4.30168	9.26768	.125628
7.97	63.5209	2.82312	8.92749	506.262	1.99750	4.30348	9.27156	.125471
7.98	63.6804	2.82489	8.93308	508.170	1.99833	4.30528	9.27544	.125313
7.99	63.8401	2.82666	8.93868	510.082	1.99917	4.30707	9.27931	.125156
8.00	64.0000	2.82843	8.94427	512.000	2.00000	4.30887	9.28318	.125000
n	n^2	$\sqrt{n}$	$\sqrt{10\,n}$	n^3	$\sqrt[3]{n}$	$\sqrt[3]{10\,n}$	$\sqrt[3]{100\,n}$	$1/n$

Powers — Roots — Reciprocals [VI

n	n^2	$\sqrt{n}$	$\sqrt{10n}$	n^3	$\sqrt[3]{n}$	$\sqrt[3]{10n}$	$\sqrt[3]{100n}$	$1/n$
8.00	64.0000	2.82843	8.94427	512.000	2.00000	4.30887	9.28318	.125000
8.01	64.1601	2.83019	8.94986	513.922	2.00083	4.31066	9.28704	.124844
8.02	64.3204	2.83196	8.95545	515.850	2.00167	4.31246	9.29091	.124688
8.03	64.4809	2.83373	8.96103	517.782	2.00250	4.31425	9.29477	.124533
8.04	64.6416	2.83549	8.96660	519.718	2.00333	4.31604	9.29862	.124378
8.05	64.8025	2.83725	8.97218	521.660	2.00416	4.31783	9.30248	.124224
8.06	64.9636	2.83901	8.97775	523.607	2.00499	4.31961	9.30633	.124069
8.07	65.1249	2.84077	8.98332	525.558	2.00582	4.32140	9.31018	.123916
8.08	65.2864	2.84253	8.98888	527.514	2.00664	4.32318	9.31402	.123762
8.09	65.4481	2.84429	8.99444	529.475	2.00747	4.32497	9.31786	.123609
8.10	65.6100	2.84605	9.00000	531.441	2.00830	4.32675	9.32170	.123457
8.11	65.7721	2.84781	9.00555	533.412	2.00912	4.32853	9.32553	.123305
8.12	65.9344	2.84956	9.01110	535.387	2.00995	4.33031	9.32936	.123153
8.13	66.0969	2.85132	9.01665	537.368	2.01078	4.33208	9.33319	.123001
8.14	66.2596	2.85307	9.02219	539.353	2.01160	4.33386	9.33702	.122850
8.15	66.4225	2.85482	9.02774	541.343	2.01242	4.33563	9.34084	.122699
8.16	66.5856	2.85657	9.03327	543.338	2.01325	4.33741	9.34466	.122549
8.17	66.7489	2.85832	9.03881	545.339	2.01407	4.33918	9.34847	.122399
8.18	66.9124	2.86007	9.04434	547.343	2.01489	4.34095	9.35229	.122249
8.19	67.0761	2.86182	9.04986	549.353	2.01571	4.34271	9.35610	.122100
8.20	67.2400	2.86356	9.05539	551.368	2.01653	4.34448	9.35990	.121951
8.21	67.4041	2.86531	9.06091	553.388	2.01735	4.34625	9.36370	.121803
8.22	67.5684	2.86705	9.06642	555.412	2.01817	4.34801	9.36751	.121655
8.23	67.7329	2.86880	9.07193	557.442	2.01899	4.34977	9.37130	.121507
8.24	67.8976	2.87054	9.07744	559.476	2.01980	4.35153	9.37510	.121359
8.25	68.0625	2.87228	9.08295	561.516	2.02062	4.35329	9.37889	.121212
8.26	68.2276	2.87402	9.08845	563.560	2.02144	4.35505	9.38268	.121065
8.27	68.3929	2.87576	9.09395	565.609	2.02225	4.35681	9.38646	.120919
8.28	68.5584	2.87750	9.09945	567.664	2.02307	4.35856	9.39024	.120773
8.29	68.7241	2.87924	9.10494	569.723	2.02388	4.36032	9.39402	.120627
8.30	68.8900	2.88097	9.11043	571.787	2.02469	4.36207	9.39780	.120482
8.31	69.0561	2.88271	9.11592	573.856	2.02551	4.36382	9.40157	.120337
8.32	69.2224	2.88444	9.12140	575.930	2.02632	4.36557	9.40534	.120192
8.33	69.3889	2.88617	9.12688	578.010	2.02713	4.36732	9.40911	.120048
8.34	69.5556	2.88791	9.13236	580.094	2.02794	4.36907	9.41287	.119904
8.35	69.7225	2.88964	9.13783	582.183	2.02875	4.37081	9.41663	.119760
8.36	69.8896	2.89137	9.14330	584.277	2.02956	4.37256	9.42039	.119617
8.37	70.0569	2.89310	9.14877	586.376	2.03037	4.37430	9.42414	.119474
8.38	70.2244	2.89482	9.15423	588.480	2.03118	4.37604	9.42789	.119332
8.39	70.3921	2.89655	9.15969	590.590	2.03199	4.37778	9.43164	.119190
8.40	70.5600	2.89828	9.16515	592.704	2.03279	4.37952	9.43539	.119048
8.41	70.7281	2.90000	9.17061	594.823	2.03360	4.38126	9.43913	.118906
8.42	70.8964	2.90172	9.17606	596.948	2.03440	4.38299	9.44287	.118765
8.43	71.0649	2.90345	9.18150	599.077	2.03521	4.38473	9.44661	.118624
8.44	71.2336	2.90517	9.18695	601.212	2.03601	4.38646	9.45034	.118483
8.45	71.4025	2.90689	9.19239	603.351	2.03682	4.38819	9.45407	.118343
8.46	71.5716	2.90861	9.19783	605.496	2.03762	4.38992	9.45780	.118203
8.47	71.7409	2.91033	9.20326	607.645	2.03842	4.39165	9.46152	.118064
8.48	71.9104	2.91204	9.20869	609.800	2.03923	4.39338	9.46525	.117925
8.49	72.0801	2.91376	9.21412	611.960	2.04003	4.39510	9.46897	.117786
8.50	72.2500	2.91548	9.21954	614.125	2.04083	4.39683	9.47268	.117647
n	n^2	$\sqrt{n}$	$\sqrt{10n}$	n^3	$\sqrt[3]{n}$	$\sqrt[3]{10n}$	$\sqrt[3]{100n}$	$1/n$

Powers — Roots — Reciprocals

n	n^2	$\sqrt{n}$	$\sqrt{10n}$	n^3	$\sqrt[3]{n}$	$\sqrt[3]{10n}$	$\sqrt[3]{100n}$	$1/n$
8.50	72.2500	2.91548	9.21954	614.125	2.04083	4.39683	9.47268	.117647
8.51	72.4201	2.91719	9.22497	616.295	2.04163	4.39855	9.47640	.117509
8.52	72.5904	2.91890	9.23038	618.470	2.04243	4.40028	9.48011	.117371
8.53	72.7609	2.92062	9.23580	620.650	2.04323	4.40200	9.48381	.117233
8.54	72.9316	2.92233	9.24121	622.836	2.04402	4.40372	9.48752	.117096
8.55	73.1025	2.92404	9.24662	625.026	2.04482	4.40543	9.49122	.116959
8.56	73.2736	2.92575	9.25203	627.222	2.04562	4.40715	9.49492	.116822
8.57	73.4449	2.92746	9.25743	629.423	2.04641	4.40887	9.49861	.116686
8.58	73.6164	2.92916	9.26283	631.629	2.04721	4.41058	9.50231	.116550
8.59	73.7881	2.93087	9.26823	633.840	2.04801	4.41229	9.50600	.116414
8.60	73.9600	2.93258	9.27362	636.056	2.04880	4.41400	9.50969	.116279
8.61	74.1321	2.93428	9.27901	638.277	2.04959	4.41571	9.51337	.116144
8.62	74.3044	2.93598	9.28440	640.504	2.05039	4.41742	9.51705	.116009
8.63	74.4769	2.93769	9.28978	642.736	2.05118	4.41913	9.52073	.115875
8.64	74.6496	2.93939	9.29516	644.973	2.05197	4.42084	9.52441	.115741
8.65	74.8225	2.94109	9.30054	647.215	2.05276	4.42254	9.52808	.115607
8.66	74.9956	2.94279	9.30591	649.462	2.05355	4.42425	9.53175	.115473
8.67	75.1689	2.94449	9.31128	651.714	2.05434	4.42595	9.53542	.115340
8.68	75.3424	2.94618	9.31665	653.972	2.05513	4.42765	9.53908	.115207
8.69	75.5161	2.94788	9.32202	656.235	2.05592	4.42935	9.54274	.115075
8.70	75.6900	2.94958	9.32738	658.503	2.05671	4.43105	9.54640	.114943
8.71	75.8641	2.95127	9.33274	660.776	2.05750	4.43274	9.55006	.114811
8.72	76.0384	2.95296	9.33809	663.055	2.05828	4.43444	9.55371	.114679
8.73	76.2129	2.95466	9.34345	665.339	2.05907	4.43613	9.55736	.114548
8.74	76.3876	2.95635	9.34880	667.628	2.05986	4.43783	9.56101	.114416
8.75	76.5625	2.95804	9.35414	669.922	2.06064	4.43952	9.56466	.114286
8.76	76.7376	2.95973	9.35949	672.221	2.06143	4.44121	9.56830	.114155
8.77	76.9129	2.96142	9.36483	674.526	2.06221	4.44290	9.57194	.114025
8.78	77.0884	2.96311	9.37017	676.836	2.06299	4.44459	9.57557	.113895
8.79	77.2641	2.96479	9.37550	679.151	2.06378	4.44627	9.57921	.113766
8.80	77.4400	2.96648	9.38083	681.472	2.06456	4.44796	9.58284	.113636
8.81	77.6161	2.96816	9.38616	683.798	2.06534	4.44964	9.58647	.113507
8.82	77.7924	2.96985	9.39149	686.129	2.06612	4.45133	9.59009	.113379
8.83	77.9689	2.97153	9.39681	688.465	2.06690	4.45301	9.59372	.113250
8.84	78.1456	2.97321	9.40213	690.807	2.06768	4.45469	9.59734	.113122
8.85	78.3225	2.97489	9.40744	693.154	2.06846	4.45637	9.60095	.112994
8.86	78.4996	2.97658	9.41276	695.506	2.06924	4.45805	9.60457	.112867
8.87	78.6769	2.97825	9.41807	697.864	2.07002	4.45972	9.60818	.112740
8.88	78.8544	2.97993	9.42338	700.227	2.07080	4.46140	9.61179	.112613
8.89	79.0321	2.98161	9.42868	702.595	2.07157	4.46307	9.61540	.112486
8.90	79.2100	2.98329	9.43398	704.969	2.07235	4.46475	9.61900	.112360
8.91	79.3881	2.98496	9.43928	707.348	2.07313	4.46642	9.62260	.112233
8.92	79.5664	2.98664	9.44458	709.732	2.07390	4.46809	9.62620	.112108
8.93	79.7449	2.98831	9.44987	712.122	2.07468	4.46976	9.62980	.111982
8.94	79.9236	2.98998	9.45516	714.517	2.07545	4.47142	9.63339	.111857
8.95	80.1025	2.99166	9.46044	716.917	2.07622	4.47309	9.63698	.111732
8.96	80.2816	2.99333	9.46573	719.323	2.07700	4.47476	9.64057	.111607
8.97	80.4609	2.99500	9.47101	721.734	2.07777	4.47642	9.64415	.111483
8.98	80.6404	2.99666	9.47629	724.151	2.07854	4.47808	9.64774	.111359
8.99	80.8201	2.99833	9.48156	726.573	2.07931	4.47974	9.65132	.111235
9.00	81.0000	3.00000	9.48683	729.000	2.08008	4.48140	9.65489	.111111
n	n^2	$\sqrt{n}$	$\sqrt{10n}$	n^3	$\sqrt[3]{n}$	$\sqrt[3]{10n}$	$\sqrt[3]{100n}$	$1/n$

Powers — Roots — Reciprocals

n	n^2	$\sqrt{n}$	$\sqrt{10n}$	n^3	$\sqrt[3]{n}$	$\sqrt[3]{10n}$	$\sqrt[3]{100n}$	$1/n$
9.00	81.0000	3.00000	9.48683	729.000	2.08008	4.48140	9.65489	.111111
9.01	81.1801	3.00167	9.49210	731.433	2.08085	4.48306	9.65847	.110988
9.02	81.3604	3.00333	9.49737	733.871	2.08162	4.48472	9.66204	.110865
9.03	81.5409	3.00500	9.50263	736.314	2.08239	4.48638	9.66561	.110742
9.04	81.7216	3.00666	9.50789	738.763	2.08316	4.48803	9.66918	.110619
9.05	81.9025	3.00832	9.51315	741.218	2.08393	4.48969	9.67274	.110497
9.06	82.0836	3.00998	9.51840	743.677	2.08470	4.49134	9.67630	.110375
9.07	82.2649	3.01164	9.52365	746.143	2.08546	4.49299	9.67986	.110254
9.08	82.4464	3.01330	9.52890	748.613	2.08623	4.49464	9.68342	.110132
9.09	82.6281	3.01496	9.53415	751.089	2.08699	4.49629	9.68697	.110011
9.10	82.8100	3.01662	9.53939	753.571	2.08776	4.49794	9.69052	.109890
9.11	82.9921	3.01828	9.54463	756.058	2.08852	4.49959	9.69407	.109769
9.12	83.1744	3.01993	9.54987	758.551	2.08929	4.50123	9.69762	.109649
9.13	83.3569	3.02159	9.55510	761.048	2.09005	4.50288	9.70116	.109529
9.14	83.5396	3.02324	9.56033	763.552	2.09081	4.50452	9.70470	.109409
9.15	83.7225	3.02490	9.56556	766.061	2.09158	4.50616	9.70824	.109290
9.16	83.9056	3.02655	9.57079	768.575	2.09234	4.50781	9.71177	.109170
9.17	84.0889	3.02820	9.57601	771.095	2.09310	4.50945	9.71531	.109051
9.18	84.2724	3.02985	9.58123	773.621	2.09386	4.51108	9.71884	.108932
9.19	84.4561	3.03150	9.58645	776.152	2.09462	4.51272	9.72236	.108814
9.20	84.6400	3.03315	9.59166	778.688	2.09538	4.51436	9.72589	.108696
9.21	84.8241	3.03480	9.59687	781.230	2.09614	4.51599	9.72941	.108578
9.22	85.0084	3.03645	9.60208	783.777	2.09690	4.51763	9.73293	.108460
9.23	85.1929	3.03809	9.60729	786.330	2.09765	4.51926	9.73645	.108342
9.24	85.3776	3.03974	9.61249	788.889	2.09841	4.52089	9.73996	.108225
9.25	85.5625	3.04138	9.61769	791.453	2.09917	4.52252	9.74348	.108108
9.26	85.7476	3.04302	9.62289	794.023	2.09992	4.52415	9.74699	.107991
9.27	85.9329	3.04467	9.62808	796.598	2.10068	4.52578	9.75049	.107875
9.28	86.1184	3.04631	9.63328	799.179	2.10144	4.52740	9.75400	.107759
9.29	86.3041	3.04795	9.63846	801.765	2.10219	4.52903	9.75750	.107643
9.30	86.4900	3.04959	9.64365	804.357	2.10294	4.53065	9.76100	.107527
9.31	86.6761	3.05123	9.64883	806.954	2.10370	4.53228	9.76450	.107411
9.32	86.8624	3.05287	9.65401	809.558	2.10445	4.53390	9.76799	.107296
9.33	87.0489	3.05450	9.65919	812.166	2.10520	4.53552	9.77148	.107181
9.34	87.2356	3.05614	9.66437	814.781	2.10595	4.53714	9.77497	.107066
9.35	87.4225	3.05778	9.66954	817.400	2.10671	4.53876	9.77846	.106952
9.36	87.6096	3.05941	9.67471	820.026	2.10746	4.54038	9.78195	.106838
9.37	87.7969	3.06105	9.67988	822.657	2.10821	4.54199	9.78543	.106724
9.38	87.9844	3.06268	9.68504	825.294	2.10896	4.54361	9.78891	.106610
9.39	88.1721	3.06431	9.69020	827.936	2.10971	4.54522	9.79239	.106496
9.40	88.3600	3.06594	9.69536	830.584	2.11045	4.54684	9.79586	.106383
9.41	88.5481	3.06757	9.70052	833.238	2.11120	4.54845	9.79933	.106270
9.42	88.7364	3.06920	9.70567	835.897	2.11195	4.55006	9.80280	.106157
9.43	88.9249	3.07083	9.71082	838.562	2.11270	4.55167	9.80627	.106045
9.44	89.1136	3.07246	9.71597	841.232	2.11344	4.55328	9.80974	.105932
9.45	89.3025	3.07409	9.72111	843.909	2.11419	4.55488	9.81320	.105820
9.46	89.4916	3.07571	9.72625	846.591	2.11494	4.55649	9.81666	.105708
9.47	89.6809	3.07734	9.73139	849.278	2.11568	4.55809	9.82012	.105597
9.48	89.8704	3.07896	9.73653	851.971	2.11642	4.55970	9.82357	.105485
9.49	90.0601	3.08058	9.74166	854.670	2.11717	4.56130	9.82703	.105374
9.50	90.2500	3.08221	9.74679	857.375	2.11791	4.56290	9.83048	.105263
n	n^2	$\sqrt{n}$	$\sqrt{10n}$	n^3	$\sqrt[3]{n}$	$\sqrt[3]{10n}$	$\sqrt[3]{100n}$	$1/n$

Powers — Roots — Reciprocals

n	n^2	$\sqrt{n}$	$\sqrt{10n}$	n^3	$\sqrt[3]{n}$	$\sqrt[3]{10n}$	$\sqrt[3]{100n}$	$1/n$
9.50	90.2500	3.08221	9.74679	857.375	2.11791	4.56290	9.83048	.105263
9.51	90.4401	3.08383	9.75192	860.085	2.11865	4.56450	9.83392	.105152
9.52	90.6304	3.08545	9.75705	862.801	2.11940	4.56610	9.83737	.105042
9.53	90.8209	3.08707	9.76217	865.523	2.12014	4.56770	9.84081	.104932
9.54	91.0116	3.08869	9.76729	868.251	2.12088	4.56930	9.84425	.104822
9.55	91.2025	3.09031	9.77241	870.984	2.12162	4.57089	9.84769	.104712
9.56	91.3936	3.09192	9.77753	873.723	2.12236	4.57249	9.85113	.104603
9.57	91.5849	3.09354	9.78264	876.467	2.12310	4.57408	9.85456	.104493
9.58	91.7764	3.09516	9.78775	879.218	2.12384	4.57567	9.85799	.104384
9.59	91.9681	3.09677	9.79285	881.974	2.12458	4.57727	9.86142	.104275
9.60	92.1600	3.09839	9.79796	884.736	2.12532	4.57886	9.86485	.104167
9.61	92.3521	3.10000	9.80306	887.504	2.12605	4.58045	9.86827	.104058
9.62	92.5444	3.10161	9.80816	890.277	2.12679	4.58204	9.87169	.103950
9.63	92.7369	3.10322	9.81326	893.056	2.12753	4.58362	9.87511	.103842
9.64	92.9296	3.10483	9.81835	895.841	2.12826	4.58521	9.87853	.103734
9.65	93.1225	3.10644	9.82344	898.632	2.12900	4.58679	9.88195	.103627
9.66	93.3156	3.10805	9.82853	901.429	2.12974	4.58838	9.88536	.103520
9.67	93.5089	3.10966	9.83362	904.231	2.13047	4.58996	9.88877	.103413
9.68	93.7024	3.11127	9.83870	907.039	2.13120	4.59154	9.89217	.103306
9.69	93.8961	3.11288	9.84378	909.853	2.13194	4.59312	9.89558	.103199
9.70	94.0900	3.11448	9.84886	912.673	2.13267	4.59470	9.89898	.103093
9.71	94.2841	3.11609	9.85393	915.499	2.13340	4.59628	9.90238	.102987
9.72	94.4784	3.11769	9.85901	918.330	2.13414	4.59786	9.90578	.102881
9.73	94.6729	3.11929	9.86408	921.167	2.13487	4.59943	9.90918	.102775
9.74	94.8676	3.12090	9.86914	924.010	2.13560	4.60101	9.91257	.102669
9.75	95.0625	3.12250	9.87421	926.859	2.13633	4.60258	9.91596	.102564
9.76	95.2576	3.12410	9.87927	929.714	2.13706	4.60416	9.91935	.102459
9.77	95.4529	3.12570	9.88433	932.575	2.13779	4.60573	9.92274	.102354
9.78	95.6484	3.12730	9.88939	935.441	2.13852	4.60730	9.92612	.102249
9.79	95.8441	3.12890	9.89444	938.314	2.13925	4.60887	9.92950	.102145
9.80	96.0400	3.13050	9.89949	941.192	2.13997	4.61044	9.93288	.102041
9.81	96.2361	3.13209	9.90454	944.076	2.14070	4.61200	9.93626	.101937
9.82	96.4324	3.13369	9.90959	946.966	2.14143	4.61357	9.93964	.101833
9.83	96.6289	3.13528	9.91464	949.862	2.14216	4.61514	9.94301	.101729
9.84	96.8256	3.13688	9.91968	952.764	2.14288	4.61670	9.94638	.101626
9.85	97.0225	3.13847	9.92472	955.672	2.14361	4.61826	9.94975	.101523
9.86	97.2196	3.14006	9.92975	958.585	2.14433	4.61983	9.95311	.101420
9.87	97.4169	3.14166	9.93479	961.505	2.14506	4.62139	9.95648	.101317
9.88	97.6144	3.14325	9.93982	964.430	2.14578	4.62295	9.95984	.101215
9.89	97.8121	3.14484	9.94485	967.362	2.14651	4.62451	9.96320	.101112
9.90	98.0100	3.14643	9.94987	970.299	2.14723	4.62607	9.96655	.101010
9.91	98.2081	3.14802	9.95490	973.242	2.14795	4.62762	9.96991	.100908
9.92	98.4064	3.14960	9.95992	976.191	2.14867	4.62918	9.97326	.100806
9.93	98.6049	3.15119	9.96494	979.147	2.14940	4.63073	9.97661	.100705
9.94	98.8036	3.15278	9.96995	982.108	2.15012	4.63229	9.97996	.100604
9.95	99.0025	3.15436	9.97497	985.075	2.15084	4.63384	9.98331	.100503
9.96	99.2016	3.15595	9.97998	988.048	2.15156	4.63539	9.98665	.100402
9.97	99.4009	3.15753	9.98499	991.027	2.15228	4.63694	9.98999	.100301
9.98	99.6004	3.15911	9.98999	994.012	2.15300	4.63849	9.99333	.100200
9.99	99.8001	3.16070	9.99500	997.003	2.15372	4.64004	9.99667	.100100
10.00	100.000	3.16228	10.0000	1000.00	2.15443	4.64159	10.0000	.100000
n	n^2	$\sqrt{n}$	$\sqrt{10n}$	n^3	$\sqrt[3]{n}$	$\sqrt[3]{10n}$	$\sqrt[3]{100n}$	$1/n$

Table VII — Napierian or Natural Logarithms

N	0	1	2	3	4	5	6	7	8	9
0.0		5.395	6.088	6.493	6.781	7.004	7.187	7.341	7.474	7.592
0.1	7.697	7.793	7.880	7.960	8.034	8.103	8.167	8.228	8.285	8.339
0.2	8.391	8.439	8.486	8.530	8.573	8.614	8.653	8.691	8.727	8.762
0.3	8.796	8.829	8.861	8.891	8.921	8.950	8.978	9.006	9.032	9.058
0.4	9.084	9.108	9.132	9.156	9.179	9.201	9.223	9.245	9.266	9.287
0.5	9.307	9.327	9.346	9.365	9.384	9.402	9.420	9.438	9.455	9.472
0.6	9.489	9.506	9.522	9.538	9.554	9.569	9.584	9.600	9.614	9.629
0.7	9.643	9.658	9.671	9.685	9.699	9.712	9.726	9.739	9.752	9.764
0.8	9.777	9.789	9.802	9.814	9.826	9.837	9.849	9.861	9.872	9.883
0.9	9.895	9.906	9.917	9.927	9.938	9.949	9.959	9.970	9.980	9.990
1.0	0.00000	0995	1980	2956	3922	4879	5827	6766	7696	8618
1.1	9531	*0436	*1333	*2222	*3103	*3976	*4842	*5700	*6551	*7395
1.2	0.1 8232	9062	9885	*0701	*1511	*2314	*3111	*3902	*4686	*5464
1.3	0.2 6236	7003	7763	8518	9267	*0010	*0748	*1481	*2208	*2930
1.4	0.3 3647	4359	5066	5767	6464	7156	7844	8526	9204	9878
1.5	0.4 0547	1211	1871	2527	3178	3825	4469	5108	5742	6373
1.6	7000	7623	8243	8858	9470	*0078	*0682	*1282	*1879	*2473
1.7	0.5 3063	3649	4232	4812	5389	5962	6531	7098	7661	8222
1.8	8779	9333	9884	*0432	*0977	*1519	*2058	*2594	*3127	*3658
1.9	0.6 4185	4710	5233	5752	6269	6783	7294	7803	8310	8813
2.0	9315	9813	*0310	*0804	*1295	*1784	*2271	*2755	*3237	*3716
2.1	0.7 4194	4669	5142	5612	6081	6547	7011	7473	7932	8390
2.2	8846	9299	9751	*0200	*0648	*1093	*1536	*1978	*2418	*2855
2.3	0.8 3291	3725	4157	4587	5015	5442	5866	6289	6710	7129
2.4	7547	7963	8377	8789	9200	9609	*0016	*0422	*0826	*1228
2.5	0.9 1629	2028	2426	2822	3216	3609	4001	4391	4779	5166
2.6	5551	5935	6317	6698	7078	7456	7833	8208	8582	8954
2.7	9325	9695	*0063	*0430	*0796	*1160	*1523	*1885	*2245	*2604
2.8	1.0 2962	3318	3674	4028	4380	4732	5082	5431	5779	6126
2.9	6471	6815	7158	7500	7841	8181	8519	8856	9192	9527
3.0	9861	*0194	*0526	*0856	*1186	*1514	*1841	*2168	*2493	*2817
3.1	1.1 3140	3462	3783	4103	4422	4740	5057	5373	5688	6002
3.2	6315	6627	6938	7248	7557	7865	8173	8479	8784	9089
3.3	9392	9695	9996	*0297	*0597	*0896	*1194	*1491	*1788	*2083
3.4	1.2 2378	2671	2964	3256	3547	3837	4127	4415	4703	4990
3.5	5276	5562	5846	6130	6413	6695	6976	7257	7536	7815
3.6	8093	8371	8647	8923	9198	9473	9746	*0019	*0291	*0563
3.7	1.3 0833	1103	1372	1641	1909	2176	2442	2708	2972	3237
3.8	3500	3763	4025	4286	4547	4807	5067	5325	5584	5841
3.9	6098	6354	6609	6864	7118	7372	7624	7877	8128	8379
4.0	8629	8879	9128	9377	9624	9872	*0118	*0364	*0610	*0854
4.1	1.4 1099	1342	1585	1828	2070	2311	2552	2792	3031	3270
4.2	3508	3746	3984	4220	4456	4692	4927	5161	5395	5629
4.3	5862	6094	6326	6557	6787	7018	7247	7476	7705	7933
4.4	8160	8387	8614	8840	9065	9290	9515	9739	9962	*0185
4.5	1.5 0408	0630	0851	1072	1293	1513	1732	1951	2170	2388
4.6	2606	2823	3039	3256	3471	3687	3902	4116	4330	4543
4.7	4756	4969	5181	5393	5604	5814	6025	6235	6444	6653
4.8	6862	7070	7277	7485	7691	7898	8104	8309	8515	8719
4.9	8924	9127	9331	9534	9737	9939	*0141	*0342	*0543	*0744
5.0	1.6 0944	1144	1343	1542	1741	1939	2137	2334	2531	2728
N	0	1	2	3	4	5	6	7	8	9

Take tabular value − 10

Napierian or Natural Logarithms

N	0	1	2	3	4	5	6	7	8	9
5.0	1.6 0944	1144	1343	1542	1741	1939	2137	2334	2531	2728
5.1	2924	3120	3315	3511	3705	3900	4094	4287	4481	4673
5.2	4866	5058	5250	5441	5632	5823	6013	6203	6393	6582
5.3	6771	6959	7147	7335	7523	7710	7896	8083	8269	8455
5.4	8640	8825	9010	9194	9378	9562	9745	9928	*0111	*0293
5.5	1.7 0475	0656	0838	1019	1199	1380	1560	1740	1919	2098
5.6	2277	2455	2633	2811	2988	3166	3342	3519	3695	3871
5.7	4047	4222	4397	4572	4746	4920	5094	5267	5440	5613
5.8	5786	5958	6130	6302	6473	6644	6815	6985	7156	7326
5.9	7495	7665	7834	8002	8171	8339	8507	8675	8842	9009
6.0	9176	9342	9509	9675	9840	*0006	*0171	*0336	*0500	*0665
6.1	1.8 0829	0993	1156	1319	1482	1645	1808	1970	2132	2294
6.2	2455	2616	2777	2938	3098	3258	3418	3578	3737	3896
6.3	4055	4214	4372	4530	4688	4845	5003	5160	5317	5473
6.4	5630	5786	5942	6097	6253	6408	6563	6718	6872	7026
6.5	7180	7334	7487	7641	7794	7947	8099	8251	8403	8555
6.6	8707	8858	9010	9160	9311	9462	9612	9762	9912	*0061
6.7	1.9 0211	0360	0509	0658	0806	0954	1102	1250	1398	1545
6.8	1692	1839	1986	2132	2279	2425	2571	2716	2862	3007
6.9	3152	3297	3442	3586	3730	3874	4018	4162	4305	4448
7.0	4591	4734	4876	5019	5161	5303	5445	5586	5727	5869
7.1	6009	6150	6291	6431	6571	6711	6851	6991	7130	7269
7.2	7408	7547	7685	7824	7962	8100	8238	8376	8513	8650
7.3	8787	8924	9061	9198	9334	9470	9606	9742	9877	*0013
7.4	2.0 0148	0283	0418	0553	0687	0821	0956	1089	1223	1357
7.5	1490	1624	1757	1890	2022	2155	2287	2419	2551	2683
7.6	2815	2946	3078	3209	3340	3471	3601	3732	3862	3992
7.7	4122	4252	4381	4511	4640	4769	4898	5027	5156	5284
7.8	5412	5540	5668	5796	5924	6051	6179	6306	6433	6560
7.9	6686	6813	6939	7065	7191	7317	7443	7568	7694	7819
8.0	7944	8069	8194	8318	8443	8567	8691	8815	8939	9063
8.1	9186	9310	9433	9556	9679	9802	9924	*0047	*0169	*0291
8.2	2.1 0413	0535	0657	0779	0900	1021	1142	1263	1384	1505
8.3	1626	1746	1866	1986	2106	2226	2346	2465	2585	2704
8.4	2823	2942	3061	3180	3298	3417	3535	3653	3771	3889
8.5	4007	4124	4242	4359	4476	4593	4710	4827	4943	5060
8.6	5176	5292	5409	5524	5640	5756	5871	5987	6102	6217
8.7	6332	6447	6562	6677	6791	6905	7020	7134	7248	7361
8.8	7475	7589	7702	7816	7929	8042	8155	8267	8380	8493
8.9	8605	8717	8830	8942	9054	9165	9277	9389	9500	9611
9.0	9722	9834	9944	*0055	*0166	*0276	*0387	*0497	*0607	*0717
9.1	2.2 0827	0937	1047	1157	1266	1375	1485	1594	1703	1812
9.2	1920	2029	2138	2246	2354	2462	2570	2678	2786	2894
9.3	3001	3109	3216	3324	3431	3538	3645	3751	3858	3965
9.4	4071	4177	4284	4390	4496	4601	4707	4813	4918	5024
9.5	5129	5234	5339	5444	5549	5654	5759	5863	5968	6072
9.6	6176	6280	6384	6488	6592	6696	6799	6903	7006	7109
9.7	7213	7316	7419	7521	7624	7727	7829	7932	8034	8136
9.8	8238	8340	8442	8544	8646	8747	8849	8950	9051	9152
9.9	9253	9354	9455	9556	9657	9757	9858	9958	*0058	*0158
10.0	2.3 0259	0358	0458	0558	0658	0757	0857	0956	1055	1154
N	0	1	2	3	4	5	6	7	8	9

Napierian or Natural Logarithms — 10 to 99

10	2.30259	25	3.21888	40	3.68888	55	4.00733	70	4.24850	85	4.44265
11	2.39790	26	3.25810	41	3.71357	56	4.02535	71	4.26268	86	4.45435
12	2.48491	27	3.29584	42	3.73767	57	4.04305	72	4.27667	87	4.46591
13	2.56495	28	3.33220	43	3.76120	58	4.06044	73	4.29046	88	4.47734
14	2.63906	29	3.36730	44	3.78419	59	4.07754	74	4.30407	89	4.48864
15	2.70805	30	3.40120	45	3.80666	60	4.09434	75	4.31749	90	4.49981
16	2.77259	31	3.43399	46	3.82864	61	4.11087	76	4.33073	91	4.51086
17	2.83321	32	3.46574	47	3.85015	62	4.12713	77	4.34381	92	4.52179
18	2.89037	33	3.49651	48	3.87120	63	4.14313	78	4.35671	93	4.53260
19	2.94444	34	3.52636	49	3.89182	64	4.15888	79	4.36945	94	4.54329
20	2.99573	35	3.55535	50	3.91202	65	4.17439	80	4.38203	95	4.55388
21	3.04452	36	3.58352	51	3.93183	66	4.18965	81	4.39445	96	4.56435
22	3.09104	37	3.61092	52	3.95124	67	4.20469	82	4.40672	97	4.57471
23	3.13549	38	3.63759	53	3.97029	68	4.21951	83	4.41884	98	4.58497
24	3.17805	39	3.66356	54	3.98898	69	4.23411	84	4.43082	99	4.59512

NAPIERIAN OR NATURAL LOGARITHMS — 100 TO 409

N	0	1	2	3	4	5	6	7	8	9
10	4.6 0517	1512	2497	3473	4439	5396	6344	7283	8213	9135
11	4.7 0048	0953	1850	2739	3620	4493	5359	6217	7068	7912
12	8749	9579	*0402	*1218	*2028	*2831	*3628	*4419	*5203	*5981
13	4.8 6753	7520	8280	9035	9784	*0527	*1265	*1998	*2725	*3447
14	4.9 4164	4876	5583	6284	6981	7673	8361	9043	9721	*0395
15	5.0 1064	1728	2388	3044	3695	4343	4986	5625	6260	6890
16	7517	8140	8760	9375	9987	*0595	*1199	*1799	*2396	*2990
17	5.1 3580	4166	4749	5329	5906	6479	7048	7615	8178	8739
18	9296	9850	*0401	*0949	*1494	*2036	*2575	*3111	*3644	*4175
19	5.2 4702	5227	5750	6269	6786	7300	7811	8320	8827	9330
20	9832	*0330	*0827	*1321	*1812	*2301	*2788	*3272	*3754	*4233
21	5.3 4711	5186	5659	6129	6598	7064	7528	7990	8450	8907
22	9363	9816	*0268	*0717	*1165	*1610	*2053	*2495	*2935	*3372
23	5.4 3808	4242	4674	5104	5532	5959	6383	6806	7227	7646
24	8064	8480	8894	9306	9717	*0126	*0533	*0939	*1343	*1745
25	5.5 2146	2545	2943	3339	3733	4126	4518	4908	5296	5683
26	6068	6452	6834	7215	7595	7973	8350	8725	9099	9471
27	9842	*0212	*0580	*0947	*1313	*1677	*2040	*2402	*2762	*3121
28	5.6 3479	3835	4191	4545	4897	5249	5599	5948	6296	6643
29	6988	7332	7675	8017	8358	8698	9036	9373	9709	*0044
30	5.7 0378	0711	1043	1373	1703	2031	2359	2685	3010	3334
31	3657	3979	4300	4620	4939	5257	5574	5890	6205	6519
32	6832	7144	7455	7765	8074	8383	8690	8996	9301	9606
33	9909	*0212	*0513	*0814	*1114	*1413	*1711	*2008	*2305	*2600
34	5.8 2895	3188	3481	3773	4064	4354	4644	4932	5220	5507
35	5793	6079	6363	6647	6930	7212	7493	7774	8053	8332
36	8610	8888	9164	9440	9715	9990	*0263	*0536	*0808	*1080
37	5.9 1350	1620	1889	2158	2426	2693	2959	3225	3489	3754
38	4017	4280	4542	4803	5064	5324	5584	5842	6101	6358
39	6615	6871	7126	7381	7635	7889	8141	8394	8645	8896
40	9146	9396	9645	9894	*0141	*0389	*0635	*0881	*1127	*1372
N	0	1	2	3	4	5	6	7	8	9

Above 409, use the formula $\log_e 10n = \log_e n + \log_e 10 = \log_e n + 2.30258509$,

or the formula $\log_e n = \log_e 10 \cdot \log_{10} n = 2.30258509 \log_{10} n$.

Table VIII — Multiples of M and of 1/M

N	N·M	N	N·M	N	N÷M	N	N÷M
0	0.00000 000	50	21.71472 410	0	0.00000 000	50	115.12925 465
1	0.43429 448	51	22.14901 858	1	2.30258 509	51	117.43183 974
2	0.86858 896	52	22.58331 306	2	4.60517 019	52	119.73442 484
3	1.30288 345	53	23.01760 754	3	6.90775 528	53	122.03700 993
4	1.73717 793	54	23.45190 202	4	9.21034 037	54	124.33959 502
5	2.17147 241	55	23.88619 650	5	11.51292 546	55	126.64218 011
6	2.60576 689	56	24.32049 099	6	13.81551 056	56	128.94476 521
7	3.04006 137	57	24.75478 547	7	16.11809 565	57	131.24735 030
8	3.47435 586	58	25.18907 995	8	18.42068 074	58	133.54993 539
9	3.90865 034	59	25.62337 443	9	20.72326 584	59	135.85252 049
10	4.34294 482	60	26.05766 891	10	23.02585 093	60	138.15510 558
11	4.77723 930	61	26.49196 340	11	25.32843 602	61	140.45769 067
12	5.21153 378	62	26.92625 788	12	27.63102 112	62	142.76027 577
13	5.64582 826	63	27.36055 236	13	29.93360 621	63	145.06286 086
14	6.08012 275	64	27.79484 684	14	32.23619 130	64	147.36544 595
15	6.51441 723	65	28.22914 132	15	34.53877 639	65	149.66803 104
16	6.94871 171	66	28.66343 581	16	36.84136 149	66	151.97061 614
17	7.38300 619	67	29.09773 029	17	39.14394 658	67	154.27320 123
18	7.81730 067	68	29.53202 477	18	41.44653 167	68	156.57578 632
19	8.25159 516	69	29.96631 925	19	43.74911 677	69	158.87837 142
20	8.68588 964	70	30.40061 373	20	46.05170 186	70	161.18095 651
21	9.12018 412	71	30.83490 822	21	48.35428 695	71	163.48354 160
22	9.55447 860	72	31.26920 270	22	50.65687 205	72	165.78612 670
23	9.98877 308	73	31.70349 718	23	52.95945 714	73	168.08871 179
24	10.42306 757	74	32.13779 166	24	55.26204 223	74	170.39129 688
25	10.85736 205	75	32.57208 614	25	57.56462 732	75	172.69388 197
26	11.29165 653	76	33.00638 062	26	59.86721 242	76	174.99646 707
27	11.72595 101	77	38.44067 511	27	62.16979 751	77	177.29905 216
28	12.16024 549	78	33.87496 959	28	64.47238 260	78	179.60163 725
29	12.59453 998	79	34.30926 407	29	66.77496 770	79	181.90422 235
30	13.02883 446	80	34.74355 855	30	69.07755 279	80	184.20680 744
31	13.46312 894	81	35.17785 303	31	71.38013 788	81	186.50939 253
32	13.89742 342	82	35.61214 752	32	73.68272 298	82	188.81197 763
33	14.33171 790	83	36.04644 200	33	75.98530 807	83	191.11456 272
34	14.76601 238	84	36.48073 648	34	78.28789 316	84	193.41714 781
35	15.20030 687	85	36.91503 096	35	80.59047 825	85	195.71973 290
36	15.63460 135	86	37.34932 544	36	82.89306 335	86	198.02231 800
37	16.06889 583	87	37.78361 993	37	85.19564 844	87	200.32490 309
38	16.50319 031	88	38.21791 441	38	87.49823 353	88	202.62748 818
39	16.93748 479	89	38.65220 889	39	89.80081 863	89	204.93007 328
40	17.37177 928	90	39.08650 337	40	92.10340 372	90	207.23265 837
41	17.80607 376	91	39.52079 785	41	94.40598 881	91	209.53524 346
42	18.24036 824	92	39.95509 234	42	96.70857 391	92	211.83782 856
43	18.67466 272	93	40.38938 682	43	99.01115 900	93	214.14041 365
44	19.10895 720	94	40.82368 130	44	101.31374 409	94	216.44299 874
45	19.54325 169	95	41.25797 578	45	103.61632 918	95	218.74558 383
46	19.97754 617	96	41.69227 026	46	105.91891 428	96	221.04816 893
47	20.41184 065	97	42.12656 474	47	108.22149 937	97	223.35075 402
48	20.84613 513	98	42.56085 923	48	110.52408 446	98	225.65333 911
49	21.28042 961	99	42.99515 371	49	112.82666 956	99	227.95592 421
50	21.71472 410	100	43.42944 819	50	115.12925 465	100	230.25850 930

$M = \log_{10} e = .43429\ 44819\ 03251\ 82765$

$\log_{10} n = \log_e n \cdot \log_{10} e = M \log_e n$

$\log_{10} e^x = x \cdot \log_{10} e = x \cdot M$

$\dfrac{1}{M} = \log_e 10 = 2.30258\ 50929\ 94045\ 68402$

$\log_e n = \log_{10} n \cdot \log_e 10 = \dfrac{1}{M} \log_{10} n$

$\log_e (10^n \cdot x) = \log_e x + n \dfrac{1}{M}$

Table IX — Logarithms of Hyperbolic Functions

x	e^x Value	e^x Log₁₀	e^{-x} Value	Sinh x Value	Sinh x Log₁₀	Cosh x Value	Cosh x Log₁₀	Tanh x Value
0.00	1.0000	.00000	1.0000	0.0000	$-\infty$	1.0000	.00000	.00000
0.01	1.0101	.00434	.99005	0.0100	.00001	1.0001	.00002	.01000
0.02	1.0202	.00869	.98020	0.0200	.30106	1.0002	.00009	.02000
0.03	1.0305	.01303	.97045	0.0300	.47719	1.0005	.00020	.02999
0.04	1.0408	.01737	.96079	0.0400	.60218	1.0008	.00035	.03998
0.05	1.0513	.02171	.95123	0.0500	.69915	1.0013	.00054	.04996
0.06	1.0618	.02606	.94176	0.0600	.77841	1.0018	.00078	.05993
0.07	1.0725	.03040	.93239	0.0701	.84545	1.0025	.00106	.06989
0.08	1.0833	.03474	.92312	0.0801	.90355	1.0032	.00139	.07983
0.09	1.0942	.03909	.91393	0.0901	.95483	1.0041	.00176	.08976
0.10	1.1052	.04343	.90484	0.1002	.00072	1.0050	.00217	.09967
0.11	1.1163	.04777	.89583	0.1102	.04227	1.0061	.00262	.10956
0.12	1.1275	.05212	.88692	0.1203	.08022	1.0072	.00312	.11943
0.13	1.1388	.05646	.87809	0.1304	.11517	1.0085	.00366	.12927
0.14	1.1503	.06080	.86936	0.1405	.14755	1.0098	.00424	.13909
0.15	1.1618	.06514	.86071	0.1506	.17772	1.0113	.00487	.14889
0.16	1.1735	.06949	.85214	0.1607	.20597	1.0128	.00554	.15865
0.17	1.1853	.07383	.84366	0.1708	.23254	1.0145	.00625	.16838
0.18	1.1972	.07817	.83527	0.1810	.25762	1.0162	.00700	.17808
0.19	1.2092	.08252	.82696	0.1911	.28136	1.0181	.00779	.18775
0.20	1.2214	.08686	.81873	0.2013	.30392	1.0201	.00863	.19738
0.21	1.2337	.09120	.81058	0.2115	.32541	1.0221	.00951	.20697
0.22	1.2461	.09554	.80252	0.2218	.34592	1.0243	.01043	.21652
0.23	1.2586	.09989	.79453	0.2320	.36555	1.0266	.01139	.22603
0.24	1.2712	.10423	.78663	0.2423	.38437	1.0289	.01239	.23550
0.25	1.2840	.10857	.77880	0.2526	.40245	1.0314	.01343	.24492
0.26	1.2969	.11292	.77105	0.2629	.41986	1.0340	.01452	.25430
0.27	1.3100	.11726	.76338	0.2733	.43663	1.0367	.01564	.26362
0.28	1.3231	.12160	.75578	0.2837	.45282	1.0395	.01681	.27291
0.29	1.3364	.12595	.74826	0.2941	.46847	1.0423	.01801	.28213
0.30	1.3499	.13029	.74082	0.3045	.48362	1.0453	.01926	.29131
0.31	1.3634	.13463	.73345	0.3150	.49830	1.0484	.02054	.30044
0.32	1.3771	.13897	.72615	0.3255	.51254	1.0516	.02107	.30951
0.33	1.3910	.14332	.71892	0.3360	.52637	1.0549	.02323	.31852
0.34	1.4049	.14766	.71177	0.3466	.53981	1.0584	.02463	.32748
0.35	1.4191	.15200	.70469	0.3572	.55290	1.0619	.02607	.33638
0.36	1.4333	.15635	.69768	0.3678	.56564	1.0655	.02755	.34521
0.37	1.4477	.16069	.69073	0.3785	.57807	1.0692	.02907	.35399
0.38	1.4623	.16503	.68386	0.3892	.59019	1.0731	.03063	.36271
0.39	1.4770	.16937	.67706	0.4000	.60202	1.0770	.03222	.37136
0.40	1.4918	.17372	.67032	0.4108	.61358	1.0811	.03385	.37995
0.41	1.5068	.17806	.66365	0.4216	.62488	1.0852	.03552	.38847
0.42	1.5220	.18240	.65705	0.4325	.63594	1.0895	.03723	.39693
0.43	1.5373	.18675	.65051	0.4434	.64677	1.0939	.03897	.40532
0.44	1.5527	.19109	.64404	0.4543	.65738	1.0984	.04075	.41364
0.45	1.5683	.19543	.63763	0.4653	.66777	1.1030	.04256	.42190
0.46	1.5841	.19978	.63128	0.4764	.67797	1.1077	.04441	.43008
0.47	1.6000	.20412	.62500	0.4875	.68797	1.1125	.04630	.43820
0.48	1.6161	.20846	.61878	0.4986	.69779	1.1174	.04822	.44624
0.49	1.6323	.21280	.61263	0.5098	.70744	1.1225	.05018	.45422
0.50	1.6487	.21715	.60653	0.5211	.71692	1.1276	.05217	.46212

Values and Logarithms of Hyperbolic Functions

x	e^x Value	e^x Log$_{10}$	e^{-x} Value	Sinh x Value	Sinh x Log$_{10}$	Cosh x Value	Cosh x Log$_{10}$	Tanh x Value
0.50	1.6487	.21715	.60653	0.5211	.71692	1.1276	.05217	.46212
0.51	1.6653	.22149	.60050	0.5324	.72624	1.1329	.05419	.46995
0.52	1.6820	.22583	.59452	0.5438	.73540	1.1383	.05625	.47770
0.53	1.6989	.23018	.58860	0.5552	.74442	1.1438	.05834	.48538
0.54	1.7160	.23452	.58275	0.5666	.75330	1.1494	.06046	.49299
0.55	1.7333	.23886	.57695	0.5782	.76204	1.1551	.06262	.50052
0.56	1.7507	.24320	.57121	0.5897	.77065	1.1609	.06481	.50798
0.57	1.7683	.24755	.56553	0.6014	.77914	1.1669	.06703	.51536
0.58	1.7860	.25189	.55990	0.6131	.78751	1.1730	.06929	.52267
0.59	1.8040	.25623	.55433	0.6248	.79576	1.1792	.07157	.52990
0.60	1.8221	.26058	.54881	0.6367	.80390	1.1855	.07389	.53705
0.61	1.8404	.26492	.54335	0.6485	.81194	1.1919	.07624	.54413
0.62	1.8589	.26926	.53794	0.6605	.81987	1.1984	.07861	.55113
0.63	1.8776	.27361	.53259	0.6725	.82770	1.2051	.08102	.55805
0.64	1.8965	.27795	.52729	0.6846	.83543	1.2119	.08346	.56490
0.65	1.9155	.28229	.52205	0.6967	.84308	1.2188	.08593	.57167
0.66	1.9348	.28664	.51685	0.7090	.85063	1.2258	.08843	.57836
0.67	1.9542	.29098	.51171	0.7213	.85809	1.2330	.09095	.58498
0.68	1.9739	.29532	.50662	0.7336	.86548	1.2402	.09351	.59152
0.69	1.9937	.29966	.50158	0.7461	.87278	1.2476	.09609	.59798
0.70	2.0138	.30401	.49659	0.7586	.88000	1.2552	.09870	.60437
0.71	2.0340	.30835	.49164	0.7712	.88715	1.2628	.10134	.61068
0.72	2.0544	.31269	.48675	0.7838	.89423	1.2706	.10401	.61691
0.73	2.0751	.31703	.48191	0.7966	.90123	1.2785	.10670	.62307
0.74	2.0959	.32138	.47711	0.8094	.90817	1.2865	.10942	.62915
0.75	2.1170	.32572	.47237	0.8223	.91504	1.2947	.11216	.63515
0.76	2.1383	.33006	.46767	0.8353	.92185	1.3030	.11493	.64108
0.77	2.1598	.33441	.46301	0.8484	.92859	1.3114	.11773	.64693
0.78	2.1815	.33875	.45841	0.8615	.93527	1.3199	.12055	.65271
0.79	2.2034	.34309	.45384	0.8748	.94190	1.3286	.12340	.65841
0.80	2.2255	.34744	.44933	0.8881	.94846	1.3374	.12627	.66404
0.81	2.2479	.35178	.44486	0.9015	.95498	1.3464	.12917	.66959
0.82	2.2705	.35612	.44043	0.9150	.96144	1.3555	.13209	.67507
0.83	2.2933	.36046	.43605	0.9286	.96784	1.3647	.13503	.68048
0.84	2.3164	.36481	.43171	0.9423	.97420	1.3740	.13800	.68581
0.85	2.3396	.36915	.42741	0.9561	.98051	1.3835	.14099	.69107
0.86	2.3632	.37349	.42316	0.9700	.98677	1.3932	.14400	.69626
0.87	2.3869	.37784	.41895	0.9840	.99299	1.4029	.14704	.70137
0.88	2.4109	.38218	.41478	0.9981	.99916	1.4128	.15009	.70642
0.89	2.4351	.38652	.41066	1.0122	.00528	1.4229	.15317	.71139
0.90	2.4596	.39087	.40657	1.0265	.01137	1.4331	.15627	.71630
0.91	2.4843	.39521	.40252	1.0409	.01741	1.4434	.15939	.72113
0.92	2.5093	.39955	.39852	1.0554	.02341	1.4539	.16254	.72590
0.93	2.5345	.40389	.39455	1.0700	.02937	1.4645	.16570	.73059
0.94	2.5600	.40824	.39063	1.0847	.03530	1.4753	.16888	.73522
0.95	2.5857	.41258	.38674	1.0995	.04119	1.4862	.17208	.73978
0.96	2.6117	.41692	.38289	1.1144	.04704	1.4973	.17531	.74428
0.97	2.6379	.42127	.37908	1.1294	.05286	1.5085	.17855	.74870
0.98	2.6645	.42561	.37531	1.1446	.05864	1.5199	.18181	.75307
0.99	2.6912	.42995	.37158	1.1598	.06439	1.5314	.18509	.75736
1.00	2.7183	.43429	.36788	1.1752	.07011	1.5431	.18839	.76159

Values and Logarithms of Hyperbolic Functions

x	e^x Value	e^x Log₁₀	e^{-x} Value	Sinh x Value	Sinh x Log₁₀	Cosh x Value	Cosh x Log₁₀	Tanh x Value
1.00	2.7183	.43429	.36788	1.1752	.07011	1.5431	.18839	.76159
1.01	2.7456	.43864	.36422	1.1907	.07580	1.5549	.19171	.76576
1.02	2.7732	.44298	.36060	1.2063	.08146	1.5669	.19504	.76987
1.03	2.8011	.44732	.35701	1.2220	.08708	1.5790	.19839	.77391
1.04	2.8292	.45167	.35345	1.2379	.09268	1.5913	.20176	.77789
1.05	2.8577	.45601	.34994	1.2539	.09825	1.6038	.20515	.78181
1.06	2.8864	.46035	.34646	1.2700	.10379	1.6164	.20855	.78566
1.07	2.9154	.46470	.34301	1.2862	.10930	1.6292	.21197	.78946
1.08	2.9447	.46904	.33960	1.3025	.11479	1.6421	.21541	.79320
1.09	2.9743	.47338	.33622	1.3190	.12025	1.6552	.21886	.79688
1.10	3.0042	.47772	.33287	1.3356	.12569	1.6685	.22233	.80050
1.11	3.0344	.48207	.32956	1.3524	.13111	1.6820	.22582	.80406
1.12	3.0649	.48641	.32628	1.3693	.13649	1.6956	.22931	.80757
1.13	3.0957	.49075	.32303	1.3863	.14186	1.7093	.23283	.81102
1.14	3.1268	.49510	.31982	1.4035	.14720	1.7233	.23636	.81441
1.15	3.1582	.49944	.31664	1.4208	.15253	1.7374	.23990	.81775
1.16	3.1899	.50378	.31349	1.4382	.15783	1.7517	.24346	.82104
1.17	3.2220	.50812	.31037	1.4558	.16311	1.7662	.24703	.82427
1.18	3.2544	.51247	.30728	1.4735	.16836	1.7808	.25062	.82745
1.19	3.2871	.51681	.30422	1.4914	.17360	1.7957	.25422	.83058
1.20	3.3201	.52115	.30119	1.5085	.17882	1.8107	.25784	.83365
1.21	3.3535	.52550	.29820	1.5276	.18402	1.8258	.26146	.83668
1.22	3.3872	.52984	.29523	1.5460	.18920	1.8412	.26510	.83965
1.23	3.4212	.53418	.29229	1.5645	.19437	1.8568	.26876	.84258
1.24	3.4556	.53853	.28938	1.5831	.19951	1.8725	.27242	.84546
1.25	3.4903	.54287	.28650	1.6019	.20464	1.8884	.27610	.84828
1.26	3.5254	.54721	.28365	1.6209	.20975	1.9045	.27979	.85106
1.27	3.5609	.55155	.28083	1.6400	.21485	1.9208	.28349	.85380
1.28	3.5966	.55590	.27804	1.6593	.21993	1.9373	.28721	.85648
1.29	3.6328	.56024	.27527	1.6788	.22499	1.9540	.29093	.85913
1.30	3.6693	.56458	.27253	1.6984	.23004	1.9709	.29467	.86172
1.31	3.7062	.56893	.26982	1.7182	.23507	1.9880	.29842	.86428
1.32	3.7434	.57327	.26714	1.7381	.24009	2.0053	.30217	.86678
1.33	3.7810	.57761	.26448	1.7583	.24509	2.0228	.30594	.86925
1.34	3.8190	.58195	.26185	1.7786	.25008	2.0404	.30972	.87167
1.35	3.8574	.58630	.25924	1.7991	.25505	2.0583	.31352	.87405
1.36	3.8962	.59064	.25666	1.8198	.26002	2.0764	.31732	.87639
1.37	3.9354	.59498	.25411	1.8406	.26496	2.0947	.32113	.87869
1.38	3.9749	.59933	.25158	1.8617	.26990	2.1132	.32495	.88095
1.39	4.0149	.60367	.24908	1.8829	.27482	2.1320	.32878	.88317
1.40	4.0552	.60801	.24660	1.9043	.27974	2.1509	.33262	.88535
1.41	4.0960	.61236	.24414	1.9259	.28464	2.1700	.33647	.88749
1.42	4.1371	.61670	.24171	1.9477	.28952	2.1894	.34033	.88960
1.43	4.1787	.62104	.23931	1.9697	.29440	2.2090	.34420	.89167
1.44	4.2207	.62538	.23693	1.9919	.29926	2.2288	.34807	.89370
1.45	4.2631	.62973	.23457	2.0143	.30412	2.2488	.35196	.89569
1.46	4.3060	.63407	.23224	2.0369	.30896	2.2691	.35585	.89765
1.47	4.3492	.63841	.22993	2.0597	.31379	2.2896	.35976	.89958
1.48	4.3929	.64276	.22764	2.0827	.31862	2.3103	.36367	.90147
1.49	4.4371	.64710	.22537	2.1059	.32343	2.3312	.36759	.90332
1.50	4.4817	.65144	.22313	2.1293	.32823	2.3524	.37151	.90515

Values and Logarithms of Hyperbolic Functions

x	e^x Value	e^x Log$_{10}$	e^{-x} Value	Sinh x Value	Sinh x Log$_{10}$	Cosh x Value	Cosh x Log$_{10}$	Tanh x Value
1.50	4.4817	.65144	.22313	2.1293	.32823	2.3524	.37151	.90515
1.51	4.5267	.65578	.22091	2.1529	.33303	2.3738	.37545	.90694
1.52	4.5722	.66013	.21871	2.1768	.33781	2.3955	.37939	.90870
1.53	4.6182	.66447	.21654	2.2008	.34258	2.4174	.38334	.91042
1.54	4.6646	.66881	.21438	2.2251	.34735	2.4395	.38730	.91212
1.55	4.7115	.67316	.21225	2.2496	.35211	2.4619	.39126	.91379
1.56	4.7588	.67750	.21014	2.2743	.35686	2.4845	.39524	.91542
1.57	4.8066	.68184	.20805	2.2993	.36160	2.5073	.39921	.91703
1.58	4.8550	.68619	.20598	2.3245	.36633	2.5305	.40320	.91860
1.59	4.9037	.69053	.20393	2.3499	.37105	2.5538	.40719	.92015
1.60	4.9530	.69487	.20190	2.3756	.37577	2.5775	.41119	.92167
1.61	5.0028	.69921	.19989	2.4015	.38048	2.6013	.41520	.92316
1.62	5.0531	.70356	.19790	2.4276	.38518	2.6255	.41921	.92462
1.63	5.1039	.70790	.19593	2.4540	.38987	2.6499	.42323	.92606
1.64	5.1552	.71224	.19398	2.4806	.39456	2.6746	.42725	.92747
1.65	5.2070	.71659	.19205	2.5075	.39923	2.6995	.43129	.92886
1.66	5.2593	.72093	.19014	2.5345	.40391	2.7247	.43532	.93022
1.67	5.3122	.72527	.18825	2.5620	.40857	2.7502	.43937	.93155
1.68	5.3656	.72961	.18637	2.5896	.41323	2.7760	.44341	.93286
1.69	5.4195	.73396	.18452	2.6175	.41788	2.8020	.44747	.93415
1.70	5.4739	.73830	.18268	2.6456	.42253	2.8283	.45153	.93541
1.71	5.5290	.74264	.18087	2.6740	.42717	2.8549	.45559	.93665
1.72	5.5845	.74699	.17907	2.7027	.43180	2.8818	.45966	.93786
1.73	5.6407	.75133	.17728	2.7317	.43643	2.9090	.46374	.93906
1.74	5.6973	.75567	.17552	2.7609	.44105	2.9364	.46782	.94023
1.75	5.7546	.76002	.17377	2.7904	.44567	2.9642	.47191	.94138
1.76	5.8124	.76436	.17204	2.8202	.45028	2.9922	.47600	.94250
1.77	5.8709	.76870	.17033	2.8503	.45488	3.0206	.48009	.94361
1.78	5.9299	.77304	.16864	2.8806	.45948	3.0492	.48419	.94470
1.79	5.9895	.77739	.16696	2.9112	.46408	3.0782	.48830	.94576
1.80	6.0496	.78173	.16530	2.9422	.46867	3.1075	.49241	.94681
1.81	6.1104	.78607	.16365	2.9734	.47325	3.1371	.49652	.94783
1.82	6.1719	.79042	.16203	3.0049	.47783	3.1669	.50064	.94884
1.83	6.2339	.79476	.16041	3.0367	.48241	3.1972	.50476	.94983
1.84	6.2965	.79910	.15882	3.0689	.48698	3.2277	.50889	.95080
1.85	6.3598	.80344	.15724	3.1013	.49154	3.2585	.51302	.95175
1.86	6.4237	.80779	.15567	3.1340	.49610	3.2897	.51716	.95268
1.87	6.4883	.81213	.15412	3.1671	.50066	3.3212	.52130	.95359
1.88	6.5535	.81647	.15259	3.2005	.50521	3.3530	.52544	.95449
1.89	6.6194	.82082	.15107	3.2341	.50976	3.3852	.52959	.95537
1.90	6.6859	.82516	.14957	3.2682	.51430	3.4177	.53374	.95624
1.91	6.7531	.82950	.14808	3.3025	.51884	3.4506	.53789	.95709
1.92	6.8210	.83385	.14661	3.3372	.52338	3.4838	.54205	.95792
1.93	6.8895	.83819	.14515	3.3722	.52791	3.5173	.54621	.95873
1.94	6.9588	.84253	.14370	3.4075	.53244	3.5512	.55038	.95953
1.95	7.0287	.84687	.14227	3.4432	.53696	3.5855	.55455	.96032
1.96	7.0993	.85122	.14086	3.4792	.54148	3.6201	.55872	.96109
1.97	7.1707	.85556	.13946	3.5156	.54600	3.6551	.56290	.96185
1.98	7.2427	.85990	.13807	3.5523	.55051	3.6904	.56707	.96259
1.99	7.3155	.86425	.13670	3.5894	.55502	3.7261	.57126	.96331
2.00	7.3891	.86859	.13534	3.6269	.55953	3.7622	.57544	.96403

Values and Logarithms of Hyperbolic Functions

x	e^x Value	e^x Log$_{10}$	e^{-x} Value	Sinh x Value	Sinh x Log$_{10}$	Cosh x Value	Cosh x Log$_{10}$	Tanh x Value
2.00	7.3891	.86859	.13534	3.6269	.55953	3.7622	.57544	.96403
2.01	7.4633	.87293	.13399	3.6647	.56403	3.7987	.57963	.96473
2.02	7.5383	.87727	.13266	3.7028	.56853	3.8355	.58382	.96541
2.03	7.6141	.88162	.13134	3.7414	.57303	3.8727	.58802	.96609
2.04	7.6906	.88596	.13003	3.7803	.57753	3.9103	.59221	.96675
2.05	7.7679	.89030	.12873	3.8196	.58202	3.9483	.59641	.96740
2.06	7.8460	.89465	.12745	3.8593	.58650	3.9867	.60061	.96803
2.07	7.9248	.89899	.12619	3.8993	.59099	4.0255	.60482	.96865
2.08	8 0045	.90333	.12493	3.9398	.59547	4.0647	.60903	.96926
2.09	8.0849	.90768	.12369	3.9806	.59995	4.1043	.61324	.96986
2.10	8.1662	.91202	.12246	4.0219	.60443	4.1443	.61745	.97045
2.11	8.2482	.91636	.12124	4.0635	.60890	4.1847	.62167	.97103
2.12	8.3311	.92070	.12003	4.1056	.61337	4.2256	.62589	.97159
2.13	8.4149	.92505	.11884	4.1480	.61784	4.2669	.63011	.97215
2.14	8.4994	.92939	.11765	4.1909	.62231	4.3085	.63433	.97269
2.15	8.5849	.93373	.11648	4.2342	.62677	4.3507	.63856	.97323
2.16	8.6711	.93808	.11533	4.2779	.63123	4.3932	.64278	.97375
2.17	8.7583	.94242	.11418	4.3221	.63569	4.4362	.64701	.97426
2.18	8.8463	.94676	.11304	4.3666	.64015	4.4797	.65125	.97477
2.19	8.9352	.95110	.11192	4.4116	.64460	4.5236	.65548	.97526
2.20	9.0250	.95545	.11080	4.4571	.64905	4.5679	.65972	.97574
2.21	9.1157	.95979	.10970	4.5030	.65350	4.6127	.66396	.97622
2.22	9.2073	.96413	.10861	4.5494	.65795	4.6580	.66820	.97668
2.23	9.2999	.96848	.10753	4.5962	.66240	4.7037	.67244	.97714
2.24	9.3933	.97282	.10646	4.6434	.66684	4.7499	.67668	.97759
2.25	9.4877	.97716	.10540	4.6912	.67128	4.7966	.68093	.97803
2.26	9.5831	.98151	.10435	4.7394	.67572	4.8437	.68518	.97846
2.27	9.6794	.98585	.10331	4.7880	.68016	4.8914	.68943	.97888
2.28	9.7767	.99019	.10228	4.8372	.68459	4.9395	.69368	.97929
2.29	9.8749	.99453	.10127	4.8868	.68903	4.9881	.69794	.97970
2.30	9.9742	.99888	.10026	4.9370	.69346	5.0372	.70219	.98010
2.31	10.074	.00322	.09926	4.9876	.69789	5.0868	.70645	.98049
2.32	10.176	.00756	.09827	5.0387	.70232	5.1370	.71071	.98087
2.33	10.278	.01191	.09730	5.0903	.70675	5.1876	.71497	.98124
2.34	10.381	.01625	.09633	5.1425	.71117	5.2388	.71923	.98161
2.35	10.486	.02059	.09537	5.1951	.71559	5.2905	.72349	.98197
2.36	10.591	.02493	.09442	5.2483	.72002	5.3427	.72776	.98233
2.37	10.697	.02928	.09348	5.3020	.72444	5.3954	.73203	.98267
2.38	10.805	.03362	.09255	5.3562	.72885	5.4487	.73630	.98301
2.39	10.913	.03796	.09163	5.4109	.73327	5.5026	.74056	.98335
2.40	11.023	04231	.09072	5.4662	.73769	5.5569	.74484	.98367
2.41	11.134	.04665	.08982	5.5221	.74210	5.6119	.74911	.98400
2.42	11.246	.05099	.08892	5.5785	.74652	5.6674	.75338	.98431
2.43	11.359	.05534	.08804	5.6354	.75093	5.7235	.75766	.98462
2.44	11.473	.05968	.08716	5 6929	.75534	5.7801	.76194	.98492
2.45	11.588	.06402	.08629	5.7510	.75975	5.8373	.76621	.98522
2.46	11.705	.06836	.08543	5.8097	.76415	5.8951	.77049	.98551
2.47	11.822	.07271	.08458	5 8689	.76856	5.9535	.77477	.98579
2.48	11.941	.07705	.08374	5.9288	.77296	6.0125	.77906	.98607
2.49	12.061	.08139	.08291	5.9892	.77737	6.0721	.78334	.98635
2.50	12.182	.08574	.08208	6.0502	.78177	6.1323	.78762	.98661

Values and Logarithms of Hyperbolic Functions

x	e^x Value	Log_{10}	e^{-x} Value	Sinh x Value	Log_{10}	Cosh x Value	Log_{10}	Tanh x Value
2.50	12.182	.08574	.08208	6.0502	.78177	6.1323	.78762	.98661
2.51	12.305	.09008	.08127	6.1118	.78617	6.1931	.79191	.98688
2.52	12.429	.09442	.08046	6.1741	.79057	6.2545	.79619	.98714
2.53	12.554	.09877	.07966	6.2369	.79497	6.3166	.80048	.98739
2.54	12.680	.10311	.07887	6.3004	.79937	6.3793	.80477	.98764
2.55	12.807	.10745	.07808	6.3645	.80377	6.4426	.80906	.98788
2.56	12.936	.11179	.07730	6.4293	.80816	6.5066	.81335	.98812
2.57	13.066	.11614	.07654	6.4946	.81256	6.5712	.81764	.98835
2.58	13.197	.12048	.07577	6.5607	.81695	6.6365	.82194	.98858
2.59	13.330	.12482	.07502	6.6274	.82134	6.7024	.82623	.98881
2.60	13.464	.12917	.07427	6.6947	.82573	6.7690	.83052	.98903
2.61	13.599	.13351	.07353	6.7628	.83012	6.8363	.83482	.98924
2.62	13.736	.13785	.07280	6.8315	.83451	6.9043	.83912	.98946
2.63	13.874	.14219	.07208	6.9008	.83890	6.9729	.84341	.98966
2.64	14.013	.14654	.07136	6.9709	.84329	7.0423	.84771	.98987
2.65	14.154	.15088	.07065	7.0417	.84768	7.1123	.85201	.99007
2.66	14.296	.15522	.06995	7.1132	.85206	7.1831	.85631	.99026
2.67	14.440	.15957	.06925	7.1854	.85645	7.2546	.86061	.99045
2.68	14.585	.16391	.06856	7.2583	.86083	7.3268	.86492	.99064
2.69	14.732	.16825	.06788	7.3319	.86522	7.3998	.86922	.99083
2.70	14.880	.17260	.06721	7.4063	.86960	7.4735	.87352	.99101
2.71	15.029	.17694	.06654	7.4814	.87398	7.5479	.87783	.99118
2.72	15.180	.18128	.06587	7.5572	.87836	7.6231	.88213	.99136
2.73	15.333	.18562	.06522	7.6338	.88274	7.6991	.88644	.99153
2.74	15.487	.18997	.06457	7.7112	.88712	7.7758	.89074	.99170
2.75	15.643	.19431	.06393	7.7894	.89150	7.8533	.89505	.99186
2.76	15.800	.19865	.06329	7.8683	.89588	7.9316	.89936	.99202
2.77	15.959	.20300	.06266	7.9480	.90026	8.0106	.90367	.99218
2.78	16.119	.20734	.06204	8.0285	.90463	8.0905	.90798	.99233
2.79	16.281	.21168	.06142	8.1098	.90901	8.1712	.91229	.99248
2.80	16.445	.21602	.06081	8.1919	.91339	8.2527	.91660	.99263
2.81	16.610	.22037	.06020	8.2749	.91776	8.3351	.92091	.99278
2.82	16.777	.22471	.05961	8.3586	.92213	8.4182	.92522	.99292
2.83	16.945	.22905	.05901	8.4432	.92651	8.5022	.92953	.99306
2.84	17.116	.23340	.05843	8.5287	.93088	8.5871	.93385	.99320
2.85	17.288	.23774	.05784	8.6150	.93525	8.6728	.93816	.99333
2.86	17.462	.24208	.05727	8.7021	.93963	8.7594	.94247	.99346
2.87	17.637	.24643	.05670	8.7902	.94400	8.8469	.94679	.99359
2.88	17.814	.25077	.05613	8.8791	.94837	8.9352	.95110	.99372
2.89	17.993	.25511	.05558	8.9689	.95274	9.0244	.95542	.99384
2.90	18.174	.25945	.05502	9.0596	.95711	9.1146	.95974	.99396
2.91	18.357	.26380	.05448	9.1512	.96148	9.2056	.96405	.99408
2.92	18.541	.26814	.05393	9.2437	.96584	9.2976	.96837	.99420
2.93	18.728	.27248	.05340	9.3371	.97021	9.3905	.97269	.99431
2.94	18.916	.27683	.05287	9.4315	.97458	9.4844	.97701	.99443
2.95	19.106	.28117	.05234	9.5268	.97895	9.5791	.98133	.99454
2.96	19.298	.28551	.05182	9.6231	.98331	9.6749	.98565	.99464
2.97	19.492	.28985	.05130	9.7203	.98768	9.7716	.98997	.99475
2.98	19.688	.29420	.05079	9.8185	.99205	9.8693	.99429	.99485
2.99	19.886	.29854	.05029	9.9177	.99641	9.9680	.99861	.99496
3.00	20.086	.30288	.04979	10.018	.00078	10.068	.00293	.99505

Values and Logarithms of Hyperbolic Functions

x	e^x Value	e^x Log$_{10}$	e^{-x} Value	Sinh x Value	Sinh x Log$_{10}$	Cosh x Value	Cosh x Log$_{10}$	Tanh x Value
3.00	20.086	.30288	.04979	10.018	.00078	10.068	.00293	.99505
3.05	21.115	.32460	.04736	10.534	.02259	10.581	.02454	.99552
3.10	22.198	.34631	.04505	11.076	.04440	11.122	.04616	.99595
3.15	23.336	.36803	.04285	11.646	.06619	11.690	.06780	.99631
3.20	24.533	.38974	.04076	12.246	.08799	12.287	.08943	.99668
3.25	25.790	.41146	.03877	12.876	.10977	12.915	.11108	.99700
3.30	27.113	.43317	.03688	13.538	.13155	13.575	.13273	.99728
3.35	28.503	.45489	.03508	14.234	.15332	14.269	.15439	.99754
3.40	29.964	.47660	.03337	14.965	.17509	14.999	.17605	.99777
3.45	31.500	.49832	.03175	15.734	.19685	15.766	.19772	.99799
3.50	33.115	.52003	.03020	16.543	.21860	16.573	.21940	.99818
3.55	34.813	.54175	.02872	17.392	.24036	17.421	.24107	.99833
3.60	36.598	.56346	.02732	18.286	.26211	18.313	.26275	.99851
3.65	38.475	.58517	.02599	19.224	.28385	19.250	.28444	.99865
3.70	40.447	.60689	.02472	20.211	.30559	20.236	.30612	.99878
3.75	42.521	.62860	.02352	21.249	.32733	21.272	.32781	.99889
3.80	44.701	.65032	.02237	22.339	.34907	22.362	.34951	.99900
3.85	46.993	.67203	.02128	23.486	.37081	23.507	.37120	.99909
3.90	49.402	.69375	.02024	24.691	.39254	24.711	.39290	.99918
3.95	51.935	.71546	.01925	25.958	.41427	25.977	.41459	.99926
4.00	54.598	.73718	.01832	27.290	.43600	27.308	.43629	.99933
4.10	60.340	.78061	.01657	30.162	.47946	30.178	.47970	.99945
4.20	66.686	.82404	.01500	33.336	.52291	33.351	.52310	.99955
4.30	73.700	.86747	.01357	36.843	.56636	36.857	.56652	.99963
4.40	81.451	.91090	.01227	40.719	.60980	40.732	.60993	.99970
4.50	90.017	.95433	.01111	45.003	.65324	45.014	.65335	.99975
4.60	99.484	.99775	.01005	49.737	.69668	49.747	.69677	.99980
4.70	109.95	.04118	.00910	54.969	.74012	54.978	.74019	.99983
4.80	121.51	.08461	.00823	60.751	.78355	60.759	.78361	.99986
4.90	134.29	.12804	.00745	67.141	.82699	67.149	.82704	.99989
5.00	148.41	.17147	.00674	74.203	.87042	74.210	.87046	.99991
5.10	164.02	.21490	.00610	82.011	.91386	82.014	.91389	.99993
5.20	181.27	.25833	.00552	90.633	.95729	90.639	.95731	.99994
5.30	200.34	.30176	.00499	100.17	.00074	100.17	.00074	.99995
5.40	221.41	.34519	.00452	110.70	.04415	110.71	.04417	.99996
5.50	244.69	.38862	.00409	122.34	.08758	122.35	.08760	.99997
5.60	270.43	.43205	.00370	135.21	.13101	135.22	.13103	.99997
5.70	298.87	.47548	.00335	149.43	.17444	149.44	.17445	.99998
5.80	330.30	.51891	.00303	165.15	.21787	165.15	.21788	.99998
5.90	365.04	.56234	.00274	182.52	.26130	182.52	.26131	.99998
6.00	403.43	.60577	.00248	201.71	.30473	201.72	.30474	.99999
6.25	518.01	.71434	.00193	259.01	.41331	259.01	.41331	.99999
6.50	665.14	.82291	.00150	332.57	.52188	332.57	.52189	1.0000
6.75	854.06	.93149	.00117	427.03	.63046	427.03	.63046	1.0000
7.00	1096.6	.04006	.00091	548.32	.73903	548.32	.73903	1.0000
7.50	1808.0	.25721	.00055	904.02	.95618	904.02	.95618	1.0000
8.00	2981.0	.47436	.00034	1490.5	.17333	1490.5	.17333	1.0000
8.50	4914.8	.69150	.00020	2457.4	.39047	2457.4	.39047	1.0000
9.00	8103.1	.90865	.00012	4051.5	.60762	4051.5	.60762	1.0000
9.50	13360.	.12580	.00007	6679.9	.82477	6679.9	.82477	1.0000
10.00	22026.	.34294	.00005	11013.	.04191	11013.	.04191	1.0000

Table X — Values and Logarithms of Haversines

[Characteristics of Logarithms omitted — determine by rule from the value]

°	0' Value	0' Log₁₀	10' Value	10' Log₁₀	20' Value	20' Log₁₀	30' Value	30' Log₁₀	40' Value	40' Log₁₀	50' Value	50' Log₁₀
0	.0000		.0000	4.3254	.0000	4.9275	.0000	5.2796	.0000	5.5295	.0001	5.7223
1	.0001	5.8817	.0001	6.0156	.0001	6.1315	.0002	.2338	.0002	.3254	.0003	.4081
2	.0003	.4837	.0004	.5532	.0004	.6176	.0005	.6775	.0005	.7336	.0006	.7862
3	.0007	.8358	.0008	.8828	.0008	.9273	.0009	.9697	.0010	.0101	.0011	.0487
4	.0012	.0856	.0013	.1211	.0014	.1551	.0015	.1879	.0017	.2195	.0018	.2499
5	.0019	.2793	.0020	.3078	.0022	.3354	.0023	.3621	.0024	.3880	.0026	.4132
6	.0027	.4376	.0029	.4614	.0031	.4845	.0032	.5071	.0034	.5290	.0036	.5504
7	.0037	.5713	.0039	.5918	.0041	.6117	.0043	.6312	.0045	.6503	.0047	.6689
8	.0049	.6872	.0051	.7051	.0053	.7226	.0055	.7397	.0057	.7566	.0059	.7731
9	.0062	.7893	.0064	.8052	.0066	.8208	.0069	.8361	.0071	.8512	.0073	.8660
10	.0076	.8806	.0079	.8949	.0081	.9090	.0084	.9229	.0086	.9365	.0089	.9499
11	.0092	.9631	.0095	.9762	.0097	.9890	.0100	.0016	.0103	.0141	.0106	.0264
12	.0109	.0385	.0112	.0504	.0115	.0622	.0119	.0738	.0122	.0853	.0125	.0966
13	.0128	.1077	.0131	.1187	.0135	.1296	.0138	.1404	.0142	.1510	.0145	.1614
14	.0149	.1718	.0152	.1820	.0156	.1921	.0159	.2021	.0163	.2120	.0167	.2218
15	.0170	.2314	.0174	.2409	.0178	.2504	.0182	.2597	.0186	.2689	.0190	.2781
16	.0194	.2871	.0198	.2961	.0202	.3049	.0206	.3137	.0210	.3223	.0214	.3309
17	.0218	.3394	.0223	.3478	.0227	.3561	.0231	.3644	.0236	.3726	.0240	.3809
18	.0245	.3887	.0249	.3966	.0254	.4045	.0258	.4123	.0263	.4200	.0268	.4276
19	.0272	.4352	.0277	.4427	.0282	.4502	.0287	.4576	.0292	.4649	.0297	.4721
20	.0302	.4793	.0307	.4865	.0312	.4936	.0317	.5006	.0322	.5075	.0327	.5144
21	.0332	.5213	.0337	.5281	.0343	.5348	.0348	.5415	.0353	.5481	.0359	.5547
22	.0364	.5612	.0370	.5677	.0375	.5741	.0381	.5805	.0386	.5868	.0392	.5931
23	.0397	.5993	.0403	.6055	.0409	.6116	.0415	.6177	.0421	.6238	.0426	.6298
24	.0432	.6357	.0438	.6417	.0444	.6476	.0450	.6534	.0456	.6592	.0462	.6650
25	.0468	.6707	.0475	.6764	.0481	.6820	.0487	.6876	.0493	.6932	.0500	.6987
26	.0506	.7042	.0512	.7096	.0519	.7151	.0525	.7204	.0532	.7258	.0538	.7311
27	.0545	.7364	.0552	.7416	.0558	.7468	.0565	.7520	.0572	.7572	.0578	.7623
28	.0585	.7673	.0592	.7724	.0599	.7774	.0606	.7824	.0613	.7874	.0620	.7923
29	.0627	.7972	.0634	.8020	.0641	.8069	.0648	.8117	.0655	.8165	.0663	.8213
30	.0670	.8260	.0677	.8307	.0684	.8354	.0692	.8400	.0699	.8446	.0707	8492
31	.0714	.8538	.0722	.8583	.0729	.8629	.0737	.8673	.0744	.8718	.0752	.8763
32	.0760	.8807	.0767	.8851	.0775	.8894	.0783	.8938	.0791	.8981	.0799	.9024
33	.0807	.9067	.0815	.9109	.0823	.9152	.0831	.9194	.0839	.9236	.0847	.9277
34	.0855	.9319	.0863	.9360	.0871	.9401	.0879	.9442	.0888	.9482	.0896	.9523
35	.0904	.9563	.0913	.9603	.0921	.9643	.0929	.9682	.0938	.9722	.0946	.9761
36	.0955	.9800	.0963	.9838	.0972	.9877	.0981	.9915	.0989	.9954	.0998	.9992
37	.1007	.0030	.1016	.0067	.1024	.0105	.1033	.0142	.1042	.0179	.1051	.0216
38	.1060	.0253	.1069	.0289	.1078	.0326	.1087	.0362	.1096	.0398	.1105	.0434
39	.1114	.0470	.1123	.0505	.1133	.0541	.1142	.0576	.1151	.0611	.1160	.0646
40	.1170	.0681	.1179	.0716	.1189	.0750	.1198	.0784	.1207	.0817	.1217	.0853
41	.1226	.0887	.1236	.0920	.1246	.0954	.1255	.0987	.1265	.1021	.1275	.1054
42	.1284	.1087	.1294	.1119	.1304	.1152	.1314	.1185	.1323	.1217	.1333	.1249
43	.1343	.1282	.1353	.1314	.1363	.1345	.1373	.1377	.1383	.1409	.1393	.1440
44	.1403	.1472	.1413	.1503	.1424	.1534	.1434	.1565	.1444	.1596	.1454	.1626
45	.1464	.1657	.1475	.1687	.1485	.1718	.1495	.1748	.1506	.1778	.1516	.1808
46	.1527	.1838	.1538	.1867	.1548	.1897	.1558	.1926	.1569	.1956	.1579	.1985
47	.1590	.2014	.1600	.2043	.1611	.2072	.1622	.2101	.1633	.2129	.1644	.2158
48	.1654	.2186	.1665	.2215	.1676	.2243	.1687	.2271	.1698	.2299	.1709	.2327
49	.1720	.2355	.1731	.2382	.1742	.2410	.1753	.2437	.1764	.2465	.1775	.2492
50	.1786	.2519	.1797	.2546	.1808	.2573	.1820	.2600	.1831	.2627	.1842	.2653
51	.1853	.2680	.1865	.2706	.1876	.2732	.1887	.2759	.1899	.2785	.1910	.2811
52	.1922	.2837	.1933	.2863	.1945	.2888	.1956	.2914	.1968	.2940	.1979	.2965
53	.1991	.2991	.2003	.3016	.2014	.3041	.2026	.3066	.2038	.3091	.2049	.3116
54	.2061	.3141	.2073	.3166	.2085	.3190	.2096	.3215	.2108	.3239	.2120	.3264
55	.2132	.3288	.2144	.3312	.2156	.3336	.2168	.3361	.2180	.3384	.2192	.3408
56	.2204	.3432	.2216	.3456	.2228	.3480	.2240	.3503	.2252	.3527	.2265	.3550
57	.2277	.3573	.2289	.3596	.2301	.3620	.2314	.3643	.2326	.3666	.2338	.3689
58	.2350	.3711	.2363	.3734	.2375	.3757	.2388	.3779	.2400	.3802	.2412	.3824
59	.2425	.3847	.2437	.3869	.2450	.3891	.2462	.3913	.2475	.3935	.2487	3957

Values and Logarithms of Haversines

[Characteristics of Logarithms omitted — determine by rule from the value]

°	0' Value	0' Log₁₀	10' Value	10' Log₁₀	20' Value	20' Log₁₀	30' Value	30' Log₁₀	40' Value	40' Log₁₀	50' Value	50' Log₁₀
60	.2500	.3979	.2513	.4001	.2525	.4023	.2538	.4045	.2551	.4066	.2563	.4088
61	.2576	.4109	.2589	.4131	.2601	.4152	.2614	.4173	.2627	.4195	.2640	.4216
62	.2653	.4237	.2665	.4258	.2678	.4279	.2691	.4300	.2704	.4320	.2717	.4341
63	.2730	.4362	.2743	.4382	.2756	.4403	.2769	.4423	.2782	.4444	.2795	.4464
64	.2808	.4484	.2821	.4504	.2834	.4524	.2847	.4545	.2861	.4565	.2874	.4584
65	.2887	.4604	.2900	.4624	.2913	.4644	.2927	.4664	.2940	.4683	.2953	.4703
66	.2966	.4722	.2980	.4742	.2993	.4761	.3006	.4780	.3020	.4799	.3033	.4819
67	.3046	.4838	.3060	.4857	.3073	.4876	.3087	.4895	.3100	.4914	.3113	.4932
68	.3127	.4951	.3140	.4970	.3154	.4989	.3167	.5007	.3181	.5026	.3195	.5044
69	.3208	.5063	.3222	.5081	.3235	.5099	.3249	.5117	.3263	.5136	.3276	.5154
70	.3290	.5172	.3304	.5190	.3317	.5208	.3331	.5226	.3345	.5244	.3358	.5261
71	.3372	.5279	.3386	.5297	.3400	.5314	.3413	.5332	.3427	.5349	.3441	.5367
72	.3455	.5384	.3469	.5402	.3483	.5419	.3496	.5436	.3510	.5454	.3524	.5471
73	.3538	.5488	.3552	.5505	.3566	.5522	.3580	.5539	.3594	.5556	.3608	.5572
74	.3622	.5589	.3636	.5606	.3650	.5623	.3664	.5639	.3678	.5656	.3692	.5672
75	.3706	.5689	.3720	.5705	.3734	.5722	.3748	.5738	.3762	.5754	.3776	.5771
76	.3790	.5787	.3805	.5803	.3819	.5819	.3833	.5835	.3847	.5851	.3861	.5867
77	.3875	.5883	.3889	.5899	.3904	.5915	.3918	.5930	.3932	.5946	.3946	.5962
78	.3960	.5977	.3975	.5993	.3989	.6009	.4003	.6024	.4017	.6039	.4032	.6055
79	.4046	.6070	.4060	.6085	.4075	.6101	.4089	.6116	.4103	.6131	.4117	.6146
80	.4132	.6161	.4146	.6176	.4160	.6191	.4175	.6206	.4189	.6221	.4203	.6236
81	.4218	.6251	.4232	.6266	.4247	.6280	.4261	.6295	.4275	.6310	.4290	.6324
82	.4304	.6339	.4319	.6353	.4333	.6368	.4347	.6382	.4362	.6397	.4376	.6411
83	.4391	.6425	.4405	.6440	.4420	.6454	.4434	.6468	.4448	.6482	.4463	.6496
84	.4477	.6510	.4492	.6524	.4506	.6538	.4521	.6552	.4535	.6566	.4550	.6580
85	.4564	.6594	.4579	.6607	.4593	.6621	.4608	.6635	.4622	.6649	.4637	.6662
86	.4651	.6676	.4666	.6689	.4680	.6703	.4695	.6716	.4709	.6730	.4724	.6743
87	.4738	.6756	.4753	.6770	.4767	.6783	.4782	.6796	.4796	.6809	.4811	.6822
88	.4826	.6835	.4840	.6848	.4855	.6862	.4869	.6875	.4884	.6887	.4898	.6900
89	.4913	.6913	.4937	.6926	.4942	.6939	.4956	.6952	.4971	.6964	.4985	.6977
90	.5000	.6990	.5015	.7002	.5029	.7015	.5044	.7027	.5058	.7040	.5073	.7052
91	.5087	.7065	.5102	.7077	.5116	.7090	.5131	.7102	.5145	.7114	.5160	.7126
92	.5174	.7139	.5189	.7151	.5204	.7163	.5218	.7175	.5233	.7187	.5247	.7199
93	.5262	.7211	.5276	.7223	.5291	.7235	.5305	.7247	.5320	.7259	.5334	.7271
94	.5349	.7283	.5363	.7294	.5378	.7306	.5392	.7318	.5407	.7329	.5421	.7341
95	.5436	.7353	.5450	.7364	.5465	.7376	.5479	.7387	.5494	.7399	.5508	.7410
96	.5523	.7421	.5537	.7433	.5552	.7444	.5566	.7455	.5580	.7467	.5595	.7478
97	.5609	.7489	.5624	.7500	.5638	.7511	.5653	.7523	.5667	.7534	.5682	.7545
98	.5696	.7556	.5710	.7567	.5725	.7577	.5739	.7588	.5753	.7599	.5768	.7610
99	.5782	.7621	.5797	.7632	.5811	.7642	.5825	.7653	.5840	.7664	.5854	.7674
100	.5868	.7685	.5883	.7696	.5897	.7706	.5911	.7717	.5925	.7727	.5940	.7738
101	.5954	.7748	.5968	.7759	.5983	.7769	.5997	.7779	.6011	.7799	.6025	.7800
102	.6040	.7810	.6054	.7820	.6068	.7830	.6082	.7841	.6096	.7851	.6111	.7861
103	.6125	.7871	.6139	.7881	.6153	.7891	.6167	.7901	.6181	.7911	.6195	.7921
104	.6210	.7931	.6224	.7940	.6238	.7950	.6252	.7960	.6266	.7970	.6280	.7980
105	.6294	.7989	.6308	.7999	.6322	.8009	.6336	.8018	.6350	.8028	.6364	.8037
106	.6378	.8047	.6392	.8056	.6406	.8066	.6420	.8075	.6434	.8085	.6448	.8094
107	.6462	.8104	.6476	.8113	.6490	.8122	.6504	.8131	.6517	.8141	.6531	.8150
108	.6545	.8159	.6559	.8168	.6573	.8177	.6587	.8187	.6600	.8196	.6614	.8205
109	.6628	.8214	.6642	.8223	.6655	.8232	.6669	.8241	.6683	.8250	.6696	.8258
110	.6710	.8267	.6724	.8276	.6737	.8285	.6751	.8294	.6765	.8302	.6778	.8311
111	.6792	.8320	.6805	.8329	.6819	.8337	.6833	.8346	.6846	.8354	.6860	.8363
112	.6873	.8371	.6887	.8380	.6900	.8388	.6913	.8397	.6927	.8405	.6940	.8414
113	.6954	.8422	.6967	.8430	.6980	.8439	.6994	.8447	.7007	.8455	.7020	.8464
114	.7034	.8472	.7047	.8480	.7060	.8488	.7073	.8496	.7087	.8504	.7100	.8513
115	.7113	.8521	.7126	.8529	.7139	.8537	.7153	.8545	.7166	.8553	.7179	.8561
116	.7192	.8568	.7205	.8576	.7218	.8584	.7231	.8592	.7244	.8600	.7257	.8608
117	.7270	.8615	.7283	.8623	.7296	.8631	.7309	.8638	.7322	.8646	.7335	.8654
118	.7347	.8661	.7360	.8669	.7373	.8676	.7386	.8684	.7399	.8691	.7411	.8699
119	.7424	.8706	.7437	.8714	.7449	.8721	.7462	.8729	.7475	.8736	.7487	.8743

Values and Logarithms of Haversines

[Characteristics of Logarithms omitted — determine by rule from the value]

°	0′ Value	Log₁₀	10′ Value	Log₁₀	20′ Value	Log₁₀	30′ Value	Log₁₀	40′ Value	Log₁₀	50′ Value	Log₁₀
120	.7500	.8751	.7513	.8758	.7525	.8765	.7538	.8772	.7550	.8780	.7563	.8787
121	.7575	.8794	.7588	.8801	.7600	.8808	.7612	.8815	.7625	.8822	.7637	.8829
122	.7650	.8836	.7662	.8843	.7674	.8850	.7686	.8857	.7699	.8864	.7711	.8871
123	.7723	.8878	.7735	.8885	.7748	.8892	.7760	.8898	.7772	.8905	.7784	.8912
124	.7796	.8919	.7808	.8925	.7820	.8932	.7832	.8939	.7844	.8945	.7856	.8952
125	.7868	.8959	.7880	.8965	.7892	.8972	.7904	.8978	.7915	.8985	.7927	.8991
126	.7939	.8998	.7951	.9004	.7962	.9010	.7974	.9017	.7986	.9023	.7997	.9030
127	.8009	.9036	.8021	.9042	.8032	.9048	.8044	.9055	.8055	.9061	.8067	.9067
128	.8078	.9073	.8090	.9079	.8101	.9085	.8113	.9092	.8124	.9098	.8135	.9104
129	.8147	.9110	.8158	.9116	.8169	.9122	.8180	.9128	.8192	.9134	.8203	.9140
130	.8214	.9146	.8225	.9151	.8236	.9157	.8247	.9163	.8258	.9169	.8269	.9175
131	.8280	.9180	.8291	.9186	.8302	.9192	.8313	.9198	.8324	.9203	.8335	.9209
132	.8346	.9215	.8356	.9220	.8367	.9226	.8378	.9231	.8389	.9237	.8399	.9242
133	.8410	.9248	.8421	.9253	.8431	.9259	.8442	.9264	.8452	.9270	.8463	.9275
134	.8473	.9281	.8484	.9286	.8494	.9291	.8501	.9297	.8515	.9302	.8525	.9307
135	.8536	.9312	.8546	.9318	.8556	.9323	.8566	.9328	.8576	.9333	.8587	.9338
136	.8597	.9343	.8607	.9348	.8617	.9353	.8627	.9359	.8637	.9364	.8647	.9369
137	.8657	.9374	.8667	.9379	.8677	.9383	.8686	.9388	.8696	.9393	.8706	.9398
138	.8716	.9403	.8725	.9408	.8735	.9413	.8745	.9417	.8754	.9422	.8764	.9427
139	.8774	.9432	.8783	.9436	.8793	.9441	.8802	.9446	.8811	.9450	.8821	.9455
140	.8830	.9460	.8840	.9464	.8849	.9469	.8858	.9473	.8867	.9478	.8877	.9482
141	.8886	.9487	.8895	.9491	.8904	.9496	.8913	.9500	.8922	.9505	.8931	.9509
142	.8940	.9513	.8949	.9518	.8958	.9522	.8967	.9526	.8976	.9531	.8984	.9535
143	.8993	.9539	.9002	.9543	.9011	.9548	.9019	.9552	.9028	.9556	.9037	.9560
144	.9045	.9564	.9054	.9568	.9062	.9572	.9071	.9576	.9079	.9580	.9087	.9584
145	.9096	.9588	.9104	.9592	.9112	.9596	.9121	.9600	.9129	.9604	.9137	.9608
146	.9145	.9612	.9153	.9616	.9161	.9620	.9169	.9623	.9177	.9627	.9185	.9631
147	.9193	.9635	.9201	.9638	.9209	.9642	.9217	.9646	.9225	.9650	.9233	.9653
148	.9240	.9657	.9248	.9660	.9256	.9664	.9263	.9668	.9271	.9671	.9278	.9675
149	.9286	.9678	.9293	.9682	.9301	.9685	.9308	.9689	.9316	.9692	.9323	.9695
150	.9330	.9699	.9337	.9702	.9345	.9706	.9352	.9709	.9359	.9712	.9366	.9716
151	.9373	.9719	.9380	.9722	.9387	.9725	.9394	.9729	.9401	.9732	.9408	.9735
152	.9415	.9738	.9422	.9741	.9428	.9744	.9435	.9747	.9442	.9751	.9448	.9754
153	.9455	.9757	.9462	.9760	.9468	.9763	.9475	.9766	.9481	.9769	.9488	.9772
154	.9494	.9774	.9500	.9777	.9507	.9780	.9513	.9783	.9519	.9786	.9525	.9789
155	.9532	.9792	.9538	.9794	.9544	.9797	.9550	.9800	.9556	.9803	.9562	.9805
156	.9568	.9808	.9574	.9811	.9579	.9813	.9585	.9816	.9591	.9819	.9597	.9821
157	.9603	.9824	.9608	.9826	.9614	.9829	.9619	.9831	.9625	.9834	.9630	.9836
158	.9636	.9839	.9641	.9841	.9647	.9844	.9652	.9846	.9657	.9849	.9663	.9851
159	.9668	.9853	.9673	.9856	.9678	.9858	.9683	.9860	.9688	.9863	.9693	.9865
160	.9698	.9867	.9703	.9869	.9708	.9871	.9713	.9874	.9718	.9876	.9723	.9878
161	.9728	.9880	.9732	.9882	.9737	.9884	.9742	.9886	.9746	.9888	.9751	.9890
162	.9755	.9892	.9760	.9894	.9764	.9896	.9769	.9898	.9773	.9900	.9777	.9902
163	.9782	.9904	.9786	.9906	.9790	.9908	.9794	.9910	.9798	.9911	.9802	.9913
164	.9806	.9915	.9810	.9917	.9814	.9919	.9818	.9920	.9822	.9922	.9826	.9923
165	.9830	.9925	.9833	.9927	.9837	.9929	.9841	.9930	.9844	.9932	.9848	.9933
166	.9851	.9935	.9855	.9937	.9858	.9938	.9862	.9940	.9865	.9941	.9869	.9943
167	.9872	.9944	.9875	.9945	.9878	.9947	.9881	.9948	.9885	.9950	.9888	.9951
168	.9891	.9952	.9894	.9954	.9897	.9955	.9900	.9956	.9903	.9957	.9905	.9959
169	.9908	.9960	.9911	.9961	.9914	.9962	.9916	.9963	.9919	.9965	.9921	.9966
170	.9924	.9967	.9927	.9968	.9929	.9969	.9931	.9970	.9934	.9971	.9936	.9972
171	.9938	.9973	.9941	.9974	.9943	.9975	.9945	.9976	.9947	.9977	.9949	.9978
172	.9951	.9979	.9953	.9980	.9955	.9981	.9957	.9981	.9959	.9982	.9961	.9983
173	.9963	.9984	.9964	.9984	.9966	.9985	.9968	.9986	.9969	.9987	.9971	.9987
174	.9973	.9988	.9974	.9988	.9976	.9989	.9977	.9990	.9978	.9991	.9980	.9991
175	.9981	.9992	.9982	.9992	.9983	.9993	.9985	.9993	.9986	.9994	.9987	.9994
176	.9988	.9995	.9989	.9995	.9990	.9996	.9991	.9996	.9992	.9996	.9992	.9997
177	.9993	.9997	.9994	.9997	.9995	.9998	.9995	.9998	.9996	.9998	.9996	.9998
178	.9997	.9999	.9997	.9999	.9998	.9999	.9998	.9999	.9999	.9999	.9999	.9999
179	.9999	.9999	.9999	.9999	.9999	.9999	.9999	.9999	.9999	.0000	1.0000	.0000

Table XI — Factor Table — Logarithms of Primes

If N is prime, its logarithm is given. If N is not prime, its factors are given.

N	1	3	7	9	N	Log N
10	0043213738	0128372247	0293837777	0374264979	2	301029995664
11	3·37	0530784435	3^2·13	7·17	3	477121254720
12	11^2	3·41	1038037210	3·43	5	698970004336
13	1172712957	7·19	1367205672	1430148003	7	845098040014
14	3·47	11·13	$3·7^2$	1731862684	11	041392685158
15	1789769473	3^2·17	1958996524	3·53	13	113943352307
16	7·23	2121876044	2227164711	13^2	17	230448921378
17	3^2·19	2380461031	3·59	2528530310	19	278753600953
18	2576785749	3·61	11·17	3^3·7	23	361727836018
19	2810333672	2855573090	2944662262	2988530764	29	462396997899
20	3·67	7·29	3^2·23	11·19	31	491361693834
21	3242824553	3·71	7·31	3·73	37	568201724067
22	13·17	3483048630	3560258572	3598354823	41	612783856720
23	3·7·11	3673559210	3·79	3783979009	43	633468455580
24	3820170426	3^5	13·19	3·83	47	672097857936
25	3996737215	11·23	4099331233	7·37	53	724275869601
26	3^2·29	4199557485	3·89	4297522800	59	770852011642
27	4329692909	3·7·13	4424797691	3^2·31	61	785329835011
28	4487063199	4517864355	7·41	17^2	67	826074802701
29	3·97	4668676204	3^3·11	13·23	71	851258348719
30	7·43	3·101	4871383755	3·103	73	863322860120
31	4927603890	4955443375	5010592622	11·29	79	897627091290
32	3·107	17·19	3·109	7·47	83	919078092376
33	5198279938	3^2·37	5276299009	3·113	89	949390006645
34	11·31	7^3	5403294748	5428254270	97	986771734206
35	3^3·13	5477747054	3·7·17	5550944486	1301	1142772966
36	19^2	$3·11^2$	5646660643	3^2·41	1303	1149444157
37	7·53	5717088318	13·29	5786392100	1307	1162755876
38	3·127	5831987740	3^2·43	5899496013	1319	1202247955
39	17·23	3·131	5987905068	3·7·19	1321	1209028176
40	6031443726	13·31	11·37	6117233080	1327	1228709229
41	3·137	7·59	3·139	6222140230	1361	1338581252
42	6242820958	3^2·47	7·61	3·11·13	1367	1357685146
43	6344772702	6364878964	19·23	6424645202	1373	1376705372
44	$3^2·7^2$	6464037262	3·149	6522463410	1381	1401936786
45	11·41	3·151	6599162001	3^3·17	1399	1458177145
46	6637009254	6655809910	6693168806	7·67	1409	1489109931
47	3·157	11·43	3^2·53	6803355134	1423	1532049001
48	13·37	3·7·23	6875289612	3·163	1427	1544239731
49	6910814921	17·29	7·71	6981005456	1429	1550322288
50	3·167	7015679851	$3·13^2$	7067177823	1433	1562461904
51	7·73	3^3·19	11·47	3·173	1439	1580607939
52	7168377233	7185016889	17·31	23^2	1447	1604685311
53	3^2·59	13·41	3·179	7^2·11	1451	1616674124
54	7331972651	3·181	7379873263	3^2·61	1453	1622656143
55	19·29	7·79	7458551952	13·43	1459	1640552919
56	3·11·17	7505083949	3^4·7	7551122664	1471	1676126727
57	7566361082	3·191	7611758132	3·193	1481	1705550585
58	7·83	11·53	7686381012	19·31	1483	1711411510
59	3·197	7730546934	3·199	7774268224	1487	1723109685
60	7788744720	3^2·67	7831886911	3·7·29	1489	1728946978
61	13·47	7874604745	7902851640	7916906490	1493	1740598077
62	3^3·23	7·89	3·11·19	17·37	1499	1758016328
63	8000293592	3·211	7^2·13	3^2·71	1511	1792644643
64	8068580295	8082109729	8109042807	11·59	1523	1826999033
65	3·7·31	8149131813	3^2·73	8188854146	1531	1849751907
66	8202014595	3·13·17	23·29	3·223	1543	1883659261
67	11·61	8280150642	8305886687	7·97	1549	1900514178
68	3·227	8344207037	3·229	13·53	1553	1911714557
69	8394780474	3^2·7·11	17·41	3·233	1559	1928461152

Factor Table — Logarithms of Primes

If N is a prime, its logarithm is given. If N is not a prime, its factors are given.

N	1	3	7	9	N	Log N
70	8457180180	19·37	7·101	8506462352	1567	1950689965
71	3^2·79	23·31	3·239	8567288904	1571	1961761850
72	7·103	3·241	8615344109	3^6	1579	1983821300
73	17·43	8651039746	11·67	8686444384	1583	1994809149
74	3·13·19	8709888138	3^2·83	7·107	1597	2033049161
75	8756399370	3·251	8790958795	3·11·23	1601	2043913319
76	8813846568	7·109	13·59	8859263398	1607	2060158768
77	3·257	8881794939	3·7·37	19·41	1609	2065560441
78	11·71	3^3·29	8959747324	3·263	1613	2076343674
79	7·113	13·61	9014583214	17·47	1619	2092468488
80	3^2·89	11·73	3·269	9079485216	1621	2097830148
81	9090208542	3·271	19·43	3^2·7·13	1627	2113875529
82	9143431571	9153998352	9175055096	9185545306	1637	2140486794
83	3·277	7^2·17	3^3·31	9237619608	1657	2193225084
84	29^2	3·281	7·11^2	3·283	1663	2208922492
85	23·37	9309490312	9329808219	9339931638	1667	2219355998
86	3·7·41	9360107957	3·17^2	11·79	1669	2224563367
87	13·67	3^2·97	9429995934	3·293	1693	2286569581
88	9449759084	9459607036	9479236198	7·127	1697	2296818423
89	3^4·11	19·47	3·13·23	29·31	1699	2301933789
90	17·53	3·7·43	9576072871	3^2·101	1709	2327420627
91	9595183770	11·83	7·131	9633155114	1721	2357808703
92	3·307	13·71	3^2·103	9680157140	1723	2362852774
93	7^2·19	3·311	9717395909	3·313	1733	2387985627
94	9735896234	23·41	9763499790	13·73	1741	2407987711
95	3·317	9790929006	3·11·29	7·137	1747	2422929050
96	31^2	3^2·107	9854264741	3·17·19	1753	2437819161
97	9872192299	7·139	9898945637	11·89	1759	2452658395
98	3^2·109	9925535178	3·7·47	23·43	1777	2496874278
99	9960736545	3·331	9986951583	3^3·37	1783	2511513432
100	7·11·13	17·59	19·53	0038911662	1787	2521245525
101	3·337	0056094454	3^2·113	0081741840	1789	2526103406
102	0090257421	3·11·31	13·79	3·7^8	1801	2555137128
103	0132586653	0141003215	17·61	0166155476	1811	2579184503
104	3·347	7·149	3·349	0207754882	1823	2607866687
105	0216027160	3^4·13	7·151	3·353	1831	2626883443
106	0257153839	0265332645	11·97	0289777052	1847	2664668954
107	3^2·7·17	29·37	3·359	13·83	1861	2697463731
108	23·47	3·19^2	0362295441	3^2·11^2	1867	2711443179
109	0378247506	0386201619	0402066276	7·157	1871	2720737875
110	3·367	0425755124	3^3·41	0449315461	1873	2725377774
111	11·101	3·7·53	0480531731	3·373	1877	2734642726
112	19·59	0503797563	7^2·23	0526939419	1879	2739267801
113	3·13·29	11·103	3·379	17·67	1889	2762319579
114	7·163	3^2·127	31·37	3·383	1901	2789821169
115	0610753236	0618293073	13·89	19·61	1907	2803506930
116	3^3·43	0655797147	3·389	7·167	1913	2817149700
117	0685568951	3·17·23	11·107	3^2·131	1931	2857822738
118	0722498976	7·13^2	0744507190	29·41	1933	2862318540
119	3·397	0766404437	3^2·7·19	11·109	1949	2898118391
120	0795430074	3·401	17·71	3·13·31	1951	2902572694
121	7·173	0838608009	0852905782	23·53	1973	2961270853
122	3·11·37	3·7^2·37	3·409	0895518829	1979	2964457942
123	0902580529	3^2·137	0923696996	3·7·59	1987	2981978671
124	17·73	11·113	29·43	0965624384	1993	2995072987
125	3^2·139	7·179	3·419	1000257301	1997	3003780649
126	13·97	3·421	7·181	3^3·47	1999	3008127941
127	31·41	19·67	1061908973	1068705445	2003	3016809493
128	3·7·61	1082266564	3^2·11·13	1102529174	2011	3034120706
129	1109262423	3·431	1129399761	3·433	2017	3047058982

Table XII a — Compound Interest: $(1+r)^n$

AMOUNT OF ONE DOLLAR PRINCIPAL AT COMPOUND INTEREST AFTER n YEARS

n	2%	2½%	3%	3½%	4%	4½%	5%	6%	7%
1	1.0200	1.0250	1.0300	1.0350	1.0400	1.0450	1.0500	1.0600	1.0700
2	1.0404	1.0506	1.0609	1.0712	1.0816	1.0920	1.1025	1.1236	1.1449
3	1.0612	1.0769	1.0927	1.1087	1.1249	1.1412	1.1576	1.1910	1.2250
4	1.0824	1.1038	1.1255	1.1475	1.1699	1.1925	1.2155	1.2625	1.3108
5	1.1041	1.1314	1.1593	1.1877	1.2167	1.2462	1.2763	1.3382	1.4026
6	1.1262	1.1597	1.1941	1.2293	1.2653	1.3023	1.3401	1.4185	1.5007
7	1.1487	1.1887	1.2299	1.2723	1.3159	1.3609	1.4071	1.5036	1.6058
8	1.1717	1.2184	1.2668	1.3168	1.3686	1.4221	1.4775	1.5938	1.7182
9	1.1951	1.2489	1.3048	1.3629	1.4233	1.4861	1.5513	1.6895	1.8385
10	1.2190	1.2801	1.3439	1.4106	1.4802	1.5530	1.6289	1.7908	1.9672
11	1.2434	1.3121	1.3842	1.4600	1.5395	1.6229	1.7103	1.8983	2.1049
12	1.2682	1.3449	1.4258	1.5111	1.6010	1.6959	1.7959	2.0122	2.2522
13	1.2936	1.3785	1.4685	1.5640	1.6651	1.7722	1.8856	2.1329	2.4098
14	1.3195	1.4130	1.5126	1.6187	1.7317	1.8519	1.9799	2.2609	2.5785
15	1.3459	1.4483	1.5580	1.6753	1.8009	1.9353	2.0789	2.3966	2.7590
16	1.3728	1.4845	1.6047	1.7340	1.8730	2.0224	2.1829	2.5404	2.9522
17	1.4002	1.5216	1.6528	1.7947	1.9479	2.1134	2.2920	2.6928	3.1588
18	1.4282	1.5597	1.7024	1.8575	2.0258	2.2085	2.4066	2.8543	3.3799
19	1.4568	1.5987	1.7535	1.9225	2.1068	2.3079	2.5270	3.0256	3.6165
20	1.4859	1.6386	1.8061	1.9898	2.1911	2.4117	2.6533	3.2071	3.8697
21	1.5157	1.6796	1.8603	2.0594	2.2788	2.5202	2.7860	3.3996	4.1406
22	1.5460	1.7216	1.9161	2.1315	2.3699	2.6337	2.9253	3.6035	4.4304
23	1.5769	1.7646	1.9736	2.2061	2.4647	2.7522	3.0715	3.8197	4.7405
24	1.6084	1.8087	2.0328	2.2833	2.5633	2.8760	3.2251	4.0489	5.0724
25	1.6406	1.8539	2.0938	2.3632	2.6658	3.0054	3.3864	4.2919	5.4274
26	1.6734	1.9003	2.1566	2.4460	2.7725	3.1407	3.5557	4.5494	5.8074
27	1.7069	1.9478	2.2213	2.5316	2.8834	3.2820	3.7335	4.8223	6.2139
28	1.7410	1.9965	2.2879	2.6202	2.9987	3.4297	3.9201	5.1117	6.6488
29	1.7758	2.0464	2.3566	2.7119	3.1187	3.5840	4.1161	5.4184	7.1143
30	1.8114	2.0976	2.4273	2.8068	3.2434	3.7453	4.3219	5.7435	7.6123
31	1.8476	2.1500	2.5001	2.9050	3.3731	3.9139	4.5380	6.0881	8.1451
32	1.8845	2.2038	2.5751	3.0067	3.5081	4.0900	4.7649	6.4534	8.7153
33	1.9222	2.2589	2.6523	3.1119	3.6484	4.2740	5.0032	6.8406	9.3253
34	1.9607	2.3153	2.7319	3.2209	3.7943	4.4664	5.2533	7.2510	9.9781
35	1.9999	2.3732	2.8139	3.3336	3.9461	4.6673	5.5160	7.6861	10.6766
36	2.0399	2.4325	2.8983	3.4503	4.1039	4.8774	5.7918	8.1473	11.4239
37	2.0807	2.4933	2.9852	3.5710	4.2681	5.0969	6.0814	8.6361	12.2236
38	2.1223	2.5557	3.0748	3.6960	4.4388	5.3262	6.3855	9.1543	13.0793
39	2.1647	2.6196	3.1670	3.8254	4.6164	5.5659	6.7048	9.7035	13.9948
40	2.2080	2.6851	3.2620	3.9593	4.8010	5.8164	7.0400	10.2857	14.9745
41	2.2522	2.7522	3.3599	4.0978	4.9931	6.0781	7.3920	10.9029	16.0227
42	2.2972	2.8210	3.4607	4.2413	5.1928	6.3516	7.7616	11.5570	17.1443
43	2.3432	2.8915	3.5645	4.3897	5.4005	6.6374	8.1497	12.2505	18.3444
44	2.3901	2.9638	3.6715	4.5433	5.6165	6.9361	8.5572	12.9855	19.6285
45	2.4379	3.0379	3.7816	4.7024	5.8412	7.2482	8.9850	13.7646	21.0025
46	2.4866	3.1139	3.8950	4.8669	6.0748	7.5744	9.4343	14.5905	22.4726
47	2.5363	3.1917	4.0119	5.0373	6.3178	7.9153	9.9060	15.4659	24.0457
48	2.5871	3.2715	4.1323	5.2136	6.5705	8.2715	10.4013	16.3939	25.7289
49	2.6388	3.3533	4.2562	5.3961	6.8333	8.6437	10.9213	17.3775	27.5299
50	2.6916	3.4371	4.3839	5.5849	7.1067	9.0326	11.4674	18.4202	29.4570

Table XII b — Compound Discount: $1/(1+r)^n$

Present Value of One Dollar Due at the End of n Years

n	2%	2½%	3%	3½%	4%	4½%	5%	6%	7%
1	.98039	.97561	.97087	.96618	.96154	.95694	.95238	.94340	.93458
2	.96117	.95181	.94260	.93351	.92456	.91573	.90703	.89000	.87344
3	.94232	.92860	.91514	.90194	.88900	.87630	.86384	.83962	.81630
4	.92385	.90595	.88849	.87144	.85480	.83856	.82270	.79209	.76290
5	.90573	.88385	.86261	.84197	.82193	.80245	.78353	.74726	.71299
6	.88797	.86230	.83748	.81350	.79031	.76790	.74622	.70496	.66634
7	.87056	.84127	.81309	.78599	.75992	.73483	.71068	.66506	.62275
8	.85349	.82075	.78941	.75941	.73069	.70319	.67684	.62741	.58201
9	.83676	.80073	.76642	.73373	.70259	.67290	.64461	.59190	.54393
10	.82035	.78120	.74409	.70892	.67556	.64393	.61391	.55839	.50835
11	.80426	.76214	.72242	.68495	.64958	.61620	.58468	.52679	.47509
12	.78849	.74356	.70138	.66178	.62460	.58966	.55684	.49697	.44401
13	.77303	.72542	.68095	.63940	.60057	.56427	.53032	.46884	.41496
14	.75788	.70773	.66112	.61778	.57748	.53997	.50507	.44230	.38782
15	.74301	.69047	.64186	.59689	.55526	.51672	.48102	.41727	.36245
16	.72845	.67362	.62317	.57671	.53391	.49447	.45811	.39365	.33873
17	.71416	.65720	.60502	.55720	.51337	.47318	.43630	.37136	.31657
18	.70016	.64117	.58739	.53836	.49363	.45280	.41552	.35034	.29586
19	.68643	.62553	.57029	.52016	.47464	.43330	.39573	.33051	.27651
20	.67297	.61027	.55368	.50257	.45639	.41464	.37689	.31180	.25842
21	.65978	.59539	.53755	.48557	.43883	.39679	.35894	.29416	.24151
22	.64684	.58086	.52189	.46915	.42196	.37970	.34185	.27751	.22571
23	.63416	.56670	.50669	.45329	.40573	.36335	.32557	.26180	.21095
24	.62172	.55288	.49193	.43796	.39012	.34770	.31007	.24698	.19715
25	.60953	.53939	.47761	.42315	.37512	.33273	.29530	.23300	.18425
26	.59758	.52623	.46369	.40884	.36069	.31840	.28124	.21981	.17220
27	.58586	.51340	.45019	.39501	.34682	.30469	.26785	.20737	.16093
28	.57437	.50088	.43708	.38165	.33348	.29157	.25509	.19563	.15040
29	.56311	.48866	.42435	.36875	.32065	.27902	.24295	.18456	.14056
30	.55207	.47674	.41199	.35628	.30832	.26700	.23138	.17411	.13137
31	.54125	.46511	.39999	.34423	.29646	.25550	.22036	.16425	.12277
32	.53063	.45377	.38834	.33259	.28506	.24450	.20987	.15496	.11474
33	.52023	.44270	.37703	.32134	.27409	.23397	.19987	.14619	.10723
34	.51003	.43191	.36604	.31048	.26355	.22390	.19035	.13791	.10022
35	.50003	.42137	.35538	.29998	.25342	.21425	.18129	.13011	.09366
36	.49022	.41109	.34503	.28983	.24367	.20503	.17266	.12274	.08754
37	.48061	.40107	.33498	.28003	.23430	.19620	.16444	.11580	.08181
38	.47119	.39128	.32523	.27056	.22529	.18775	.15661	.10924	.07646
39	.46195	.38174	.31575	.26141	.21662	.17967	.14915	.10306	.07146
40	.45289	.37243	.30656	.25257	.20829	.17193	.14205	.09722	.06678
41	.44401	.36335	.29763	.24403	.20028	.16453	.13528	.09172	.06241
42	.43530	.35448	.28896	.23578	.19257	.15744	.12884	.08653	.05833
43	.42677	.34584	.28054	.22781	.18517	.15066	.12270	.08163	.05451
44	.41840	.33740	.27237	.22010	.17805	.14417	.11686	.07701	.05095
45	.41020	.32917	.26444	.21266	.17120	.13796	.11130	.07265	.04761
46	.40215	.32115	.25674	.20547	.16461	.13202	.10600	.06854	.04450
47	.39427	.31331	.24926	.19852	.15828	.12634	.10095	.06466	.04159
48	.38654	.30567	.24200	.19181	.15219	.12090	.09614	.06100	.03887
49	.37896	.29822	.23495	.18532	.14634	.11569	.09156	.05755	.03632
50	.37153	.29094	.22811	.17905	.14071	.11071	.08720	.05429	.03395

Table XIIc—Amount of an Annuity

AMOUNT OF AN ANNUITY OF ONE DOLLAR PER YEAR AFTER n YEARS

n	2 %	2½ %	3 %	3½ %	4 %	4½ %	5 %	6 %	7 %
1	1.0000	1.0000	1.0000	1.0000	1.0000	1.0000	1.0000	1.0000	1.0000
2	2.0200	2.0250	2.0300	2.0350	2.0400	2.0450	2.0500	2.0600	2.0700
3	3.0604	3.0756	3.0909	3.1062	3.1216	3.1370	3.1525	3.1836	3.2149
4	4.1216	4.1525	4.1836	4.2149	4.2465	4.2782	4.3101	4.3746	4.4399
5	5.2040	5.2563	5.3091	5.3625	5.4163	5.4707	5.5256	5.6371	5.7507
6	6.3081	6.3877	6.4684	6.5502	6.6330	6.7169	6.8019	6.9753	7.1533
7	7.4343	7.5474	7.6625	7.7794	7.8983	8.0192	8.1420	8.3938	8.6540
8	8.5830	8.7361	8.8923	9.0517	9.2142	9.3800	9.5491	9.8975	10.2598
9	9.7546	9.9545	10.1591	10.3685	10.5828	10.8021	11.0266	11.4913	11.9780
10	10.9497	11.2034	11.4639	11.7314	12.0061	12.2882	12.5779	13.1808	13.8164
11	12.1687	12.4835	12.8078	13.1420	13.4864	13.8412	14.2068	14.9716	15.7836
12	13.4121	13.7956	14.1920	14.6020	15.0258	15.4640	15.9171	16.8699	17.8885
13	14.6803	15.1404	15.6178	16.1130	16.6268	17.1599	17.7130	18.8821	20.1406
14	15.9739	16.5190	17.0863	17.6770	18.2919	18.9321	19.5986	21.0151	22.5505
15	17.2934	17.9319	18.5989	19.2957	20.0236	20.7841	21.5786	23.2760	25.1290
16	18.6393	19.3802	20.1569	20.9710	21.8245	22.7193	23.6575	25.6725	27.8881
17	20.0121	20.8647	21.7616	22.7050	23.6975	24.7417	25.8404	28.2129	30.8402
18	21.4123	22.3863	23.4144	24.4997	25.6454	26.8551	28.1324	30.9057	33.9990
19	22.8406	23.9460	25.1169	26.3572	27.6712	29.0636	30.5390	33.7600	37.3790
20	24.2974	25.5447	26.8704	28.2797	29.7781	31.3714	33.0660	36.7856	40.9955
21	25.7833	27.1833	28.6765	30.2695	31.9692	33.7831	35.7193	39.9927	44.8652
22	27.2990	28.8629	30.5368	32.3289	34.2480	36.3034	38.5052	43.3923	49.0057
23	28.8450	30.5844	32.4529	34.4604	36.6179	38.9370	41.4305	46.9958	53.4361
24	30.4219	32.3490	34.4265	36.6665	39.0826	41.6892	44.5020	50.8156	58.1767
25	32.0303	34.1578	36.4593	38.9499	41.6459	44.5652	47.7271	54.8645	63.2490
26	33.6709	36.0117	38.5530	41.3131	44.3117	47.5706	51.1135	59.1561	68.6765
27	35.3443	37.9120	40.7096	43.7591	47.0842	50.7113	54.6691	63.7058	74.4838
28	37.0512	39.8598	42.9309	46.2906	49.9676	53.9933	58.4026	68.5281	80.6977
29	38.7922	41.8563	45.2189	48.9108	52.9663	57.4230	62.3227	73.6398	87.3465
30	40.5681	43.9027	47.5754	51.6227	56.0849	61.0071	66.4388	79.0582	94.4608
31	42.3794	46.0003	50.0027	54.4295	59.3283	64.7524	70.7608	84.8017	102.0730
32	44.2270	48.1503	52.5028	57.3345	62.7015	68.6662	75.2988	90.8898	110.2182
33	46.1116	50.3540	55.0778	60.3412	66.2095	72.7562	80.0638	97.3432	118.9331
34	48.0338	52.6129	57.7302	63.4532	69.8579	77.0303	85.0670	104.1838	128.2588
35	49.9945	54.9282	60.4621	66.6740	73.6522	81.4966	90.3203	111.4348	138.2369
36	51.9944	57.3014	63.2759	70.0076	77.5983	86.1640	95.8363	119.1209	148.9135
37	54.0343	59.7339	66.1742	73.4579	81.7022	91.0413	101.6281	127.2681	160.3374
38	56.1149	62.2273	69.1594	77.0289	85.9703	96.1382	107.7095	135.9042	172.5610
39	58.2372	64.7830	72.2342	80.7249	90.4091	101.4644	114.0950	145.0585	185.6403
40	60.4020	67.4026	75.4013	84.5503	95.0255	107.0303	120.7998	154.7620	199.6351
41	62.6100	70.0876	78.6633	88.5095	99.8265	112.8467	127.8398	165.0477	214.6096
42	64.8622	72.8398	82.0232	92.6074	104.8196	118.9248	135.2318	175.9505	230.6322
43	67.1595	75.6608	85.4839	96.8486	110.0124	125.2764	142.9933	187.5076	247.7765
44	69.5027	78.5523	89.0484	101.2383	115.4129	131.9138	151.1430	199.7580	266.1209
45	71.8927	81.5161	92.7199	105.7817	121.0294	138.8500	159.7002	212.7435	285.7493
46	74.3306	84.5540	96.5015	110.4840	126.8706	146.0982	168.6852	226.5081	306.7518
47	76.8172	87.6679	100.3965	115.3510	132.9454	153.6726	178.1194	241.0986	329.2244
48	79.3535	90.8596	104.4084	120.3883	139.2632	161.5879	188.0254	256.5645	353.2701
49	81.9406	94.1311	108.5406	125.6018	145.8337	169.8594	198.4267	272.9584	378.9990
50	84.5794	97.4843	112.7969	130.9979	152.6671	178.5030	209.3480	290.3359	406.5289

Table XII d — Present Value of an Annuity

Present Value of One Dollar per Year for *n* Years

n	2%	2½%	3%	3½%	4%	4½%	5%	6%	7%
1	.9804	.9756	.9709	.9662	.9615	.9569	.9524	.9434	.9346
2	1.9416	1.9274	1.9135	1.8997	1.8861	1.8727	1.8594	1.8334	1.8080
3	2.8839	2.8560	2.8286	2.8016	2.7751	2.7490	2.7232	2.6730	2.6243
4	3.8077	3.7620	3.7171	3.6731	3.6299	3.5875	3.5460	3.4651	3.3872
5	4.7135	4.6458	4.5797	4.5151	4.4518	4.3900	4.3295	4.2124	4.1002
6	5.6014	5.5081	5.4172	5.3286	5.2421	5.1579	5.0757	4.9173	4.7665
7	6.4720	6.3494	6.2303	6.1145	6.0021	5.8927	5.7864	5.5824	5.3893
8	7.3255	7.1701	7.0197	6.8740	6.7327	6.5959	6.4632	6.2098	5.9713
9	8.1622	7.9709	7.7861	7.6077	7.4353	7.2688	7.1078	6.8017	6.5152
10	8.9826	8.7521	8.5302	8.3166	8.1109	7.9127	7.7217	7.3601	7.0236
11	9.7868	9.5142	9.2526	9.0016	8.7605	8.5289	8.3064	7.8869	7.4987
12	10.5753	10.2578	9.9540	9.6633	9.3851	9.1186	8.8633	8.3838	7.9427
13	11.3484	10.9832	10.6350	10.3027	9.9856	9.6829	9.3936	8.8527	8.3577
14	12.1062	11.6909	11.2961	10.9205	10.5631	10.2228	9.8986	9.2950	8.7455
15	12.8493	12.3814	11.9379	11.5174	11.1184	10.7395	10.3797	9.7122	9.1079
16	13.5777	13.0550	12.5611	12.0941	11.6523	11.2340	10.8378	10.1059	9.4466
17	14.2919	13.7122	13.1661	12.6513	12.1657	11.7072	11.2741	10.4773	9.7632
18	14.9920	14.3534	13.7535	13.1897	12.6593	12.1600	11.6896	10.8276	10.0591
19	15.6785	14.9789	14.3238	13.7098	13.1339	12.5933	12.0853	11.1581	10.3356
20	16.3514	15.5892	14.8775	14.2124	13.5903	13.0079	12.4622	11.4699	10.5940
21	17.0112	16.1845	15.4150	14.6980	14.0292	13.4047	12.8212	11.7641	10.8355
22	17.6580	16.7654	15.9369	15.1671	14.4511	13.7844	13.1630	12.0416	11.0612
23	18.2922	17.3321	16.4436	15.6204	14.8568	14.1478	13.4886	12.3034	11.2722
24	18.9139	17.8850	16.9355	16.0584	15.2470	14.4955	13.7986	12.5504	11.4693
25	19.5235	18.4244	17.4131	16.4815	15.6221	14.8282	14.0939	12.7834	11.6536
26	20.1210	18.9506	17.8768	16.8904	15.9828	15.1466	14.3752	13.0032	11.8258
27	20.7069	19.4640	18.3270	17.2854	16.3296	15.4513	14.6430	13.2105	11.9867
28	21.2813	19.9649	18.7641	17.6670	16.6631	15.7429	14.8981	13.4062	12.1371
29	21.8444	20.4535	19.1885	18.0358	16.9837	16.0219	15.1411	13.5907	12.2777
30	22.3965	20.9303	19.6004	18.3920	17.2920	16.2889	15.3725	13.7648	12.4090
31	22.9377	21.3954	20.0004	18.7363	17.5885	16.5444	15.5928	13.9291	12.5318
32	23.4683	21.8492	20.3888	19.0689	17.8736	16.7889	15.8027	14.0840	12.6466
33	23.9886	22.2919	20.7658	19.3902	18.1476	17.0229	16.0025	14.2302	12.7538
34	24.4986	22.7238	21.1318	19.7007	18.4112	17.2468	16.1929	14.3681	12.8540
35	24.9986	23.1452	21.4872	20.0007	18.6646	17.4610	16.3742	14.4982	12.9477
36	25.4888	23.5563	21.8323	20.2905	18.9083	17.6660	16.5469	14.6210	13.0352
37	25.9695	23.9573	22.1672	20.5705	19.1426	17.8622	16.7113	14.7368	13.1170
38	26.4406	24.3486	22.4925	20.8411	19.3679	18.0500	16.8679	14.8460	13.1935
39	26.9026	24.7303	22.8082	21.1025	19.5845	18.2297	17.0170	14.9491	13.2649
40	27.3555	25.1028	23.1148	21.3551	19.7928	18.4016	17.1591	15.0463	13.3317
41	27.7995	25.4661	23.4124	21.5991	19.9931	18.5661	17.2944	15.1380	13.3941
42	28.2348	25.8206	23.7014	21.8349	20.1856	18.7236	17.4232	15.2245	13.4524
43	28.6616	26.1664	23.9819	22.0627	20.3708	18.8742	17.5459	15.3062	13.5070
44	29.0800	26.5038	24.2543	22.2828	20.5488	19.0184	17.6628	15.3832	13.5579
45	29.4902	26.8330	24.5187	22.4955	20.7200	19.1563	17.7741	15.4558	13.6055
46	29.8923	27.1542	24.7754	22.7009	20.8847	19.2884	17.8801	15.5244	13.6500
47	30.2866	27.4675	25.0247	22.8994	21.0429	19.4147	17.9810	15.5890	13.6910
48	30.6731	27.7732	25.2667	23.0912	21.1951	19.5356	18.0772	15.6500	13.7305
49	31.0521	28.0714	25.5017	23.2766	21.3415	19.6513	18.1687	15.7076	13.7668
50	31.4236	28.3623	25.7298	23.4556	21.4822	19.7620	18.2559	15.7619	13.8007

Table XII e — Logarithms for Interest Computations

r	1 + r	log (1 + r)	r	1 + r	log (1 + r)
½%	1.005	00216 60617 56508	5½%	1.055	02325 24596 33711
1%	1.010	00432 13737 82643	6%	1.060	02530 58652 64770
1½%	1.015	00646 60422 49232	6½%	1.065	02734 96077 74757
2%	1.020	00860 01717 61918	7%	1.070	02938 37776 85210
2½%	1.025	01072 38653 91773	7½%	1.075	03140 84642 51624
3%	1.030	01283 72247 05172	8%	1.080	03342 37554 86950
3½%	1.035	01494 03497 92937	8½%	1.085	03542 97381 84548
4%	1.040	01703 33392 98780	9%	1.090	03742 64979 40624
4½%	1.045	01911 62904 47073	9½%	1.095	03941 41191 76137
5%	1.050	02118 92990 69938	10%	1.100	04139 26851 58225

For Amount, A, of any principal, P, after n years: $A = P(1+r)^n$

For present worth, P, of any amount, A, at the end of n years: $P = A \div (1+r)^n$

To find logarithms and antilogarithms of A and P to many significant figures, use Table XI, p. 126, and Table I a, p. 20.

TABLE XII f — AMERICAN EXPERIENCE MORTALITY TABLE

Based on 100,000 living at age 10

At Age	Number Surviving	Deaths	At Age	Number Surviving	Deaths	At Age	Number Surviving	Deaths	At Age	Number Surviving	Deaths
10	100,000	749	35	81,822	732	60	57,917	1,546	85	5,485	1,292
11	99,251	746	36	81,090	737	61	56,371	1,628	86	4,193	1,114
12	98,505	743	37	80,353	742	62	54,743	1,713	87	3,079	933
13	97,762	740	38	79,611	749	63	53,030	1,800	88	2,146	744
14	97,022	737	39	78,862	756	64	51,230	1,889	89	1,402	555
15	96,285	735	40	78,106	765	65	49,341	1,980	90	847	385
16	95,550	732	41	77,341	774	66	47,361	2,070	91	462	246
17	94,818	729	42	76,567	785	67	45,291	2,158	92	216	137
18	94,089	727	43	75,782	797	68	43,133	2,243	93	79	58
19	93,362	725	44	74,985	812	69	40,890	2,321	94	21	18
20	92,637	723	45	74,173	828	70	38,569	2,391	95	3	3
21	91,914	722	46	73,345	848	71	36,178	2,448			
22	91,192	721	47	72,497	870	72	33,730	2,487			
23	90,471	720	48	71,627	896	73	31,243	2,505			
24	89,751	719	49	70,731	927	74	28,738	2,501			
25	89,032	718	50	69,804	962	75	26,237	2,476			
26	88,314	718	51	68,842	1,001	76	23,761	2,431			
27	87,596	718	52	67,841	1,044	77	21,330	2,369			
28	86,878	718	53	66,797	1,091	78	18,961	2,291			
29	86,160	719	54	65,706	1,143	79	16,670	2,196			
30	85,441	720	55	64,563	1,199	80	14,474	2,091			
31	84,721	721	56	63,364	1,260	81	12,383	1,964			
32	84,000	723	57	62,104	1,325	82	10,419	1,816			
33	83,277	726	58	60,779	1,394	83	8,603	1,648			
34	82,551	729	59	59,385	1,468	84	6,955	1,470			

Table XIII — Important Constants

Logarithms of Important Constants

n = Number	Value of n	$\text{Log}_{10} n$
π	3.14159265	0.49714987
$1 \div \pi$	0.31830989	9.50285013
π^2	9.86960440	0.99429975
$\sqrt{\pi}$	1.77245385	0.24857494
e = Naperian Base	2.71828183	0.43429448
$M = \log_{10} e$	0.43429448	9.63778431
$1 \div M = \log_e 10$	2.30258509	0.36221569
$180 \div \pi$ = degrees in 1 radian	57.2957795	1 75812263
$\pi \div 180$ = radians in 1°	0.01745329	8.24187737
$\pi \div 10800$ = radians in 1'	0.0002908882	6.46372612
$\pi \div 648000$ = radians in 1''	0.000004848136811095	4.68557487
sin 1''	0.000004848136811076	4.68557487
tan 1''	0.000004848136811133	4.68557487
centimeters in 1 ft.	30.480	1.4840158
feet in 1 cm.	0.032808	8.5159842
inches in 1 m.	39.37 (exact legal value)	1.5951654
pounds in 1 kg.	2.20462	0.3433340
kilograms in 1 lb.	0.453593	9.6566660
g (average value)	32.16 ft./sec./sec. = 981 cm./sec./sec.	1.5073 2.9916690
weight of 1 cu. ft. of water	62.425 lb. (max. density)	1.7953586
weight of 1 cu. ft. of air	0.0807 lb. (at 32° F.)	8.907
cu. in. in 1 (U. S.) gallon	231 (exact legal value)	2.3636120
ft. lb. per sec. in 1 H. P.	550 (exact legal value)	2.7403627
kg. m. per sec. in 1 H. P.	76.0404	1.8810445
watts in 1 H. P.	745.957	2.8727135

Several Numbers Very Accurately

```
     π = 3.14159  26535  89793  23846  26433  83280
     e = 2.71828  18284  59045  23536  02874  71353
     M = 0.43429  44819  03251  82765  11289  18917
 1 ÷ M = 2.30258  50929  94045  68401  79914  54684
log₁₀ π = 0.49714  98726  94133  85435  12682  88291
log₁₀ M = 9.63778  43113  00536  78912
```

Certain Convenient Values for $n = 1$ to $n = 10$

n	$1/n$	$\sqrt{n}$	$\sqrt[3]{n}$	$n!$	$1/n!$	$\text{Log}_{10} n$
1	1.000000	1.00000	1.00000	1	1.0000000	0.000000000
2	0.500000	1.41421	1.25992	2	0.5000000	0.301029996
3	0.333333	1.73205	1.44225	6	0.1666667	0.477121255
4	0.250000	2.00000	1.58740	24	0.0416667	0.602059991
5	0.200000	2.23607	1.70998	120	0.0083333	0.698970004
6	0.166667	2.44949	1.81712	720	0.0013889	0.778151250
7	0.142857	2.64575	1.91293	5040	0.0001984	0.845098040
8	0.125000	2.82843	2.00000	40320	0.0000248	0.903089987
9	0.111111	3.00000	2.08008	362880	0.0000028	0.954242509
10	0.100000	3.16228	2.15443	3628800	0.0000003	1.000000000

Table XIV a — Four Place Logarithms

N	0	1	2	3	4	5	6	7	8	9	1 2 3	4 5 6	7 8 9
10	0000	0043	0086	0128	0170	0212	0253	0294	0334	0374	4 8 12	17 21 25	29 33 37
11	0414	0453	0492	0531	0569	0607	0645	0682	0719	0755	4 8 11	15 19 23	26 30 34
12	0792	0828	0864	0899	0934	0969	1004	1038	1072	1106	3 7 10	14 17 21	24 28 31
13	1139	1173	1206	1239	1271	1303	1335	1367	1399	1430	3 6 10	13 16 19	23 26 29
14	1461	1492	1523	1553	1584	1614	1644	1673	1703	1732	3 6 9	12 15 18	21 24 27
15	1761	1790	1818	1847	1875	1903	1931	1959	1987	2014	3 6 8	11 14 17	20 22 25
16	2041	2068	2095	2122	2148	2175	2201	2227	2253	2279	3 5 8	11 13 16	18 21 24
17	2304	2330	2355	2380	2405	2430	2455	2480	2504	2529	2 5 7	10 12 15	17 20 22
18	2553	2577	2601	2625	2648	2672	2695	2718	2742	2765	2 5 7	9 12 14	16 19 21
19	2788	2810	2833	2856	2878	2900	2923	2945	2967	2989	2 4 7	9 11 13	16 18 20
20	3010	3032	3054	3075	3096	3118	3139	3160	3181	3201	2 4 6	8 11 13	15 17 19
21	3222	3243	3263	3284	3304	3324	3345	3365	3385	3404	2 4 6	8 10 12	14 16 18
22	3424	3444	3464	3483	3502	3522	3541	3560	3579	3598	2 4 6	8 10 12	14 16 17
23	3617	3636	3655	3674	3692	3711	3729	3747	3766	3784	2 4 6	7 9 11	13 15 17
24	3802	3820	3838	3856	3874	3892	3909	3927	3945	3962	2 4 5	7 9 11	12 14 16
25	3979	3997	4014	4031	4048	4065	4082	4099	4116	4133	2 4 5	7 9 10	12 14 16
26	4150	4166	4183	4200	4216	4232	4249	4265	4281	4298	2 3 5	7 8 10	11 13 15
27	4314	4330	4346	4362	4378	4393	4409	4425	4440	4456	2 3 5	6 8 9	11 12 14
28	4472	4487	4502	4518	4533	4548	4564	4579	4594	4609	2 3 5	6 8 9	11 12 14
29	4624	4639	4654	4669	4683	4698	4713	4728	4742	4757	1 3 4	6 7 9	10 12 13
30	4771	4786	4800	4814	4829	4843	4857	4871	4886	4900	1 3 4	6 7 9	10 11 13
31	4914	4928	4942	4955	4969	4983	4997	5011	5024	5038	1 3 4	5 7 8	10 11 12
32	5051	5065	5079	5092	5105	5119	5132	5145	5159	5172	1 3 4	5 7 8	9 11 12
33	5185	5198	5211	5224	5237	5250	5263	5276	5289	5302	1 3 4	5 7 8	9 11 12
34	5315	5328	5340	5353	5366	5378	5391	5403	5416	5428	1 2 4	5 6 8	9 10 11
35	5441	5453	5465	5478	5490	5502	5514	5527	5539	5551	1 2 4	5 6 7	9 10 11
36	5563	5575	5587	5599	5611	5623	5635	5647	5658	5670	1 2 4	5 6 7	8 10 11
37	5682	5694	5705	5717	5729	5740	5752	5763	5775	5786	1 2 4	5 6 7	8 9 11
38	5798	5809	5821	5832	5843	5855	5866	5877	5888	5899	1 2 3	5 6 7	8 9 10
39	5911	5922	5933	5944	5955	5966	5977	5988	5999	6010	1 2 3	4 5 7	8 9 10
40	6021	6031	6042	6053	6064	6075	6085	6096	6107	6117	1 2 3	4 5 6	8 9 10
41	6128	6138	6149	6160	6170	6180	6191	6201	6212	6222	1 2 3	4 5 6	7 8 9
42	6232	6243	6253	6263	6274	6284	6294	6304	6314	6325	1 2 3	4 5 6	7 8 9
43	6335	6345	6355	6365	6375	6385	6395	6405	6415	6425	1 2 3	4 5 6	7 8 9
44	6435	6444	6454	6464	6474	6484	6493	6503	6513	6522	1 2 3	4 5 6	7 8 9
45	6532	6542	6551	6561	6571	6580	6590	6599	6609	6618	1 2 3	4 5 6	7 8 9
46	6628	6637	6646	6656	6665	6675	6684	6693	6702	6712	1 2 3	4 5 6	7 7 8
47	6721	6730	6739	6749	6758	6767	6776	6785	6794	6803	1 2 3	4 5 6	7 7 8
48	6812	6821	6830	6839	6848	6857	6866	6875	6884	6893	1 2 3	4 5 6	7 7 8
49	6902	6911	6920	6928	6937	6946	6955	6964	6972	6981	1 2 3	4 4 5	6 7 8
50	6990	6998	7007	7016	7024	7033	7042	7050	7059	7067	1 2 3	3 4 5	6 7 8
51	7076	7084	7093	7101	7110	7118	7126	7135	7143	7152	1 2 3	3 4 5	6 7 8
52	7160	7168	7177	7185	7193	7202	7210	7218	7226	7235	1 2 3	3 4 5	6 7 7
53	7243	7251	7259	7267	7275	7284	7292	7300	7308	7316	1 2 2	3 4 5	6 6 7
54	7324	7332	7340	7348	7356	7364	7372	7380	7388	7396	1 2 2	3 4 5	6 6 7
N	0	1	2	3	4	5	6	7	8	9	1 2 2	4 5 6	7 8 9

The proportional parts are stated in full for every tenth at the right-hand side. The logarithm of any number of four significant figures can be read directly by add-

Table XIV a — Four Place Logarithms

N	0	1	2	3	4	5	6	7	8	9	1	2	3	4	5	6	7	8	9
55	7404	7412	7419	7427	7435	7443	7451	7459	7466	7474	1	2	2	3	4	5	5	6	7
56	7482	7490	7497	7505	7513	7520	7528	7536	7543	7551	1	2	2	3	4	5	5	6	7
57	7559	7566	7574	7582	7589	7597	7604	7612	7619	7627	1	1	2	3	4	5	5	6	7
58	7634	7642	7649	7657	7664	7672	7679	7686	7694	7701	1	1	2	3	4	4	5	6	7
59	7709	7716	7723	7731	7738	7745	7752	7760	7767	7774	1	1	2	3	4	4	5	6	7
60	7782	7789	7796	7803	7810	7818	7825	7832	7839	7846	1	1	2	3	4	4	5	6	6
61	7853	7860	7868	7875	7882	7889	7896	7903	7910	7917	1	1	2	3	3	4	5	6	6
62	7924	7931	7938	7945	7952	7959	7966	7973	7980	7987	1	1	2	3	3	4	5	6	6
63	7993	8000	8007	8014	8021	8028	8035	8041	8048	8055	1	1	2	3	3	4	5	5	6
64	8062	8069	8075	8082	8089	8096	8102	8109	8116	8122	1	1	2	3	3	4	5	5	6
65	8129	8136	8142	8149	8156	8162	8169	8176	8182	8189	1	1	2	3	3	4	5	5	6
66	8195	8202	8209	8215	8222	8228	8235	8241	8248	8254	1	1	2	3	3	4	5	5	6
67	8261	8267	8274	8280	8287	8293	8299	8306	8312	8319	1	1	2	3	3	4	5	5	6
68	8325	8331	8338	8344	8351	8357	8363	8370	8376	8382	1	1	2	3	3	4	4	5	6
69	8388	8395	8401	8407	8414	8420	8426	8432	8439	8445	1	1	2	3	3	4	4	5	6
70	8451	8457	8463	8470	8476	8482	8488	8494	8500	8506	1	1	2	3	3	4	4	5	6
71	8513	8519	8525	8531	8537	8543	8549	8555	8561	8567	1	1	2	3	3	4	4	5	6
72	8573	8579	8585	8591	8597	8603	8609	8615	8621	8627	1	1	2	3	3	4	4	5	6
73	8633	8639	8645	8651	8657	8663	8669	8675	8681	8686	1	1	2	2	3	4	4	5	5
74	8692	8698	8704	8710	8716	8722	8727	8733	8739	8745	1	1	2	2	3	4	4	5	5
75	8751	8756	8762	8768	8774	8779	8785	8791	8797	8802	1	1	2	2	3	3	4	5	5
76	8808	8814	8820	8825	8831	8837	8842	8848	8854	8859	1	1	2	2	3	3	4	4	5
77	8865	8871	8876	8882	8887	8893	8899	8904	8910	8915	1	1	2	2	3	3	4	4	5
78	8921	8927	8932	8938	8943	8949	8954	8960	8965	8971	1	1	2	2	3	3	4	4	5
79	8976	8982	8987	8993	8998	9004	9009	9015	9020	9025	1	1	2	2	3	3	4	4	5
80	9031	9036	9042	9047	9053	9058	9063	9069	9074	9079	1	1	2	2	3	3	4	4	5
81	9085	9090	9096	9101	9106	9112	9117	9122	9128	9133	1	1	2	2	3	3	4	4	5
82	9138	9143	9149	9154	9159	9165	9170	9175	9180	9186	1	1	2	2	3	3	4	4	5
83	9191	9196	9201	9206	9212	9217	9222	9227	9232	9238	1	1	2	2	3	3	4	4	5
84	9243	9248	9253	9258	9263	9269	9274	9279	9284	9289	1	1	2	2	3	3	4	4	5
85	9294	9299	9304	9309	9315	9320	9325	9330	9335	9340	1	1	2	2	3	3	4	4	5
86	9345	9350	9355	9360	9365	9370	9375	9380	9385	9390	1	1	2	2	3	3	4	4	5
87	9395	9400	9405	9410	9415	9420	9425	9430	9435	9440	1	1	2	2	3	3	4	4	5
88	9445	9450	9455	9460	9465	9469	9474	9479	9484	9489	0	1	1	2	2	3	3	4	4
89	9494	9499	9504	9509	9513	9518	9523	9528	9533	9538	0	1	1	2	2	3	3	4	4
90	9542	9547	9552	9557	9562	9566	9571	9576	9581	9586	0	1	1	2	2	3	3	4	4
91	9590	9595	9600	9605	9609	9614	9619	9624	9628	9633	0	1	1	2	2	3	3	4	4
92	9638	9643	9647	9652	9657	9661	9666	9671	9675	9680	0	1	1	2	2	3	3	4	4
93	9685	9689	9694	9699	9703	9708	9713	9717	9722	9727	0	1	1	2	2	3	3	4	4
94	9731	9736	9741	9745	9750	9754	9759	9763	9768	9773	0	1	1	2	2	3	3	4	4
95	9777	9782	9786	9791	9795	9800	9805	9809	9814	9818	0	1	1	2	2	3	3	4	4
96	9823	9827	9832	9836	9841	9845	9850	9854	9859	9863	0	1	1	2	2	3	3	4	4
97	9868	9872	9877	9881	9886	9890	9894	9899	9903	9908	0	1	1	2	2	3	3	4	4
98	9912	9917	9921	9926	9930	9934	9939	9943	9948	9952	0	1	1	2	2	3	3	3	4
99	9956	9961	9965	9969	9974	9978	9983	9987	9991	9996	0	1	1	2	2	3	3	3	4
N	0	1	2	3	4	5	6	7	8	9	1	2	3	4	5	6	7	8	9

ing the proportional part corresponding to the fourth figure to the tabular number corresponding to the first three figures. There may be an error of 1 in the last place.

Table XIV b — Antilogarithms to Four Places [XIV

	0	1	2	3	4	5	6	7	8	9	1 2 3	4 5 6	7 8 9
.00	1000	1002	1005	1007	1009	1012	1014	1016	1019	1021	0 0 1	1 1 1	2 2 2
.01	1023	1026	1028	1030	1033	1035	1038	1040	1042	1045	0 0 1	1 1 1	2 2 2
.02	1047	1050	1052	1054	1057	1059	1062	1064	1067	1069	0 0 1	1 1 1	2 2 2
.03	1072	1074	1076	1079	1081	1084	1086	1089	1091	1094	0 0 1	1 1 1	2 2 2
.04	1096	1099	1102	1104	1107	1109	1112	1114	1117	1119	0 1 1	1 1 2	2 2 2
.05	1122	1125	1127	1130	1132	1135	1138	1140	1143	1146	0 1 1	1 1 2	2 2 2
.06	1148	1151	1153	1156	1159	1161	1164	1167	1169	1172	0 1 1	1 1 2	2 2 2
.07	1175	1178	1180	1183	1186	1189	1191	1194	1197	1199	0 1 1	1 1 2	2 2 2
.08	1202	1205	1208	1211	1213	1216	1219	1222	1225	1227	0 1 1	1 1 2	2 2 3
.09	1230	1233	1236	1239	1242	1245	1247	1250	1253	1256	0 1 1	1 1 2	2 2 3
.10	1259	1262	1265	1268	1271	1274	1276	1279	1282	1285	0 1 1	1 1 2	2 2 3
.11	1288	1291	1294	1297	1300	1303	1306	1309	1312	1315	0 1 1	1 2 2	2 2 3
.12	1318	1321	1324	1327	1330	1334	1337	1340	1343	1346	0 1 1	1 2 2	2 2 3
.13	1349	1352	1355	1358	1361	1365	1368	1371	1374	1377	0 1 1	1 2 2	2 3 3
.14	1380	1384	1387	1390	1393	1396	1400	1403	1406	1409	0 1 1	1 2 2	2 3 3
.15	1413	1416	1419	1422	1426	1429	1432	1435	1439	1442	0 1 1	1 2 2	2 3 3
.16	1445	1449	1452	1455	1459	1462	1466	1469	1472	1476	0 1 1	1 2 2	2 3 3
.17	1479	1483	1486	1489	1493	1496	1500	1503	1507	1510	0 1 1	1 2 2	2 3 3
.18	1514	1517	1521	1524	1528	1531	1535	1538	1542	1545	0 1 1	1 2 2	2 3 3
.19	1549	1552	1556	1560	1563	1567	1570	1574	1578	1581	0 1 1	1 2 2	2 3 3
.20	1585	1589	1592	1596	1600	1603	1607	1611	1614	1618	0 1 1	1 2 2	3 3 3
.21	1622	1626	1629	1633	1637	1641	1644	1648	1652	1656	0 1 1	1 2 2	3 3 3
.22	1660	1663	1667	1671	1675	1679	1683	1687	1690	1694	0 1 1	2 2 2	3 3 3
.23	1698	1702	1706	1710	1714	1718	1722	1726	1730	1734	0 1 1	2 2 2	3 3 3
.24	1738	1742	1746	1750	1754	1758	1762	1766	1770	1774	0 1 1	2 2 2	3 3 4
.25	1778	1782	1786	1791	1795	1799	1803	1807	1811	1816	0 1 1	2 2 3	3 3 4
.26	1820	1824	1828	1832	1837	1841	1845	1849	1854	1858	0 1 1	2 2 3	3 3 4
.27	1862	1866	1871	1875	1879	1884	1888	1892	1897	1901	0 1 1	2 2 3	3 3 4
.28	1905	1910	1914	1919	1923	1928	1932	1936	1941	1945	0 1 1	2 2 3	3 4 4
.29	1950	1954	1959	1963	1968	1972	1977	1982	1986	1991	0 1 1	2 2 3	3 4 4
.30	1995	2000	2004	2009	2014	2018	2023	2028	2032	2037	0 1 1	2 2 3	3 4 4
.31	2042	2046	2051	2056	2061	2065	2070	2075	2080	2084	0 1 1	2 2 3	3 4 4
.32	2089	2094	2099	2104	2109	2113	2118	2123	2128	2133	0 1 1	2 2 3	3 4 4
.33	2138	2143	2148	2153	2158	2163	2168	2173	2178	2183	0 1 1	2 2 3	3 4 4
.34	2188	2193	2198	2203	2208	2213	2218	2223	2228	2234	1 1 2	2 3 3	4 4 5
.35	2239	2244	2249	2254	2259	2265	2270	2275	2280	2286	1 1 2	2 3 3	4 4 5
.36	2291	2296	2301	2307	2312	2317	2323	2328	2333	2339	1 1 2	2 3 3	4 4 5
.37	2344	2350	2355	2360	2366	2371	2377	2382	2388	2393	1 1 2	2 3 3	4 4 5
.38	2399	2404	2410	2415	2421	2427	2432	2438	2443	2449	1 1 2	2 3 3	4 5 5
.39	2455	2460	2466	2472	2477	2483	2489	2495	2500	2506	1 1 2	2 3 3	4 5 5
.40	2512	2518	2523	2529	2535	2541	2547	2553	2559	2564	1 1 2	2 3 4	4 5 5
.41	2570	2576	2582	2588	2594	2600	2606	2612	2618	2624	1 1 2	2 3 4	4 5 6
.42	2630	2636	2642	2649	2655	2661	2667	2673	2679	2685	1 1 2	2 3 4	4 5 6
.43	2692	2698	2704	2710	2716	2723	2729	2735	2742	2748	1 1 2	2 3 4	4 5 6
.44	2754	2761	2767	2773	2780	2786	2793	2799	2805	2812	1 1 2	3 3 4	4 5 6
.45	2818	2825	2831	2838	2844	2851	2858	2864	2871	2877	1 1 2	3 3 4	5 5 6
.46	2884	2891	2897	2904	2911	2917	2924	2931	2938	2944	1 1 2	3 3 4	5 5 6
.47	2951	2958	2965	2972	2979	2985	2992	2999	3006	3013	1 1 2	3 3 4	5 6 6
.48	3020	3027	3034	3041	3048	3055	3062	3069	3076	3083	1 1 2	3 3 4	5 6 6
.49	3090	3097	3105	3112	3119	3126	3133	3141	3148	3155	1 1 2	3 4 4	5 6 6

Table XIV b — Antilogarithms to Four Places

	0	1	2	3	4	5	6	7	8	9	1	2	3	4	5	6	7	8	9
.50	3162	3170	3177	3184	3192	3199	3206	3214	3221	3228	1	1	2	3	4	4	5	6	7
.51	3236	3243	3251	3258	3266	3273	3281	3289	3296	3304	1	1	2	3	4	4	5	6	7
.52	3311	3319	3327	3334	3342	3350	3357	3365	3373	3381	1	1	2	3	4	5	5	6	7
.53	3388	3396	3404	3412	3420	3428	3436	3443	3451	3459	1	2	2	3	4	5	6	6	7
.54	3467	3475	3483	3491	3499	3508	3516	3524	3532	3540	1	2	2	3	4	5	6	6	7
.55	3548	3556	3565	3573	3581	3589	3597	3606	3614	3622	1	2	2	3	4	5	6	7	7
.56	3631	3639	3648	3656	3664	3673	3681	3690	3698	3707	1	2	2	3	4	5	6	7	8
.57	3715	3724	3733	3741	3750	3758	3767	3776	3784	3793	1	2	3	3	4	5	6	7	8
.58	3802	3811	3819	3828	3837	3846	3855	3864	3873	3882	1	2	3	3	4	5	6	7	8
.59	3890	3899	3908	3917	3926	3936	3945	3954	3963	3972	1	2	3	4	5	5	6	7	8
.60	3981	3990	3999	4009	4018	4027	4036	4046	4055	4064	1	2	3	4	5	6	7	8	8
.61	4074	4083	4093	4102	4111	4121	4130	4140	4150	4159	1	2	3	4	5	6	7	8	9
.62	4169	4178	4188	4198	4207	4217	4227	4236	4246	4256	1	2	3	4	5	6	7	8	9
.63	4266	4276	4285	4295	4305	4315	4325	4335	4345	4355	1	2	3	4	5	6	7	8	9
.64	4365	4375	4385	4395	4406	4416	4426	4436	4446	4457	1	2	3	4	5	6	7	8	9
.65	4467	4477	4487	4498	4508	4519	4529	4539	4550	4560	1	2	3	4	5	6	7	8	9
.66	4571	4581	4592	4603	4613	4624	4634	4645	4656	4667	1	2	3	4	5	6	7	9	10
.67	4677	4688	4699	4710	4721	4732	4742	4753	4764	4775	1	2	3	4	5	7	8	9	10
.68	4786	4797	4808	4819	4831	4842	4853	4864	4875	4887	1	2	3	5	6	7	8	9	10
.69	4898	4909	4920	4932	4943	4955	4966	4977	4989	5000	1	2	3	5	6	7	8	9	10
.70	5012	5023	5035	5047	5058	5070	5082	5093	5105	5117	1	2	3	5	6	7	8	9	10
.71	5129	5140	5152	5164	5176	5188	5200	5212	5224	5236	1	2	4	5	6	7	8	10	11
.72	5248	5260	5272	5284	5297	5309	5321	5333	5346	5358	1	2	4	5	6	7	9	10	11
.73	5370	5383	5395	5408	5420	5433	5445	5458	5470	5483	1	3	4	5	6	7	9	10	11
.74	5495	5508	5521	5534	5546	5559	5572	5585	5598	5610	1	3	4	5	6	8	9	10	12
.75	5623	5636	5649	5662	5675	5689	5702	5715	5728	5741	1	3	4	5	7	8	9	11	12
.76	5754	5768	5781	5794	5808	5821	5834	5848	5861	5875	1	3	4	5	7	8	9	11	12
.77	5888	5902	5916	5929	5943	5957	5970	5984	5998	6012	1	3	4	5	7	8	10	11	12
.78	6026	6039	6053	6067	6081	6095	6109	6124	6138	6152	1	3	4	6	7	8	10	11	13
.79	6166	6180	6194	6209	6223	6237	6252	6266	6281	6295	1	3	4	6	7	9	10	11	13
.80	6310	6324	6339	6353	6368	6383	6397	6412	6427	6442	1	3	4	6	7	9	10	12	13
.81	6457	6471	6486	6501	6516	6531	6546	6561	6577	6592	2	3	5	6	8	9	11	12	14
.82	6607	6622	6637	6653	6668	6683	6699	6714	6730	6745	2	3	5	6	8	9	11	12	14
.83	6761	6776	6792	6808	6823	6839	6855	6871	6887	6902	2	3	5	6	8	9	11	13	14
.84	6918	6934	6950	6966	6982	6998	7015	7031	7047	7063	2	3	5	7	8	10	11	13	15
.85	7079	7096	7112	7129	7145	7161	7178	7194	7211	7228	2	3	5	7	8	10	12	13	15
.86	7244	7261	7278	7295	7311	7328	7345	7362	7379	7396	2	3	5	7	8	10	12	14	15
.87	7413	7430	7447	7464	7482	7499	7516	7534	7551	7568	2	4	5	7	9	10	12	14	16
.88	7586	7603	7621	7638	7656	7674	7691	7709	7727	7745	2	4	5	7	9	11	12	14	16
.89	7762	7780	7798	7816	7834	7852	7870	7889	7907	7925	2	4	6	7	9	11	13	15	16
.90	7943	7962	7980	7998	8017	8035	8054	8072	8091	8110	2	4	6	7	9	11	13	15	17
.91	8128	8147	8166	8185	8204	8222	8241	8260	8279	8299	2	4	6	8	9	11	13	15	17
.92	8318	8337	8356	8375	8395	8414	8433	8453	8472	8492	2	4	6	8	10	12	14	15	17
.93	8511	8531	8551	8570	8590	8610	8630	8650	8670	8690	2	4	6	8	10	12	14	16	18
.94	8710	8730	8750	8770	8790	8810	8831	8851	8872	8892	2	4	6	8	10	12	14	16	18
.95	8913	8933	8954	8974	8995	9016	9036	9057	9078	9099	2	4	6	8	10	12	15	17	19
.96	9120	9141	9162	9183	9204	9226	9247	9268	9290	9311	2	4	6	8	11	13	15	17	19
.97	9333	9354	9376	9397	9419	9441	9462	9484	9506	9528	2	4	6	9	11	13	15	17	19
.98	9550	9572	9594	9616	9638	9661	9683	9705	9727	9750	2	4	7	9	11	13	16	18	20
.99	9772	9795	9817	9840	9863	9886	9908	9931	9954	9977	2	5	7	9	11	14	16	18	21

138 Table XIV c — Four Place Trigonometric Functions [XIV

[Characteristics of Logarithms omitted — determine by the usual rule from the value]

Radians	Degrees	Sine Value	Sine Log₁₀	Tangent Value	Tangent Log₁₀	Cotangent Value	Cotangent Log₁₀	Cosine Value	Cosine Log₁₀		
.0000	0° 00'	.0000	——	.0000	——	——	——	1.0000	.0000	90° 00'	1.5708
.0029	10	.0029	.4637	.0029	.4637	343.77	.5363	1.0000	.0000	50	1.5679
.0058	20	.0058	.7648	.0058	.7648	171.89	.2352	1.0000	.0000	40	1.5650
.0087	30	.0087	.9408	.0087	.9409	114.59	.0591	1.0000	.0000	30	1.5621
.0116	40	.0116	.0658	.0116	.0658	85.940	.9342	.9999	.0000	20	1.5592
.0145	50	.0145	.1627	.0145	.1627	68.750	.8373	.9999	.0000	10	1.5563
.0175	1° 00'	.0175	.2419	.0175	.2419	57.290	.7581	.9998	.9999	89° 00'	1.5533
.0204	10	.0204	.3088	.0204	.3089	49.104	.6911	.9998	.9999	50	1.5504
.0233	20	.0233	.3668	.0233	.3669	42.964	.6331	.9997	.9999	40	1.5475
.0262	30	.0262	.4179	.0262	.4181	38.188	.5819	.9997	.9999	30	1.5446
.0291	40	.0291	.4637	.0291	.4638	34.368	.5362	.9996	.9998	20	1.5417
.0320	50	.0320	.5050	.0320	.5053	31.242	.4947	.9995	.9998	10	1.5388
.0349	2° 00'	.0349	.5428	.0349	.5431	28.636	.4569	.9994	.9997	88° 00'	1.5359
.0378	10	.0378	.5776	.0378	.5779	26.432	.4221	.9993	.9997	50	1.5330
.0407	20	.0407	.6097	.0407	.6101	24.542	.3899	.9992	.9996	40	1.5301
.0436	30	.0436	.6397	.0437	.6401	22.904	.3599	.9990	.9996	30	1.5272
.0465	40	.0465	.6677	.0466	.6682	21.470	.3318	.9989	.9995	20	1.5243
.0495	50	.0494	.6940	.0495	.6945	20.206	.3055	.9988	.9995	10	1.5213
.0524	3° 00'	.0523	.7188	.0524	.7194	19.081	.2806	.9986	.9994	87° 00'	1.5184
.0553	10	.0552	.7423	.0553	.7429	18.075	.2571	.9985	.9993	50	1.5155
.0582	20	.0581	.7645	.0582	.7652	17.169	.2348	.9983	.9993	40	1.5126
.0611	30	.0610	.7857	.0612	.7865	16.350	.2135	.9981	.9992	30	1.5097
.0640	40	.0640	.8059	.0641	.8067	15.605	.1933	.9980	.9991	20	1.5068
.0669	50	.0669	.8251	.0670	.8261	14.924	.1739	.9978	.9990	10	1.5039
.0698	4° 00'	.0698	.8436	.0699	.8446	14.301	.1554	.9976	.9989	86° 00'	1.5010
.0727	10	.0727	.8613	.0729	.8624	13.727	.1376	.9974	.9989	50	1.4981
.0756	20	.0756	.8783	.0758	.8795	13.197	.1205	.9971	.9988	40	1.4952
.0785	30	.0785	.8946	.0787	.8960	12.706	.1040	.9969	.9987	30	1.4923
.0814	40	.0814	.9104	.0816	.9118	12.251	.0882	.9967	.9986	20	1.4893
.0844	50	.0843	.9256	.0846	.9272	11.826	.0728	.9964	.9985	10	1.4864
.0873	5° 00'	.0872	.9403	.0875	.9420	11.430	.0580	.9962	.9983	85° 00'	1.4835
.0902	10	.0901	.9545	.0904	.9563	11.059	.0437	.9959	.9982	50	1.4806
.0931	20	.0929	.9682	.0934	.9701	10.712	.0299	.9957	.9981	40	1.4777
.0960	30	.0958	.9816	.0963	.9836	10.385	.0164	.9954	.9980	30	1.4748
.0989	40	.0987	.9945	.0992	.9966	10.078	.0034	.9951	.9979	20	1.4719
.1018	50	.1016	.0070	.1022	.0093	9.7882	.9907	.9948	.9977	10	1.4690
.1047	6° 00'	.1045	.0192	.1051	.0216	9.5144	.9784	.9945	.9976	84° 00'	1.4661
.1076	10	.1074	.0311	.1080	.0336	9.2553	.9664	.9942	.9975	50	1.4632
.1105	20	.1103	.0426	.1110	.0453	9.0098	.9547	.9939	.9973	40	1.4603
.1134	30	.1132	.0539	.1139	.0567	8.7769	.9433	.9936	.9972	30	1.4573
.1164	40	.1161	.0648	.1169	.0678	8.5555	.9322	.9932	.9971	20	1.4544
.1193	50	.1190	.0755	.1198	.0786	8.3450	.9214	.9929	.9969	10	1.4515
.1222	7° 00'	.1219	.0859	.1228	.0891	8.1443	.9109	.9925	.9968	83° 00'	1.4486
.1251	10	.1248	.0961	.1257	.0995	7.9530	.9005	.9922	.9966	50	1.4457
.1280	20	.1276	.1060	.1287	.1096	7.7704	.8904	.9918	.9964	40	1.4428
.1309	30	.1305	.1157	.1317	.1194	7.5958	.8806	.9914	.9963	30	1.4399
.1338	40	.1334	.1252	.1346	.1291	7.4287	.8709	.9911	.9961	20	1.4370
.1367	50	.1363	.1345	.1376	.1385	7.2687	.8615	.9907	.9959	10	1.4341
.1396	8° 00'	.1392	.1436	.1405	.1478	7.1154	.8522	.9903	.9958	82° 00'	1.4312
.1425	10	.1421	.1525	.1435	.1569	6.9682	.8431	.9899	.9956	50	1.4283
.1454	20	.1449	.1612	.1465	.1658	6.8269	.8342	.9894	.9954	40	1.4254
.1484	30	.1478	.1697	.1495	.1745	6.6912	.8255	.9890	.9952	30	1.4224
.1513	40	.1507	.1781	.1524	.1831	6.5606	.8169	.9886	.9950	20	1.4195
.1542	50	.1536	.1863	.1554	.1915	6.4348	.8085	.9881	.9948	10	1.4166
.1571	9° 00'	.1564	.1943	.1584	.1997	6.3138	.8003	.9877	.9946	81° 00'	1.4137
		Value Log₁₀ Cosine		Value Log₁₀ Cotangent		Value Log₁₀ Tangent		Value Log₁₀ Sine		Degrees	Radians

Four Place Trigonometric Functions

[Characteristics of Logarithms omitted — determine by the usual rule from the value]

Radians	Degrees	Sine Value	Sine Log₁₀	Tangent Value	Tangent Log₁₀	Cotangent Value	Cotangent Log₁₀	Cosine Value	Cosine Log₁₀		
.1571	9° 00'	.1564	.1943	.1584	.1997	6.3138	.8003	.9877	.9946	81° 00'	1.4137
.1600	10	.1593	.2022	.1614	.2078	6.1970	.7922	.9872	.9944	50	1.4108
.1629	20	.1622	.2100	.1644	.2158	6.0844	.7842	.9868	.9942	40	1.4079
.1658	30	.1650	.2176	.1673	.2236	5.9758	.7764	.9863	.9940	30	1.4050
.1687	40	.1679	.2251	.1703	.2313	5.8708	.7687	.9858	.9938	20	1.4021
.1716	50	.1708	.2324	.1733	.2389	5.7694	.7611	.9853	.9936	10	1.3992
.1745	10° 00'	.1736	.2397	.1763	.2463	5.6713	.7537	.9848	.9934	80° 00'	1.3963
.1774	10	.1765	.2468	.1793	.2536	5.5764	.7464	.9843	.9931	50	1.3934
.1804	20	.1794	.2538	.1823	.2609	5.4845	.7391	.9838	.9929	40	1.3904
.1833	30	.1822	.2606	.1853	.2680	5.3955	.7320	.9833	.9927	30	1.3875
.1862	40	.1851	.2674	.1883	.2750	5.3093	.7250	.9827	.9924	20	1.3846
.1891	50	.1880	.2740	.1914	.2819	5.2257	.7181	.9822	.9922	10	1.3817
.1920	11° 00'	.1908	.2806	.1944	.2887	5.1446	.7113	.9816	.9919	79° 00'	1.3788
.1949	10	.1937	.2870	.1974	.2953	5.0658	.7047	.9811	.9917	50	1.3759
.1978	20	.1965	.2934	.2004	.3020	4.9894	.6980	.9805	.9914	40	1.3730
.2007	30	.1994	.2997	.2035	.3085	4.9152	.6915	.9799	.9912	30	1.3701
.2036	40	.2022	.3058	.2065	.3149	4.8430	.6851	.9793	.9909	20	1.3672
.2065	50	.2051	.3119	.2095	.3212	4.7729	.6788	.9787	.9907	10	1.3643
.2094	12° 00'	.2079	.3179	.2126	.3275	4.7046	.6725	.9781	.9904	78° 00'	1.3614
.2123	10	.2108	.3238	.2156	.3336	4.6382	.6664	.9775	.9901	50	1.3584
.2153	20	.2136	.3296	.2186	.3397	4.5736	.6603	.9769	.9899	40	1.3555
.2182	30	.2164	.3353	.2217	.3458	4.5107	.6542	.9763	.9896	30	1.3526
.2211	40	.2193	.3410	.2247	.3517	4.4494	.6483	.9757	.9893	20	1.3497
.2240	50	.2221	.3466	.2278	.3576	4.3897	.6424	.9750	.9890	10	1.3468
.2269	13° 00'	.2250	.3521	.2309	.3634	4.3315	.6366	.9744	.9887	77° 00'	1.3439
.2298	10	.2278	.3575	.2339	.3691	4.2747	.6309	.9737	.9884	50	1.3410
.2327	20	.2306	.3629	.2370	.3748	4.2193	.6252	.9730	.9881	40	1.3381
.2356	30	.2334	.3682	.2401	.3804	4.1653	.6196	.9724	.9878	30	1.3352
.2385	40	.2363	.3734	.2432	.3859	4.1126	.6141	.9717	.9875	20	1.3323
.2414	50	.2391	.3786	.2462	.3914	4.0611	.6086	.9710	.9872	10	1.3294
.2443	14° 00'	.2419	.3837	.2493	.3968	4.0108	.6032	.9703	.9869	76° 00'	1.3265
.2473	10	.2447	.3887	.2524	.4021	3.9617	.5979	.9696	.9866	50	1.3235
.2502	20	.2476	.3937	.2555	.4074	3.9136	.5926	.9689	.9863	40	1.3206
.2531	30	.2504	.3986	.2586	.4127	3.8667	.5873	.9681	.9859	30	1.3177
.2560	40	.2532	.4035	.2617	.4178	3.8208	.5822	.9674	.9856	20	1.3148
.2589	50	.2560	.4083	.2648	.4230	3.7760	.5770	.9667	.9853	10	1.3119
.2618	15° 00'	.2588	.4130	.2679	.4281	3.7321	.5719	.9659	.9849	75° 00'	1.3090
.2647	10	.2616	.4177	.2711	.4331	3.6891	.5669	.9652	.9846	50	1.3061
.2676	20	.2644	.4223	.2742	.4381	3.6470	.5619	.9644	.9843	40	1.3032
.2705	30	.2672	.4269	.2773	.4430	3.6059	.5570	.9636	.9839	30	1.3003
.2734	40	.2700	.4314	.2805	.4479	3.5656	.5521	.9628	.9836	20	1.2974
.2763	50	.2728	.4359	.2836	.4527	3.5261	.5473	.9621	.9832	10	1.2945
.2793	16° 00'	.2756	.4403	.2867	.4575	3.4874	.5425	.9613	.9828	74° 00'	1.2915
.2822	10	.2784	.4447	.2899	.4622	3.4495	.5378	.9605	.9825	50	1.2886
.2851	20	.2812	.4491	.2931	.4669	3.4124	.5331	.9596	.9821	40	1.2857
.2880	30	.2840	.4533	.2962	.4716	3.3759	.5284	.9588	.9817	30	1.2828
.2909	40	.2868	.4576	.2994	.4762	3.3402	.5238	.9580	.9814	20	1.2799
.2938	50	.2896	.4618	.3026	.4808	3.3052	.5192	.9572	.9810	10	1.2770
.2967	17° 00'	.2924	.4659	.3057	.4853	3.2709	.5147	.9563	.9806	73° 00'	1.2741
.2996	10	.2952	.4700	.3089	.4898	3.2371	.5102	.9555	.9802	50	1.2712
.3025	20	.2979	.4741	.3121	.4943	3.2041	.5057	.9546	.9798	40	1.2683
.3054	30	.3007	.4781	.3153	.4987	3.1716	.5013	.9537	.9794	30	1.2654
.3083	40	.3035	.4821	.3185	.5031	3.1397	.4969	.9528	.9790	20	1.2625
.3113	50	.3062	.4861	.3217	.5075	3.1084	.4925	.9520	.9786	10	1.2595
.3142	18° 00'	.3090	.4900	.3249	.5118	3.0777	.4882	.9511	.9782	72° 00'	1.2566
		Value Cosine	Log₁₀	Value Cotangent	Log₁₀	Value Tangent	Log₁₀	Value Sine	Log₁₀	Degrees	Radians

140 Four Place Trigonometric Functions [XIV

[Characteristics of Logarithms omitted — determine by the usual rule from the value]

Radians	Degrees	Sine Value	Sine Log₁₀	Tangent Value	Tangent Log₁₀	Cotangent Value	Cotangent Log₁₀	Cosine Value	Cosine Log₁₀		
.3142	18° 00'	.3090	.4900	.3249	.5118	3.0777	.4882	.9511	.9782	72° 00'	1.2566
.3171	10	.3118	.4939	.3281	.5161	3.0475	.4839	.9502	.9778	50	1.2537
.3200	20	.3145	.4977	.3314	.5203	3.0178	.4797	.9492	.9774	40	1.2508
.3229	30	.3173	.5015	.3346	.5245	2.9887	.4755	.9483	.9770	30	1.2479
.3258	40	.3201	.5052	.3378	.5287	2.9600	.4713	.9474	.9765	20	1.2450
.3287	50	.3228	.5090	.3411	.5329	2.9319	.4671	.9465	.9761	10	1.2421
.3316	19° 00'	.3256	.5126	.3443	.5370	2.9042	.4630	.9455	.9757	71° 00'	1.2392
.3345	10	.3283	.5163	.3476	.5411	2.8770	.4589	.9446	.9752	50	1.2363
.3374	20	.3311	.5199	.3508	.5451	2.8502	.4549	.9436	.9748	40	1.2334
.3403	30	.3338	.5235	.3541	.5491	2.8239	.4509	.9426	.9743	30	1.2305
.3432	40	.3365	.5270	.3574	.5531	2.7980	.4469	.9417	.9739	20	1.2275
.3462	50	.3393	.5306	.3607	.5571	2.7725	.4429	.9407	.9734	10	1.2246
.3491	20° 00'	.3420	.5341	.3640	.5611	2.7475	.4389	.9397	.9730	70° 00'	1.2217
.3520	10	.3448	.5375	.3673	.5650	2.7228	.4350	.9387	.9725	50	1.2188
.3549	20	.3475	.5409	.3706	.5689	2.6985	.4311	.9377	.9721	40	1.2159
.3578	30	.3502	.5443	.3739	.5727	2.6746	.4273	.9367	.9716	30	1.2130
.3607	40	.3529	.5477	.3772	.5766	2.6511	.4234	.9356	.9711	20	1.2101
.3636	50	.3557	.5510	.3805	.5804	2.6279	.4196	.9346	.9706	10	1.2072
.3665	21° 00'	.3584	.5543	.3839	.5842	2.6051	.4158	.9336	.9702	69° 00'	1.2043
.3694	10	.3611	.5576	.3872	.5879	2.5826	.4121	.9325	.9697	50	1.2014
.3723	20	.3638	.5609	.3906	.5917	2.5605	.4083	.9315	.9692	40	1.1985
.3752	30	.3665	.5641	.3939	.5954	2.5386	.4046	.9304	.9687	30	1.1956
.3782	40	.3692	.5673	.3973	.5991	2.5172	.4009	.9293	.9682	20	1.1926
.3811	50	.3719	.5704	.4006	.6028	2.4960	.3972	.9283	.9677	10	1.1897
.3840	22° 00'	.3746	.5736	.4040	.6064	2.4751	.3936	.9272	.9672	68° 00'	1.1868
.3869	10	.3773	.5767	.4074	.6100	2.4545	.3900	.9261	.9667	50	1.1839
.3898	20	.3800	.5798	.4108	.6136	2.4342	.3864	.9250	.9661	40	1.1810
.3927	30	.3827	.5828	.4142	.6172	2.4142	.3828	.9239	.9656	30	1.1781
.3956	40	.3854	.5859	.4176	.6208	2.3945	.3792	.9228	.9651	20	1.1752
.3985	50	.3881	.5889	.4210	.6243	2.3750	.3757	.9216	.9646	10	1.1723
.4014	23° 00'	.3907	.5919	.4245	.6279	2.3559	.3721	.9205	.9640	67° 00'	1.1694
.4043	10	.3934	.5948	.4279	.6314	2.3369	.3686	.9194	.9635	50	1.1665
.4072	20	.3961	.5978	.4314	.6348	2.3183	.3652	.9182	.9629	40	1.1636
.4102	30	.3987	.6007	.4348	.6383	2.2998	.3617	.9171	.9624	30	1.1606
.4131	40	.4014	.6036	.4383	.6417	2.2817	.3583	.9159	.9618	20	1.1577
.4160	50	.4041	.6065	.4417	.6452	2.2637	.3548	.9147	.9613	10	1.1548
.4189	24° 00'	.4067	.6093	.4452	.6486	2.2460	.3514	.9135	.9607	66° 00'	1.1519
.4218	10	.4094	.6121	.4487	.6520	2.2286	.3480	.9124	.9602	50	1.1490
.4247	20	.4120	.6149	.4522	.6553	2.2113	.3447	.9112	.9596	40	1.1461
.4276	30	.4147	.6177	.4557	.6587	2.1943	.3413	.9100	.9590	30	1.1432
.4305	40	.4173	.6205	.4592	.6620	2.1775	.3380	.9088	.9584	20	1.1403
.4334	50	.4200	.6232	.4628	.6654	2.1609	.3346	.9075	.9579	10	1.1374
.4363	25° 00'	.4226	.6259	.4663	.6687	2.1445	.3313	.9063	.9573	65° 00'	1.1345
.4392	10	.4253	.6286	.4699	.6720	2.1283	.3280	.9051	.9567	50	1.1316
.4422	20	.4279	.6313	.4734	.6752	2.1123	.3248	.9038	.9561	40	1.1286
.4451	30	.4305	.6340	.4770	.6785	2.0965	.3215	.9026	.9555	30	1.1257
.4480	40	.4331	.6366	.4806	.6817	2.0809	.3183	.9013	.9549	20	1.1228
.4509	50	.4358	.6392	.4841	.6850	2.0655	.3150	.9001	.9543	10	1.1199
.4538	26° 00'	.4384	.6418	.4877	.6882	2.0503	.3118	.8988	.9537	64° 00'	1.1170
.4567	10	.4410	.6444	.4913	.6914	2.0353	.3086	.8975	.9530	50	1.1141
.4596	20	.4436	.6470	.4950	.6946	2.0204	.3054	.8962	.9524	40	1.1112
.4625	30	.4462	.6495	.4986	.6977	2.0057	.3023	.8949	.9518	30	1.1083
.4654	40	.4488	.6521	.5022	.7009	1.9912	.2991	.8936	.9512	20	1.1054
.4683	50	.4514	.6546	.5059	.7040	1.9768	.2960	.8923	.9505	10	1.1025
.4712	27° 00'	.4540	.6570	.5095	.7072	1.9626	.2928	.8910	.9499	63° 00'	1.0996
		Value Cosine	Log₁₀	Value Cotangent	Log₁₀	Value Tangent	Log₁₀	Value Sine	Log₁₀	Degrees	Radians

Four Place Trigonometric Functions

[Characteristics of Logarithms omitted — determine by the usual rule from the value]

Radians	Degrees	Sine Value	Sine Log₁₀	Tangent Value	Tangent Log₁₀	Cotangent Value	Cotangent Log₁₀	Cosine Value	Cosine Log₁₀		
.4712	27° 00'	.4540	.6570	.5095	.7072	1.9626	.2928	.8910	.9499	63° 00'	1.0996
.4741	10	.4566	.6595	.5132	.7103	1.9486	.2897	.8897	.9492	50	1.0966
.4771	20	.4592	.6620	.5169	.7134	1.9347	.2866	.8884	.9486	40	1.0937
.4800	30	.4617	.6644	.5206	.7165	1.9210	.2835	.8870	.9479	30	1.0908
.4829	40	.4643	.6668	.5243	.7196	1.9074	.2804	.8857	.9473	20	1.0879
.4858	50	.4669	.6692	.5280	.7226	1.8940	.2774	.8843	.9466	10	1.0850
.4887	28° 00'	.4695	.6716	.5317	.7257	1.8807	.2743	.8829	.9459	62° 00'	1.0821
.4916	10	.4720	.6740	.5354	.7287	1.8676	.2713	.8816	.9453	50	1.0792
.4945	20	.4746	.6763	.5392	.7317	1.8546	.2683	.8802	.9446	40	1.0763
.4974	30	.4772	.6787	.5430	.7348	1.8418	.2652	.8788	.9439	30	1.0734
.5003	40	.4797	.6810	.5467	.7378	1.8291	.2622	.8774	.9432	20	1.0705
.5032	50	.4823	.6833	.5505	.7408	1.8165	.2592	.8760	.9425	10	1.0676
.5061	29° 00'	.4848	.6856	.5543	.7438	1.8040	.2562	.8746	.9418	61° 00'	1.0647
.5091	10	.4874	.6878	.5581	.7467	1.7917	.2533	.8732	.9411	50	1.0617
.5120	20	.4899	.6901	.5619	.7497	1.7796	.2503	.8718	.9404	40	1.0588
.5149	30	.4924	.6923	.5658	.7526	1.7675	.2474	.8704	.9397	30	1.0559
.5178	40	.4950	.6946	.5696	.7556	1.7556	.2444	.8689	.9390	20	1.0530
.5207	50	.4975	.6968	.5735	.7585	1.7437	.2415	.8675	.9383	10	1.0501
.5236	30° 00'	.5000	.6990	.5774	.7614	1.7321	.2386	.8660	.9375	60° 00'	1.0472
.5265	10	.5025	.7012	.5812	.7644	1.7205	.2356	.8646	.9368	50	1.0443
.5294	20	.5050	.7033	.5851	.7673	1.7090	.2327	.8631	.9361	40	1.0414
.5323	30	.5075	.7055	.5890	.7701	1.6977	.2299	.8616	.9353	30	1.0385
.5352	40	.5100	.7076	.5930	.7730	1.6864	.2270	.8601	.9346	20	1.0356
.5381	50	.5125	.7097	.5969	.7759	1.6753	.2241	.8587	.9338	10	1.0327
.5411	31° 00'	.5150	.7118	.6009	.7788	1.6643	.2212	.8572	.9331	59° 00'	1.0297
.5440	10	.5175	.7139	.6048	.7816	1.6534	.2184	.8557	.9323	50	1.0268
.5469	20	.5200	.7160	.6088	.7845	1.6426	.2155	.8542	.9315	40	1.0239
.5498	30	.5225	.7181	.6128	.7873	1.6319	.2127	.8526	.9308	30	1.0210
.5527	40	.5250	.7201	.6168	.7902	1.6212	.2098	.8511	.9300	20	1.0181
.5556	50	.5275	.7222	.6208	.7930	1.6107	.2070	.8496	.9292	10	1.0152
.5585	32° 00'	.5299	.7242	.6249	.7958	1.6003	.2042	.8480	.9284	58° 00'	1.0123
.5614	10	.5324	.7262	.6289	.7986	1.5900	.2014	.8465	.9276	50	1.0094
.5643	20	.5348	.7282	.6330	.8014	1.5798	.1986	.8450	.9268	40	1.0065
.5672	30	.5373	.7302	.6371	.8042	1.5697	.1958	.8434	.9260	30	1.0036
.5701	40	.5398	.7322	.6412	.8070	1.5597	.1930	.8418	.9252	20	1.0007
.5730	50	.5422	.7342	.6453	.8097	1.5497	.1903	.8403	.9244	10	.9977
.5760	33° 00'	.5446	.7361	.6494	.8125	1.5399	.1875	.8387	.9236	57° 00'	.9948
.5789	10	.5471	.7380	.6536	.8153	1.5301	.1847	.8371	.9228	50	.9919
.5818	20	.5495	.7400	.6577	.8180	1.5204	.1820	.8355	.9219	40	.9890
.5847	30	.5519	.7419	.6619	.8208	1.5108	.1792	.8339	.9211	30	.9861
.5876	40	.5544	.7438	.6661	.8235	1.5013	.1765	.8323	.9203	20	.9832
.5905	50	.5568	.7457	.6703	.8263	1.4919	.1737	.8307	.9194	10	.9803
.5934	34° 00'	.5592	.7476	.6745	.8290	1.4826	.1710	.8290	.9186	56° 00'	.9774
.5963	10	.5616	.7494	.6787	.8317	1.4733	.1683	.8274	.9177	50	.9745
.5992	20	.5640	.7513	.6830	.8344	1.4641	.1656	.8258	.9169	40	.9716
.6021	30	.5664	.7531	.6873	.8371	1.4550	.1629	.8241	.9160	30	.9687
.6050	40	.5688	.7550	.6916	.8398	1.4460	.1602	.8225	.9151	20	.9657
.6080	50	.5712	.7568	.6959	.8425	1.4370	.1575	.8208	.9142	10	.9628
.6109	35° 00'	.5736	.7586	.7002	.8452	1.4281	.1548	.8192	.9134	55° 00'	.9599
.6138	10	.5760	.7604	.7046	.8479	1.4193	.1521	.8175	.9125	50	.9570
.6167	20	.5783	.7622	.7089	.8506	1.4106	.1494	.8158	.9116	40	.9541
.6196	30	.5807	.7640	.7133	.8533	1.4019	.1467	.8141	.9107	30	.9512
.6225	40	.5831	.7657	.7177	.8559	1.3934	.1441	.8124	.9098	20	.9483
.6254	50	.5854	.7675	.7221	.8586	1.3848	.1414	.8107	.9089	10	.9454
.6283	36° 00'	.5878	.7692	.7265	.8613	1.3764	.1387	.8090	.9080	54° 00'	.9425
		Value Cosine	Log₁₀	Value Cotangent	Log₁₀	Value Tangent	Log₁₀	Value Sine	Log₁₀	Degrees	Radians

142 Four Place Trigonometric Functions [XIV]

[Characteristics of Logarithms omitted — determine by the usual rule from the value]

Radians	Degrees	Sine Value	Sine Log₁₀	Tangent Value	Tangent Log₁₀	Cotangent Value	Cotangent Log₁₀	Cosine Value	Cosine Log₁₀		
.6283	36° 00'	.5878	.7692	.7265	.8613	1.3764	.1387	.8090	.9080	54° 00'	.9425
.6312	10	.5901	.7710	.7310	.8639	1.3680	.1361	.8073	.9070	50	.9396
.6341	20	.5925	.7727	.7355	.8666	1.3597	.1334	.8056	.9061	40	.9367
.6370	30	.5948	.7744	.7400	.8692	1.3514	.1308	.8039	.9052	30	.9338
.6400	40	.5972	.7761	.7445	.8718	1.3432	.1282	.8021	.9042	20	.9308
.6429	50	.5995	.7778	.7490	.8745	1.3351	.1255	.8004	.9033	10	.9279
.6458	37° 00'	.6018	.7795	.7536	.8771	1.3270	.1229	.7986	.9023	53° 00'	.9250
.6487	10	.6041	.7811	.7581	.8797	1.3190	.1203	.7969	.9014	50	.9221
.6516	20	.6065	.7828	.7627	.8824	1.3111	.1176	.7951	.9004	40	.9192
.6545	30	.6088	.7844	.7673	.8850	1.3032	.1150	.7934	.8995	30	.9163
.6574	40	.6111	.7861	.7720	.8876	1.2954	.1124	.7916	.8985	20	.9134
.6603	50	.6134	.7877	.7766	.8902	1.2876	.1098	.7898	.8975	10	.9105
.6632	38° 00'	.6157	.7893	.7813	.8928	1.2799	.1072	.7880	.8965	52° 00'	.9076
.6661	10	.6180	.7910	.7860	.8954	1.2723	.1046	.7862	.8955	50	.9047
.6690	20	.6202	.7926	.7907	.8980	1.2647	.1020	.7844	.8945	40	.9018
.6720	30	.6225	.7941	.7954	.9006	1.2572	.0994	.7826	.8935	30	.8988
.6749	40	.6248	.7957	.8002	.9032	1.2497	.0968	.7808	.8925	20	.8959
.6778	50	.6271	.7973	.8050	.9058	1.2423	.0942	.7790	.8915	10	.8930
.6807	39° 00'	.6293	.7989	.8098	.9084	1.2349	.0916	.7771	.8905	51° 00'	.8901
.6836	10	.6316	.8004	.8146	.9110	1.2276	.0890	.7753	.8895	50	.8872
.6865	20	.6338	.8020	.8195	.9135	1.2203	.0865	.7735	.8884	40	.8843
.6894	30	.6361	.8035	.8243	.9161	1.2131	.0839	.7716	.8874	30	.8814
.6923	40	.6383	.8050	.8292	.9187	1.2059	.0813	.7698	.8864	20	.8785
.6952	50	.6406	.8066	.8342	.9212	1.1988	.0788	.7679	.8853	10	.8756
.6981	40° 00'	.6428	.8081	.8391	.9238	1.1918	.0762	.7660	.8843	50° 00'	.8727
.7010	10	.6450	.8096	.8441	.9264	1.1847	.0736	.7642	.8832	50	.8698
.7039	20	.6472	.8111	.8491	.9289	1.1778	.0711	.7623	.8821	40	.8668
.7069	30	.6494	.8125	.8541	.9315	1.1708	.0685	.7604	.8810	30	.8639
.7098	40	.6517	.8140	.8591	.9341	1.1640	.0659	.7585	.8800	20	.8610
.7127	50	.6539	.8155	.8642	.9366	1.1571	.0634	.7566	.8789	10	.8581
.7156	41° 00'	.6561	.8169	.8693	.9392	1.1504	.0608	.7547	.8778	49° 00'	.8552
.7185	10	.6583	.8184	.8744	.9417	1.1436	.0583	.7528	.8767	50	.8523
.7214	20	.6604	.8198	.8796	.9443	1.1369	.0557	.7509	.8756	40	.8494
.7243	30	.6626	.8213	.8847	.9468	1.1303	.0532	.7490	.8745	30	.8465
.7272	40	.6648	.8227	.8899	.9494	1.1237	.0506	.7470	.8733	20	.8436
.7301	50	.6670	.8241	.8952	.9519	1.1171	.0481	.7451	.8722	10	.8407
.7330	42° 00'	.6691	.8255	.9004	.9544	1.1106	.0456	.7431	.8711	48° 00'	.8378
.7359	10	.6713	.8269	.9057	.9570	1.1041	.0430	.7412	.8699	50	.8348
.7389	20	.6734	.8283	.9110	.9595	1.0977	.0405	.7392	.8688	40	.8319
.7418	30	.6756	.8297	.9163	.9621	1.0913	.0379	.7373	.8676	30	.8290
.7447	40	.6777	.8311	.9217	.9646	1.0850	.0354	.7353	.8665	20	.8261
.7476	50	.6799	.8324	.9271	.9671	1.0786	.0329	.7333	.8653	10	.8232
.7505	43° 00'	.6820	.8338	.9325	.9697	1.0724	.0303	.7314	.8641	47° 00'	.8203
.7534	10	.6841	.8351	.9380	.9722	1.0661	.0278	.7294	.8629	50	.8174
.7563	20	.6862	.8365	.9435	.9747	1.0599	.0253	.7274	.8618	40	.8145
.7592	30	.6884	.8378	.9490	.9772	1.0538	.0228	.7254	.8606	30	.8116
.7621	40	.6905	.8391	.9545	.9798	1.0477	.0202	.7234	.8594	20	.8087
.7650	50	.6926	.8405	.9601	.9823	1.0416	.0177	.7214	.8582	10	.8058
.7679	44° 00'	.6947	.8418	.9657	.9848	1.0355	.0152	.7193	.8569	46° 00'	.8029
.7709	10	.6967	.8431	.9713	.9874	1.0295	.0126	.7173	.8557	50	.7999
.7738	20	.6988	.8444	.9770	.9899	1.0235	.0101	.7153	.8545	40	.7970
.7767	30	.7009	.8457	.9827	.9924	1.0176	.0076	.7133	.8532	30	.7941
.7796	40	.7030	.8469	.9884	.9949	1.0117	.0051	.7112	.8520	20	.7912
.7825	50	.7050	.8482	.9942	.9975	1.0058	.0025	.7092	.8507	10	.7883
.7854	45° 00'	.7071	.8495	1.0000	.0000	1.0000	.0000	.7071	.8495	45° 00'	.7854
		Value Log₁₀ Cosine		Value Log₁₀ Cotangent		Value Log₁₀ Tangent		Value Log₁₀ Sine		Degrees	Radians

SLIDE-RULE

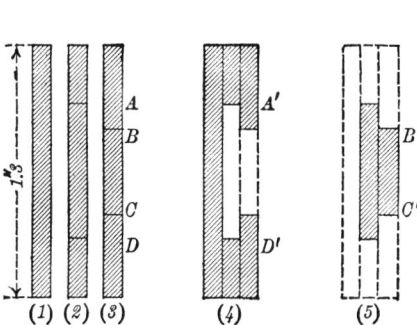

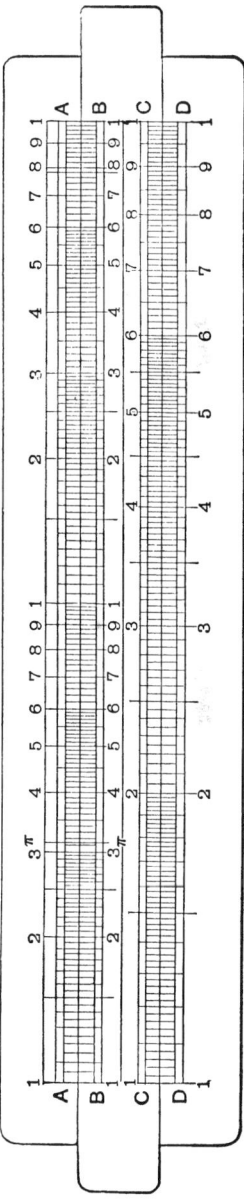

DIRECTIONS

A reasonably accurate slide-rule may be made by the student, for temporary practice, as follows. Take three strips of heavy stiff cardboard $1''.3$ wide by $6''$ long; these are shown in cross-section in (1), (2), (3) above. On (3) paste or glue the adjoining cut of the slide rule. Then cut strips (2) and (3) accurately along the lines marked. Paste or glue the pieces together as shown in (4) and (5). Then (5) forms the slide of the slide-rule, and it will fit in the groove in (4) if the work has been carefully done. Trim off the ends as shown in the large cut.

Printed in Great Britain
by Amazon